"十二五"职业教育国家规划教材
经全国职业教育教材审定委员会审定
（建筑设计类专业适用）

建筑物理

第3版

主　编　李井永
副主编　张立柱　孙玉红　乔志远
参　编　鲁　毅　冯美宇　王若辉
　　　　李学泉　孙会丽　张　璇

机械工业出版社

本书是“十二五”职业教育国家规划教材，经全国职业教育教材审定委员会审定。

本书是依据高等职业教育建筑设计技术、建筑装饰工程技术专业建筑物理课程的教学要求编写的。内容包括建筑光学、建筑声学和建筑热工学三大部分。其中，建筑光学部分包括建筑光学基本知识、天然采光和建筑照明；建筑声学部分包括建筑声学基本知识、建筑材料及结构的吸声与隔声、噪声控制与建筑隔振和室内音质设计；建筑热工学部分包括建筑热工学基本知识、建筑保温与防湿、建筑防热、建筑日照和绿色建筑的评价。本书均按现行国家标准、规范编写。

本书可作为高职高专和应用型本科建筑设计和建筑装饰类专业的教材，也可作为相关专业继续学习的培训用书或自学用书，还可作为相关专业工程技术人员的学习参考书。

为方便教学，本书配有电子课件，凡使用本书作为教材的教师可登录机工教育服务网 www.cmpedu.com 注册下载。咨询邮箱：cmpgaozhi@sina.com。咨询电话：010-88379375。

图书在版编目（CIP）数据

建筑物理/李井永主编．—3 版．—北京：机械工业出版社，2016.1（2018.8 重印）
“十二五”职业教育国家规划教材
ISBN 978-7-111-52732-9

Ⅰ.①建… Ⅱ.①李… Ⅲ.①建筑物理学-高等职业教育-教材
Ⅳ.①TU11

中国版本图书馆 CIP 数据核字（2016）第 011281 号

机械工业出版社（北京市百万庄大街 22 号 邮政编码 100037）
策划编辑：覃密道 责任编辑：常金锋 责任校对：闫玥红
封面设计：路恩中 责任印制：乔 宇
三河市国英印务有限公司印刷
2018 年 8 月第 3 版第 2 次印刷
184mm×260mm · 16.75 印张 · 413 千字
标准书号：ISBN 978-7-111-52732-9
定价：41.00 元

凡购本书，如有缺页、倒页、脱页，由本社发行部调换

电话服务
服务咨询热线：010-88379833
读者购书热线：010-88379649

网络服务
机 工 官 网：www.cmpbook.com
机 工 官 博：weibo.com/cmp1952
教育服务网：www.cmpedu.com
金 书 网：www.golden-book.com

第3版前言

为进一步体现“建筑要以人为本”的基本理念，重视建筑设计中可持续发展、建筑节能和绿色建筑的问题；体现建筑物理新技术，反映最新的建筑设计技术和建筑设计标准；进一步突出高职特色，适合于项目教学需要；加强教材的数字化建设，特修订本书。本次修订的内容包括以下几方面：

（1）编写体例方面，采用模块化方式编写，全书共分成三大部分，12个学习情境，多采用实例讲解，每个学习情境前编排职业标准要求，学习情境的后面安排课后任务。

（2）根据《建筑采光设计标准》（GB 50033—2013）对天然采光标准、采光计算方法进行全面修订。

（3）根据《建筑照明设计标准》（GB 50034—2013）对工作照明的照明标准值和功率密度进行修订。

（4）根据《声环境质量标准》（GB 3096—2008）中对声功能分区的界定、对各类声环境功能区环境噪声限值的规定和将乡村地区纳入标准的规定对教材进行修订。

（5）根据《工业企业厂界环境噪声排放标准》（GB 12348—2008）中对厂界环境噪声排放限值的要求对教材进行修订。

（6）根据《社会生活环境噪声排放标准》（GB 22337—2008）中对社会生活噪声排放源边界噪声排放限值的要求对本教材进行修订。

（7）根据《民用建筑隔声设计规范》（GB 50118—2010），增加了对办公、商业两类建筑隔声减噪设计的内容，对部分室内允许噪声级标准、隔声标准的基本要求作了修订，将室内噪声允许值改为关窗条件下的标准值。

（8）注重培养可操作性的建筑物理技能，教材中采用大量的插图讲解建筑物理知识的实际应用，使建筑物理理论与实践相结合。

（9）知识编排上，循序渐进，符合职业教育规律和高端技能型人才成长规律，有利于提高学习的积极性和主动性。

（10）进一步强化立体化教材建设，制作配套电子课件，开发适合学生网上学习的教学资源库。选用本书作为教材的教师可索取电子课件（010-88379375）。

本书第3版由李井永主编并负责统稿，张立柱、孙玉红和乔志远任副主编，鲁毅、冯美宇、王若辉、李学泉、孙会丽和张璇参编。李井永编写并修订学习情境1、2、3、4、6、7、8、10；张立柱编写并修订附录；孙玉红编写并修订学习情境9；乔志远和鲁毅编写并修订学习情境5；冯美宇和鲁毅编写并修订学习情境11；王若辉编写并修订绪论；李学泉编写并修订学习情境12；孙会丽和张璇编写配套习题同时进行图稿的整理工作。

恳请同行和读者不吝赐教，将本书使用中发现的问题反馈给我们，以便再版时修订。

编　者

第2版前言

近年来，人类对资源和环境问题越来越重视，可持续发展和环境保护已成为建筑设计必须考虑的重要问题。建筑节能和绿色建筑是建筑的发展趋势，国家也修订或新出台了一系列相关标准和规范。建筑物理的研究领域得到进一步拓展，知识内容发生了变化。

本书第1版自2005年1月出版以来已5次重印，全国相关高职院校和应用型本科院校试用后，均肯定本书是一本内容全面、知识体系合理、实用性强、适合教学的一本好书。在使用过程中，一些院校的老师也对本书的编排顺序和知识更新方面提出了宝贵的意见和建议。

基于上述原因，为了使本书代表本学科当前的发展水平，更适合培养相关专业毕业生在建筑设计和建筑装饰设计中的相应技能及节能与环保意识，我们对本书进行了全面的修订。修订的内容主要有以下几方面：

（1）调整知识体系的编排顺序和编排格式，按建筑光学、建筑声学、建筑热工学的顺序对全书进行重新组织。在每章的前面增加“学习目标”，章后增加“本章小结”，将原来的“思考题与习题”细分为“思考题”与“练习题”两部分并对内容进行调整。

（2）按GB/T 50340—2003《老年人居住建筑设计标准》在采光设计一节中增加老年人居住建筑主要用房窗地比的要求。

（3）按GB 50034—2004《建筑照明设计标准》在附录中增加了照明功率密度限值的内容，并将照明标准值的内容编排到附录中。

（4）按GB/T 50121—2005《建筑隔声评价标准》对建筑声学部分进行修订，同时删除原附录中隔声指数的相关内容。

（5）按GB 50189—2005《公共建筑节能设计标准》、JGJ 26—1995《民用建筑节能设计标准（采暖居住建筑部分）》、JGJ 134—2001《夏热冬冷地区居住建筑节能设计标准》、GB/T 50340—2003《老年人居住建筑设计标准》和GB 50364—2005《民用建筑太阳能热水系统应用技术规范》对建筑热工学部分进行全面修订。

（6）增加第12章（绿色建筑的评价），按GB/T 50378—2006《绿色建筑评价标准》编写该章的内容。

（7）对免费电子教案进行了全面更新。选用本书作为教材的教师可向编辑索取（010—88379540）。

本书第2版遵循了第1版的编写原则，参考现代建筑物理新技术、新方法和新标准，具有较强的教学适用性和较宽的专业适应面；内容组织上以必需、实用和够用为原则，力求体现职业教育特点；知识讲解深入浅出，淡化理论推导，注重实用性。

本书第2版由李井永（辽宁建筑职业技术学院）主编并负责统稿，张立柱（辽宁建筑职业技术学院）和乔志远（内蒙古建筑职业技术学院）任副主编，冯美宇（山西建筑工程职业技术学院）、王若辉（辽宁建筑职业技术学院）和李学泉（辽宁建筑职业技术学院）参编。李井永编写并修订第1、2、3、4、6、7、8、9、10章；张立柱编写并修订附录；乔志远编写并修订第5章；冯美宇编写并修订第11章；王若辉编写并修订绪论，同时进行图稿的整理工作；李井永和李学泉编写第12章。本书由辽宁建筑职业技术学院孙玉红主审。

任何事物都要经过反复实践才会日趋完美。第2版中肯定还会有疏漏之处，恳请同行和读者不吝赐教，我们会在下一次印刷时加以改正。

编　者

第1版前言

为了满足培养建筑设计、建筑装饰及相关专业高级实用性人才的需要，我们以李井永老师多年教学使用的讲义为基础，经过重新组织，参照各种最新标准、规范（如 GB 50034—2004《建筑照明设计标准》、GB/T 50033—2001《建筑采光设计标准》）编写了这本教材。

本书编写中参考了现代建筑物理新技术、新方法和新标准，补充了很多建筑物理新知识，具有较强的教学适用性和较宽的专业适应面；内容组织上以必需、实用和够用为原则，力求体现职业教育特点；知识讲解深入浅出，淡化理论推导，注重实用性。本书每章后均附有思考题与习题，供学生复习使用。

本书由李井永（沈阳建筑大学职业技术学院）主编并负责统稿，张立柱（沈阳建筑大学职业技术学院）和乔志远（内蒙古建筑职业技术学院）任副主编，冯美宇（山西建筑工程职业技术学院）和王若辉（沈阳建筑大学职业技术学院）参编。具体的编写分工是：李井永编写第一、二、三、五、六、七、八、十、十一章；张立柱编写附录；乔志远编写第九章；冯美宇编写第四章；王若辉编写绪论并进行图稿的整理工作。本书由沈阳建筑大学职业技术学院孙玉红主审。

在本书编写的过程中，得到了编者所在院校、机械工业出版社领导的大力支持，同时，沈阳建筑大学职业技术学院原教学副院长李文田对本书的编写提出了很多宝贵意见，编者表示深切的谢意。本书编写中参阅了一些院校编写教材，在参考文献中一并列出。

由于编者水平有限，书中缺点和错误在所难免，敬请同行和读者及时指正，以便再版时修订。

编　者

目　　录

第3部分 建筑热工学

绪　论

1. 人与环境概述

物理环境对人的刺激有视觉刺激、听觉刺激和热觉刺激等，这些刺激的量如果太小，不能引起人的感觉，但刺激量过大，又使人无法忍受，只有适当调整、控制物理环境的刺激量，使环境刺激处于最佳范围，人才感到舒适。

随着人类社会的发展，人对居住环境的要求越来越高，人们也总在不停地研究和探索提高室内外环境质量的有效措施。但据世界卫生组织估计，当今至少有 10 亿人生活在不健康的室内环境中。在不良的室内环境中居住与工作，不仅影响身心健康和生活质量，降低工作与学习效率，也会对室内的仪器、设备造成损害，并可能浪费大量的能源或严重影响产品质量。

如何利用建筑中的物理规律，改善人类的居住环境和工作环境，体现“建筑要以人为本”的思想，实现建筑功能要求和建筑人文理念的高度统一，是建筑物理要达到的最终目标。为了达到这一目标，就不可避免地向自然环境索取更多的能源，并向环境排放更多的废弃物和无序能量，这就可能带来严重的环境问题，破坏人与环境的和谐关系。

发展中国家经济的快速增长，意味着以农业为主的经济活动转变为需消耗大量矿物燃料的工业和交通运输业，并相应出现人口往城市和城镇聚居的情况。因人类在城市区域和城镇集聚生活及其从事的高强度经济活动需消耗大量矿物燃料，人工地表面对自然植被造成严重破坏，使城市区域的物理环境出现了恶化的趋势。现代城市环境中令人担忧的问题非常多，如城区的热环境恶化；城区浮悬微粒和烟尘的增加导致日照时数减少；城区的高层建筑对周围建筑的日照和采光影响很大；高反光建筑饰面引起城区的光环境污染；城区的噪声污染、电磁波辐射及眩光、烟雾、灰尘等的污染都在日益严重。

如何在建筑规划和建筑设计中体现“环境保护”观念并充分利用无污染的绿色能源，已成为建筑物理的重要研究方向。在建筑规划和建筑设计中，如果采用一个方案需要消耗大量的不可再生资源，即使它有很多方面的优越性，也必须放弃这个方案，世界各国都已十分重视“建筑节能”的问题。人类在满足自身需要的同时，不能剥夺后代满足他们需求的权力。这就是“可持续发展”战略的主要思想。“可持续发展”的问题，是关系人类命运的重大问题。

为了保护环境，必需树立和增强环境意识，在城市规划和建筑设计中，尽量利用自然条件改善建筑物理环境，采取先进的科学技术措施，创建出环保型节能建筑物和构筑物。

2. 建筑物理的研究内容

建筑物理是研究建筑环境中光、声、热等物理现象及其规律，论述如何利用建筑规划和建筑设计中的合理措施，使建筑满足使用功能的要求，为人们的生活和工作创造适宜的物理环境的学科。它是一门发展中的综合性学科。建筑物理的主要内容可概括为建筑光学、建筑声学和建筑热工学三大部分。

建筑光学主要研究光的基本特性、各种采光口的采光性能、采光设计、人工光源和灯具的光学特性、照明设计的基本方法等。人类有 80% 的信息是由视觉器官获得的，良好的光环境是保证人们正常工作、学习和生活的必要条件，不仅有利于保护视力，还能提高劳动生产率。

建筑声学研究如何控制、处理室内外声环境，主要解决噪声控制和室内音质设计两方面的问题。人们总是生活在一定的声环境中，对需要听的声音，对其音质有多方面的要求，对不需要听的声音，则希望尽可能低，以减少其干扰。

建筑热工学着重介绍建筑热工学基本原理，论述如何通过建筑规划和设计上的相应措施，有效地防护或利用室内外热湿作用，合理地解决房屋的保温、隔热、防潮、节能等问题，以创造良好的室内热环境并提高围护结构的耐久性。只有充分发挥各种建筑措施的作用，再配备一些必不可少的设备，才能做出技术上和经济上都合理的热工设计。

第1部分　建筑光学

学习情境1　建筑光学基本知识

职业标准要求：

了解人眼的构造，掌握人眼的视觉特性；掌握光通量、发光强度、照度和亮度的概念，掌握距离平方反比定律并能应用该定律解决实际问题；掌握视度的影响因素；了解颜色的基本知识；了解光遇介质时的传播特性，掌握材料按光学性质分类的方法。

对光的概念，从不同角度理解具有不同的意义。从纯粹的物理意义上讲，光是电磁波，是辐射形式的能量。而通常，人们却把对光的感觉，即光刺激眼睛所引起的感觉叫作光。通俗地说，这种意义上，光就是“亮”。在很多情况下，人们所说的光是指能够被人眼感觉到的那一小段可见光谱的辐射能，可见光的波长范围是380～780nm（纳米，$1nm = 10^{-9}m$）。长于780nm的红外线、无线电波等，以及短于380nm的紫外线、X射线等，人眼都不能感觉到。不同波长的可见光会使人眼产生不同的颜色感觉。光是客观存在的一种能量，人的主观感觉与光有密切联系。可见，从建筑物理学的角度，“光”的本质包含了三层含义：一是可见的辐射波；二是视觉器官的视觉特点；三是两者作用所引起的感觉效果。

任务1　人眼结构及其视觉特性

人的视觉是通过眼睛来完成的。人眼的构造决定了人眼的视觉特性。

1.1　人眼的构造和功能

图1-1是人右眼的剖面图。人眼就像是一架高精密的照相机。眼睛主要由瞳孔、晶状体、视网膜和视神经构成。

虹膜中央的圆形孔称为瞳孔，它类似于照相机的光圈。人可根据环境的明暗程度，自动调节孔径，控制进入眼睛的光量。

晶状体为一扁球形的弹性透明体，它类似照相机的镜头，但人能自动聚焦。晶状体受睫状肌收缩或放松的影响而改变形状，从而改变其焦距，使远近不同的景物都能在视网膜上成清晰的像。

视网膜类似于照相机的胶卷。光线经过瞳孔、房水和晶状体在视网膜上聚集成清晰的影像。视网膜上面布满感光细胞，光线射到上面能产生神经冲动，冲动再通过视神经传至大脑，人便产生了视感觉。

感光细胞分布在视网膜的最外层，有锥状细胞和杆状细胞两种。锥状细胞主要分布在“黄斑区”，“中央窝”处最多，在“黄斑区”外，锥状细胞迅速减少。与此相反，“中央

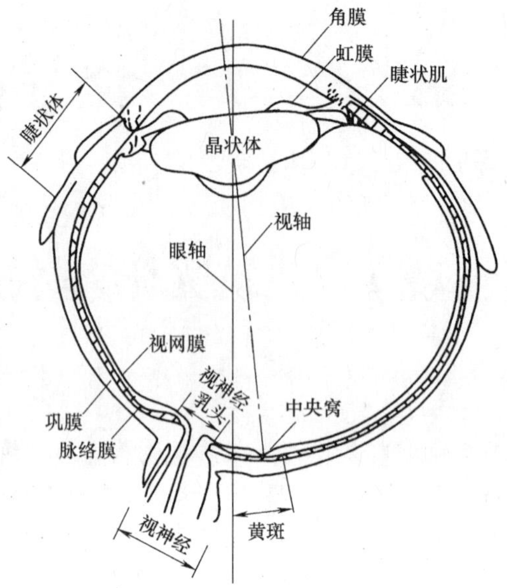

图 1-1 人右眼的剖面图

窝”处基本没有杆状细胞，自“中央窝”向外，杆状细胞的密度迅速增加，在离“中央窝”20°附近达到最大密度，然后又逐渐减少。图 1-2 为视网膜上锥状细胞与杆状细胞的分布情况。

1.2 人眼的视觉特性

（1）视野范围

由于感光细胞在视网膜上的分布不均匀，以及眼眉、脸颊的影响，人眼的视看范围（又称视场）有一定的局限。双眼不动的视野范围为：水平面 180°；垂直面 130°，向上为 60°，向下为 70°（见图 1-3，斜线区域为单眼视看范围，中间白色区域为双眼共同视看范围）。在视轴 1°范围内具有最高的视觉灵敏度，能分辨最微小的细部，称为“中心视场”，但由于这里没有杆状细胞，故在黑暗环境中这一角度范围不产生视觉。从中心视场往外 30°范围内是视觉清楚区域（也称为“近背景视场”），这是观看整个物体时最有利的位置。通常站在离展品高的 1.5～2.0 倍距离观赏展品，使展品处于这一视觉清楚区域内。

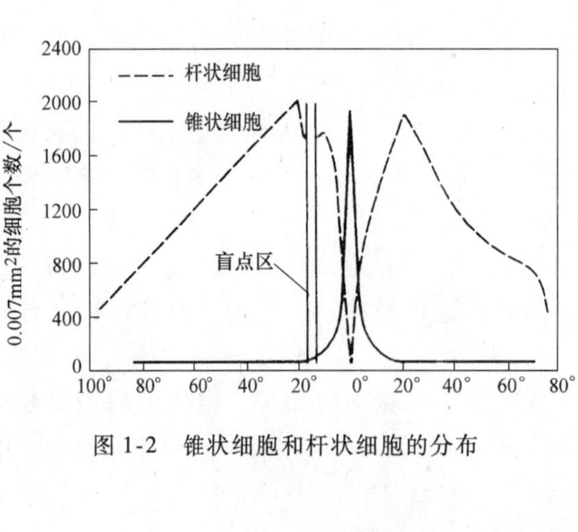

图 1-2 锥状细胞和杆状细胞的分布

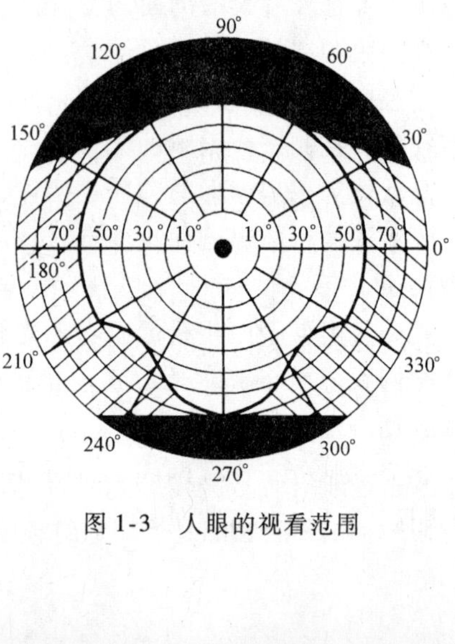

图 1-3 人眼的视看范围

眼睛可看到的其余部分为环境视场，处在这一区域内的物件看得不清楚，但它们的亮度对视觉的适应状态有很大影响。

（2）明、暗视觉

视网膜上的锥、杆状感光细胞分别在明、暗环境中起作用，形成明、暗视觉。明视觉指在明亮环境中（约 $1cd/m^2$ 以上的亮度），锥状细胞起作用，人眼具有颜色感觉，且对外界亮度变化适应能力强；暗视觉指在黑暗环境中（$0.01cd/m^2$ 以下的亮度），杆状细胞起作用，人眼无颜色感觉，也无法分辨物件细节，对外部亮度变化的适应能力低。

（3）颜色感觉

明视觉时，人们对 380 ~ 780nm 范围内的电磁波产生不同的颜色感觉。随波长的不同，人眼可区分出红、橙、黄、绿、青、蓝、紫等颜色，见表 1-1。

表 1-1　光谱颜色中心波长及范围

颜色感觉	中心波长/nm	范围/nm	颜色感觉	中心波长/nm	范围/nm
红	700	640 ~ 750	绿	510	480 ~ 550
橙	620	600 ~ 640	蓝	470	450 ~ 480
黄	580	550 ~ 600	紫	420	400 ~ 450

上述把颜色分为七段是一种习惯方法，较粗略。实际上在可见光谱范围内，光的颜色是连续过渡的，颜色的数量是无穷的。

（4）人眼对不同波长光的敏感性

人眼对不同波长光的敏感程度是不同的。观看辐射通量（辐射体以电磁波的形式向四面八方辐射能量，在单位时间内辐射的所有能量称为辐射通量，用 Φ_e 表示，单位为 W）相同、波长不同的可见光辐射，感到明亮程度不一样。人眼的这种特性常用相对光谱光视效率 $V(\lambda)$ 曲线（图 1-4）来表示。

图 1-4 中实线和虚线分别表示明、暗环境时的光谱光视效率曲线。由图可见，明视觉曲线在波长 555nm 黄绿光处有最大值，即该处最亮，越趋向光谱两端的光显得越暗。暗视觉时的相对光谱光效率其峰值向短波方向移动，长波端的能见范围缩小，短波端的能见范围扩大，最灵敏点约处在波长为 507nm 的蓝绿光处。因此，辐射通量相同的光，在日光条件下，黄绿光最亮；黄昏时，蓝绿光最亮。

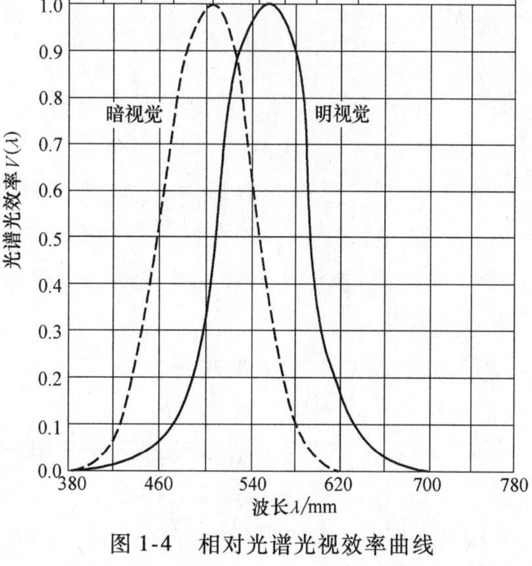

图 1-4　相对光谱光视效率曲线

根据人眼在明暗视觉条件下感受性的差别，如果在光谱特性保持不变的情况下，各波长的光按相同的比例减少，当由明视觉向暗视觉转变时，人眼的敏感波长也会向短波方向移动，于是蓝光逐渐鲜明，红光逐渐暗淡。这就是所谓的“普尔钦效应（Purkinje Effect）”。人们在黄昏时常会看到这种现象。

(5) 视力

人们眼睛辨认物体形状细部的能力称为视觉敏锐度，在医学上称为视力。它存在着个人差异。在通用的国际眼科学会兰道尔环测量标准中，规定在5m的视距上能辨别1′的开口时，视力为1.0。

任务2 基本光度单位及其关系

2.1 基本光度单位

(1) 光通量（luminous flux）

一辐射体可能在各个波长均辐射能量，如果在某一波长为λ的辐射通量记为$\Phi_e(\lambda)$，那么该辐射体总的辐射通量就是所有波长的辐射通量的叠加。

光源在单位时间内，向周围空间辐射出的使眼睛引起光感的能量，称为光通量，符号为Φ，单位为流明（lm）。其中某一波长为λ的光的光通量用Φ_λ表示。

据测定，辐射通量1W的波长为555nm的黄绿光，主观视觉量为683lm，这就是明视觉下的最大光谱光视效能，用K_m表示，单位为lm/W。其他波长光的辐射通量为1W时，它们的光通量都小于683lm，其比例系数即为前述的相对光谱光视效率$V(\lambda)$。由此可得出某一波长的光通量关系式为：

$$\Phi_\lambda = K_m V(\lambda)\Phi_e(\lambda) \tag{1-1}$$

式中 Φ_λ——波长为λ光的光通量，单位为lm；

K_m——最大光谱光视效能，明视觉下，在λ=555nm处，K_m=683lm/W；

$V(\lambda)$——波长为λ光的相对光谱光视效率，按图1-4取值；

$\Phi_e(\lambda)$——波长为λ光的辐射通量，单位为W。

多色光的光通量为：

$$\Phi = K_m\int_0^\infty \frac{d\Phi_e(\lambda)}{d\lambda}V(\lambda)d\lambda \tag{1-2}$$

式中，$\frac{d\Phi_e(\lambda)}{d\lambda}$——辐射通量的光谱分布。

如可见光谱为线状谱，其波长成分只有几个，式（1-2）可简化成：

$$\Phi = \Phi_{\lambda1} + \Phi_{\lambda2} + \Phi_{\lambda3} + \cdots + \Phi_{\lambda n} = K_m \sum V(\lambda)\Phi_e(\lambda) \tag{1-3}$$

建筑光学中，光通量是表示光源发光能力的基本量。例如，100W普通白炽灯发出1250lm的光通量，40W日光色荧光灯发出2200lm的光通量。

【例1-1】 已知低压钠灯发出波长为589nm的单色光，设其辐射通量为10.3W，试计算其发出的光通量。

【解】 从相对光谱光视效率曲线图（图1-4）可查出，对应于波长589nm，$V(\lambda)$=0.769，则该单色光源发出的光通量为：

$$\Phi_{589} = 683\text{lm/W} \times 10.3\text{ W} \times 0.769 \approx 5410\text{lm}$$

(2) 发光强度（luminous intensity）

不同光源发出的光通量在空间的分布是不同的。例如，悬吊在桌面上方的一盏100W的白炽灯，它发出1250lm光通量。但用与不用灯罩，投射到桌面的光线并不一样。加了灯罩后，灯罩将往上的光向下反射，使向下的光通量增加，因此就感到桌面上亮一些。这说明只知道光源发出的光通量还不够，还需要了解它在空间中的分布状况。

假设有一空心球体，半径为 r，球表面某一面积为 A，则定义面积 A 和球的半径平方 r^2 之比为面积 A 在球心形成的立体角，用 Ω 表示，即：

$$\Omega = A/r^2 \tag{1-4}$$

式中，Ω 为立体角，单位为球面度（sr），即当 $A=r^2$ 时，它在球心处形成的立体角 $\Omega=1\text{sr}$。

光源在某一方向的发光强度是光源在该方向单位立体角内所发出的光通量，即光通量的空间密度。发光强度常用符号 I 表示。点光源在某方向上的无限小立体角 $\mathrm{d}\Omega$ 内发出的光通量为 $\mathrm{d}\Phi$ 时，该方向上的发光强度 I_α 为：

$$I_\alpha = \frac{\mathrm{d}\Phi}{\mathrm{d}\Omega} \tag{1-5}$$

发光强度的单位为坎德拉(cd)，它表示在1sr立体角内均匀发射出1lm的光通量。

发光强度的平均值为：

$$\bar{I} = \frac{\Phi}{\Omega} \tag{1-6}$$

40W白炽灯泡正下方具有约30cd的发光强度。

（3）照度（illuminance）

物体表面单位面积上接受到的光通量称为照度，常用符号 E 表示。

当光通量 $\mathrm{d}\Phi$ 分布在被照表面 $\mathrm{d}A$ 上时，此被照面上的照度为：

$$E = \frac{\mathrm{d}\Phi}{\mathrm{d}A} \tag{1-7}$$

照度的常用单位为勒克斯（lx），它表示1lm的光通量均匀分布在 1m^2 的被照面上。对于照度的平均值，有：

$$\bar{E} = \frac{\Phi}{A} \tag{1-8}$$

常见的情况有：在40W白炽灯下1m处，与光线方向垂直的表面，照度约为30lx；加一搪瓷伞形罩后照度增加到73lx；阴天中午室外照度为8000～20000lx；晴天中午在阳光下的室外照度可高达80000～120000lx。

lx是国际单位制单位，照度还有一些其他单位，如英尺烛光（fc），1fc = 10.76lx；辐透(phot)，1phot = 104lx等，这些单位在某些国家及一些早期的书籍中常可见到。

（4）亮度（luminance）

物体表面的照度并不能直接表明人眼对物体的视觉感觉。如对房间内同一位置，人眼看起来白色物体比黑色物体亮得多。

一个发光（或反光）物体，在视网膜上成像，视觉感觉和视网膜上的物像的照度成正比，物像的照度越大，就觉得被看的发光（或反光）物体越亮。视网膜上物像的照度是由物像的面积（它与发光物体的面积有关）和落在这面积上的光通量（它与发光体朝视网膜上物像方向的发光强度有关）决定的。这表明，视网膜上物像的照度和发光体在视线方向的投影面积 $A\cos\alpha$ 成反比，与发光体朝视线方向的发光强度 I_α 成正比，这一比值称为亮度。

$$L_\alpha = \frac{dI_\alpha}{dA\cos\alpha} \quad (1\text{-}9)$$

因此亮度可以定义为：发光体或发光表面在视线方向单位投影面积上的发光强度。

对于亮度的平均值，有：

$$\overline{L}_\alpha = \frac{I_\alpha}{A\cos\alpha} \quad (1\text{-}10)$$

由于物件表面亮度在各个方向不一定相同，因此常在亮度符号的右下角注明角度，它表示与表面法线成 α 角方向上的亮度。

亮度常用单位为 cd/m^2（坎德拉每平方米），它等于 $1m^2$ 表面上，沿法线方向（$\alpha=0°$）发出 1cd 的发光强度。一些常见的发光体表面的亮度值见表 1-2。

人眼感觉到的亮度还与所处环境的明暗程度有关。

表 1-2 一些常见的发光体（或反光体）表面的亮度值

发光体(或反光体)	白炽灯灯丝	荧光灯管表面	太阳	无云蓝天
亮度值/(cd/m^2)	$(3\sim5)\times10^6$	$(8\sim9)\times10^3$	2×10^9	$(0.2\sim2.0)\times10^4$

2.2 基本光度单位间的关系

(1) 照度与发光强度的关系

有一点光源的发光强度为 I，光通量垂直投射在面积为 A、距光源为 r 的被照面上，因为 $E=\Phi/A$，$I=\Phi/\Omega$，$\Omega=A/r^2$，故有：

$$E = \frac{I}{r^2} \quad (1\text{-}11)$$

上式表明，某表面的照度 E 与点光源在这方向的发光强度 I 成正比，它与距光源的距离 r 的平方成反比。这就是计算点光源产生照度的基本公式，称为距离平方反比定律。

以上所讲的是指光线垂直入射到被照表面即入射角为零的情况。当入射角不为零时，如图 1-5 的表面 A_1，上面的照度为：

$$E = \frac{I}{r^2}\cos\alpha \quad (1\text{-}12)$$

式中 α——入射光线与被照表面法线间的夹角，单位为度（°）。

式（1-12）即距离平方反比定律的通用公式。它表明：表面法线与入射光线成 α 角处的照度，与它至点光源距离 r 的平方成反比，与光源在 α 方向的发光强度和入射角 α 的余弦成正比。

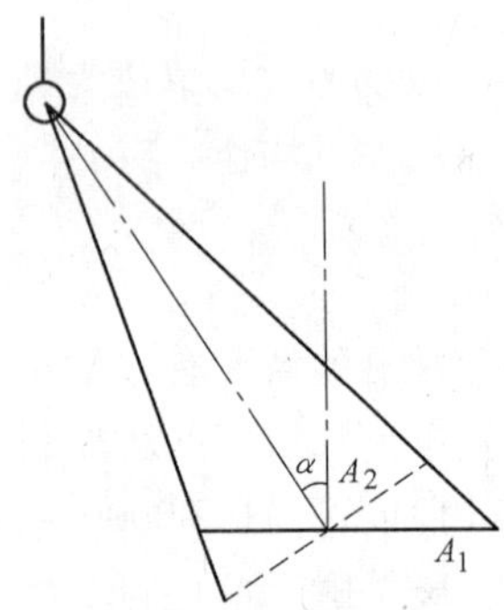

图 1-5 不同表面上形成的照度

距离平方反比定律适用于点光源。一般当光源尺寸小于至被照面距离的 1/5 时，即可将该光源视为点光源。

【例 1-2】 如图 1-6 所示，在桌上 2m 高处挂一 40W 的白炽灯，求灯下桌面上点 1 处照度 E_1 及点 2 处照度 E_2 的值（设 α 角在 0°～45°内该白炽灯的发光强度均为 30cd）。

【解】 因为 $I_{0°\sim45°}=30cd$，所以，按距离平方反比定律可算得：

$$E_1 = \frac{I}{r^2}\cos\alpha = \frac{30cd}{(2m)^2}\cos0° = 7.5lx$$

$$E_2 = \frac{I}{r^2}\cos\alpha = \frac{30\text{cd}}{(2\text{m})^2 + (1\text{m})^2} \times \frac{2\text{m}}{\sqrt{(2\text{m})^2 + (1\text{m})^2}} \approx 5.37\text{lx}$$

（2）照度和亮度的关系

如图 1-7 所示，一个在各个方向亮度相同的发光面 A_1 对另一表面 A_2 形成照度 E，它们二者的关系可用下式表示：

$$E = L_\alpha \Omega \cos i \tag{1-13}$$

式中　E——被照面上某点的照度，单位为 lx；

L_α——发光体的亮度，单位为 cd/m^2；

Ω——发光体相对被照点形成的立体角，单位为 sr；

i——发光体和被照面法线间的夹角，单位为度（°）。

式（1-13）就是常用的立体角投影定律，它表示某一亮度为 L_α 的发光体在被照表面上形成的照度，是这一发光表面的亮度 L_α 与该发光表面在被照点上的立体角投影（$\Omega\cos i$）的乘积。这一定律表明：某一发光表面在被照面上形成的照度，仅和发光表面的亮度及其在被照面上形成的立体角投影有关，而和它的面积绝对值无关。在图 1-7 中 A_1 和 $A_1\cos\alpha$ 的面积不同，但由于它们对被照面形成的立体角投影相同，故只要它们的亮度相同，它们在 A_2 面上形成的照度就一样。立体角投影定律适用于光源尺寸相对于它和被照点间的距离较大的情况。

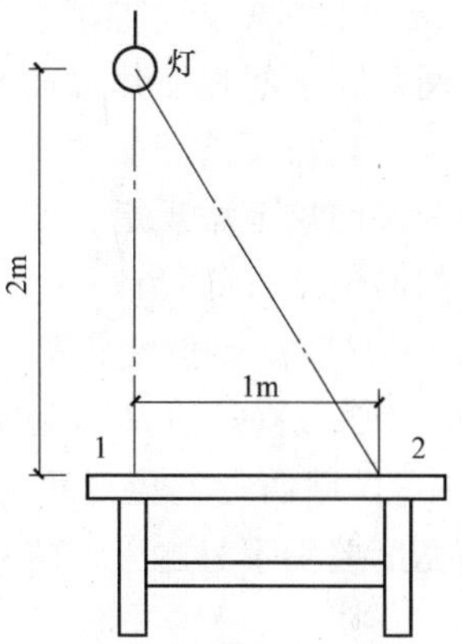

图 1-6　例 1-2 图

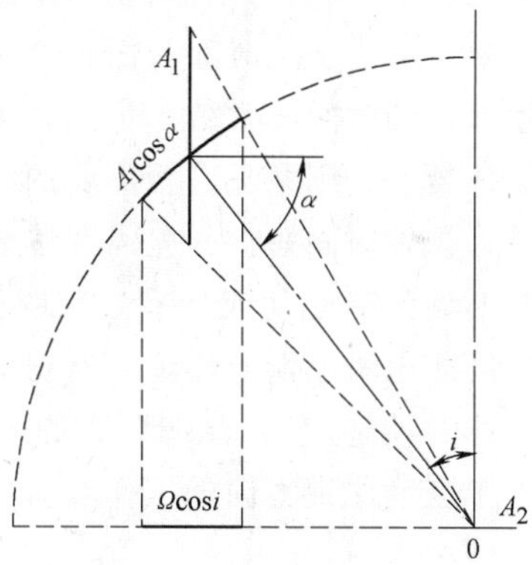

图 1-7　照度和亮度的关系

任务 3　视度与颜色

3.1　视度

看物体的清楚程度称为视度。它不仅受人眼本身视觉特性的制约，还受到下列环境因素的影响。

（1）亮度

人眼能察觉的最低亮度称为“最低亮度阈”，约为 3.14×10^{-5} cd/m^2；随着亮度的增加，人眼看得越清楚，即视度增加。但是，亮度增加到一定的数值，反而会超过眼睛的适应范围而引起灵敏度的下降，甚至疲劳、刺痛。就像在阳光下看书会感到刺眼，不能坚持下去。一般认为，当物体表面的亮度超过 $1.6\times10^5\mathrm{cd/m^2}$ 时，人就会感到刺眼，不能坚持工作。可见，对人眼而言，存在着最佳的亮度，所以在设计中，并不是越亮越好，而是应具有适当的亮度。西欧一些研究人员的实验表明，当工作面上的照度约为1500～3000lx时，对照明感到满意的人数比例最大。

（2）物件尺寸

这里说的尺寸，是指相对尺寸，更确切地说，是物件相对人眼所成的视角。一般而言，对大而近的物件人们看得清楚，反之则视度下降。

（3）亮度对比

亮度对比通常也称为对比度，即视野内视觉对象和背景之间的亮度差异。对比度越大，视度越好。

实验表明，物体亮度（与照度有关）、视角的大小和对比度三个因素对视度的影响是相互关联的。主要体现在以下三方面：

1）对比的不足可用增加照度来弥补。就是说，当观看对象在眼睛处形成的视角不变时，如对比度下降，则需要增加照度才能保持相同的视度。

2）视角越小，需要的照度越高。

3）天然光比人工光更有利于视度的提高。但在视看大目标时，这种差别并不明显。

（4）识别时间与面积

眼睛观看物体时，只有当物体发出足够的光能，形成一定的刺激时，才能产生视知觉，即视度需要一定的识别时间与面积。在一定条件下，识别时间与亮度间遵循邦森—罗斯科定律：亮度×识别时间=常数，也就是说，对象呈现的时间越少，越需要高亮度才能引起视知觉；而物体越亮，则察觉它所需要的时间越短。因此在采光及照明规范中规定，如识别对象是活动的，识别时间短促，就需要按采光及照明标准范围中的高值来进行设计。

人从明处到暗处（或从暗处到明处）时，会产生由原来看得清，突然变得看不清，经过一段时间才由看不清到逐渐又看得清的变化过程，这叫做“视觉适应”。从暗到明的适应时间短，称“明适应”。从明到暗的适应时间长，称“暗适应”。眼睛的适应过程见图1-8。在需要人眼变动注视方向的工作场所中，视线所及各部分的亮度差别不宜过大，这样可减小视觉的疲劳。

对象的识别面积与亮度之间，遵循里科定律：亮度×面积=常数。这表明，视觉对象越小，所需的亮度就越高，反之亦然。这也是按识别物件的尺寸对视觉作业（视觉作业：visual task，在工作和活动中，对呈现在背景前的细部和目标的观察过程）分类及选择适当的采光系数及照明标准的理由。

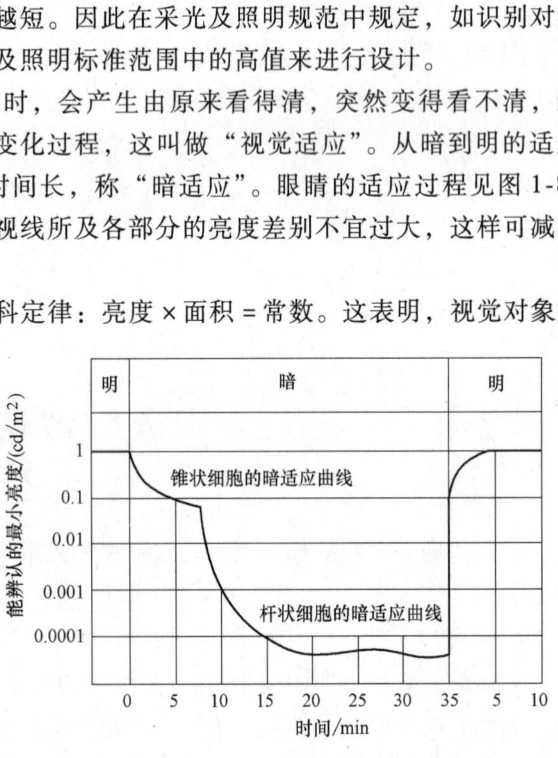

图1-8 眼睛的适应过程

（5）眩光

由于视野中的亮度分布或亮度范围的不适宜，或存在极端的对比，以致引起不舒适感觉或降低观察细部或目标的能力，这种现象称为眩光

(glare)。根据眩光对视觉的影响程度，可分为失能眩光和不舒适眩光。降低视觉功效和可见度的眩光称为失能眩光。出现失能眩光后，就会降低目标和背景的对比，视度下降，甚至丧失视力。能引起不舒适感觉，但不一定降低视觉对象可见度的眩光称为不舒适眩光。不舒适眩光会影响人们的注意力，长时间的不舒适眩光会增加视觉疲劳。对于室内光环境来说，只要将不舒适眩光限制在允许的限度范围内，失能眩光一般也就消除了。

由视野中，特别是在靠近视线方向存在的发光体所产生的眩光称为直接眩光。把由于光泽物体表面的反射光造成的眩光称为反射眩光。直接眩光的控制措施一般包括限制光源表面的亮度、增加眩光源的背景亮度、增大眩光源的仰角和减小形成眩光源的可视面积等。而限制反射眩光可用降低工作面的光泽度、使人眼避开镜面反射区域、利用表面面积大而亮度低的光源和减少反射光比例等方法。

3.2　颜色的基本知识

颜色就是作用于人眼引起除形象以外的视觉特性。颜色是影响光环境质量的要素，同时对人的生理和心理活动产生作用。因此，建筑规划和设计中，颜色是必须考虑的因素。

(1) 颜色的基本特性

明视觉下，色觉正常的人除能感受到红、橙、黄、绿、青、蓝和紫七种基本颜色外，还能感受到它们的各种中间色。从颜色的显现方式看，颜色有光源色和物体色的区别。光源色是指发光的辐射体辐射出的可见光的颜色，物体色是指物体表面反射光的颜色，物体色可看成是从入射光中减去一些波长的光而产生的。

颜色分为无彩色和有彩色两种。无彩色是指从白到黑的一系列中性灰色。有彩色是指除无彩色以外的各种颜色。任何一种有彩色的表观颜色，均可用三种独立的属性来描述，即色调（色相）、明度和彩度（曾称为饱合度）。对无彩色只有明度这一颜色属性。

各种单色光在白色背景上呈现的颜色，就是光源的色调。明度是颜色相对明暗的感觉特性，对色调相同的光，亮度越大，明度越高。彩度是指彩色的纯洁性。物体色的彩度决定于该物体反射（或透射）光谱辐射的选择性程度，如果选择性很高，则该物体的彩度就高。

色度学的实验表明：任何颜色的光均能以不超过三种纯光谱波长的光正确模拟。实验还证实，通过红、绿、蓝三种颜色可获得最多的混合色。因此，光度学中将红（700nm）、绿（546.1nm）、蓝（435.8nm）三色称为加法色的三原色。而将它们的补色，即青色、品红色、黄色称为三个减法原色。

关于颜色的定量问题，本书不予讲解，请参考其他相关书籍。下面仅就后面涉及的表征光源颜色质量的两个物理量作简单介绍。

(2) 光源的色温和相关色温

当全辐射体（又称为黑体）连续加热时，相应的光色将按红（800～900K 时）→黄（3000K 左右）→白（5000K 左右）→蓝（8000～10000K 时）的方向变化。当某一种光源（热辐射光源）的色品与某一温度下的全辐射体的色品完全相同时，全辐射体的温度称为该光源的色温度（colour temperature），简称为色温，并用符号 T_c 表示，单位为开尔文（K）。

色温的概念能恰当地描述白炽灯等热辐射光源的光色。

对气体放电灯等光源，其光谱与全辐射体的辐射光谱相差极大，因此严格地说，不能用色温来表示这类光源的光色，但为了方便描述，往往用与某一温度下全辐射体辐射的光色来近似地确定这类光源的颜色。当某一种光源（气体放电光源）的色品与某一温度下的全辐射体的色品最接近时，把全辐射体的温度称为这种光源的相关色温度（correlated colour temperature），简称相关色温，符号为 T_{cp}，单位为开尔文（K）。

（3）光源的显色性

物体在不同的照明条件下，对其颜色的感觉常常会发生变化，这种变化可用光源的显色性（colour rendering）来评价。光源的显色性是指与参考标准光源相比较时，光源显现物体颜色的特性。

国际照明委员会（CIE）及我国制订的光源显色性评价方法中，都规定把 CIE 标准照明体 A（请参考其他相关文献）作为相关色温低于 5000K 的低色温光源的参照标准，它与早晨或傍晚时日光的色温相近；相关色温高于 5000K 的光源用 CIE 标准照明体 D_{65}（请参考其他相关文献）作为参照标准，它相当于中午的日光。

光源的显色性主要取决于光源辐射通量的光谱分布。

一般人工照明光源的显色性通常用一般显色指数（R_a）来表示。显色指数的最大值为 100。一般认为光源的一般显色指数在 80～100 范围内，显色性优良；在 50～79 范围内，显色性一般；如小于 50 则显色性较差。一般显色指数是一个平均值，所以即使一般显色指数相等，也不能说明这两个被测光源具有完全相同的显色性。

视觉系统对视场的色适应也影响到显色性的评价，这方面还没有完整的预测、评价及计算理论。

任务 4 材料的光学性质

4.1 光遇介质时的传播特性

光传播遇介质（如玻璃、空气、墙等）时，一部分被反射（Φ_ρ），一部分被吸收（Φ_α），还有一部分透过到另一侧的空间（Φ_τ），如图 1-9 所示。

根据能量守恒，这三部分之和应等于入射光通量，即：

$$\Phi = \Phi_\rho + \Phi_\alpha + \Phi_\tau \tag{1-14}$$

反射光通量、吸收光通量和透射光通量与入射光通量之比，分别称为光反射比 ρ、光吸收比 α 和光透射比 τ，即：

$$\rho = \Phi_\rho / \Phi \tag{1-15}$$

$$\alpha = \Phi_\alpha / \Phi \tag{1-16}$$

$$\tau = \Phi_\tau / \Phi \tag{1-17}$$

则：

$$\rho + \alpha + \tau = 1 \tag{1-18}$$

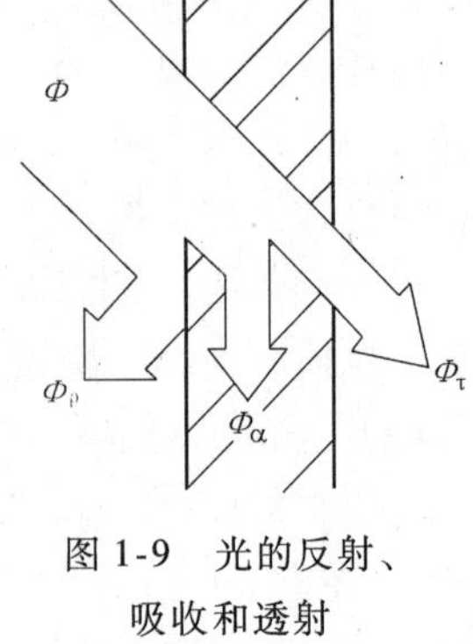

图 1-9 光的反射、吸收和透射

光反射比和光透射比分别是选择面层材料和采光材料的基本依据。表 1-3、表 1-4 和表 1-5 列出了一些常用建筑材料的光热参数值，其中光热比是指材料的可见光透射比与太阳总辐射比的比值。

4.2 材料按光学性质的分类

光经过介质反射和透射后，它的分布变化取决于材料表面的光滑程度和材料内部分子结构。反光和透光材料均可分为两类：一类属于定向的，即光线经过反射和透射后，光分布的立体角没有改变，如镜子和透明玻璃；另一类为扩散的，这类材料使入射光程度不同地分散在更大的立体角范围内，粉刷墙面属于这一类。

表 1-3 饰面材料的光反射比

材料名称		ρ值	材料名称		ρ值
石膏		0.91	铝板	金色	0.45
大白粉刷		0.75	浅色彩色涂料		0.75～0.82
水泥砂浆抹面		0.32	不锈钢板		0.72
白水泥		0.75	浅色木地板		0.58
白色乳胶漆		0.84	深色木地板		0.10
调和漆	白色	0.70	棕色木地板		0.15
	黄绿色	0.57	混凝土面		0.20
红砖		0.33	水磨石	白色	0.70
灰砖		0.23		白色间灰黑色	0.52
瓷釉面砖	白色	0.80		白色间绿色	0.66
	黄绿色	0.62		黑灰色	0.10
	粉色	0.65	塑料贴面板	浅黄色	0.36
	天蓝色	0.55		中黄色	0.30
	黑色	0.08		深棕色	0.12
大理石	白色	0.60	塑料墙纸	黄白色	0.72
	乳色间绿色	0.39		蓝白色	0.61
	红色	0.32		浅粉白色	0.65
	黑色	0.08	沥青地面		0.10
无釉陶土地砖	土黄色	0.53	铸钢、钢板地面		0.15
	朱砂	0.19	普通玻璃		0.08
马赛克地砖	白色	0.59	镀膜玻璃	金色	0.23
	浅蓝色	0.42		银色	0.30
	浅咖啡色	0.31		宝石蓝	0.17
	绿色	0.25		宝石绿	0.37
	深咖啡色	0.20		茶色	0.21
铝板	白色抛光	0.83～0.87	彩色钢板	红色	0.25
	白色镜面	0.89～0.93		深咖啡色	0.20

表 1-4 建筑玻璃的光热参数值

材料类型	材料名称	规格	颜色	可见光		太阳光		遮阳系数	光热比
				透射比	反射比	直接透射比	总透射比		
单层玻璃	普通白玻	6mm	无色	0.89	0.08	0.80	0.84	0.97	1.06
		12mm	无色	0.86	0.08	0.72	0.78	0.90	1.10
	超白玻璃	6mm	无色	0.91	0.08	0.89	0.90	1.04	1.01
		12mm	无色	0.91	0.08	0.87	0.89	1.02	1.03
	浅蓝玻璃	6mm	蓝色	0.75	0.07	0.56	0.67	0.77	1.12
	水晶灰玻	6mm	灰色	0.64	0.06	0.56	0.67	0.77	0.96
夹层玻璃	夹层玻璃	6C/1.52PVB/6C	无色	0.88	0.08	0.72	0.77	0.89	1.14
		3C+0.38PVB+3C	无色	0.89	0.08	0.79	0.84	0.96	1.07
		3F绿+0.38PVB+3C	浅绿	0.81	0.07	0.55	0.67	0.77	1.21
		6C+0.76PVB+6C	无色	0.86	0.08	0.67	0.76	0.87	1.14
		6F绿+0.38PVB+6C	浅绿	0.72	0.07	0.38	0.57	0.65	1.27

（续）

材料类型	材料名称	规格	颜色	可见光		太阳光		遮阳系数	光热比
				透射比	反射比	直接透射比	总透射比		
Low-E中空玻璃	高透 Low-E	6Low-E + 12A + 6C	无色	0.76	0.11	0.47	0.54	0.62	1.41
		6C + 12A + 6Low-E	无色	0.67	0.13	0.46	0.61	0.70	1.10
	遮阳 Low-E	6Low-E + 12A + 6C	灰色	0.65	0.11	0.44	0.51	0.59	1.27
		6Low-E + 12A + 6C	浅蓝灰	0.57	0.18	0.36	0.43	0.49	1.34
Low-E中空玻璃	双银 Low-E	6Low-E + 12A + 6C	无色	0.66	0.11	0.34	0.40	0.46	1.65
		6Low-E + 12A + 6C	无色	0.68	0.11	0.37	0.41	0.47	1.66
		6Low-E + 12A + 6C	无色	0.62	0.11	0.34	0.38	0.44	1.62
镀膜玻璃	热反射镀膜玻璃	6mm	浅蓝	0.64	0.18	0.59	0.66	0.76	0.97
	硬镀膜低辐射玻璃	3mm	无色	0.82	0.11	0.69	0.72	0.83	1.14
		4mm	无色	0.82	0.10	0.68	0.71	0.82	1.15
		5mm	无色	0.82	0.11	0.68	0.71	0.82	1.16
		6mm	无色	0.82	0.10	0.66	0.70	0.81	1.16
		8mm	无色	0.81	0.10	0.62	0.67	0.77	1.21
		10mm	无色	0.80	0.10	0.59	0.65	0.75	1.23
		12mm	无色	0.80	0.10	0.57	0.64	0.73	1.26
		6mm	金色	0.41	0.34	0.44	0.55	0.63	0.75
		8mm	金色	0.39	0.34	0.42	0.53	0.61	0.73

表 1-5 透明（透光）材料的光热参数值

材料类型	材料名称	规格	颜色	可见光		太阳光		遮阳系数	光热比
				透射比	反射比	直接透射比	总透射比		
聚碳酸酯	乳白 PC 板	3mm	乳白	0.16	0.81	0.16	0.20	0.23	0.80
	颗粒 PC 板	3mm	无色	0.86	0.09	0.76	0.80	0.92	1.07
	透明 PC 板	3mm	无色	0.89	0.09	0.82	0.84	0.97	1.05
		4mm	无色	0.89	0.09	0.81	0.84	0.96	1.07
亚克力	透明亚克力	3mm	无色	0.92	0.08	0.85	0.87	1.00	1.06
		4mm	无色	0.92	0.08	0.85	0.87	1.00	1.06
	磨砂亚克力	4mm	乳白	0.77	0.07	0.71	0.77	0.88	1.01
		5mm	乳白	0.57	0.12	0.53	0.62	0.71	0.92

（1）定向反射和透射材料

1）定向反射材料。光线射到表面很光滑的非透明材料上（如镜面和磨光金属表面），光线将遵循反射定律：光的入射角等于反射角，反射光线总在入射光线和法线所决定的平面内，并与入射光线分列于法线两侧。这时在反射角方向可以很清楚地看到光源的影像，但眼睛（或光滑表面）稍微移动到另一位置时，不处于反射方向，就看不到光源影像了。利用这一特性，将这种表面放在合适的位置就可以将光线反射到需要的地方或避免看到光源影像。例如，在布置镜子和灯具时，需要使人获得最大照度，同时又要避免反射光眩光，就可以利用反射法来考虑灯具和镜子的位置。

2）定向透射材料。光线射到透明材料上产生定向透射。如果材料的两个表面彼此平行，透射光方向和入射光方向一致，只在材料内部产生微小折射。例如，质量好的平板玻璃，两个表面彼此平行，透过它可以很清楚地看到另一侧的景物。但是，玻璃质量不好，两个表面不平，各处薄厚不均匀，那么折射角就不同，透过它看物体，影像就发生变形。某些建筑物不希望室内外有视线干扰，就可以利用这一特性，窗玻璃用压花玻璃，这样既看不清室外情况，又不致过分地影响光线射入而降低室内采光效果。

（2）扩散反射和透射材料

半透明材料使入射光线发生扩散透射，表面粗糙的不透明材料使入射光线发生扩散反射，使光线分散在更大的立体角范围内。这类材料又可按它的扩散特性分为以下两种。

1）均匀扩散材料。这类材料将入射光线均匀地向四面八方反射或透射，从各个角度看其亮度完全相同，看不见光源形象，如氧化镁、石膏等。大部分无光泽、粗糙的建筑材料，如粉刷、砖墙等都可以近似地看成均匀扩散反射材料。均匀扩散透射材料有乳白玻璃和半透明塑料等，透过它看不见光源形象或外界景物，只能看见材料的本色和亮度上的变化，常用它做灯罩或发光顶棚表面，以降低光源亮度，减弱眩光。这类材料用矢量表示的亮度和发光强度分布见图1-10。均匀扩散材料表面的亮度可用下列公式计算。

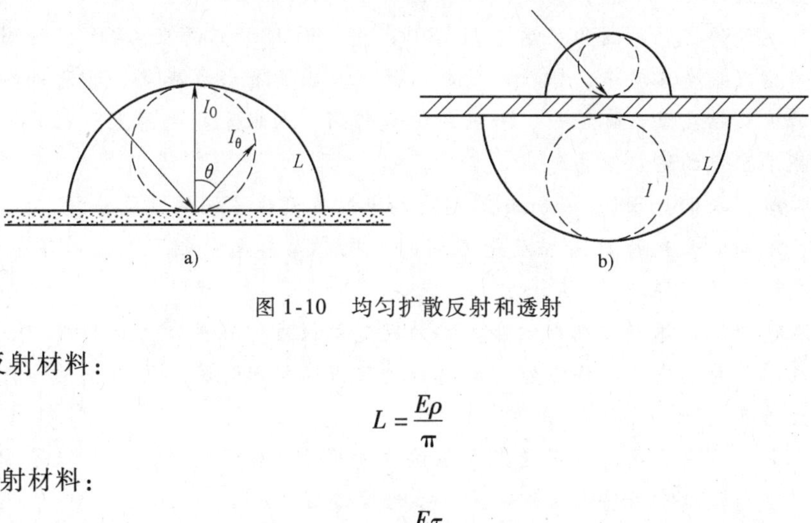

图1-10　均匀扩散反射和透射

对于反射材料：

$$L = \frac{E\rho}{\pi} \tag{1-19}$$

对于透射材料：

$$L = \frac{E\tau}{\pi} \tag{1-20}$$

均匀扩散材料的最大发光强度在表面的法线方向，其他方向的发光强度和法线方向的值有如下关系：

$$I_\theta = I_0 \cos\theta \tag{1-21}$$

其中 θ 即表面法线和某一方向间的夹角，式（1-21）称为“朗伯余弦定律”。

2）定向扩散材料。某些材料同时具有定向和扩散两种性质。它在定向反射（透射）方向具有最大的亮度，而在其他方向也有一定亮度。这种材料的亮度和发光强度分布见图1-11。图中实线表示亮度分布，虚线表示发光强度分布。

具有这种性质的反光材料如光滑的纸、较粗糙的金属表面、油漆表面等。这时在反射方

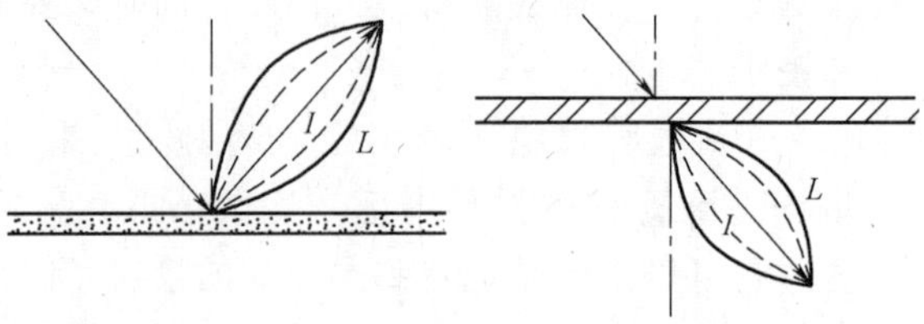

图 1-11 定向扩散反射和透射

向可以看到光源的大致形象，但轮廓不像定向反射那样清晰，而在其他方向又类似扩散材料，具有一定亮度。这种性质的透光材料如磨砂玻璃。

对于这类反射材料的工作面，如果处理不当也可能造成眩光，如果出现这种情况，应对出现眩光的面进行适当处理。

课后任务

1.1 参照下面的知识点，复习并归纳本学习情境的主要知识

- “光”的本质包含三层含义：一是波长范围为 380 ~ 780nm 的可见辐射波；二是视觉器官的视觉特点；三是两者作用所引起的感觉效果。
- 眼睛主要由瞳孔、水晶体、视网膜和视神经构成。
- 人双眼不动的视野范围为：水平面 180°；垂直面 130°，向上为 60°，向下为 70°。
- 明视觉指在明亮环境中，锥状细胞起作用，人眼具有颜色感觉，且对外界亮度变化适应能力强；暗视觉指在黑暗环境中，杆状细胞起作用，人眼无颜色感觉，也无法分辨物件细节，对外部亮度变化的适应能力低。
- 明视觉时，人们对 380 ~ 780nm 范围内的电磁波产生不同的颜色感觉。
- 人眼对不同波长光的敏感程度是不同的。观看辐射通量相同、波长不同的可见光辐射，感到明亮程度不一样。
- 人们眼睛辨认物体形状细部的能力称为视觉敏锐度，在医学上称为视力。
- 光源在单位时间内，向周围空间辐射出的使眼睛引起光感的能量，称为光通量，符号为 Φ，单位为流明（lm）。
- 光源在某一方向的发光强度是光源在该方向单位立体角内所发出的光通量，即光通量的空间密度。发光强度常用符号 I 表示，单位为坎德拉（cd）。
- 物体表面单位面积上接受到的光通量称为照度，常用符号 E 表示，照度的常用单位为勒克斯（lx）。
- 亮度是发光体或发光表面单位投影面积上的发光强度，亮度常用单位为 cd/m^2。
- 距离平方反比定律：表面法线与入射光线成 α 角处的照度，与它至点光源的距离平方成反比，与光源在 α 方向的发光强度和入射角 α 的余弦成正比。
- 立体角投影定律：某一亮度为 L_α 的发光体在被照表面上形成的照度，是这一发光表面的亮度 L_α 与该发光表面在被照点上的立体角投影（$\Omega\cos i$）的乘积。
- 看物体的清楚程度称为视度。影响视度的主要因素有亮度、物件尺寸、亮度对比、识别时间与面积、眩光等。

- 颜色就是作用于人眼引起除形象以外的视觉特性。从颜色的显现方式看，颜色有光源色和物体色的区别。
- 颜色分为无彩色和有彩色两种。任何一种有彩色的表观颜色，均可用三种独立的属性来描述，即色调、明度和彩度。对无彩色只有明度这一颜色属性。
- 光度学中将红（700nm）、绿（546.1nm）、蓝（435.8nm）三色称为加法色的三原色。而将它们的补色，即青色、品红色、黄色称为三个减法原色。
- 描述光源颜色的物理量有色温、相关色温和光源的显色性三个物理量。
- 光传播遇介质时，反射光通量、吸收光通量和透射光通量与入射光通量之比，分别称为光反射比（ρ）、光吸收比（α）和光透射比（τ）。
- 反光和透光材料均可分为两类：一类属于定向的；另一类为扩散的。

1.2　思考下面的问题

（1）光的本质是什么？可见光的波长范围？

（2）人眼有哪些视觉特性？什么是明视觉？什么是暗视觉？

（3）简述人眼的构造和功能。

（4）试说明光通量与发光强度、照度与亮度之间的区别和联系。

（5）看电视时，房间是完全黑暗好，还是有一定亮度好？为什么？

（6）影响视度的主要因素有哪些？明适应和暗适应有何差别？

（7）材料按光学性质如何分类？

（8）为什么有的商店大玻璃橱窗能像镜子似的照出人像，却看不清里面陈列的展品？

1.3　完成下面的课后练习任务

（1）波长为540nm的单色光源，其辐射通量为5W，试求：1）此光源发出的光通量；2）如它向四周均匀发射光通量，求其发光强度；3）离它2m处垂直于光线方向的表面上的照度。

（2）一房间平面尺寸为6.96m×14.76m，净空高为3.6m。在顶棚正中布置一盏各方向发光强度均为500cd的点光源，求房间正中和四角处的地面照度（不考虑室内各表面的反射光）。

学习情境2 天 然 采 光

职业标准要求：

了解光气候的基本知识和采光标准；掌握采光口的基本形式及其特点；掌握采光设计的内容和过程；了解采光计算的基本方法，了解采光节能的基本知识。

人眼工作需要良好的光照。天然光是一种最洁净的绿色光源。由于人类长期生活在自然环境中，人眼对天然光最适应，天然光下人眼有更高的视觉功效，会感到更舒适，也更有益于身心健康。再好的人工照明环境，人眼的舒适程度也不会达到天然光下的效果。因此，室内的工作环境必须充分利用天然光照，除非天然采光量无法满足视觉作业要求，另需人工照明来补充光照。同时，利用天然采光还可以节约大量照明用电，进而节约能源，有利于可持续发展。

任务1 光气候和采光标准

1.1 光气候

要设计好室内采光，必须对当地室外照度状况及影响它变化的气象因素有所了解，因为在天然采光的房间里，室内光环境随着室外天气的变化而改变。只有在设计中采取相应措施，才能保证采光需要。光气候是指由太阳直射光、天空漫射光和地面反射光形成的天然光自然状况。

(1) 天然光的组成和影响因素

太阳是地球天然光的唯一来源。地球和太阳距离非常远，太阳光可视为平行照射地球。

到达地面的太阳光一般分为两部分：太阳直射光和天空漫射光。直射光照度高，具有一定的方向，可使物体形成阴影。天空漫射光则是太阳光碰到大气层中的空气分子、灰尘、水蒸气等微粒，产生多次反射形成的。天空漫射光有一定亮度，形成的照度低，无一定方向，不能形成阴影。两种光的比例随天空中云量（如把天空总面积分成10份，云量表示其中被云遮住的份数，它划分为0~10级）而变化，太阳直射光在总照度中的比例由无云天时的90%到全云天时的零；天空漫射光在总照度中所占比例则由无云天的10%到全云天的100%。两种光线所占比例不同，地面上阴影的明显程度随之改变，光线的照度也将发生变化。晴天时，室外光线可认为由直射光和天空漫射光两部分组成。全云天则只有天空漫射光，没有直射光。

实际上，直射光和天空漫射光到达地面后，经地面反射还会形成地面反射光。地面反射光与地表的反射状况有关。比如，下雪后，在室外人会感到非常刺眼，会感到雪后的晚上比平常更亮。这都是由于雪后地面的光反射比增大，地面反射光增强的缘故。但一般情况下，地面反射光对室内光环境的影响比较小。

光气候的两种极限情况是晴天和全云天。

1）晴天。晴天指云量为 0 ~3 级的天气。地面照度由太阳直射光和天空漫射光形成，它们的照度值都随太阳高度角增大而增加，只是天空漫射光的照度在太阳高度角较大时增长速度逐渐减慢。因此太阳直射光照度在总照度中所占的比例随太阳高度角增大而加大，地面上物体的阴影也就越明显。晴天室外照度变化情况如图 2-1 所示。两种光的比例还受大气透明度影响，透明度越高，直射光所占的比例越大。

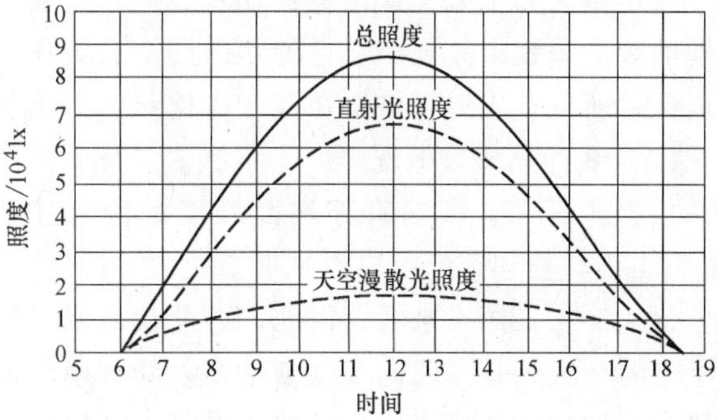

图 2-1　晴天室外照度变化情况

室内某一点的照度取决于从这点通过窗口所看到的那一块天空的亮度。晴天时太阳附近的天空最亮，由于太阳在天空的位置随时间变化，因此天空中亮度分布也是变化的。在无云天，太阳高度角为40°时天空亮度分布如图 2-2a 所示，天空最亮处在太阳附近，其亮度为天顶的 8 倍，是亮度最低处的 16 倍。由于太阳高度角总在变化，所以室外照度变化很大，随之影响室内的照度。建筑物的朝向对采光影响很大，南向窗口面对亮度较高的半边天空，室内照度较高；而北向房间面对低亮度天空，室内照度明显较低。

2）全云天。在全云天，天空全部被云遮盖，室外天然光全部为天空漫射光。图 2-2b 是全云天的天空亮度分布图，由图可知全云天天顶亮度为地平线附近的 3 倍。全云天虽然亮度低，但分布相对稳定。全云天建筑朝向对室内照度的影响较小，室内外照度具有值低但稳定的特点。影响全云天地面照度的主要因素有：

① 太阳高度角。太阳高度角越大，地面的照度越高，因此全云天中午比早晚照度高。

② 云状。不同的云反射、折射和透射光的能力不同，因此在地面形成的照度也不同。

③ 地面反射能力。光在云层和地面之间多次反射，若地面反射能力强，则地面照度显著提高（如雪地地面照度比无雪时可提高 1 倍以上）。

④ 大气透明度。大气透明度高则照度高，透明度降低，则室外照度也大大降低。

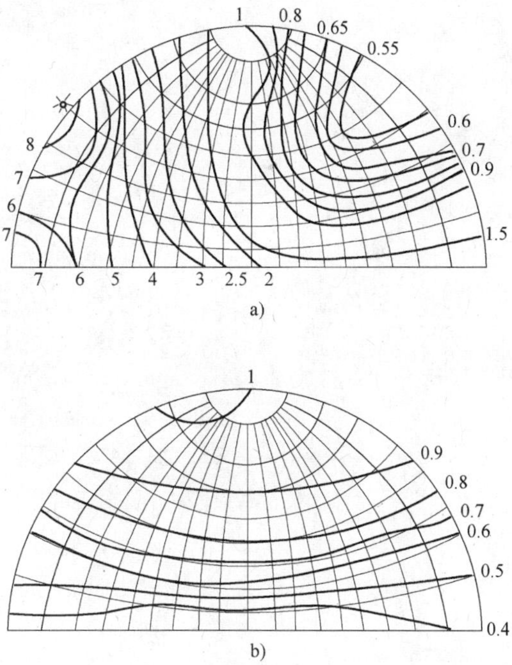

图 2-2　天空亮度分布

a）晴天　b）全云天

以上四个因素都影响室外照度，而它们本身在一天中也是变化的，必然也使室外照度随之变化，只是全云天时变化幅度没有晴天那样剧烈。

除了晴天和全云天这两种极端状况外，还有多云天。多云天时，光气候错综复杂，需从长期的观测中找出其规律。目前多采用全云天作为设计依据，这显然不适合晴天或多云天多的地区，所以有人提出按所在地区占优势的天空状况或“平均天空”来进行设计和计算。

（2）我国光气候概况

从上述可知，影响室外地面照度的因素主要有：太阳高度角、云状、云量、日照率（太阳出现时数和理论上应出现时数之比）。我国地域辽阔，同一时刻南北方的太阳高度角相差很大。从日照率来看，由北、西北往东南方向逐渐减少，而以四川盆地一带为最低。从云量来看，大致是自北向南逐渐增多，新疆南部最少，华北、东北少，长江中下游较多，华南最多，四川盆地特多。从云状来看，南方以低云为主，向北逐渐以高、中云为主。这些特点说明，天然光照度中，南方以天空漫射光照度较大，北方和西北以太阳直射为主。

图2-3是中国光气候资源分布图。从图中可看出我国各地光气候的分布趋势：全年平均总照度最低值在四川盆地，这是因为这一地区全年日照率低、云量多并且多属低云所致。

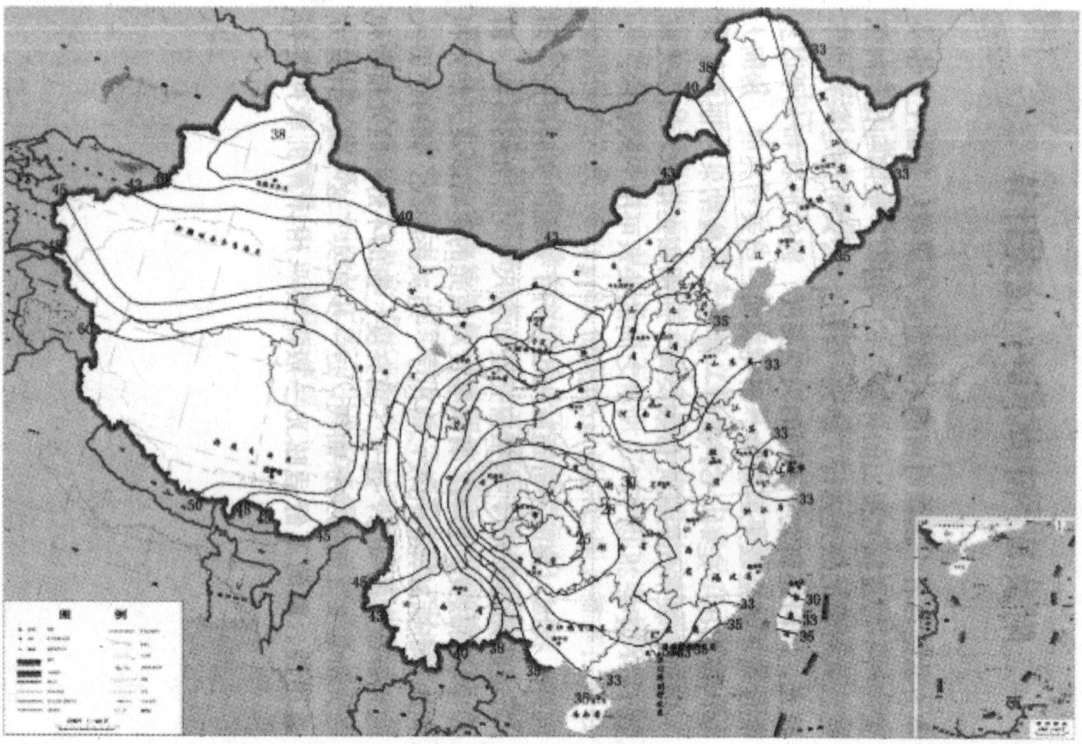

图2-3 中国光气候资源分布图

注：图中标注的单位为klx。

1.2 采光标准

在我国，《建筑采光设计标准》GB 50033—2013是采光设计的基本依据。标准以采光系数和室内天然光照度作为采光设计的评价指标，下面简要介绍该标准的相关内容。

（1）采光系数

采光设计时应以全云天天空的漫射光作为标准。室外照度总在变化，使室内的照度也相应变化，标准采用相对照度值作为采光标准。照度相对值称为采光系数，常用符号 C 表示，它是采光的数量评价指标，也是采光设计的依据，室内某一点的采光系数可按下式确定：

$$C = \frac{E_n}{E_w} \times 100\% \tag{2-1}$$

式中　E_n——在全云天天空漫射光照射下，室内给定平面上某一点由天空漫射光所产生的照度，单位为 lx；

E_w——在全云天天空漫射光照射下，与室内某一点照度 E_n 同一时间、同一地点，在室外无遮挡水平面上由天空漫射光所产生的室外照度，单位为 lx。

E_w 指的是全云天天空漫射光的照度，不考虑太阳直射光的作用。原因有三：一是晴天时，天空亮度或照度的分布变化很大，不易定量；二是在很多情况下，为避免眩光和保护视力，不允许直射光进入室内；三是在全云天照度很低的情况下能满足视觉要求，则晴天更能满足视觉作业条件。

用采光系数，可以根据室内要求照度算出需要的室外照度，也可根据室外某时刻照度值求出当时室内任一点的照度。

（2）采光系数标准值

一般情况下，在一定的范围内，物体表面的照度越高越好。但照度要求越高，投资就越高。因此确定采光系数标准值，必须根据视觉作业的要求，并考虑技术和经济上的合理性。采光标准综合考虑了视觉试验结果、已建成建筑物的采光现状、采光口的经济分析、我国的光气候特征及我国国民经济发展等因素，将视觉作业分为Ⅰ～Ⅴ级，各级要求的天然采光照度标准值分别为 750lx、600lx、450lx、300lx、150lx。当室外照度值为某一特定值时，室内照度就处于上述标准值。若室外照度值低于该特定值，则室内照度值将低于标准值，须采用人工照明来补充，我们把这个特定值，即把室内照度值达到标准最低值时的室外照度值，称为室外临界照度，也就是需要采用人工照明时的室外照度极限值。室外临界照度值将影响采光口的大小、人工照明使用时间等，规范规定其值为 5000lx。这样，根据临界照度，由式（2-1）可将天然采光照度最低值换算为采光系数最低值。采光标准中标准值可以保证室内各点亮度，有利于视觉作业。由于不同类型的采光口在室内形成不同的光分布，故采光标准按采光口类型不同，分别提出不同的要求。具体数值见表 2-1。

表 2-1　视觉作业场所工作面上采光系数标准值

等级	侧面采光		顶部采光	
	室内天然光照度标准值 /lx	采光系数标准值（%）	室内天然光照度标准值 /lx	采光系数标准值（%）
Ⅰ	750	5	750	5
Ⅱ	600	4	450	3
Ⅲ	450	3	300	2
Ⅳ	300	2	150	1
Ⅴ	150	1	75	0.5

（3）光气候分区

我国地域辽阔，各地光气候有很大区别，若采用同一采光标准值是不合理的，故采光标准将全国划分为Ⅰ～Ⅴ五个光气候分区，见图2-4。在《建筑采光设计标准》（GB 50033—2013）中所列采光系数标准值适用于Ⅲ类光气候区。其他地区应按它所处不同的光气候区，选择相应的光气候系数 K，见表2-2。采光设计中，所在地区具体的采光系数标准值，为采光标准各表所列采光系数标准值乘上各区的光气候系数 K。

表2-2 光气候系数 K 值

分区	Ⅰ	Ⅱ	Ⅲ	Ⅳ	Ⅴ
K 值	0.85	0.90	1.00	1.10	1.20
室外天然光设计照度 E_s/lx	18000	16500	15000	13500	12000

（4）不同类型建筑的采光系数标准值

1）住宅建筑。住宅建筑采光标准值不应低于表2-3的规定。

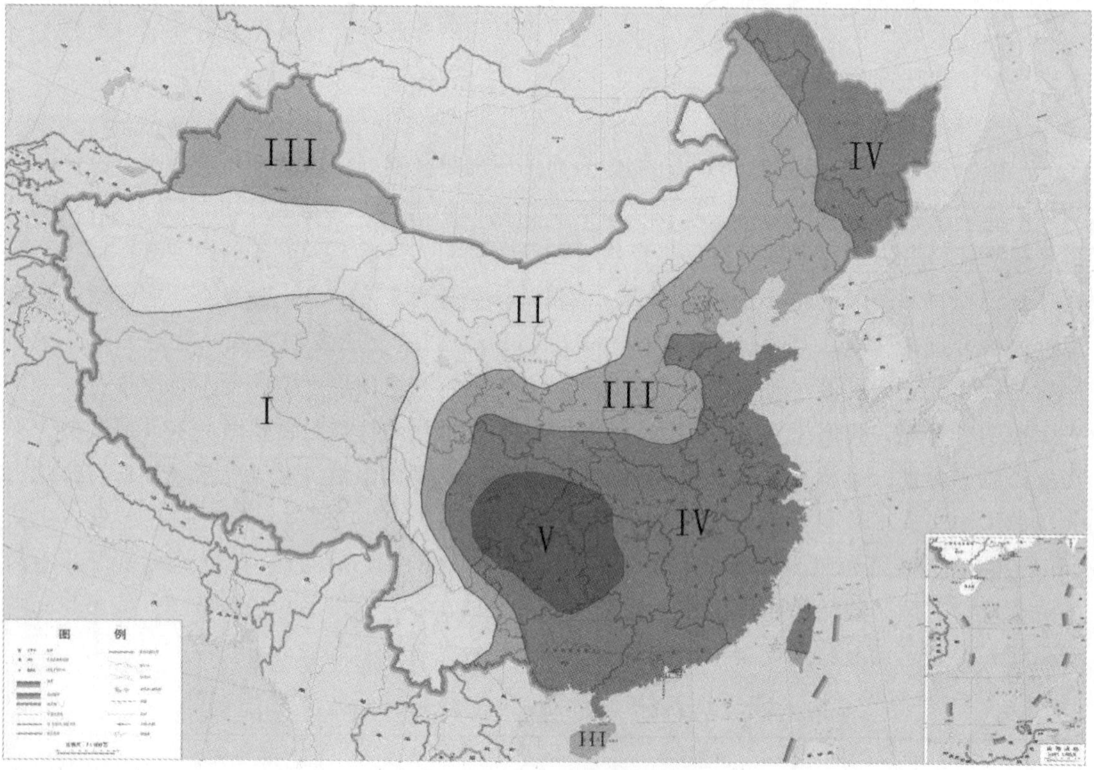

图2-4 中国光气候分区图

表2-3 住宅建筑采光标准值

采光等级	房间名称	侧面采光	
		采光系数标准值(%)	室内天然光照度标准值/lx
Ⅳ	厨房	2.0	300
Ⅴ	卫生间、过道、楼梯间、餐厅	1.0	150

2）办公建筑。办公建筑采光标准值不应低于表2-4的规定。

3）教育建筑。教育建筑采光标准值不应低于表2-5的规定。

表 2-4　办公建筑采光标准值

采光等级	房间名称	侧面采光	
		采光系数标准值(%)	室内天然光照度标准值/lx
Ⅱ	设计室、绘图室	4.0	600
Ⅲ	办公室、会议室	3.0	450
Ⅳ	复印室、档案室	2.0	300
Ⅴ	走道、楼梯间、卫生间	1.0	150

表 2-5　教育建筑采光标准值

采光等级	房间名称	侧面采光	
		采光系数标准值(%)	室内天然光照度标准值/lx
Ⅲ	教室、阶梯教室、实验室、报告厅	3.0	450
Ⅴ	走廊、楼梯间、卫生间	1.0	150

4）图书馆建筑。图书馆建筑采光标准值不应低于表 2-6 的规定。

表 2-6　图书馆建筑采光标准值

采光等级	房间名称	侧面采光		顶部采光	
		采光系数标准值(%)	室内天然光照度标准值/lx	采光系数标准值(%)	室内天然光照度标准值/lx
Ⅲ	阅览室、开架书库	3	450	2.0	300
Ⅳ	目录室	2	300	1.0	150
Ⅴ	书库、走道、楼梯间、卫生间	1	150	0.5	75

5）旅馆建筑。旅馆建筑采光标准值不应低于表 2-7 的规定。

表 2-7　旅馆建筑采光标准值

采光等级	房间名称	侧面采光		顶部采光	
		采光系数标准值(%)	室内天然光照度标准值/lx	采光系数标准值(%)	室内天然光照度标准值/lx
Ⅲ	会议室	3.0	450	2.0	300
Ⅳ	大堂、客房、餐厅、健身房	2.0	300	1.0	150
Ⅴ	走廊、楼梯间、卫生间	1.0	150	0.5	75

6）医疗建筑。医疗建筑采光标准值不应低于表 2-8 的规定。

表 2-8　医疗建筑采光系数标准值

采光等级	房间名称	侧面采光		顶部采光	
		采光系数标准值(%)	室内天然光照度标准值/lx	采光系数标准值(%)	室内天然光照度标准值/lx
Ⅲ	诊室、药房、治疗室、化验室	3.0	450	2.0	300
Ⅳ	候诊室、挂号处、综合大厅、医生办公室(护士室)	2.0	300	1.0	150
Ⅴ	走廊、楼梯间、卫生间	1.0	150	0.5	75

7）博物馆建筑和展览建筑。博物馆建筑和展览建筑采光标准值不应低于表2-9的规定。

表2-9 博物馆建筑和展览建筑采光标准值

采光等级	房间名称	侧面采光		顶部采光	
		采光系数标准值(%)	室内天然光照度标准值/lx	采光系数标准值(%)	室内天然光照度标准值/lx
Ⅲ	博物馆文物修复室、标本制作室、书画装裱室；展览建筑展厅	3.0	450	2.0	300
Ⅳ	博物馆陈列室、展厅、门厅；展览建筑登录厅、连接通道	2.0	300	1.0	150
Ⅴ	库房、走道、楼梯间、卫生间	1.0	150	0.5	75

8）工业建筑。工业建筑采光标准值不应低于表2-10的规定。

（5）采光质量

为获得较好的采光质量，应注意如下问题：

1）合适的采光均匀度。视区内照度分布不均匀，易使人眼疲乏，视功能下降，影响工作效率。顶部采光时Ⅰ~Ⅳ采光等级的采光均匀度（uniformity ratio of illuminance，规定表面上的最小照度与平均照度之比）在0.7以上。Ⅴ级视觉作业开窗面积小，较难照顾到采光均匀度，故规范对它的均匀度没有规定。

表2-10 工业建筑采光标准值

采光等级	房间名称	侧面采光		顶部采光	
		采光系数标准值(%)	室内天然光照度标准值/lx	采光系数标准值(%)	室内天然光照度标准值/lx
Ⅰ	特别精密的机电产品加工、装配、检验车间、工艺品雕刻、刺绣、绘画	5.0	750	5.0	750
Ⅱ	很精密的机电产品加工、装配、检验、通信、网络、视听设备的装配与调试车间 纺织品精纺、织造、印染车间 服装裁剪、缝纫及检验车间 精密理化实验室、计量室 主控制室 印刷品的排版、印刷室 药品制剂室	4.0	600	3.0	450
Ⅲ	机电产品加工、装配、检修车间 一般控制室 木工、电镀、油漆、铸工、理化实验室 造纸、石化产品后处理车间 冶金产品冷轧、热轧、拉丝、粗炼车间	3.0	450	2.0	300

（续）

采光等级	房间名称	侧面采光		顶部采光	
		采光系数标准值(%)	室内天然光照度标准值/lx	采光系数标准值(%)	室内天然光照度标准值/lx
Ⅳ	焊接、钣金、冲压剪切、锻工、热处理车间 食品、烟酒加工及包装车间 日用化工产品车间 炼铁、炼钢、金属冶炼车间 水泥加工与包装车间 配、变电所	2.0	300	1.0	150
Ⅴ	发电厂主机房 压缩机房、风机房、锅炉房、泵房、电石库、乙炔库、氧气瓶库、汽车库、大中件贮存库 煤的加工、运输，选煤配料间、原料间	1.0	150	0.5	75

2）防止眩光。标准提出可采取以下措施减少窗口眩光：

① 作业区应减少或避免直射阳光。

② 工作人员的视觉背景不宜为窗口。

③ 为降低窗亮度或减少天空的视域，可采取室内外遮挡设施。

④ 窗结构内表面和窗周围的内墙面，宜采用浅色饰面。

3）采用合适的光反射比。对于办公建筑、图书馆、学校建筑的房间，其室内各表面光反射比应符合表2-11的规定。

4）采光设计应注意光的方向性，应避免对工作产生遮挡和不利影响。如教室采光设计，考虑学生书写作业，天然光线应从左前方射入。

表2-11 室内各表面光反射比标准

表面名称	光反射比	表面名称	光反射比
顶棚	0.60～0.90	地面	0.10～0.50
墙面	0.30～0.80	桌面、工作台面、设备表面	0.20～0.60

5）白天天然光线不足而需要补充人工照明的场所，补充的人工照明光源宜选择接近天然光色温的高色温光源。

6）对于需识别颜色的场所，宜采用不改变天然光光色的采光材料。

7）对于博物馆和美术馆建筑的天然采光设计，宜消除紫外线辐射、限制天然光照度值和减少照射时间，以防止对展品的危害。

8）对具有镜面反射的观看目标，应防止产生反射眩光或看见光源的映像。

9）当选用导光管采光系统进行采光设计时，采光系统应有合理的光分布。

导光管采光系统是一种用来采集天然光，并经管道传输到室内，进行天然光照明的采光系统，通常由集光器、导光管和漫射器组成。

任务2 采光口的基本形式

围护结构开洞口安上透光材料，称采光口。采光口既可采光，又可使室内免受风、雨、雪的侵袭。采光口可分为侧窗和天窗两种形式。

2.1 侧窗

侧窗采光是建筑上常用的一种采光口形式。

在房间的侧墙上开窗以获取天然光线称为侧窗采光。其特点为：布置灵活方便、构造简单、不受建筑层数限制、开启方便、有利通风换气、造价低，光线具有强烈的方向性，使物体有立体感，并可通过它看到外界景物，扩大视野，与外界取得联系。

侧窗附近的采光系数和相应的照度随窗离地面高度的增加而减少，远离窗的地方照度随窗离地面高度的增加而增加，并具有良好的采光均匀度，故窗顶应尽可能高。一般侧窗窗台离地面的高度为1m左右，称为低侧窗。窗台离地面高度在2m以上的为高侧窗。高侧窗可争取较多的完整墙面和提高房间深处的照度，常用于展览建筑、工业厂房和仓库等。另外，窗的形式、窗间墙面积、窗扇构造、室内外的遮挡情况和反光状况等因素都对采光产生影响。

侧窗的形式有矩形、弧拱形、圆形和多边形等。最常用的是矩形，它构造简单，施工方便，采光效果好。不同的矩形窗采光效果也不相同，实验表明，就采光量（室内各点照度总和）来说，若采光口面积相等且窗台标高一致时，正方形窗口采光量最高，其次为竖长方形，横长方形最少。从照度均匀性来看，竖长方形采光口在房间沿采光口的进深方向均匀性好，横长方形采光口在沿房间采光口横向方向采光较均匀。故窗口的形式应结合房间的形状来选择，如窄而长的房间宜用竖长方形窗，宽而短浅的房间宜用横长方形窗。

沿房间进深方向的采光均匀性，最主要的是受窗位置高低的影响，如图2-5所示。图2-5b的处理方法虽然降低了近窗处工作面上的照度，却使房间内照度的均匀度大大提高。

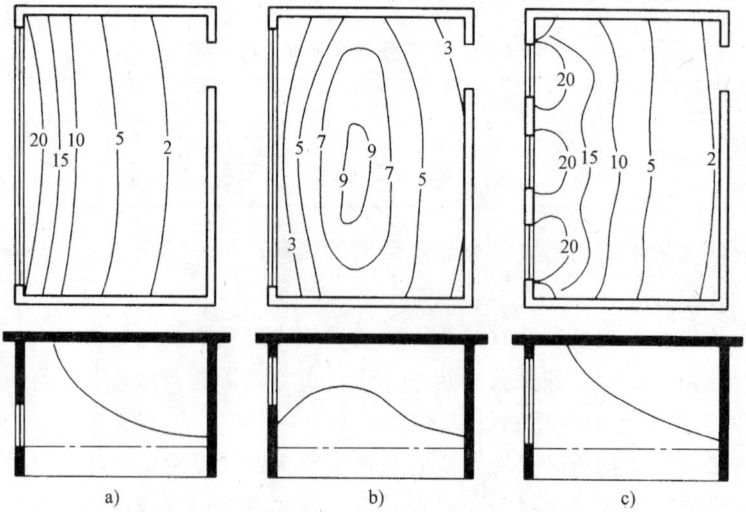

图2-5 窗的不同位置对室内采光的影响

影响房间横向采光均匀性的主要因素为窗间墙，窗间墙越宽则横向采光均匀性越差，特别是靠窗间墙一侧的横向均匀性更差。因此，在墙边布置有连续工作台时，应尽可能减小窗间墙的宽度，以减少光线的不均匀性，或将工作台离开墙边布置，避开不均匀地带；或采用通长采光口。

为了克服侧窗采光照度变化大、房间深处照度不足的缺点，可采用乳白玻璃、玻璃砖等扩散透光材料，或采用将光线折射至顶棚的折射玻璃。侧窗采用不同玻璃在室内获得不同的采光效果，如图2-6表示。可以看出，采用定向折光玻璃后，照射深度比普通玻璃大很多。

朝北向的房间采光通常不足，若增加窗面积，则热量损失过大，这时如能将对面的南向建筑立面处理成浅色，由于太阳光在该面上形成很高照度，使之成为一个亮度相当高的反向光源，就可以使北向房屋的采光量增加很多。由于侧窗，特别是低侧窗的位置较低，很容易见到明亮的天空而形成眩光。为了减少眩光，可以采用水平百叶窗或水平遮阳板等措施。同时，侧窗容易受周围物件（如树木、建筑物等）的遮挡，影响采光。在采光设计中应妥善处理采光口与环境的关系，合理确定建筑物之间的间距和方位，合理选择窗前树种及离窗距离。

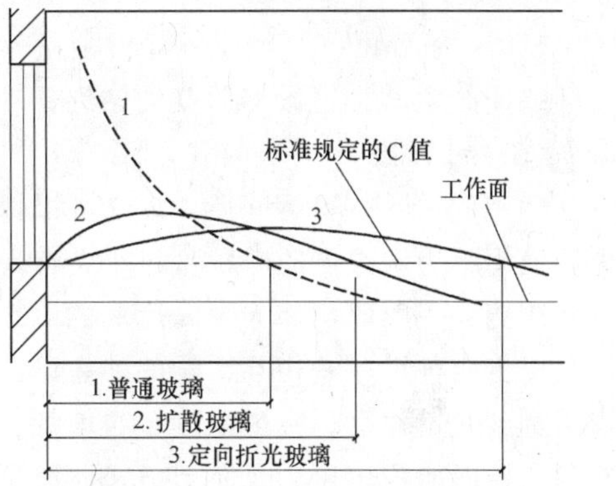

图2-6 不同玻璃的采光效果

2.2 天窗

房屋屋顶设置采光口采光称为天窗采光。天窗采光在工业厂房和大厅房屋中应用广泛。天窗采光与侧窗采光相比，具有以下特点：

1）采光效率高，约为侧窗的8倍。

2）一般具有较好的照度均匀性（平天窗房屋阳光直射处照度均匀性差一些）。

3）天窗采光一般很少受到遮挡。但天窗的开窗方式，决定了它只能应用在建筑物屋面下的房屋。

天窗的形式有矩形天窗、横向天窗、锯齿形天窗、平天窗以及井式天窗。

（1）矩形天窗

通常矩形天窗由天窗架、天窗扇等组成。矩形天窗的采光特性与高侧窗相似，跨中的采光系数最高，而柱子处的采光系数最低，如图2-7所示。如设计得当，可避免单侧窗的缺点（照度变化大），使照度均匀。此外，由于窗口位置高，一般处于视野范围外，不易形成眩光和受外面物体的遮挡。

矩形天窗的采光效果与天窗某些尺寸密切相关，设计时应注意选择（图2-8）。

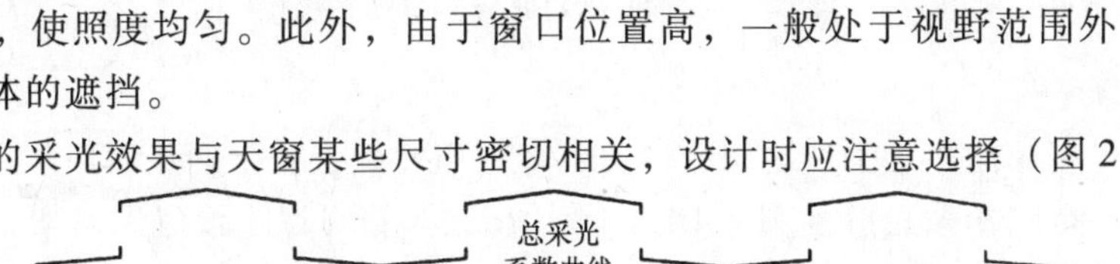

图2-7 矩形天窗采光系数曲线

1）天窗宽度（b_{mo}）。天窗宽度影响室内照度平均值和均匀度，一般取建筑跨度 b 的一半左右为宜。

2）天窗位置高度（h_x）。天窗位置高度是指天窗下缘至主工作面的高度，它对照度和采光均匀度均有较大影响，一般取 $0.35b \sim 0.7b$。

3）天窗间距（b_d）。天窗间距是指天窗轴线间的距离，它影响照度均匀性，一般取 b_d 在 $4h_x$ 以内。

4）相邻天窗玻璃间距（b_g）。相邻天窗玻璃间距为两天窗的净距，过小会使天窗相互遮挡，一般取相邻天窗高度和的 1.5 倍。

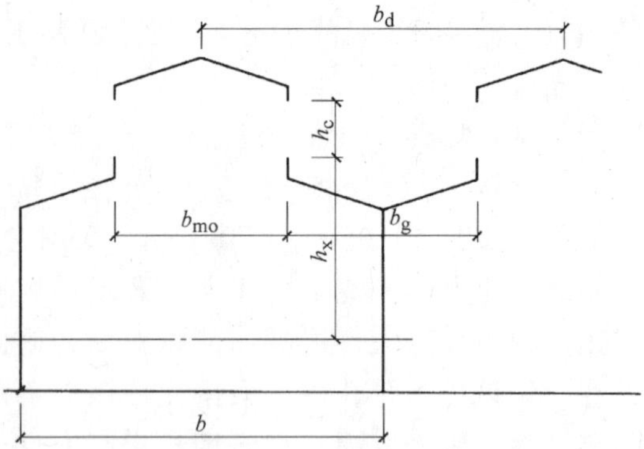

图 2-8 矩形天窗的尺寸

以上四种尺寸是相互影响的，在设计时应综合考虑。由于这些限制，矩形天窗的玻璃面积增加到一定程度，室内照度不再增加；当窗地面积比（ratio of glazing to floor area：窗洞口面积与地面面积之比）增加到 35% 时，再增加玻璃面积，室内采光系数值也不再增加。采光系数平均值最高仅为 5%。因此，这种天窗常用于中等精密工作的车间，以及有一定通风要求的车间。

为避免直射阳光透过矩形天窗进入车间，矩形天窗的玻璃面最好为南北朝向。将矩形玻璃做成倾斜的（称为梯形天窗）可提高室内照度 60% 左右（图 2-9），但在均匀度上却明显变差，并且梯形天窗易积尘、构造复杂。

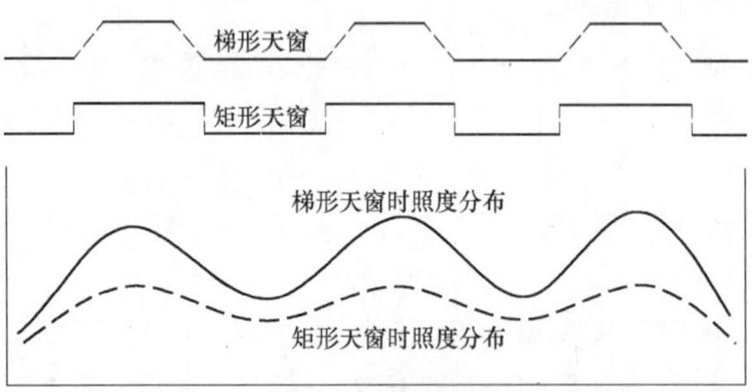

图 2-9 矩形天窗和梯形天窗采光比较

（2）横向天窗

横向天窗是利用屋架上下弦之间的空间，即利用屋架上弦上的屋面板与屋架下弦上的屋面板之间的高差空隙作采光口（图 2-10）。采用横向天窗可以不设置天窗架，结构简单、节约材料，造价仅为矩形天窗的 62%，而采光效果和纵向矩形天窗差不多。横向天窗在下弦上安装屋面板比较麻烦。

为获得较大开窗面积，横向天窗不宜用于跨度较小的车间。横向天窗的玻璃与矩形天窗的玻璃成 90°角，适于面向东西的车间。

（3）井式天窗

如图 2-11 所示，井式天窗与横向天窗相似，也是利用屋架上、下弦之间的空间，所不

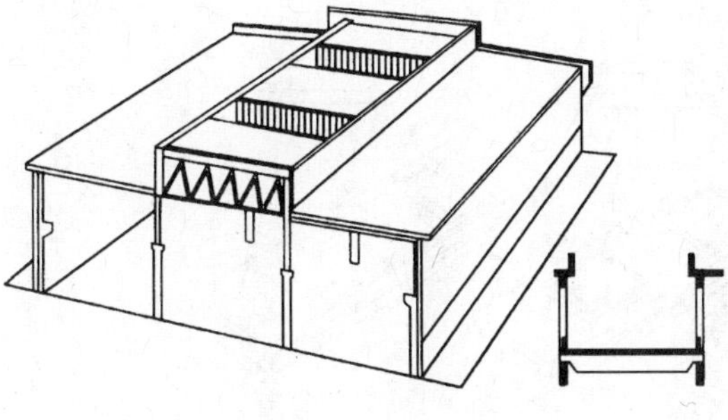

图 2-10　横向天窗

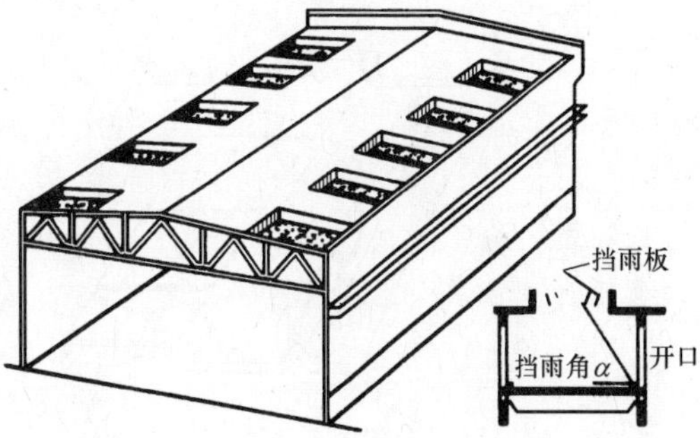

图 2-11　井式天窗

同的是井式天窗只在局部范围形成井口。

井式天窗只在屋面局部开口，能起到引风的作用。为使通风顺畅，开口处可不设玻璃窗扇，但要解决飘雨的问题。开口较小时可在井口上部设置挑檐；开口较大时，可在中间加几排挡雨板。由于挡雨板挡光较厉害，光线很少能直接射入车间，都是经过井底板反射进入，因此采光系数一般在1%以下。

（4）锯齿形天窗

锯齿形天窗为单面顶部采光，屋面顶棚为倾斜面，可引起反光，故采光系数比矩形天窗要高。锯齿形天窗的采光效果如图2-12所示。图中 a 曲线为晴天窗口朝向太阳时室内天然光分布，图中 b 曲线为阴天时的情况，图中 c 曲线为背向太阳时室内天然光的分布情况。在保证相同的采光系数时，锯齿形天窗玻璃面积可比矩形天窗减少15%～20%。其平均采光系数可保证7%，能满足精密车间的要求。为防止阳光直射，避免直射光对车间内温度和湿度产生较大影响、避免眩光，可将玻璃面朝北。这种天窗除具有单面高侧窗的一些特点外，由于有倾斜顶棚作反射面增加反射光，故室内光线比高侧窗更均匀。这种天窗的最大特点是光线的方向性强，故用于需要方向性采光的车间。

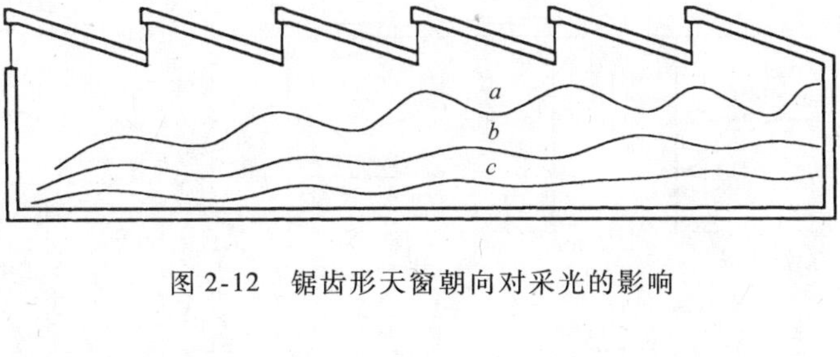

图 2-12　锯齿形天窗朝向对采光的影响

（5）平天窗

在屋盖的洞口上覆以透明顶罩而形成的顶部采光形式称为平天窗。

平天窗常用的透光材料有钢化玻璃、钢丝平板玻璃、玻璃钢及塑料等。平天窗一般不需要特殊的天窗架，造价仅为矩形天窗的21%～31%，且降低了建筑高度，结构简单，施工方便。平天窗的采光效率比矩形天窗高2～3倍，采光效率最高。平天窗可根据采光需要均匀分散布置，每个采光口面积可小一点，使光线不致集中。根据不同材料和屋面构造，平天窗可以布置成采光罩、采光板和采光带等形式（图2-13）。由于平天窗的面积很少受到制约，故室内的采光系数值可达到很高。

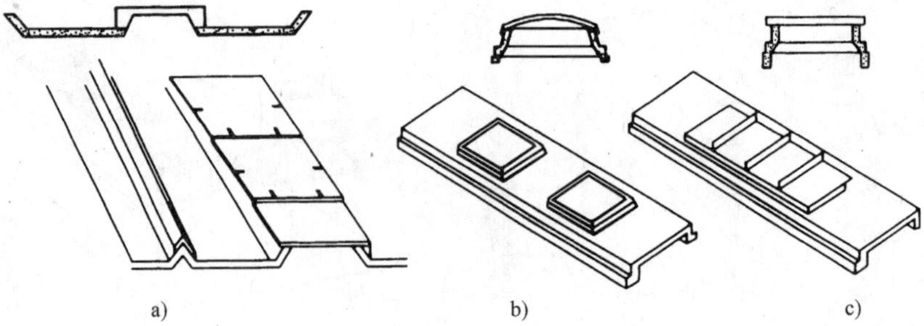

图 2-13 平天窗的不同形式

平天窗表面容易污染，且阳光直射形成不均匀亮度（图 2-14），在晴天较多的地区应采取阳光扩散措施；寒冷地区的冬季，尤其是在室内湿度较大的车间，平天窗内表面容易形成冷凝水；在南方地区平天窗会带来大量的辐射热，严重影响室内热环境，应引起注意。

以上分析了各种侧窗和天窗的采光特点，它们各有所长。设计时可根据不同情况采用，也可以同时采用侧窗和天窗，即混合采光，以互相弥补不足，达到最好的采光效果。图 2-15列出几种常用天窗在平、剖面相同，且天然采光系数最低值为5%时所需的窗地面积比和采光系数分布。从图中可看出：分散布置的平天窗所需的窗面积最小，其次为梯形天窗和锯齿形天窗，最大的为矩形天窗。但从照度分布的均匀性来看，集中在一处的平天窗最差。

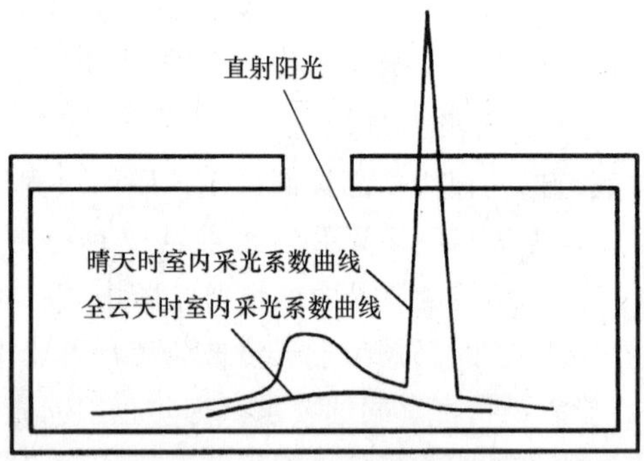

图 2-14 平天窗的室内天然光分布

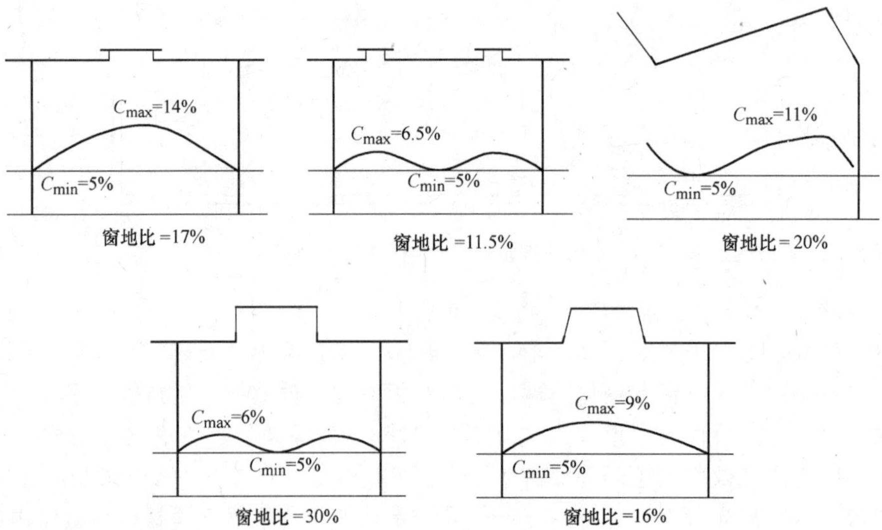

图 2-15 几种天窗的采光效率比较

任务3　采光设计

房屋天然采光设计的任务在于根据视觉作业特点所提出的各项要求，正确选择采光口形式，确定必需的采光口面积及位置，使室内获得良好的光环境，保证视觉作业顺利进行。设计时应综合考虑采光、自然通风、保温、隔热、泄爆等因素。

3.1　采光设计的内容及过程

采光设计的内容和主要过程可用图2-16所示的流程图来说明。

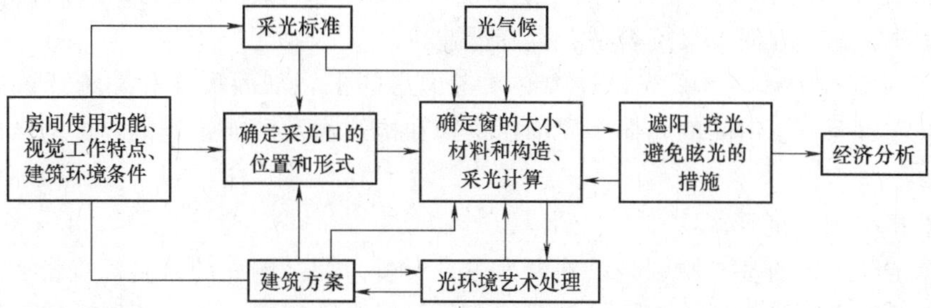

图2-16　采光设计的内容和过程

(1) 收集资料

1) 采光要求

① 房间的使用功能。不同工作特点和所要求的精密度对室内照度的要求不同，应根据这两个因素来确定视觉作业分级及采光系数标准值，见表2-3～表2-10。

② 工作面的形式。工作面有水平、垂直和倾斜三种形式，采光口的形式和位置的选择应与工作面的形式相适应。如为竖直工作面，采用侧窗可获得较高的照度，而且照度的变化受工作面至窗口距离的影响较小，正对光线的面光线好一些，背对光线的面光线要差一些。如果是水平工作面，它到侧窗距离的远近对采光影响很大。同时，工作面位置不同，采光系数的计算方法也不同。我国采光设计标准推荐的采光计算方法仅适用于水平工作面。

③ 工件表面状况。工件是平面的还是立体的，是光滑的还是粗糙的，对确定采光口的形状和位置都有直接的影响。对平面对象（如看书）不要求光线具有方向性；而对立体部件，则希望光线具有一定方向性，以形成阴影，增加立体感，加大对比，提高视度。对光滑表面，若采光口的位置设置不当，由于镜面反射，可能会使明亮的窗口形象恰好反射到操作人员的眼中，形成严重的眩光，影响工作。

④ 直射光线。直射阳光进入室内可引起眩光或使房间内过热，应在窗口选型、朝向和材料方面加以考虑，尽量避免产生直射阳光。

⑤ 室内工作区域。照度要求高的区域应布置在窗附近，要求不高的区域（如仓库、通道等）可远离窗口。

2) 其他要求

① 采暖要求。窗玻璃热阻小，使室内冬冷夏热，这对室内热环境不利，故窗口面积应适当，避免盲目开大窗，特别是北方地区的北窗和南方的西窗更应注意。

② 通风要求。设计时，采光、通风谁为主导因素，应依房屋性质定，尽量做到协调。

从采光角度来看，高侧窗可使室内照度均匀，但通风差，气流难经过工作面。如展览馆以采光为主，故可用高侧窗。而产生余热的车间，应设通风孔，以排出热气。对有污染的车间，烟尘会污染玻璃影响采光，可将排气口和采光口分开一定距离设置。

③ 泄爆要求。对于可能引起爆炸的仓库和车间，应设大面积泄爆窗，从窗的面积和构造处理上解决减压减噪量，以降低爆炸压力，保证建筑结构安全。但由于加大窗面积往往会超过采光要求，并引起眩光和过热，设计时应加以注意。

④ 建筑立面要求。外墙面窗的形式与尺度直接影响到建筑物的立面造型，在进行建筑设计时，应兼顾建筑的艺术造型美观和采光要求。

⑤ 经济性。随窗形式、尺度不同，造价也不相同，要根据建筑物的实际需要设置，尽可能形式简单、施工方便、尺度合适，以降低造价。

⑥ 房间及其周围环境。采光设计中必须考虑房间平、剖面尺寸和影响开窗的构件。如吊车梁的位置和大小、房间的朝向、周围建筑物和构筑物及影响采光的物体的高度，以及它们和房间的距离等。

（2）选择采光口的形式

选择采光口形式的基本原则是以侧窗为主，天窗为辅。侧窗的采光优点较多，且对多层建筑，无法设天窗，只能设侧窗，对进深较大的单层多跨车间，可在边跨外墙上设侧窗，中间各跨则用天窗来补充。

（3）确定采光口位置及能开窗的面积

侧窗一般设置在建筑物的南北侧墙上，窗口朝南或朝北。天窗则应据车间的剖面形式及与相邻车间的关系来确定其位置及尺寸。

（4）估算采光口尺寸

对一般的工业建筑与民用建筑，根据房间视觉作业分级和拟定的采光口形式和位置，即可从表2-12查出所需窗地面积比和采光有效进深。按《老年人居住建筑设计标准》（GB/T 50340—2003），老年人居住建筑主要用房的窗地面积比，不宜小于表2-13的规定。由窗地面积比和室内地面面积乘积获得的开窗面积，仅是一种估算窗口面积的方法，它产生的采光效果，随具体情况不同会有很大差别。因此，不能把估算值作为最终确定的开窗面积，而需要进行验算。

当同一房间既有侧窗，又有天窗时，可先按侧窗查出其窗地面积比，再据能开窗的侧墙面布置侧窗，不足部分由天窗补充。

表2-12 窗地面积比和采光有效进深

采光等级	侧面采光		顶部采光
	窗地面积比(A_c/A_d)	采光有效进深(b/h_s)	窗地面积比(A_c/A_d)
Ⅰ	1/3	1.8	1/6
Ⅱ	1/4	2.0	1/8
Ⅲ	1/5	2.5	1/10
Ⅳ	1/6	3.0	1/13
Ⅴ	1/10	4.0	1/23

注：1. 窗地面积比和采光有效进深适用于Ⅲ类光气候区的采光，其他光气候区的窗地面积比应乘以相应的光气候系数K。

2. 窗地面积比计算条件：窗的总透射比τ取0.6；室内各表面材料反射比的加权平均值：Ⅰ～Ⅲ级取$\rho_j=0.5$，Ⅳ级取$\rho_j=0.4$，Ⅴ级取$\rho_j=0.3$。

3. 顶部采光指平天窗采光，锯齿形天窗和矩形天窗可分别按平天窗的1.5倍和2倍窗地面积比进行估算。

表2-13 老年人居住建筑主要用房的最小窗地面积比

房间名称	窗地比	房间名称	窗地比
活动室	1/4	厨房、公共厨房	1/7
卧室、起居室、医务用房	1/6	楼梯间、公用卫生间、公共浴室	1/10

以上所说的采光口面积，是根据采光量的要求获得的。实际上，人们通常要求侧窗能使室内外互相通视，这时对侧窗的面积有如下要求：

1）侧窗玻璃面积宜占所处外墙面积的20%～30%。

2）窗宽与窗间墙比宜在1.2:1～3.0:1之间。

3）窗台高度不宜超过0.9m。

（5）进行采光验算和技术经济分析，布置采光口

确定了采光口的形式、面积和位置，基本上能达到设计要求。但由于采光面积是估算的，位置也不一定合适，在进行技术设计之后，还应进行采光验算，确定它是否满足采光标准的各项要求。

当采光设计初步方案满足了采光的技术要求后，应进行其他方面的分析，综合考虑通风、日照、美观和经济等方面的要求。只有各方面都做出正确的平衡，才能最终确定采光设计方案是否可行。

3.2 采光设计示例——中小学教室采光设计

（1）教室光环境要求

中小学阶段是青少年身心发展的重要阶段，而教室是学生长期学习的场所，这就要求采光设计必须保证教室里的光环境有利于学生们的视觉健康。教室光环境设计的具体要求是：

1）整个教室内应保持足够的照度，而且要求照度分布均匀。应使坐在各个位置上的学生具有相近的光照条件。

2）合理安排教室环境的亮度分布，消除眩光。教室采光设计应尽量避免产生眩光，应保证正常的视觉作业环境，减少疲劳，提高学习效率。但在教室内各处保持亮度完全一致，不仅在实践上很难办到，而且也无此必要。在某些情况下，适当的不均匀亮度分布还有助于集中注意力，如应在教师讲课的讲台和黑板附近适当提高照度，使学生听课时集中注意力。

3）较少的投资和较低的维护费用。我国是一个发展中国家，经济还不够发达，教育经费有限。因此，必须使设计符合国民经济发展水平的要求。

（2）教室采光设计

1）采光设计条件

① 满足教学和学习的功能要求。根据《建筑采光设计标准》的规定（表2-5），教室课桌面上的采光系数标准值为3%。从目前的教室建筑设计尺度来看，要达到这一要求，必须采用断面小的窗框材料，并使窗地面积比大于1:4，同时尽量使窗口上沿靠近顶棚。

② 照度分布均匀。条件允许时，可采用双侧采光控制教室内的照度分布。在工作区域内的照度差别尽可能限制在1:3以内；在整个房间内不宜超过1:10。如为单侧窗，可提高窗台高度到1.2m，并将窗上沿提高到顶棚处。这样，既提高了照度均匀性，又能防止学生看到窗外分散注意力。

③ 注意光线的方向性。光线最好从黑板左侧上方射来。单侧采光只要黑板位置正确，

不会有问题，如是双侧采光，则应分清主次，将主要采光窗放在左边，以免在书写时，手遮挡光线。开窗分清主次，还可避免在立体物件两侧产生两个浓度相近的阴影，歪曲立体形象，影响视看效果。

④ 防止眩光。必须避免透过窗口看到明亮的天空或透过窗口的直射光处于视野范围内，以免造成眩光。《建筑采光设计标准》规定学校教室应设窗帘以防止直射阳光射入室内，还可从建筑朝向的选择和设置遮阳等方面来解决眩光的问题。从采光稳定性和避免眩光的角度，采光口最好朝北，但北方地区窗口朝北和冬季采暖保温相矛盾，因而北方可将教室的窗口设为朝南，应尽量避免因朝向造成室内光环境的不稳定。

2）教室采光设计中应注意的几个问题

① 室内装修。室内深处的光线主要是来自顶棚和内墙的反射。故顶棚和内墙应选择光反射比大的材料，且室内各表面亮度应尽可能接近，特别是室内相邻表面亮度相差不能太悬殊；窗间墙应选择光反射比大的材料；装有黑板的端墙光反射比应稍低；课桌表面应尽可能用扩散无光泽的浅色材料；教室各表面光反射比应尽可能与表2-11中的规定一致。

② 黑板。黑板和学生的笔记本之间不应有过大的亮度差别。毛玻璃背面涂刷黑色或暗绿色油漆的做法，提高了光反射比，同时可避免和减弱眩光，但应避免光线大角度入射，否则仍可产生眩光。控制眩光的方法常有以下三种：

Ⅰ. 端墙上距黑板1.0～1.5m处最好不开窗。图2-17a中的开窗情况可能引起镜面反射。

Ⅱ. 黑板做成微曲或折面，或黑板顶部向前倾斜放置，如图2-17b和图2-17c所示。

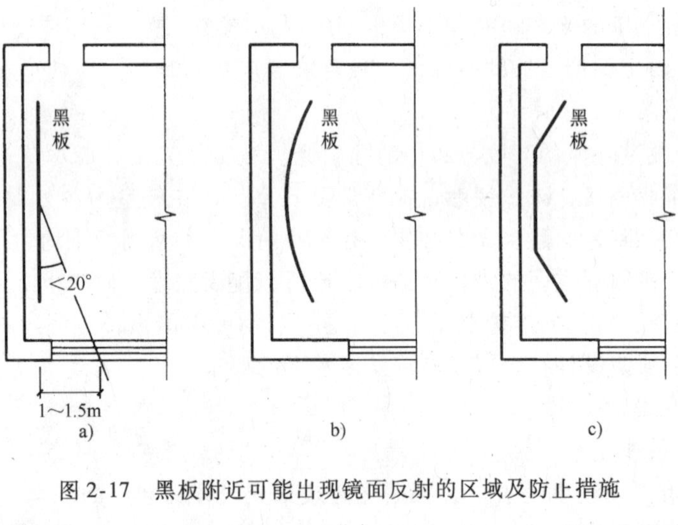

图2-17 黑板附近可能出现镜面反射的区域及防止措施

Ⅲ. 增加黑板照度。

③ 梁和柱的影响。梁的方向尽量与外墙垂直，否则应做吊顶，使顶棚平整。

④ 窗间墙。窗间墙的宽度应尽量缩小，以增加教室采光的横向均匀性。

3）改善教室采光效果的具体措施。由于侧窗采光不均匀，所以应采取措施提高教室采光的照度均匀性。改善措施有：

① 将窗的横档加宽，将它放在窗的中间偏低处。

② 在横档以上使用扩散光玻璃，可提高房间深处的照度。

③ 另一侧开高侧窗，选择指向性玻璃或扩散玻璃，以求最大限度地提高窗下的照度。

教室用侧窗采光，室内的照度均匀性一般很难保证，而且不容易达到规范规定的采光系数标准值3%的要求。因此，现在有很多设计利用天窗采光。但由于教室建筑的层高小，天窗透过的阳光直接照射在课桌上，易形成眩光。针对这种情况，国际照明委员会CIE提出了适合中小学教室的建筑剖面及其适用的采光方案（图2-18）。图2-19对两种不同剖面形式教室的采光效果进行了比较。

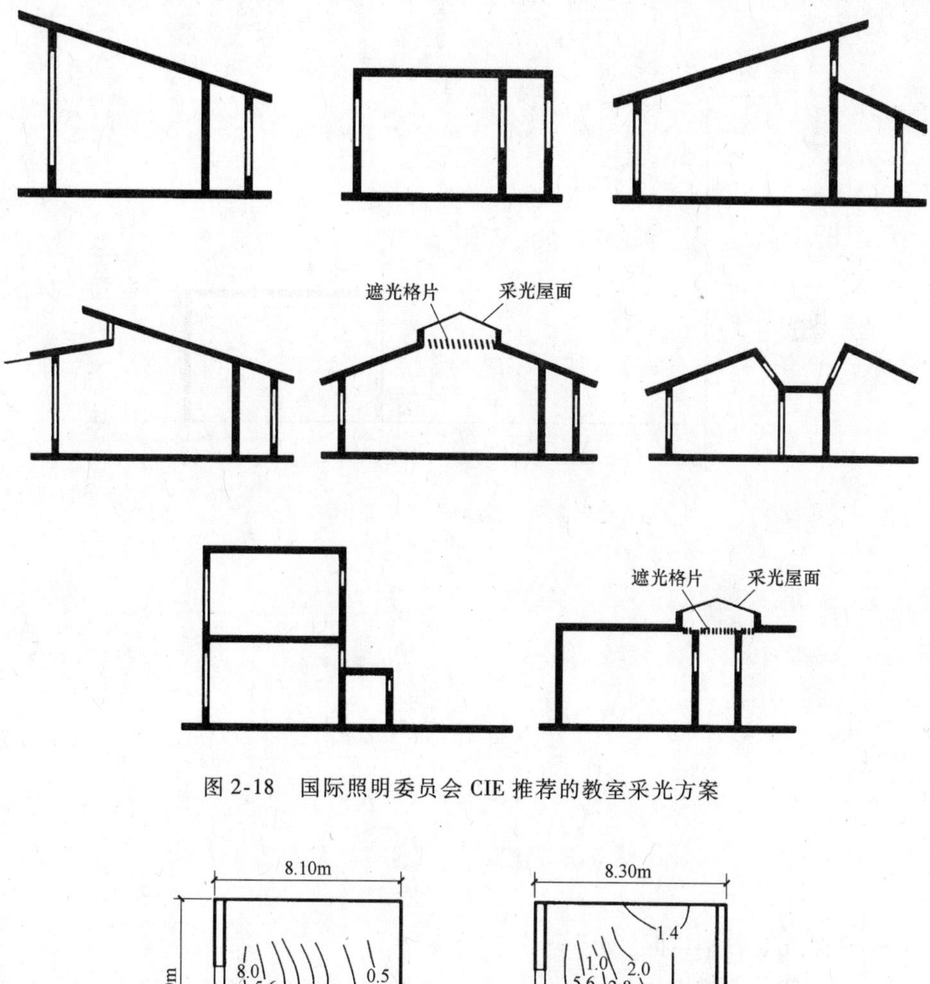

图2-18 国际照明委员会CIE推荐的教室采光方案

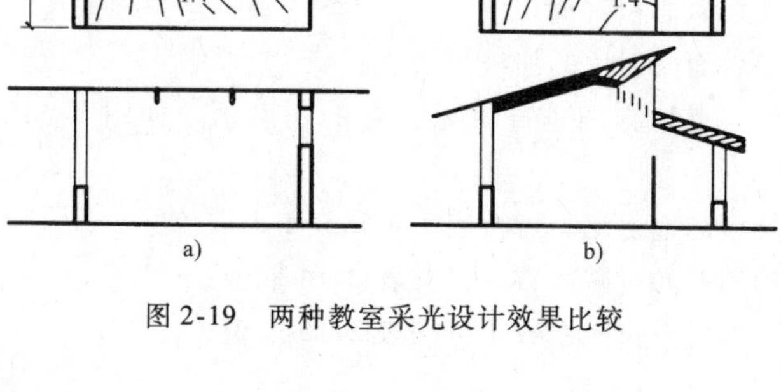

图2-19 两种教室采光设计效果比较

任务4 采光计算

采光初步设计完成后，应按《建筑采光设计标准》规定的方法进行计算，以保证所做设计满足规范所规定的采光标准要求。

4.1 侧面采光

如图2-20所示，参考平面处的侧面采光的采光系数平均值 C_{av} 可按式2-2～式2-5进行计算。

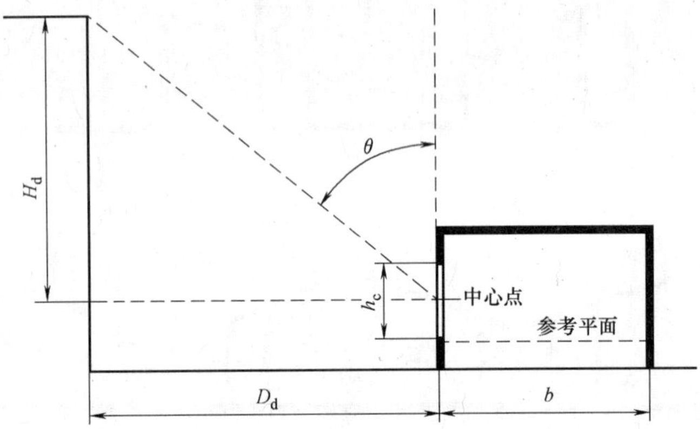

图2-20 侧面采光示意图

$$C_{av}=\frac{A_c\tau\theta}{A_z(1-\rho_j^2)} \tag{2-2}$$

$$\tau=\tau_0\cdot\tau_c\cdot\tau_w \tag{2-3}$$

$$\rho_j=\frac{\sum\rho_iA_i}{\sum A_i}=\frac{\sum\rho_iA_i}{A_z} \tag{2-4}$$

$$\theta=\arctan\frac{D_d}{H_d} \tag{2-5}$$

式中 C_{av}——采光系数平均值（%）；

τ——窗的总透射比；

A_c——窗洞口面积（m^2）；

A_z——室内表面总面积（m^2）；

ρ_j——室内各表面反射比的加权平均值；

θ——从窗中心点计算的垂直可见天空的角度值，如图3-20所示，无室外遮挡 θ 为90°；

τ_0——采光材料的透射比，可按表1-4和表1-5取值；

τ_c——窗结构的挡光折减系数，可按表2-14取值；

τ_w——窗玻璃的污染折减系数，可按表2-15取值；

ρ_i——顶棚、墙面、地面饰面材料和普通玻璃窗的反射比，可按表 1-3 取值；

A_i——与 ρ_i 对应的各表面面积；

D_d——窗对面遮挡物与窗的距离（m），如图 2-20 所示；

H_d——窗对面遮挡物距窗中心的平均高度（m），如图 2-20 所示。

表 2-14　窗结构的挡光折减系数 τ_c 值

窗种类		τ_c 值	窗种类		τ_c 值
单层窗	木窗	0.70	双层窗	木窗	0.55
	钢窗	0.80		钢窗	0.65
	铝窗	0.75		铝窗	0.60
	塑料窗	0.70		塑料窗	0.55

注：表中塑料窗含塑钢窗、塑木窗和塑铝窗。

表 2-15　窗玻璃污染折减系数 τ_w 值

房间污染程度	玻璃安装角度		
	垂直	倾斜	水平
清洁	0.90	0.75	0.60
一般	0.75	0.60	0.45
污染严重	0.60	0.45	0.30

注：1. τ_w 值是按 6 个月擦洗一次窗确定的。

2. 在南方多雨地区，水平天窗的污染系数可按倾斜窗的值 τ_w 选取。

如果用于设计窗洞口面积，式 2-2 可以变形为式 2-6。

$$A_c = \frac{C_{av}A_z(1-\rho_j^2)}{\tau\theta} \tag{2-6}$$

典型条件下的采光系数平均值可按《建筑采光设计标准》（GB 50033—2013）附录 C 中表 C.0.1 取值。

4.2　顶部采光

如图 2-21 所示，顶部采光的采光系数平均值 C_{av} 可按式 2-7 进行计算。

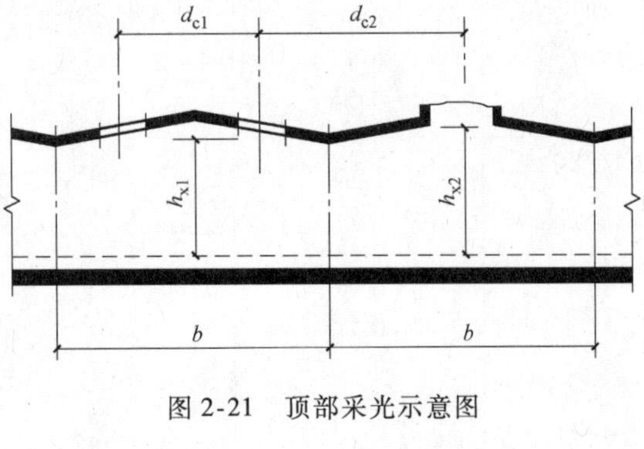

图 2-21　顶部采光示意图

$$C_{av} = \tau \cdot CU \cdot \frac{A_c}{A_d} \tag{2-7}$$

式中　C_{av}——采光系数平均值（%）；

τ——窗的总透射比，可按式 2-3 计算；

CU——顶部采光的利用系数，可按表 2-16 取值；

A_c/A_d——窗地面积比。

表 2-16 中的室空间比可按式 2-8 计算。

$$RCR=\frac{5h_x(l+b)}{l\cdot b} \tag{2-8}$$

式中 h_x——窗下沿距参考平面的高度（m）；

l——房间长度（m）；

b——房间进深（m）。

当求顶部采光窗洞口面积 A_c 时可按式 2-9 计算。

$$A_c=C_{av}\cdot\frac{A_c'}{C'}\cdot\frac{0.6}{\tau} \tag{2-9}$$

式中 C'——典型条件下的平均采光系数，取值为 1%；

A_c'——顶部采光典型条件下的开窗面积，可按图 2-22 取值。

图 2-22 和图 2-23 的计算条件为：采光系数 $C'=1\%$；总透射比 $\tau=0.6$；顶棚反射比 $\rho_p=0.80$，墙面反射比 $\rho_q=0.50$，地面反射比 $\rho_d=0.20$。

当需要考虑室内构件遮挡时，室内构件的挡光折减系数 τ_j 可按表 2-17 取值。

表 2-16 利用系数（CU）表

顶棚反射比（%）	室空间比 RCR	墙面反射比（%）		
		50	30	10
80	0	1.19	1.19	1.19
	1	1.05	1.00	0.97
	2	0.93	0.86	0.81
	3	0.83	0.76	0.70
	4	0.76	0.67	0.60
	5	0.67	0.59	0.53
	6	0.62	0.53	0.47
	7	0.57	0.49	0.43
	8	0.54	0.47	0.41
	9	0.53	0.46	0.41
	10	0.52	0.45	0.40
50	0	1.11	1.11	1.11
	1	0.98	0.95	0.92
	2	0.87	0.83	0.78
	3	0.79	0.73	0.68
	4	0.71	0.64	0.59
	5	0.64	0.57	0.52
	6	0.59	0.52	0.47
	7	0.55	0.48	0.43
	8	0.52	0.46	0.41
	9	0.51	0.45	0.40
	10	0.50	0.44	0.40

（续）

顶棚反射比（%）	室空间比 RCR	墙面反射比（%）		
		50	30	10
	0	1.04	1.04	1.04
	1	0.92	0.90	0.88
	2	0.83	0.79	0.75
	3	0.75	0.70	0.66
	4	0.68	0.62	0.58
20	5	0.61	0.56	0.51
	6	0.57	0.51	0.46
	7	0.53	0.47	0.43
	8	0.51	0.45	0.41
	9	0.50	0.44	0.40
	10	0.49	0.44	0.40
地面反射比为 20%				

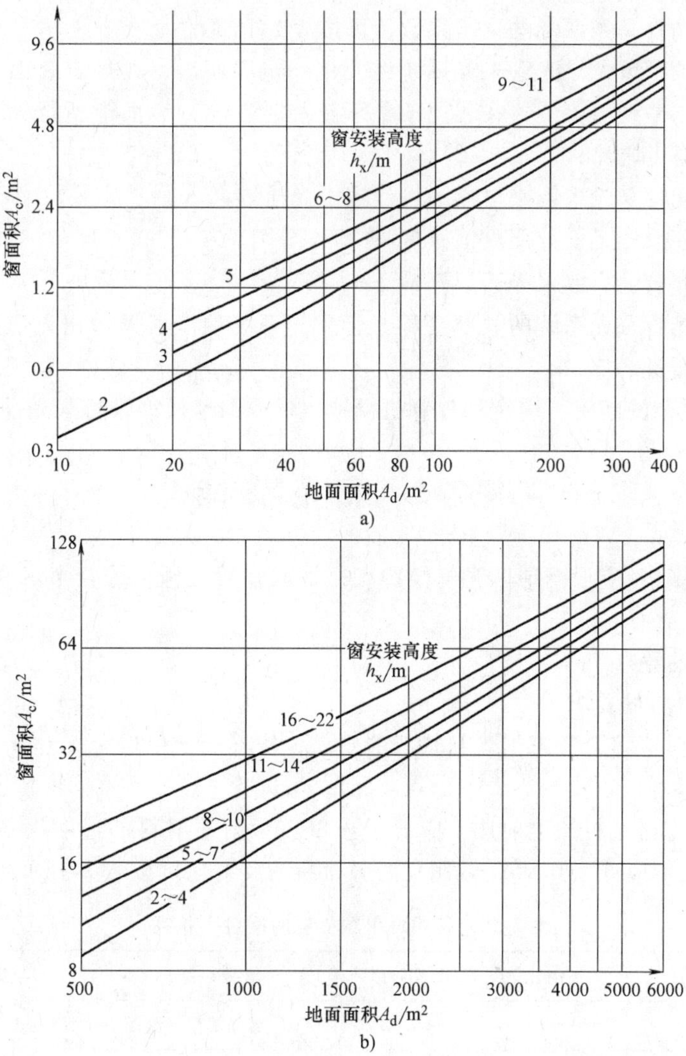

图 2-22　顶部采光计算图

表 2-17 室内构件的挡光折减系数 τ_j 值

构件名称	结构材料		构件名称	结构材料	
	钢筋混凝土	钢		钢筋混凝土	钢
实体梁	0.75	0.75	吊车梁	0.85	0.85
屋架	0.80	0.90	网架	—	0.65

4.3 导光管采光系统

导光管系统采光设计时，宜按式 2-10 和式 2-11 进行天然光照度计算。

$$E_{av}=\frac{n\cdot\Phi_u\cdot CU\cdot MF}{l\cdot b} \tag{2-10}$$

$$\Phi_u=E_s\cdot A_t\cdot\eta \tag{2-11}$$

式中 E_{av}——平均水平照度（lx）；

n——拟采用的导光管采光系统数量；

CU——导光管采光系统的利用系数，可按表 2-16 取值；

MF——维护系数，导光管采光系统在使用一定周期后，在规定表面上的平均照度或平均亮度与该装置在相同条件下新装时在同一表面上所得到的平均照度或平均亮度之比；

Φ_u——导光管采光系统漫射器的设计输出光通量（lm）；

E_s——室外天然光设计照度值（lx）；

A_t——导光管的有效采光面积（m^2）；

η——导光管采光系统的效率（导光管采光系统的漫射器输出光通量与集光器输入光通量之比,%）。

对采光形式复杂的建筑，应利用计算机模拟软件或缩尺模型进行采光计算分析。

任务5 采光节能

建筑采光设计时，应根据地区光气候特点，采取有效措施，综合考虑充分利用天然光，节约能源。

5.1 对采光节能的要求

（1）对采光材料的要求

1）采光设计时应综合考虑采光和热工的要求，按不同地区选择光热比合适的材料，可按表 1-3 ~ 表 1-5 取值。

2）导光管集光器材料的透射比不应低于 0.85，漫射器材料的透射比不应低于 0.8，导光管材料的反射比不应低于 0.95，常用反射膜材料的反射比可按表 2-18 取值。

表 2-18 常用反射膜材料的反射比 ρ 值

材料名称	反射比	漫反射比	材料名称	反射比	漫反射比
聚合物反射膜	0.997	<0.05	增强铝反射膜	0.95	<0.05
增强银反射膜	0.98	<0.05	阳极铝反射膜	0.84	0.64 ~ 0.84

（2）采光装置应符合的规定

1）采光窗的透光折减系数 T_r 应大于 0.45。

2）导光管采光系统的系统效率可用透光折减系数 T_r 表示，在漫射光条件下的系统效率应大于 0.5，导光管采光系统的系统效率可按表 2-19 取值，表 2-19 中数值为某些特定型号导光管系统的实测值。

表 2-19　导光管系统光热性能参数

装置名称	透光折减系数 T_r	太阳得热系数 $SHGC$	光热比 $T_r/SHGC$	传热系数 K 值 /[W/(m²·K)]	显色指数 R_a	紫外线透射比
导光管系统	0.72	0.35	2.06	2.1	95	0.00
	0.68	0.32	2.12	1.6	95	0.00
	0.60	0.32	1.86	1.6	95	0.00

（3）采光设计应采取有效的节能措施

1）大跨度或大进深的建筑宜采用顶部采光或导光管系统采光。

2）在地下空间，无外窗及有条件的场所，可采用导光管采光系统。

3）侧面采光时，可加设反光板、棱镜玻璃或导光管系统，改善进深较大区域的采光。

4）采用遮阳设施时，宜采用外遮阳或可调节的遮阳设施。

（4）对采光与照明控制的要求

1）对于有天然采光的场所，宜采用与采光相关联的照明控制系统。

2）控制系统应根据室外天然光照度变化调节人工照明，调节后的天然采光和人工照明的总照度不应低于各采光等级所规定的室内天然光照度值。

5.2　采光节能计算

在建筑设计阶段评价采光节能效果时，宜进行采光节能计算。可节省的照明用电量宜按式 2-12 和式 2-13 进行计算。

$$U_e = \frac{W_e}{A} \tag{2-12}$$

$$W_e = \frac{\sum(P_n \times t_D \times F_D + P_n \times t'_D \times F'_D)}{1000} \tag{2-13}$$

式中　U_e——单位面积上可节省的年照明用电量（kWh/m²·年）；

W_e——可节省的年照明用电量（kWh/年）；

A——照明的总面积（m²）；

P_n——房间或区域的照明安装总功率（W）；

t_D——全部利用天然采光的时数（h），可按表 2-20 取值；

t'_D——部分利用天然采光的时数（h），可按表 2-21 取值；

F_D——全部利用天然采光时的采光依附系数，取 1；

F'_D——部分利用天然采光时的采光依附系数，在临界照度与设计照度之间的时段取 0.5。

表 2-20 各类建筑全部利用天然光时数 t_D

光气候区	办公	学校	旅馆	医院	展览	交通	体育	工业
Ⅰ	2250	1794	3358	2852	3024	3358	3024	2300
Ⅱ	2225	1736	3249	2759	2990	3249	2990	2225
Ⅲ	2150	1677	3139	2666	2890	3139	2890	2150
Ⅳ	2075	1619	3030	2573	2789	3030	2789	2075
Ⅴ	1825	1424	2665	2263	2453	2665	2453	1825

注：1. 全部利用天然光的时数是指室外天然光照度在设计照度值以上的时间。

2. 表中的数据是基于日均天然光利用时数计算的，没有考虑冬夏的差异，计算时应按实际使用情况确定。

表 2-21 各类建筑部分利用天然光时数 t'_D

光气候区	办公	学校	旅馆	医院	展览	交通	体育	工业
Ⅰ	0	332	621	248	0	621	0	425
Ⅱ	25	351	657	341	34	657	34	450
Ⅲ	100	410	767	434	134	767	134	525
Ⅳ	175	429	803	527	235	803	235	550
Ⅴ	425	507	949	806	571	949	571	650

注：部分利用天然光的时数是指设计照度和临界照度之间的时段。

课后任务

2.1 参照下面的知识点，复习并归纳本学习情境的主要知识

- 光气候是指由太阳直射光、天空漫射光和地面反射光形成的天然光自然状况。
- 到达地面的太阳光一般分为太阳直射光和天空漫射光两部分。
- 光气候的两种极限情况是晴天和全云天。
- 晴天指云量为 0～3 级的天气，晴天时地面照度由太阳直射光和天空漫射光形成。
- 在全云天，天空全部被云遮盖，室外天然光全部为天空漫射光。影响全云天地面照度的主要因素有：太阳高度角、云状、地面反射能力和大气透明度。
- 我国《建筑采光设计标准》（GB 50033—2013）是采光设计的基本依据。
- 采光设计时应以全云天天空的漫射光作为标准。
- 采光系数 $C=\dfrac{E_n}{E_w}\times100\%$。
- 我国将视觉作业分为Ⅰ～Ⅴ级，各级要求的天然采光照度标准值分别为 750lx、600lx、450lx、300lx、150lx，室外临界照度值为 5000lx。
- 我国采光标准将全国划分为Ⅰ～Ⅴ个光气候分区，采光设计中，具体的采光系数标准值，为采光标准各表所列采光系数标准值乘上相应光气候分区的光气候系数 K。
- 为获得较好的采光质量，应注意的问题：保证合适的采光均匀度；防止眩光；采用合适的光反射比；注意光的方向性；需补充人工照明时，光源宜选择高色温光源；注意材料颜色对辨色的影响；对于博物馆和美术馆建筑，应防止光线对展品的危害。
- 围护结构开洞口安上透光材料，称采光口。采光口既可采光，又可使室内免受风、雨雪的侵袭。采光口可分为侧窗和天窗两种形式。

• 在房间的侧墙上开窗以获取天然光线称为侧窗采光。其特点为：布置灵活方便、构造简单、不受建筑层数限制、开启方便、有利通风换气、造价低，光线具有强烈的方向性，使物体有立体感，并可通过它看到外界景物，扩大视野，与外界取得联系。

• 一般侧窗窗台离地面的高度为 1m 左右，称为低侧窗。窗台离地面高度在 2m 以上的为高侧窗。

• 房屋屋顶设置采光口采光称为天窗采光。天窗采光在工业厂房和大厅房屋中应用广泛。天窗采光效率高，约为侧窗的 8 倍，一般具有较好的照度均匀性，且一般很少受到遮挡。

• 天窗的形式有矩形天窗、横向天窗、锯齿形天窗、平天窗以及井式天窗。

• 房屋天然采光设计的任务在于根据视觉作业特点所提出的各项要求，正确选择采光口形式，确定必需的采光口面积及位置；使室内获得良好的光环境，保证视觉作业顺利进行。

• 采光设计的过程：收集资料、选择采光口的形式、确定采光口位置及能开窗的面积、估算采光口尺寸、采光计算。

• 按照采光标准，侧面采光系数的平均值为 $C_{av}=\dfrac{Ac\tau\theta}{A_2\ (1-\rho_j^2)}$；顶部采光系数的平均值为 $C_{av}=\tau\cdot CU\cdot\dfrac{A_c}{A_d}$。

• 建筑采光设计时，应根据地区光气候特点，采取有效措施，综合考虑充分利用天然光，节约能源。

2.2　思考下面的问题

(1) 简述晴天和全云天天空亮度分布特点。

(2) 影响全云天地面照度的主要因素有哪些？

(3) 什么是采光系数？什么是室外临界照度？

(4)《建筑采光设计标准》(GB 50033—2013) 对采光系数标准值有何规定？

(5) 如何提高采光质量？

(6) 简述采光口的主要形式及其采光特点。

(7) 画图说明采光设计的内容和过程。

(8) 窗地面积比在采光设计中有何作用？

(9) 你所在的教室是否存在窗口眩光或直射阳光？如有，如何改善？

2.3　完成下面的课后练习任务

某会议室尺寸为 5.1m×7.2m，净空高 3.6m，南北朝向，采光要求为Ⅱ级，试进行采光设计，估算出需要的窗口面积，并画出所作设计方案的平面图和剖面图。

学习情境3　建 筑 照 明

职业标准要求：

了解热辐射光源和气体放电光源的发光机理，掌握各种照明光源的特点和适用条件；了解灯具的光特性，掌握应用配光曲线计算室内照度的方法；掌握灯具的分类方法及各类灯具的光特性和适用条件；掌握工作照明设计的一般方法，掌握照明设计标准对照明节能的要求；掌握环境照明设计的一般方法。

天然光仅能白天使用，在夜间，或建筑物内白天的某些场合，天然采光无法满足要求，需要人工照明。建筑设计、室内装饰设计中应考虑用人工照明创造一个优美、明亮的光环境。

任务1　照 明 光 源

现代照明电光源按发光机制可分为热辐射光源、气体放电光源和无极灯三种。

1.1　热辐射光源

热辐射光源的发光机理是：任何物体当温度高于热力学温度零开尔文时，就向周围空间发射辐射能。当金属加热到1000K以上时，就发出可见光。温度越高，可见光在总辐射中所占的比例越大。

（1）白炽灯

白炽灯是一种利用电流通过细钨丝产生高温而发光的热辐射光源。钨熔点很高（熔点3690K），白炽灯灯丝可加热到2300K以上。为避免热量散失和减少钨丝蒸发，将灯丝密封在一玻璃壳内。为提高灯丝温度，发出更多可见光，提高发光效能（光源的发光效能：luminous efficacy of a source，光源发出的光通量除以光源功率所得之商，简称光源的光效，单位为lm/W），一般将灯泡内抽成真空（如小功率灯泡），或充惰性气体（大功率灯泡采用此法），并将灯丝做成双螺旋形。白炽灯发光效能仅12～16lm/W左右，即只有2%～3%的电能转变为光，其余电能都以热辐射的形式损失掉了。表3-1列出了白炽灯的光电参数和寿命。

表3-1　白炽灯的光电参数和寿命

灯泡型号	额定值				灯泡型号	额定值			
	电压/V	功率/W	光通量/lm	寿命/h		电压/V	功率/W	光通量/lm	寿命/h
PZ220-15	220	15	110	1000	PZ220-150	220	150	2090	1000
PZ220-25		25	220		PZ220-200		200	2920	
PZ220-40		40	350		PZ220-300		300	4610	
PZ220-60		60	630		PZ220-500		500	8300	
PZ220-100		100	1250		PZ220-1000		1000	18600	

由于材料、工艺限制，白炽灯灯丝温度不能太高，其发光以长波辐射为主，与天然光比，

白炽灯偏红。为适应不同需要，白炽灯有许多品种和不同形状，如图3-1所示。普通照明灯泡的泡壳是用透明或乳白色玻璃制成的，乳白色灯泡发出的光线比较柔和，灯泡的亮度也相对较低。反射灯的泡壳由反射和透光两部分组成，其中投光灯泡（PAR和EAR灯，如图3-1f、g所示）可精确控制光线分布；反光灯泡（R灯）与投光灯泡的主要区别在于采用吹制泡壳，不能精确控制光分布。镀银碗形灯玻壳的下半部分镀银或铝，形成反光部分，使光向上半部分反射，光线柔和，且将高亮度的灯丝遮住，适合于台灯和需要控制亮度分布的场合使用。

白炽灯虽然具有体积小、集光性（便于光再分配）和调光性（有利光的调节）好、可在很宽的环境温度下工作、结构简单、使用方便、点灭性对寿命影响小（适于频繁开关）和没有频闪效应（stroboscopic effect，在以一定频率变化的光照射下，观察到物体运动显现出不同于其实际运动的现象）等优点，但光色较差，不利辨色、灯丝亮度高（500sb以上）、寿命短（1000h）、玻壳温度高（可达250℃以上）、受电压变化和机械振动影响大。特别是发光效能低、浪费能源，故《建筑照明设计标准》（GB 50034—2013）对白炽灯的使用范围做出了严格限制。

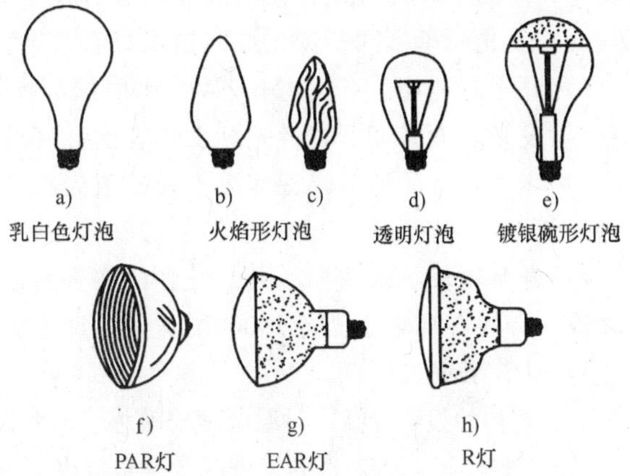

图3-1 各种白炽灯泡

（2）卤钨灯

卤钨灯也是热辐射光源，它是一个直径约12mm的石英玻璃管，管内充有卤族元素（如碘、溴），在管的中轴支悬一根钨丝。其中卤族元素的作用是在高温条件下，将钨丝蒸发出来的钨元素带回到钨丝附近的空间，甚至送返钨丝上（这种现象称为卤素循环）。这就减慢了钨丝在高温下的挥发速度，为提高灯丝温度创造了条件，而且减轻了钨蒸发对泡壳的污染，提高了光的透过率，故其发光效能和光色都较白炽灯有所改善。卤钨灯的发光效能约为20lm/W，寿命1500h。卤钨灯的光电参数见表3-2。

表3-2 卤钨灯的光电参数

型号	额定值				型号	额定值			
	电压/V	功率/W	光通量/lm	备注		电压/V	功率/W	光通量/lm	备注
LZG220-500	220	500	8000	需水平安装	100T3Q/CL/P	110 220	100	1650	强省电型，不受水平安装的限制
LZG220-1000		1000	20000		500T3Q/CL/P		500	9900	
LZG220-2000		2000	40000		2000T3Q/CL/P		2000	48400	

现在冷反射定向照明卤钨灯在室内重点照明上用得很普遍，它能将光通量集中在一个方向的小立体角范围，同时它的反射膜能将可见光往前反射，而红外辐射则透过反光膜进入灯泡后面的空间。这就显著地降低了投到室内空间和被照物体上的热量，有利控制室温和防止被照物体褪色。同时它的尺寸很小（直径35～50mm；灯长40～45mm），特别适于一些小空间中（如货柜、橱窗）使用。

1.2 气体放电光源

利用某些元素的原子被电子激发产生可见光的光源称为气体放电光源。

(1) 荧光灯（俗称日光灯）

荧光灯的内壁涂有荧光物质，管内充有稀薄的氩气和少量的汞蒸汽，灯管两端各有两个电极，通电后加热灯丝，达到一定的温度就发射电子，电子在电场作用下逐渐达到高速，冲击汞原子，使其电离而产生紫外线，紫外线射到管壁的荧光物质上，刺激其发出可见光。根据荧光物质的不同配合比，发出的光谱成分也不同。

由于发光原理不同，荧光灯与白炽灯有很大区别，其特点如下：

1）发光效能高。可达45lm/W，比白炽灯高3倍，有的甚至达70lm/W以上。

2）发光表面亮度低。荧光灯发光表面亮度低，光线柔和，可避免强烈眩光的出现。

3）光色好且品种多。管壁涂不同的荧光物质，会产生不同的光色，可制成接近天然光光色的荧光灯灯管。

4）寿命较长。视功率不同，灯管的寿命为1500～5000h。近年来由于生产工艺和设备的改善，有的灯管寿命已达10000h以上，而且光通量的衰减和光色的变化都很小。

5）灯管表面温度低。

荧光灯初始投资较高、对温湿度较敏感、尺寸较大不利于对光的控制、有射频干扰和频闪现象，但这些缺点已随着生产的发展逐步得到解决。至于初始投资可从光效较高、寿命较长的受益中得到补偿。荧光灯广泛应用于各类建筑中。普通照明用荧光灯基本参数见表3-3。

表3-3 荧光灯基本参数

型号	功率/W	标称直径/mm	管长/mm	光通量/lm	备注
YZ6RR(日光色) YZ6RL(冷白色) YZ6RN(暖白色)	6	15	226.3	190 240 240	过去应用广泛，现已逐渐被26mm的高效节能灯管取代
YZ8RR YZ8RL YZ8RN	8	15	302.5	280 350 350	
YZ15RR YZ15RL YZ15RN	15	32	451.6	510 560 580	
YZ20RR YZ20RL YZ20RN	20	32	604.0	880 1020 1060	
YZ40RR YZ40RL YZ40RN	40	32	1213.6	2300 2440 2540	
TLD16W/830HF TLD16W/840HF TLD32W/830HF TLD32W/840HF	16 16 32 32	26	604 604 1213.6 1213.6	1400 1400 3200 3200	近年来应用越来越广泛

反射型荧光灯即在玻璃管内壁上半部先涂上一层反光层，然后再涂荧光物质，它能将光线更集中地往下投射。它本身就是一种直接型灯具，光通量利用率高，灯管上部积尘对光通量的影响小。它在轴线方向的发光强度约为普通荧光灯的2倍。

现在常用的细管型荧光灯，直径为26mm，减少了灯管的用料，而且采用三基色荧光粉，其发光效能非常高，光色也很好。在一些小房间中可使用环形荧光灯节省空间。

(2) 紧凑型荧光灯(节能型荧光灯)

紧凑型荧光灯的发光原理与荧光灯相同,区别在于以三基色荧光粉代替普通荧光灯使用的卤磷化荧光粉。紧凑型荧光灯的灯管直径小,如H型单端内启动荧光灯的灯管直径仅12.5mm,所以单位荧光粉受到的紫外辐射强度大,若仍沿用原来的卤磷化物荧光粉,则灯的光通量随时间衰减很快,寿命缩短;而三基色荧光粉能够抗高强度的紫外辐射,提高了荧光灯的效率和寿命,也使荧光灯紧凑化成为可能。

对人眼的视觉理论研究表明,在三个特定的窄谱带(450nm、540nm、610nm附近的窄谱带)内的色光组成的光源辐射也具有很高的显色性,所以用三基色荧光粉制造的紧凑型荧光灯不但显色指数较高(一般 $R_a>80$),而且发光效能较高(60lm/W左右),因此它是一种节能荧光灯。紧凑型荧光灯结构紧凑,灯管、镇流器、起辉器一体化,灯头也可做成白炽灯那样,它的单灯光通量可小于2000lm,完全满足小空间照明对光通量大的要求,可以直接替代白炽灯,使用起来很方便。紧凑型荧光灯的外形主要有:H系列灯(H、双H、平面双H、3H、VH),U系列灯(单U、双U、平面双U、3U),π系列灯(单π、双π、平面双π、3π),平面系列灯(ZD、Y灯、方灯)等。部分型号的紧凑型荧光灯基本参数见表3-4。

表3-4 紧凑型荧光灯基本参数

灯型	额定电压/V	功率/W	光通量/lm	显色指数 R_a 不小于	色温/K	寿命/h
YDN9-2U	220	9	500	80	2900	3000
YDN11-2U		11	780			
YDN13-2U		13	850			
YDN9-H		9	415			
YDN11-H		11	650			
YDN10-2H		10	550			
YDN13-2H		13	780			
YDN15-2H		15	900			
YDN18-2H		18	1100			
YDN16-2D		16	871			

(3) 荧光高压汞灯

荧光高压汞灯的发光原理与荧光灯相同,只是构造不同,如图3-2所示。荧光高压汞灯内管工作气压为1~5个大气压,比荧光灯高得多,它的内管为放电管,发出紫外线,刺激涂在玻璃外壳内壁的荧光物质,使其发出可见光。

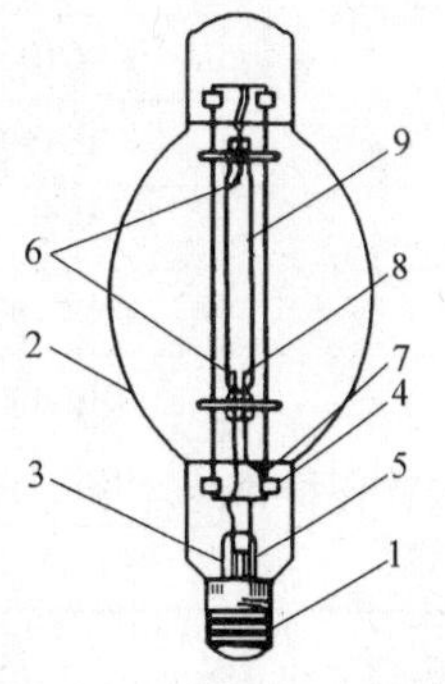

图3-2 荧光高压汞灯构造

1—灯头 2—玻壳 3—抽气管 4—支架 5—导线 6—主电极 7—起动电阻 8—起动电极 9—石英玻璃管

荧光高压汞灯具有下列优点:

1) 发光效能高,一般可达50lm/W左右(自镇流的较低)。

2) 寿命长,一般可达6000h(自镇流的稍低),最高可达到16000h以上。

3) 自镇流荧光高压汞灯,可直接接入220V、50Hz交流电路上,初始投资较少。

荧光高压汞灯最大的缺点是光色差,主要发绿、蓝色光,显色性差，故常用于街道、施工现场和不需要认真分辨颜色的大面积照明场所，其光电特性列于表3-5。

表3-5 荧光高压汞灯基本参数

型号	功率/W	光通量/lm	寿命/h
GGY-50	50	1650	4300
GGY-80	80	3200	5800
GGY-125	125	5500	6000
GGY-175	175	8000	6000
GGY-250	250	12000	6000
GGY-400	400	22000	9000
GGY-1000	1000	56000	9000

（4）金属卤化物灯

金属卤化物灯是在荧光高压汞灯的基础上发展而来的一种节能光源，它的构造和发光原理都与荧光高压汞灯相似，区别在于此类灯的内管充有某些金属卤化物，从而起到提高光效、改善光色的作用。为提高金属卤化物灯的光效，一般采用钠铊铟（Na-Ti-In）系和钪钠（Sc-Na）系金属卤化物；为了获得最佳光色，常采用锡系卤化物；为了获得较高光效、提高显色性，常采用镧（La）系卤化物。金属卤化物灯一般按添加物质分类，分为钠铊铟系列、钪钠系列、锡系列、镝铊系列等。部分金属卤化物灯的基本参数见表3-6。

表3-6 部分金属卤化物灯的基本参数

<table>
<tr><th colspan="2">型号</th><th>额定电压/V</th><th>功率/W</th><th>光通量/lm</th><th>平均寿命/h</th><th>显色指数 R_a</th></tr>
<tr><td rowspan="3">钠铊铟灯</td><td>NTY250</td><td rowspan="2">220</td><td>250</td><td>16250</td><td>1000</td><td rowspan="7">60～70</td></tr>
<tr><td>NTY1000</td><td>1000</td><td>75000</td><td>约2000</td></tr>
<tr><td>NTY3500</td><td>380</td><td>3500</td><td>240000</td><td>1000</td></tr>
<tr><td rowspan="4">钪钠灯</td><td>KNG150</td><td rowspan="8">220</td><td>150</td><td>11500</td><td rowspan="3">10000</td></tr>
<tr><td>KNG250</td><td>250</td><td>20500</td></tr>
<tr><td>KNG1000</td><td>1000</td><td>110000</td></tr>
<tr><td>KNG1500</td><td>1500</td><td>155000</td><td>3000</td></tr>
<tr><td rowspan="2">锡钠灯</td><td>XNG250</td><td>250</td><td>13500</td><td rowspan="2">2000</td><td rowspan="2">85～95</td></tr>
<tr><td>XNG400</td><td>400</td><td>24000</td></tr>
<tr><td rowspan="3">管形镝灯</td><td>DDG400</td><td>400</td><td>28000</td><td>2000</td><td rowspan="3">≥75</td></tr>
<tr><td>DDG1000</td><td>1000</td><td>70000</td><td>300</td></tr>
<tr><td>DDG3500</td><td>380</td><td>3500</td><td>280000</td><td>500</td></tr>
</table>

金属卤化物灯发光效能高、光色好，功率大，可满足拍摄彩色电视的要求，还适于高大厂房和室外运动场照明。缺点是寿命较短。

（5）钠灯

据钠蒸气放电时气压的高低，可分为高压钠灯和低压钠灯两类。

1）高压钠灯。高压钠灯是利用电极在高压钠蒸气中放电时，激发钠原子发出可见光的特性制成的。其辐射光的波长集中在人眼最灵敏的黄绿色光范围内。光效高，寿命长，透雾性强，适合于车道、街道照明，缺点是光谱单一。一般高压钠灯的显色性较差，但当钠蒸气压增加到一定值（约63kPa）时，显色指数 R_a 可达到85，可用于一般室内照明。高压钠灯的基本参数见表3-7。可看出，随着高压钠灯显色性的改善，其发光效能却有所下降。

表3-7　高压钠灯的基本参数

类型	型号	额定电压/V	功率/W	光通量/lm	显色指数 R_a	平均寿命/h
变通型	NG35	220	35	2000	<40	6000
	NG100		100	8180		7000
	NG250		250	23140		8000
	NG1000		1000	106800		10000
中显色型	NGZ150		150	11570	40～60	8000
	NGZ250		250	20020		
	NGZ400		400	33820		9000
高显色型	NGG250		250	18690	>60	8000
	NGG400		400	31150		

注：1. 灯的型号意义：NG高压钠灯；Z中显色性；G高显色性。
2. 字母后的数字为灯的额定功率。

2）低压钠灯。低压钠灯是利用在低压钠蒸气中放电，钠原子被激发而产生波长为589nm黄光这一特性制成的。其辐射处于人眼最敏感色段，发光效能特别高，不小于100lm/W。由于这种灯光谱单一，所以显色性极差，室内很少采用，但它在烟雾中难以形成光幕，透雾性好，目前主要用于道路照明。

（6）氙灯

氙灯是利用电极在氙气中高电压放电时，激发氙原子发出强烈连续光谱这一特性制成的。氙灯光谱和太阳光极为相似。由于它的功率大，单灯光通量大，又放出紫外线，故安装高度不宜低于20m，常用在广场等大面积照明场所（长弧氙灯）。

1.3　无极灯（QL灯）和LED灯

无极灯是一种新颖的微波灯。其发光原理与上述人工光源的发光原理均不相同，它是由高频发生器产生高频电磁场，经过感应线圈耦合到灯泡内，使汞蒸气原子电离放电，并产生紫外线，射到管壁上的荧光物质后，激发出可见光。因此，也有人把它称为感应荧光灯。无电极荧光灯的光效和光色较好，特别是寿命很长。如荷兰飞利浦（Philips）生产的QL型无极荧光灯，功率为85W，辐射出的光通量约5500lm，光效达65lm/W，一般显色指数 R_a 为80，额定寿命高达60000h，很适合用于不能经常换灯的场所。

LED是Light Emitting Diode的缩写，在某些半导体材料的PN结中，注入的少数载流子与多数载流子复合时会把多余的能量以光的形式释放出来，从而把电能直接转换为光能。PN结加反向电压，少数载流子难以注入，故不发光。这种利用注入式电致发光原理制作的二极管叫发光二极管，通称LED。由于LED的发光效率高，我国已普遍推广LED光源。

下面把几种常用照明光源的主要特性分别列出，并进行比较，见表3-8。

表 3-8　常用照明电光源的主要特性比较

项目 \ 电光源	普通白炽灯	卤钨灯	荧光灯	荧光高压汞灯	金属卤化物灯	高压钠灯
光效/(lm/W)	7~9	15~21	32~70	33~56	52~110	57~107
色温/K	2800	2850	3000~6500	6000	4500~7000	≥2000
显色指数 R_a	95~99	95~99	50~93	40~50	60~95	>20
平均寿命/h	1000	800~2000	2000~5000	3500~12000	300~20000	3000~24000
表面亮度	较大	大	小	较大	较大	较大
启动及再启动时间	瞬时	瞬时	较短	长	长	长
受电压波动的影响	大	大	较大	较大	较大	较大
受环境温度的影响	小	小	大	较小	较小	较小
耐振性	较差	差	较好	好	较好	较好
所需附件	无	无	电容器 镇流器 起辉器	镇流器	镇流器	镇流器
频闪现象	无	无	有	有	有	有
发热量/(4.1868kJ/h)	57(100W)	41(500W)	13(40W)	17(400W)	12(400W)	8(400W)

常用照明光源发出的光通量和光效的关系如图 3-3 所示。从上述光源的优缺点中可看出，光效高的灯，往往单灯功率大，因此光通量很大，这样在一些小空间（如住宅）中就难于应用。对常用照明光源，在小空间适用的光通量范围（400~2000lm），很少有高光效的光源可用。近年来，出现了一些功率小、光效高、显色性好的新光源，如紧凑型荧光灯、无电极荧光灯等。它们的体积小，和 100W 白炽灯相近。灯头有时也做成白炽灯那样，附属配件安置在灯内，可以直接替换白炽灯，其显色指数达 80 左右，单灯光通量在 425~1200lm 范围内，很适于低、小空间内使用。在居住、公共建筑中应用越来越广泛。

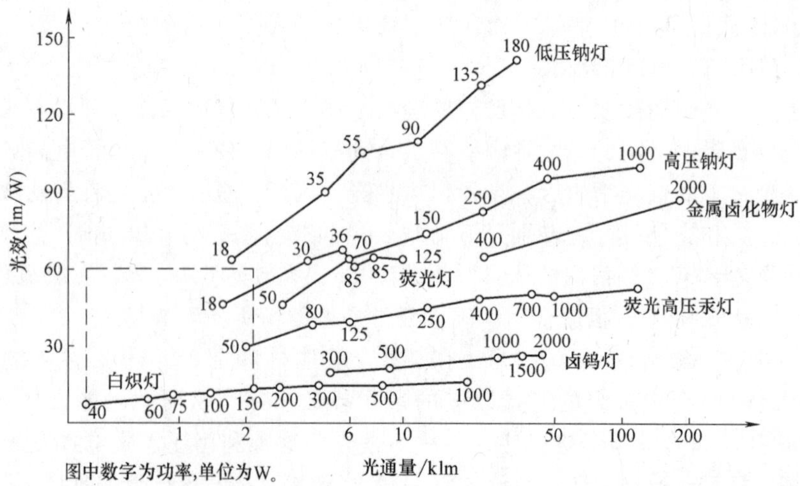

图 3-3　常用照明光源发出的光通量和光效的关系

任务2　灯　　具

灯具是光源、灯罩及附件的总称。灯具可分为装饰性灯具和功能性灯具两大类。

装饰性灯具外形美观，以美化室内环境为主，同时也适当考虑效率要求。

功能性灯具为满足高效、低眩光要求而采用一系列控光设计灯罩，这时灯罩的作用是重新分配光源的光通量，把光投射到需要的地方，以提高光的利用率；避免眩光以保护视觉；保护光源。特殊环境（潮湿、腐蚀、易爆、易燃）使用的特殊灯具，灯罩还起隔离保护作用。

2.1　灯具的光特性

灯具的光特性是将光源和灯具视为一体来讨论其特性和应用的问题。灯具的光特性主要用三项技术数据来说明：①发光强度的空间分布—配光曲线；②亮度分布和灯具的保护角—遮光角；③灯具效率。

（1）配光曲线

1）灯具的配光曲线。灯具的配光曲线表示灯具的发光强度在空间分布的状况，又称光强分布曲线。灯具形状多是轴线旋转体，它们的发光强度在空间分布也是轴对称的。因此，只需通过灯具轴线的一个截面上的配光，就能说明该灯具发光强度在空间的分布，这种配光称为对称配光，如图 3-4 所示。也有一些灯具的形状是不对称的，需通过灯具几个截面上的配光曲线，才能说明该灯具发光强度在空间分布的状况，这种配光称为非对称配光，如荧光灯灯具常用二根曲线分别给出平行于灯管（∥）和垂直于灯管（⊥）剖面的光强分布，如图 3-5 所示。

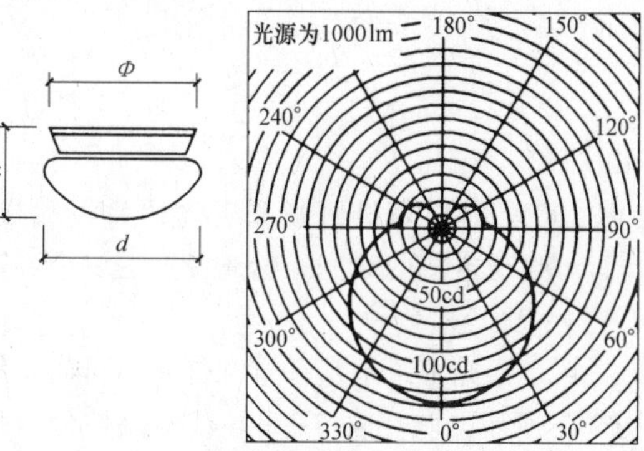

图 3-4　扁圆吸顶灯外形及配光曲线

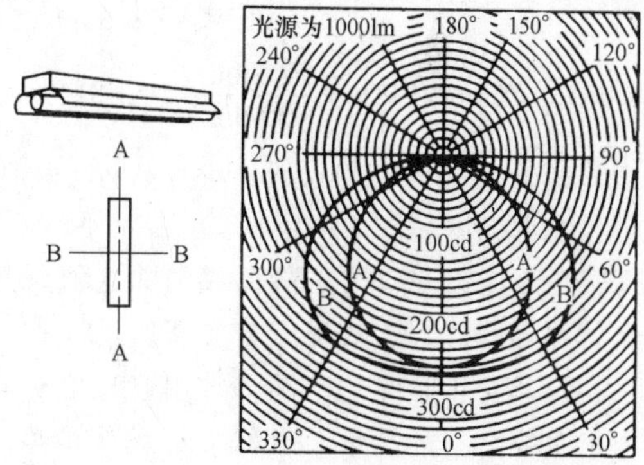

图 3-5　非对称灯具的配光曲线

2）灯具配光曲线的应用。配光曲线上的每一点，表示灯具在该方向上的发光强度。因此，知道灯具对应计算点的投光角 α，便可查到相应的发光强度 I_{α}。配光曲线都是假定光源光通量为 1000lm 绘制的。实际光源光通量不是 1000lm 时，在配光曲线上查出的发光强度应加以修正，即乘以实际光源发出的光通量与 1000lm 之比。点光源在计算点上形成的照度可利用距离平方反比定律求解。

【例 3-1】　有两个扁圆吸顶灯，距工作面 4.0m，两灯相距 5.0m。工作台布置在灯下和两灯之间（图 3-6）。如光源为 100W 白炽灯，求 P_1、P_2 点的照度（不计反射光影响）。

【解】

1）P_1 点的照度

① 灯 1 在 P_1 点形成的照度

由配光曲线（图 3-4）可查出，当 $\alpha = 0°$ 时，$I_0 = 130\text{cd}$，灯至工作面距离为 4m，则由距离平方反比定律有

$$E_{11} = \frac{130\text{cd}}{(4\text{m})^2}\cos 0° = 8.125\text{lx}$$

② 灯 2 在 P_1 点形成的照度

由 $\tan\alpha = \frac{5}{4}, \alpha \approx 51°$

查得 $I_{51} = 90\text{cd}$

同理有 $E_{21} = \frac{90\text{cd}}{(4\text{m})^2 + (5\text{m})^2}\cos 51° \approx 1.381\text{lx}$

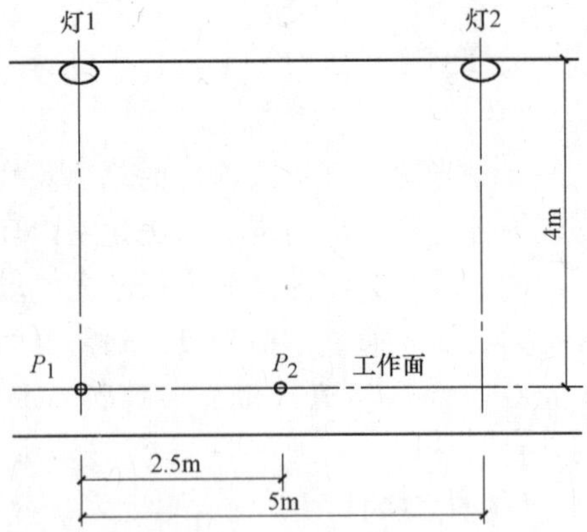

图 3-6 例 3-1 图

P_1 点的照度为两灯形成的照度之和，并考虑灯的修正系数，则有

$$E_1 = (8.125\text{lx} + 1.381\text{lx}) \times \frac{1250\text{lm}}{1000\text{lm}} \approx 11.88\text{lx}$$

2）P_2 点的照度：由对称性可知，两灯对该点形成的照度应该是相同的。

由 $\tan\alpha = \frac{2.5}{4}, \alpha \approx 32°$

查得 $I_{32} = 110\text{cd}$

同理有 $E_{12} = E_{22} = \frac{110\text{cd}}{(4\text{m})^2 + (2.5\text{m})^2}\cos 32° \approx 4.193\text{lx}$

$E_2 = 2 \times 4.193\text{lx} \times \frac{1250\text{lm}}{1000\text{lm}} \approx 10.48\text{lx}$

（2）灯具遮光角（Shielding Angle of Luminaire）

光源亮度超过 16sb 时，人眼就不能忍受，而 100W 的白炽灯灯丝亮度高达数百熙提，人眼更不能忍受。为了降低或消除这种高亮度表面对眼睛造成的眩光，给光源罩上一个不透光材料做的灯罩，效果十分显著。

灯具防止眩光的范围，常用遮光角 γ 来衡量。它是指光源最边沿一点和灯具出口的连线与水平线之间的夹角，也称为灯具保护角，如图 3-7 所示。其中图 3-7a 灯具的保护角可用式（3-1）计算：

$$\tan\gamma = \frac{2h}{D + d} \tag{3-1}$$

人眼平视时，如灯具和眼睛的连线与水平面的夹角小于保护角，则看不见光源，但可能产生眩光。当灯具位置提高，和视线形成的夹角大于保护角时，虽可看见高亮度的光源，但夹角较大，眩光程度会大大减弱。

如灯罩用半透明材料做成，即使有一定保护角，但由于它本身具有一定亮度，仍可能造成眩光，故应限制其表面亮度值。

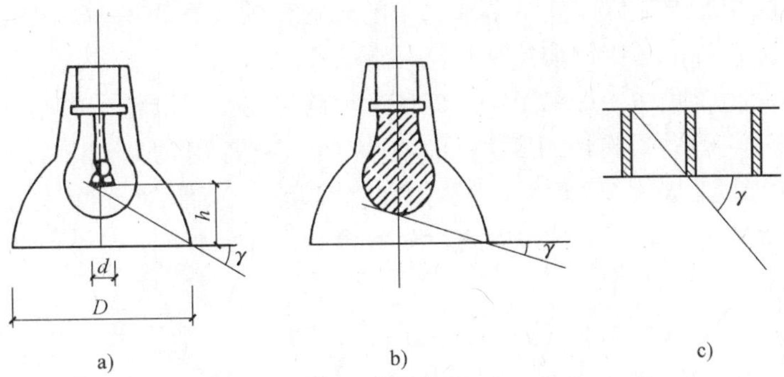

图 3-7　灯具的遮光角

a）普通灯泡　b）乳白灯泡　c）挡光格片

（3）灯具效率

灯罩对投射在表面的光通量都要吸收一部分，光源本身也吸收少量反射光（灯罩内表面的反射光），余下的才是灯具向周围空间投射的光通量。灯具效率（Luminaire Efficiency）是指在相同的使用条件下，灯具发出的总光通量 Φ' 与灯具内所有光源发出的总光通量 Φ 之比，也称为灯具光输出比，用 η 表示。

$$\eta = \frac{\Phi'}{\Phi} \tag{3-2}$$

显然 η 小于 1，它取决于灯罩开口大小和灯具的反光、透光系数。灯具效率值一般由实验测出，列于灯具说明书中。附录 A 给出灯具出厂时按规定应具备的光特性资料。

2.2　灯具分类及其适用场合

灯具在不同的场合有不同的分类方法，国际照明委员会（CIE）按光通量在上、下半球的分布将灯具划分为五类：直接型灯具、半直接型灯具、均匀扩散型灯具、半间接型灯具、间接型灯具。它们的光通量分布见表 3-9。

表 3-9　灯具分类

类别	光通量的近似分布	
	上半球	下半球
直接	0 ~ 10	90 ~ 100
半直接	10 ~ 40	60 ~ 90
均匀扩散	40 ~ 60	40 ~ 60
半间接	60 ~ 90	10 ~ 40
间接	90 ~ 100	0 ~ 10

（1）直接型灯具

直接型灯具是指 90% ~100% 的光通量向下半球照射的灯具。灯罩常用反光性能良好的不透明材料制成，如搪瓷、铝和镀银镜面、镜面不锈钢等。直接型灯具外形及配光曲线见图 3-8（图 3-8 中的 l/h 是距高比，详见任务 3）。按其光通量在下半球分布的宽窄，又可分为广阔配光（I_{max} 在 50°~90°范围内）、均匀配光（$I_{\alpha}=I_0$）、余弦配光（$I_{\alpha}=I_0\cos\alpha$）和窄配光（I_{max} 在 0°~40°范围内），如图 3-9 所示。

直接窄配光灯具常用镜面反射材料做成抛物线形的反射罩，它能将光线集中在轴线附近的狭小立体角范围内，因而在轴线方向具有很高的发光强度，典型的例子是工厂中常用的深罩型灯具（图 3-8e、f），它适用于层高较高的房屋中。用扩散反光材料做的反光罩或用均匀扩散透光材料放在灯具开口处就可形成余弦配光的灯具（图3-8a）；用网格状的格片装饰灯具开口可增加遮光角，避免较强的眩光（图3-8b）。

广阔配光的直接型灯具，常用于室外广场和道路照明、要求较高的垂直面照度的室内场所及低而宽房间的一般照明（图3-8d）。公共建筑中常用的暗灯，也属于直接型灯具（图3-8c）。这种灯具装置在顶棚内，使室内空间显得简洁。其配光特性受灯具开口尺寸、开口处附加的棱镜玻璃、磨砂玻璃等散光材料或格片尺寸的影响。

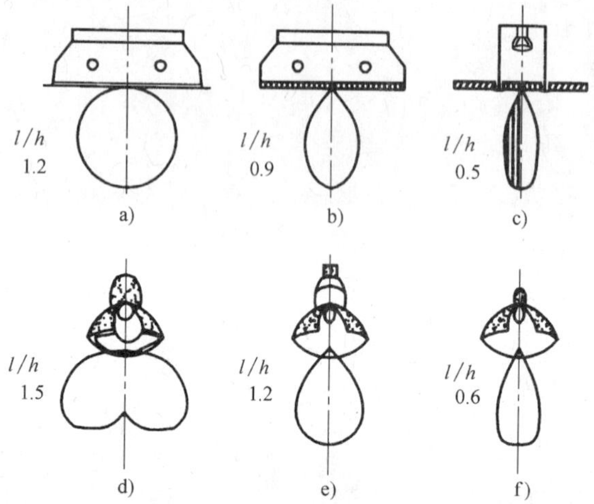

图3-8 直接型灯具的外形及配光曲线
a)、b）荧光灯具 c）反射型白炽灯灯具
d)、e)、f）白炽灯或高压汞灯灯具

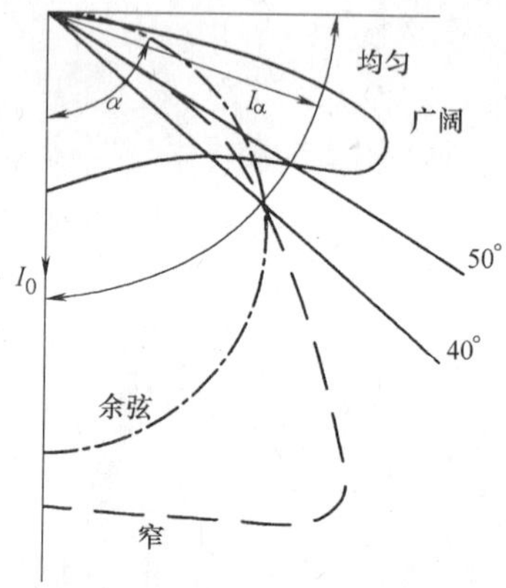

图3-9 直接型灯具按配光曲线分类

直接型灯具虽然效率较高，但也存在两个主要缺点：①由于灯具的上半部分几乎不发出光线，因而顶棚很暗，较暗的顶棚和明亮的灯具开口形成强烈的亮度对比，易形成眩光。②光线方向性强，阴影浓重。当工件受几个光源同时照射时，如处理不当会造成阴影重叠，影响视觉效果。

（2）半直接型灯具

如图3-10所示，半直接型灯具既能将较多的光线照射到下方的工作面上，又使部分光通量射向上半球，空间环境得到适当的照度，改善了室内的亮度对比。这种灯具常用半透明材料制成开口的样式，如玻璃菱形罩、玻璃碗形罩等。

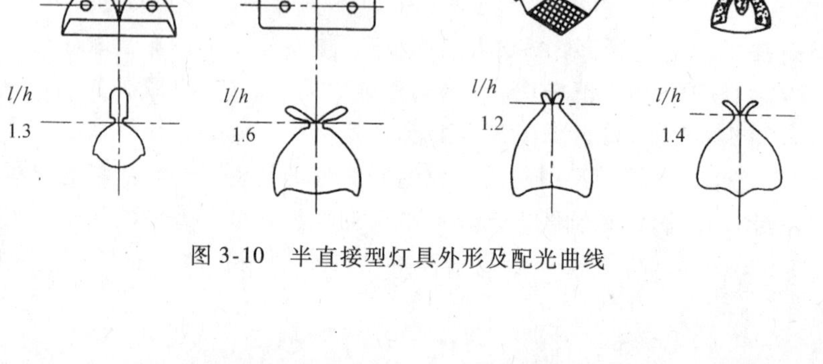

图3-10 半直接型灯具外形及配光曲线

(3) 扩散型灯具

扩散型灯具的灯罩用漫射透光材料制成封闭的形式，它造型美观，光线柔和均匀，但光通量损失较多，典型的如乳白玻璃球形灯。扩散型灯具外形及配光曲线如图3-11所示。

(4) 半间接型灯具

这种灯具的上半部是透明（或敞开）的，下半部是扩散透光材料。上半部光通量不小于总光通量的60%。由于增加了反射光的比例，房间的光线更均匀、柔和（图3-12）。这种灯具透明部分易积尘，会降低灯具的效率，并且下半部表面亮度也相当高，因此，在很多场合（教室、实验室）已逐渐用“环形格片式”灯具代替（图3-12d）。

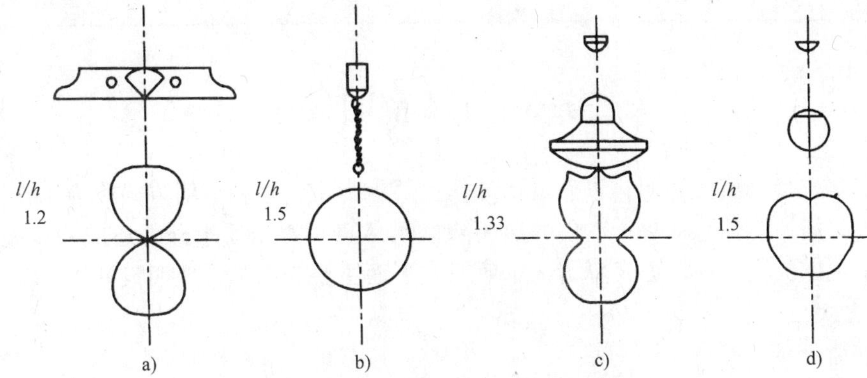

图3-11　扩散型灯具外形及配光曲线

a）荧光灯灯具　b）乳白玻璃（塑料）管状荧光灯灯具　c）、d）乳白玻璃白炽灯灯具

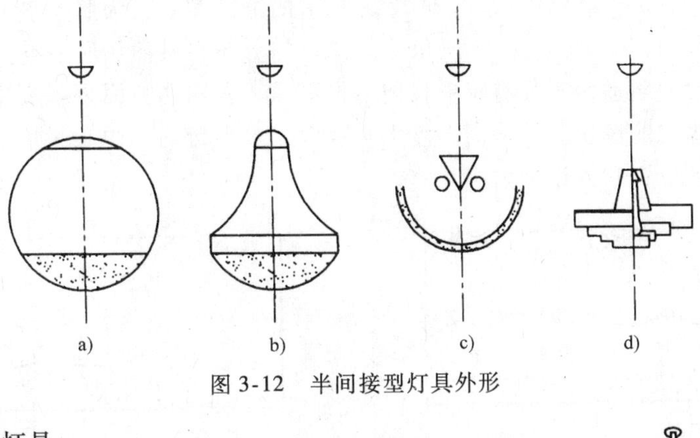

图3-12　半间接型灯具外形

(5) 间接型灯具

如图3-13所示，间接型灯具的灯罩用不透光材料做成，开口向上，几乎全部光线都射向上半球。光线经顶棚反射到工作面，扩散性好，光线柔和均匀，且避免了眩光。但利用效率低，在照度要求较高时，不宜使用这种灯具。一般用于照度要求不高、希望全室均匀照明、光线柔和宜人的情况，如医院和一些公共建筑。

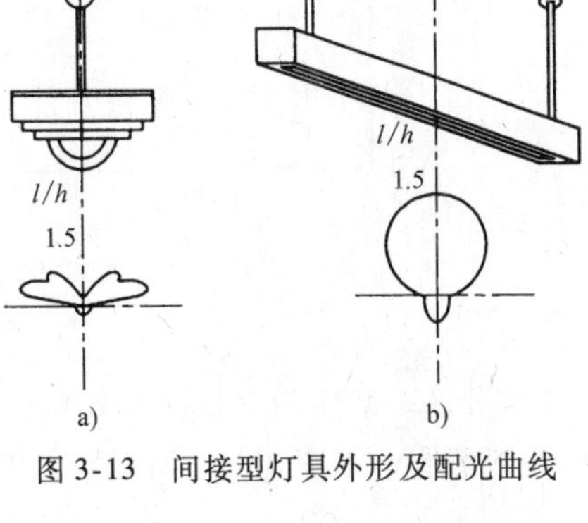

图3-13　间接型灯具外形及配光曲线

以上介绍的灯具都是固定在某一地方，光线的方向不能随意改变，因而不能适应室内布置的变

化。导轨式灯具能满足这方面的要求。

表3-10为上述几种类型灯具光照特性列表。

表3-10 不同类型灯具的光照特性

分类	直接型	半直接型	均匀扩散型	半间接型	间接型
上半球光通量	0~10%	10%~40%	40%~60%	60%~90%	90%~100%
下半球光通量	100%~90%	90%~60%	60%~40%	40%~10%	10%~0
光照特性	灯具效率高;室内表面的光反射比对照度影响小;设备投资少;维护使用费少	灯具效率中等;室内表面的光反射比对照度影响中等;设备投资中等;维护使用费中等			光线柔和;灯具效率低;室内表面的光反射比对照度影响大;设备投资多;维护使用费多

任务3 工作照明设计

工厂、学校等场所的照明，以满足视觉作业要求为主，这种照明方式称为工作照明。大型公共建筑的门厅、休息厅等，它们的照明除满足休息、娱乐要求外，还应强调艺术效果，这种以艺术观感为主的照明方式称为艺术照明。下面主要介绍工作照明设计。

3.1 照明方式

(1) 正常照明系统

正常照明系统按灯具的布局可分为一般照明、分区一般照明、局部照明和混合照明四种照明方式。

1) 一般照明 (General Lighting)。不考虑特殊的局部需要，为照亮整个被照面而设置的照明装置称为一般照明。如图3-14a所示，灯具均匀分布在被照场所上空，在工作面上形成均匀的照度。一般照明适用于没有特殊投射方向要求、没有特别需要提高视度的工作场所及工作点很密或不固定的场所。当房间高度大，又要求高照度时，单独采用一般照明，就会造成灯具过多，导致投资和使用费增高。

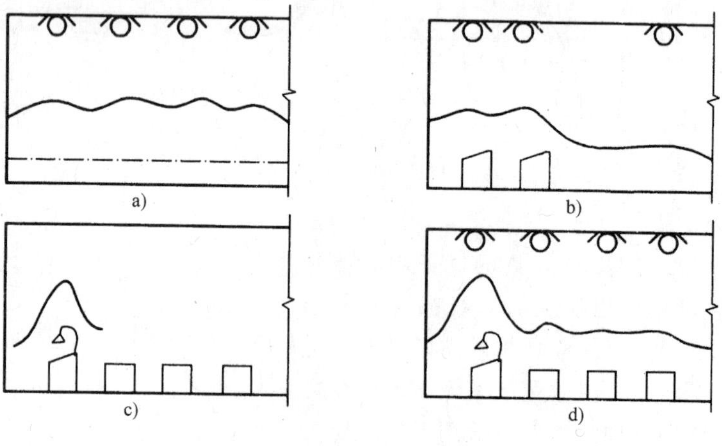

图3-14 不同照明方式及照度分布

a) 一般照明 b) 分区一般照明 c) 局部照明 d) 混合照明

2) 分区一般照明 (Localized Lighting)。当房间内各个区域要求不同的照度时，可采用分区一般照明，如图3-14b所示。例如，开敞式办公室常划分为办公区和休息区，办公区要求较高照度，而休息区则要求一般照明照度。

3）局部照明（Local Lighting）。在工作点附近，专门为照亮工作点而设置的照明方式称为局部照明，如图3-14c所示。局部照明常设置在要求高照度或对光线方向性有特殊要求的地方。但不许单独使用局部照明，否则会造成工作点与周围环境间亮度对比过大，不利于视觉作业。

4）混合照明（Mixed Lighting）。同一工作场所，既设有一般照明，又有局部照明，称为混合照明，如图3-14d所示。在高照度时，这种照明方式是最经济的，也是目前工业建筑和对照度要求较高的民用建筑（如图书馆）中大量采用的照明方式。

（2）应急照明系统

因正常照明的电源失效而启用的照明，称为应急照明（Emergency Lighting）。大型公共建筑、工业建筑都应设置独立的应急照明系统，以保障人身安全，减少经济损失。应急照明按其用途可分为疏散照明、安全照明和备用照明三类。

1）疏散照明（Escape Lighting）。为确保疏散通道被有效地辨认和使用的照明称为疏散照明，其照度值不应低于0.5lx。在安全出口和疏散通道的明显位置必须设置信号标志灯。

2）安全照明（Safety Lighting）。对有潜在危险场所，为避免正常照明突然熄灭、保证工作人员人身安全而设置的照明称为安全照明。安全照明在工作面上提供的照度不应小于正常照明系统提供照度的5%，在正常照明系统电源中断0.5s内，必须给安全照明系统供电。

3）备用照明（Stand-by Lighting）。为保证正常照明发生事故时，室内活动能继续进行而设置的照明称为备用照明。备用照明往往由一部分或全部正常照明灯具提供，其照度一般不低于正常照度的10%。

（3）其他照明方式

1）值班照明（On-duty Lighting）。非工作时间，为值班所设置的照明称为值班照明。大面积场所宜设置值班照明。

2）警卫照明（Security Lighting）。用于警戒而安装的照明称为警卫照明。有警戒任务的场所应根据警戒范围的要求设置警卫照明。

3）障碍照明（Obstacle Lighting）。在可能危及航行安全的建筑物或构筑物上安装标志灯称为障碍照明。有危及航行安全的建筑物、构筑物上，应根据航行要求设置障碍照明。

3.2　照明标准

确定照明方式之后，就应依据《建筑照明设计标准》（GB 50034—2013）考虑房间照明数量和照明质量，同时必须考虑照明节能的问题。

（1）照明数量

《建筑照明设计标准》中对照明数量的规定是用维持平均照度描述的。维持平均照度（Maintained Average Illuminance）是在照明装置必须进行维护的时刻，在规定表面上的平均照度，规定表面上的照度不应低于此值。在选择照度时，应符合下列分级：0.5lx、1lx、2lx、3lx、5lx、10lx、15lx、20lx、30lx、50lx、75lx、100lx、150lx、200lx、300lx、500lx、750lx、1000lx、1500lx、2000lx、3000lx、5000lx。

各类建筑的照明标准值见附录B，其中对维持平均照度标准值作了详细规定。

符合下列条件之一及以上时，作业面或参考平面的照度，可按照度标准值分级提高一级。

1）视觉要求高的精细作业场所，眼睛至识别对象的距离大于500mm时。

2）连续长时间紧张的视觉作业，对视觉器官有不良影响时。

3）识别移动对象，要求识别时间短促而辨认困难时。

4）视觉作业对操作安全有重要影响时。

5）识别对象亮度对比小于0.3时。

6）作业精度要求较高，且产生差错会造成很大损失时。

7）视觉能力低于正常能力时。

8）建筑等级和功能要求高时。

符合下列条件之一及以上时，作业面或参考平面的照度可按照照度标准值分级降低一级。

1）进行很短时间的作业时。

2）作业精度或速度无关紧要时。

3）建筑等级和功能要求较低时。

作业面邻近周围（邻近周围指作业面外0.5m范围内）的照度可低于作业面照度，但不宜低于表3-11中的数值。在一般情况下，设计照度值与照度标准值相比较，可有-10%～+10%的偏差。

表3-11 作业面邻近周围照度

作业面照度/lx	作业面邻近周围照度值/lx	作业面照度/lx	作业面邻近周围照度值/lx
≥750	500	300	200
500	300	≤200	与作业面照度相同

（2）照明质量

照明设计的目的在于经济合理地利用可行的技术措施创造满意的视觉环境。在量的方面，要在工作面上创造合适的照度；在质的方面，要保证室内照度的均匀度、限制眩光、保证光色和灯的显色性与房间使用性质相适应及保证房间表面的反射比满足工作要求等。

1）照度均匀度。公共建筑的工作房间和工业建筑作业区域内的一般照明照度均匀度不应小于0.7，而作业面邻近周围的照度均匀度不应小于0.5。房间或场所内的通道和其他非作业区域的一般照明的照度值不宜低于作业区域一般照明照度值的1/3。

在有电视转播要求的体育场馆，其主摄像方向上的照明应符合下列要求：

① 比赛场地水平照度最小值与最大值之比不应小于0.5。

② 比赛场地水平照度最小值与平均值之比不应小于0.7。

③ 比赛场地主摄像机方向的垂直照度最小值与最大值之比不应小于0.4。

④ 比赛场地主摄像机方向的垂直照度最小值与平均值之比不应小于0.6。

⑤ 比赛场地平均水平照度宜为平均垂直照度的0.75～2.0。

⑥ 观众席前排的垂直照度值不宜小于场地垂直照度的0.25。

在无电视转播要求的体育场馆，其比赛时场地的照度均匀度应符合下列规定：

① 业余比赛时，场地水平照度最小值与最大值之比不应小于0.4，最小值与平均值之比不应小于0.6。

② 专业比赛时，场地水平照度最小值与最大值之比不应小于 0.5，最小值与平均值之比不应小于 0.7。

2）眩光限制。直接眩光、反射眩光和光幕反射（Veiling Reflection，指由于视觉对象的镜面反射使视觉对象的对比降低，以致难以看清部分或全部细部）都将严重影响视度，要设法限制。

① 直接型灯具的遮光角不应小于表 3-12 的规定。

表 3-12 直接型灯具的遮光角

光源平均亮度/（kcd/m^2）	遮光角/（°）	光源平均亮度/（kcd/m^2）	遮光角/（°）
1～20	10	50～500	20
20～50	15	≥500	30

② 公共建筑和工业建筑常用房间或场所的不舒适眩光应采用统一眩光值 UGR 评价，其最大允许值宜符合附录 B 中表 B-19 和表 B-20 的规定。

③ 室外体育场所的不舒适眩光应采用眩光值 GR 评价，其最大允许值宜符合表 B-17 和表 B-18 的规定。

④ 可用下列方法防止或减少光幕反射和反射眩光：应将灯具安装在不易形成眩光的区域内；可采用低光泽度的表面装饰材料；应限制灯具出光口表面发光亮度；墙面的平均照度不宜低于 50lx，顶棚的平均照度不宜低于 30lx。

⑤ 有视觉显示终端的工作场所照明应限制灯具中垂线以上等于和大于 65°高度角的亮度。灯具在该角上的平均亮度限值宜符合表 3-13 的规定。

表 3-13 灯具平均亮度限值 （单位：cd/m^2）

屏幕分类	灯具平均亮度限值	
	屏幕亮度大于 $200cd/m^2$	屏幕亮度小于或等于 $200cd/m^2$
亮背景暗字体或图像	3000	1500
暗背景亮字体或图像	1500	1000

3）光源颜色。不同光源的相关色温不同，给人们的冷暖感觉不同。室内照明光源色表可按其相关色温分为三组，见表 3-14。长期工作或停留的房间或场所，照明光源的显色指数（R_a）不宜小于 80。在灯具安装高度大于 6m 的工业建筑场所，R_a 可低于 80，但必须能够辨别安全色。常用房间或场所的显色指数最小允许值应符合附录 B 中表 B-1～表 B-20 的规定。

表 3-14 光源色表特征及适用场所

相关色温/K	色表特征	适用场所
<3300	暖	客房、卧室、病房、酒吧
3300～5300	中间	办公室、教室、阅览室、商场、诊室、检验室、实验室、控制室、机加工车间、仪表装配车间
>5300	冷	热加工车间、高照度场所

4）反射比。当环境各表面的亮度比较均匀时，视觉作业最舒适。采光设计要求室内各表面亮度保持一定的比例。为获得比较均匀的亮度比，必须使室内各表面具有适当的光反射比。对长时间工作的房间，其表面推荐的光反射比见表 3-15。

表 3-15 工作房间内表面反射比

表面名称	反射比	表面名称	反射比
顶棚	0.6～0.9	地面	0.1～0.5
墙面	0.3～0.8		

5）阴影。作业面上或其附近出现阴影，会减弱亮度和对比度。因此在室内安排大设备的位置时，应避免在邻近工作面上形成阴影，并应提供足够的漫射光。但有时需要借助阴影来提高立体物件的视度，可设置一定的指向性照明。

6）照度的稳定性。供电电压的波动使照明不稳定，影响视觉功能。一般工作场所的室内照明，灯的端电压与额定电压相差不得超过 ±5%。条件允许时，应将动力电源和照明电源分开，最好在照明电源上增设稳压装置。

7）消除频闪效应。消除频闪效应有许多方法，一般为了减轻频闪效应的影响，将相邻的灯管（泡）或灯具分别接到不同相位的线路上。另外，尽可能以带电子式镇流器的灯具取代电感式镇流器的灯具。

（3）照明节能

据统计，用于照明的电能消耗占全国发电总量的 12%。节约照明用电对节约能源意义重大。各类建筑照明的功率密度［Lighting Power Density，简称为 LPD，即单位面积上的照明安装功率（包括光源、镇流器或变压器），单位为 W/m^2］不应超过附录 C 中的规定值。设装饰性灯具场所，可将实际采用的装饰性灯具总功率的 50% 计入照明功率密度值的计算；设有重点照明的商店营业厅，该楼层营业厅的照明功率密度值每平方米可增加 5W。

照明设计时必须考虑充分利用天然光。房间的采光系数或采光的窗地面积比应符合《建筑采光设计标准》的规定。有条件时，宜随室外天然光的变化自动调节人工照明照度；宜利用各种导光和反光装置将天然光引入室内进行照明；宜利用太阳能作为照明能源。

3.3 光源和灯具的选择

（1）照明光源的选择

选择光源时，应在满足显色性、启动时间等要求条件下，根据光源、灯具及镇流器等的效率、寿命和价格在进行综合技术经济分析比较后确定。选用的照明光源应符合国家现行相关标准的有关规定，应优先选择节能的照明光源。

照明设计时可按下列条件选择光源：

① 高度较低房间，如办公室、教室、会议室及仪表、电子等生产车间宜采用细管径直管形荧光灯。

② 商店营业厅宜采用细管径直管形荧光灯、紧凑型荧光灯或小功率的金属卤化物灯。

③ 高度较高的工业厂房，应按照生产使用要求，采用金属卤化物灯或高压钠灯，也可采用大功率细管径荧光灯。

④ 一般照明场所不宜采用荧光高压汞灯，不应采用自镇流荧光高压汞灯。

⑤ 一般情况下，室内外不应采用普通照明白炽灯；在特殊情况下需采用时，其额定功率不应超过 100W。

下列工作场所可采用白炽灯：

① 要求瞬时启动和连续调光的场所，使用其他光源技术经济不合理时。

② 对防止电磁干扰要求严格的场所。

③ 开关灯频繁的场所。

④ 照明要求不高，且照明时间较短的场所。

⑤ 对装饰有特殊要求的场所。

应急照明应选用能快速点燃的光源。应根据识别颜色要求和场所特点，选用相应显色指数的光源。

(2) 照明灯具及其附属装置的选择

在照明设计中选择灯具时，应综合考虑以下几方面的问题。

1) 光的技术特性。光的技术特性指灯具配光曲线、灯具表面亮度、限制眩光等问题。如一般生活用房和公共建筑内多采用半直接型灯具、均匀扩散型灯具或荧光灯（裸露的和带罩的），使顶棚和墙壁均有一定的光照，整个室内空间照度分布较均匀。生产厂房多采用直接型灯具，使光通量全部投射到下方的工作面上。若工作位置集中或灯具悬挂较高，宜采用深照型灯具，一般生产场所采用配照型灯具。灯具倾斜安装，或选用不对称配光的灯具以满足垂直照度的要求，如教室黑板照明。

2) 经济性。从灯具效率、电功率消耗、投资运行费、节能效果等方面综合考虑。

3) 周围环境条件。《建筑照明设计标准》(GB 50034—2013) 中指出，必须根据照明场所的环境条件，分别选用合适的灯具。

① 在潮湿的场所，应采用相应防护等级的防水灯具或带防水灯头的开敞式灯具。

② 在有腐蚀性气体或蒸汽的场所，宜采用防腐蚀密闭式灯具，各部分应有防腐蚀或防水措施。

③ 在高温场所，宜采用散热性好、耐高温的灯具。

④ 在有尘埃的场所，应按防尘的相应防护等级选择适宜的灯具。

⑤ 在装有锻锤、大型桥式吊车等振动、摆动较大场所使用的灯具，应有防振和防脱落措施。

⑥ 在易受机械损伤、光源自行脱落可能造成人员伤害或财物损失的场所使用的灯具，应有防护措施。

⑦ 在有爆炸或火灾危险场所使用的灯具，应符合国家现行相关标准和规范的有关规定。

⑧ 在有洁净要求的场所，应采用不易积尘、易于擦拭的洁净灯具。

⑨ 在需防止紫外线照射的场所，应采用隔紫灯具或无紫光源。

⑩ 直接安装在可燃材料表面的灯具，应采用标有“▽F”标志的灯具。

4) 灯具的外形与建筑物是否协调。不管是工作照明，还是艺术照明，灯具的外形都应和建筑物相协调。比如，在净空高度较小的房间使用大型吊灯就非常不协调。

除上述原则外，选用的照明灯具应符合国家现行相关标准的有关规定。在满足眩光限制和配光要求的条件下，应选择效率高的灯具，并应符合如下要求：

① 荧光灯灯具的效率不低于表 3-16 的规定。

表 3-16 荧光灯灯具的效率

灯具出光口形式	开敞式	保护罩(玻璃或塑料)		格栅
		透明	磨砂、棱镜	
灯具效率	75 %	65%	55%	60%

② 高强度气体放电灯灯具的效率不低于表 3-17 的规定。

表 3-17 高强度气体放电灯灯具的效率

灯具出光口形式	开敞式	格栅或透光罩
灯具效率	75%	60%

照明设计时按下列原则选择镇流器：

① 自镇流荧光灯应配用电子镇流器。

② 直管形荧光灯应配用电子镇流器或节能型电感镇流器。

③ 高压钠灯、金属卤化物灯应配用节能型电感镇流器；在电压偏差较大的场所，宜配用恒功率镇流器；功率较小者可配用电子镇流器。

④ 采用的镇流器应符合该产品的国家能效标准。

对高强度气体放电灯，其触发器与光源的安装距离应符合产品的要求。

(3) 灯具的布置

灯具的布置即确定灯具在房间中的空间位置。灯具的布置与光的投射方向、工作面的照度、照度的均匀性、眩光的限制以及阴影等都有直接关系。灯具的布置是否合理还关系到照明安装容量的大小和费用多少，以及维护检修方便与否及安全等方面的问题。

布灯是否合理，主要取决于灯具的间距 l 和计算高度 h（灯具至工作面的距离）的比值 l/h（即距高比）是否恰当。l/h 值小，照度的均匀性好，但经济性差；l/h 值过大，灯稀疏，不能满足照度均匀度的要求。各种灯具的最大允许距高比（l/h）可从照明设计手册中查得。图 3-8 ~ 图 3-13 中已给出一些常用灯具的距高比。实际布灯的距高比小于最大允许距高比时，照度的均匀性就能得到满足。为使房间四周的照度不至太低，应将靠墙的灯具至墙的距离减小到灯间距的 1/5 ~ 1/3。当采用半间接和间接型灯具时，要求反射面照度均匀，因而需要控制距高比中的 h，即灯具至反光表面的距离。

布灯时应注意以下几点：

1）避免产生阴影。用直接型或半直接型灯具时，应避免人和工件形成阴影而影响工作。面积不大的房间，最好也安装 2 ~ 4 盏灯，以避免产生显著的阴影。

2）考虑检修的方便与安全。

3）顶灯与壁灯相结合。高大房间布灯时可采取顶灯和壁灯相结合的方式；一般房间照明以顶灯为好；单纯用壁灯照明，房间昏暗，不利于视觉工作，容易发生事故，因而一般不应采用。

3.4 照明计算

照明计算是室内工作照明设计不可缺少的一个环节。当明确了设计要求，选择了合适的照明方式，确定了所需的照度和各种照明质量要求，并选择了相应的光源和灯具后，就要通过照明计算来确定所需的光源功率，或者按照事先确定的功率核算室内平均照度及检验某点的照度是否符合标准。

照明计算的内容非常多，包括照度计算、亮度计算、眩光相关计算、显色指数计算、经济分析与节能分析等，计算方法也很多。这里简要介绍照度计算中常用的利用系数法，然后介绍利用灯数概算曲线计算灯数的方法。

(1) 利用系数法

利用系数法的基本原理如图 3-15 所示。光源发出的总光通量为 Φ，照射到工作面上的光通量称为有效光通量，用 Φ_u 表示。有效光通量由两部分组成：直接照射到工作面上的 Φ_d，另一部分是反射到工作面上的 Φ_ρ，光源实际投射到工作面上的有效光通量为：

$$\Phi_u = \Phi_d + \Phi_\rho \tag{3-3}$$

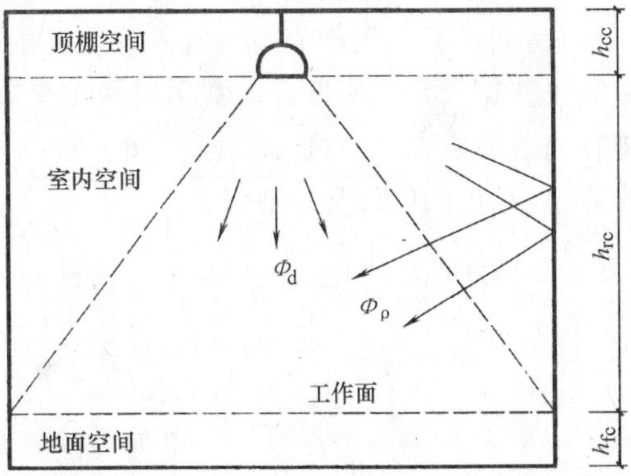

图 3-15 利用系数法室内空间划分

灯具利用系数 C_u 就是有效光通量 Φ_u 和照明设施总光通量 $N\Phi$ 的比值，即：

$$C_u = \frac{\Phi_u}{N\Phi} \tag{3-4}$$

式中 Φ_u——工作面上的有效光通量，单位为 lm；

Φ——一个灯具内光源的光通量，单位为 lm；

N——灯具的数量。

只要知道了灯具的利用系数及光源的光通量，就可以利用下式计算出工作面上的平均照度 E，以核算照明方案是否满足设计要求。

$$E = \frac{\Phi_u}{A} = \frac{NC_u\Phi}{A} \tag{3-5}$$

式中 A——房间面积，单位为 m^2。

在知道室内的照度要求和灯数的情况下，欲计算所需光源的功率，可将上式变形为：

$$\Phi = \frac{EA}{NC_u} \tag{3-6}$$

照明设施在使用中会受到污染而使照度下降，所以在照明设计中，应将初始照度适当提高，即把照度标准值除以一个系数。这个系数就是灯具的维护系数，以 K 表示。《建筑照明设计标准》对维护系数（Maintenance Factor）的定义为：照明装置在使用一定周期后，在规定表面上的平均照度或平均亮度与该装置在相同条件下新装时在同一表面上所得到的平均照度或平均亮度之比。维护系数 K 的数值见表 3-18。于是，式（3-6）改写为：

$$\Phi = \frac{EA}{NC_uK} \tag{3-7}$$

表 3-18 维护系数 K 值

环境污染程度		适用场所	灯具清洗次数/(次/年)	维护系数 K 值
室内	清洁	卧室、办公室、餐厅、阅览室、教室、病房、客房、仪器仪表装配间、电子元器件装配间、检验室等	2	0.80
	一般	机械加工、机械装配、织布车间	2	0.70
	严重污染	锻工、铸工、碳化车间，水泥厂球磨车间	3	0.60
室外		道路和广场	2	0.65

常用灯具的利用系数 C_u 见附录 D。

影响利用系数的因素有以下几方面：

1）灯具的类型。直接型灯具的利用系数比其他类型灯具的利用系数高。

2）灯具效率。灯具效率越高，利用系数越大。

3）房间尺寸。工作面与房间其他表面的相对尺寸越大，接受光通量的机会就越多，利用系数也就越大。照明设计中常用空间比来表示这一特性。如果以灯具平面和工作面为界，可将房间划分成三个空间：顶棚空间、室内空间和地面空间（图3-15），那么顶棚空间比 CCR 和室内空间比 RCR 分别为：

$$CCR = 5h_{cc}\left(\frac{b+l}{bl}\right) \tag{3-8}$$

$$RCR = 5h_{rc}\left(\frac{b+l}{bl}\right) \tag{3-9}$$

式中 h_{cc}——顶棚空间高度，单位为m；

h_{rc}——室内空间高度，单位为m；

l、b——房间的长和宽，单位为m。

从图3-16可以看出，同一灯具放在不同的房间，直射光通量有很大差别。净空小、宽度大的房间和净空大、宽度小的房间相比，前者直射光的覆盖面大，直射光通量大。

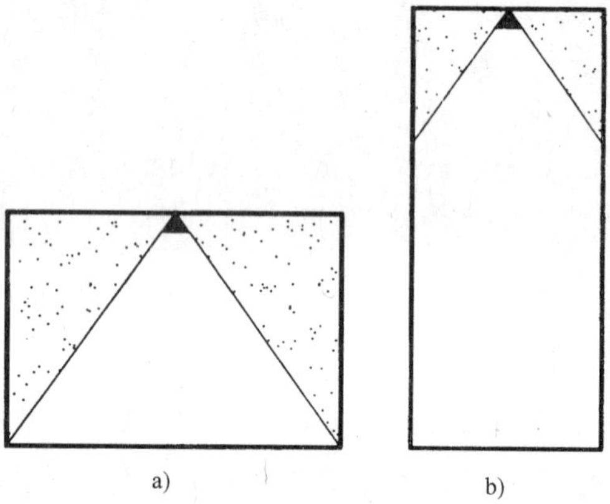

图3-16 房间尺寸与光通量分布

4）室内表面的光反射比。室内各表面，光反射比越高，反射光通量就越大。

顶棚的有效光反射比 ρ_{cc} 反映顶棚空间的总反射能力。它与顶棚空间比 CCR、顶棚空间的光反射比 ρ_{wd} 及顶棚的光反射比 ρ_c 有关，其数值由图3-17给出。

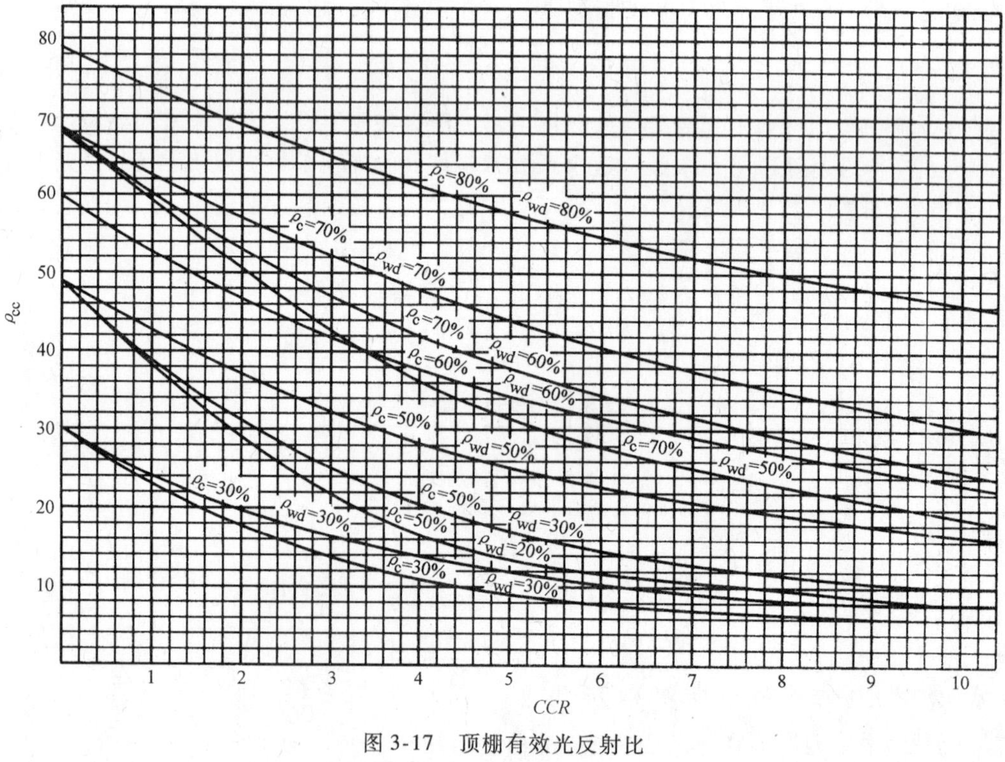

图3-17 顶棚有效光反射比

室内空间的平均光反射比 ρ_w 是各个墙面光反射比按照面积的加权平均值。

$$\rho_w = \frac{\sum_{i=1}^{n} S_i \rho_i}{\sum_{i=1}^{n} S_i} \tag{3-10}$$

式中　S_i——室内某墙面的面积，单位为 m^2；

ρ_i——与 S_i 对应墙面的光反射比。

（2）灯数概算法

现在采光设计中也常利用灯数概算曲线计算灯数，该方法简便易行，也比较准确。灯具概算曲线见附录 E。应用概算曲线时应注意以下几点：

1）若照度不是 100lx，求出的灯数应按比例增减。如照度设计为 75lx 时，应乘以 0.75。

2）曲线上所标的高度为计算高度。

3）当光源瓦数不同时，灯数应乘以概算曲线图中说明表给出的系数。

4）曲线的使用范围不满足要求时，可以用曲线的外推法求灯数。不同计算高度之间的数值允许以内插值法查找。

下面通过例题来说明这种方法。

【例 3-2】　有一教室，长×宽×高 = 12m×6m×4m，双侧开窗，玻璃占总面积的 50%，顶棚和墙面用白色涂料粉刷，试用灯具概算图表求所需灯数。

【解】

1）确定照度。查《建筑照明设计标准》（GB 50034—2013），确定为 300lx。

2）确定灯型。选 YG6-2　2×40W 日光色吸顶式荧光灯。

3）确定计算高度 h 和房间面积 S。课桌高度为 0.75m，灯具吸顶，$h = 4m - 0.75m = 3.25m$。教室面积 $S = 12m \times 6m = 72m^2$。

4）查概算图表（见附录 E）。用内插值法在曲线 $h = 3m$ 及 $h = 4m$ 之间求出灯数 $N = 5.3$ 套。

确定照度为 300lx，故实际所需灯数为：

$$N = 5.3\text{套} \times \frac{300\text{lx}}{100\text{lx}} = 15.9\text{套}$$

取 $N = 16$ 套。

3.5　室内工作照明设计示例

下面以教室为例，具体说明工作照明设计的过程。

某教室尺寸为 11.2m×7.8m×3.4m，一侧墙开有 3 扇尺寸为 3.0m×2.4m 的窗，窗台高 0.8m。试对该教室进行照明设计。

（1）了解设计对象及设计要求

对教室人工光环境的要求是使学生看得清楚、看得舒适，保证学生在长期学习生活中生理和心理健康的需要。

（2）设计标准

1）照明数量。照明标准要求教室桌面上的维持平均照度不低于 300lx，照度均匀度不低于 0.7。教室黑板应有局部照明，其维持平均照度不低于 500lx，照度均匀度不低于 0.7。

2）照明质量。教室照明必须解决下列问题：

① 限制教室内的眩光，包括直接眩光、反射眩光和光幕反射。

② 保证课桌面和黑板面的照度的均匀度不低于0.7。

③ 光源尽可能均匀分布，以增加扩散光在总照度中的比例，减弱阴影。

④ 为了减少视觉疲劳，要求相邻表面间的亮度比满足下列要求：视看对象和邻近表面不超过3:1，如书本和课桌表面；视看对象和远处较暗表面不超过3:1，如书本和地面；视看对象和远处较亮表面不超过5:1，如书本和窗口。

（3）设计方案

1）教室光源最好采用荧光灯，因为它发光效能高、寿命长、表面亮度低、光色好。现在，小功率高压钠灯在教室照明中应用也较广泛。

2）教室照明一般选用盒式或控照式灯具，灯具形式应力求简洁大方。为了消除眩光和便于控光，灯具应有一定的保护角。近年来，出现了一些适用于教室的灯具，其最大发光强度位于与垂线成30°角的方向上，并具有较大的保护角，如BYG4-1蝙蝠翼配光灯具。目前许多教室内还采用40W筒式木底板荧光灯（YG1-1）或筒式荧光灯（YG2-2）等裸荧光灯管，这会带来一定程度的眩光。如能更换灯具，并合理布置，就能较好地解决眩光和照度均匀性的问题。

3）应按灯具的类型确定灯具的间距和悬挂高度。灯具悬挂高度越高或间距越密，室内照度就越均匀。

4）黑板处必须有充足的垂直照度，且照度均匀、眩光小。

5）为使教室获得良好的亮度分布，规范建议教室内各表面的光反射比尽量满足表3-19的要求。

表3-19 教室各表面光反射比

教室各表面	光反射比	教室各表面	光反射比
顶棚	0.7～0.8	地面	0.2～0.3
前墙	0.5～0.6	课桌面	0.35～0.5
侧墙、后墙	0.7～0.8	黑板面	0.15～0.2

（4）照明计算

下面采用利用系数法对该教室进行照明计算。

根据《建筑照明设计标准》，教室照明维持平均照度宜为300lx。根据教室照明对光源性能的要求，选用40W日光色荧光灯，其光通量为2000lm。灯具采用效率高且有较大保护角的蝙蝠翼型配光直接型灯具（BYGG4-1型，见附录A），吊在离顶棚0.5m处。课桌面距地面0.8m。

根据表3-19，室内各表面的光反射比取为：顶棚0.7，墙面0.5，地面0.2。玻璃的光反射比为0.15。于是，按室内空间比计算公式有

$$RCR=\frac{5\times(3.4\text{m}-0.5\text{m}-0.8\text{m})\times(11.2\text{m}+7.8\text{m})}{11.2\text{m}\times7.8\text{m}}=2.28$$

室内空间高度 $h_{rc}=3.4\text{m}-0.5\text{m}-0.8\text{m}=2.1\text{m}$

$$\rho_w=\frac{[2\times(11.2\text{m}+7.8\text{m})\times2.1\text{m}-(3\times3\text{m}\times2.1\text{m})]\times0.5+(3\times3\text{m}\times2.1\text{m})\times0.15}{2\times(11.2\text{m}+7.8\text{m})\times2.1\text{m}}=0.417$$

由
$$CCR=\frac{5\times0.5\text{m}\times(11.2\text{m}+7.8\text{m})}{11.2\text{m}\times7.8\text{m}}=0.544$$

并根据 $\rho_c=0.7$，$\rho_{wd}=0.5$，从图3-17查出 $\rho_{cc}=0.63$。

根据以上计算，由 RCR、ρ_{cc} 和 ρ_w，查附录D可得 $C_u=0.68$。

教室的维护系统 K 根据表3-18可取0.8，所以该教室应安装的光源数为

$$N=\frac{300\text{lx}\times11.2\text{m}\times7.8\text{m}}{0.68\times0.8\times2000\text{lm}}\approx24(\text{支})$$

任务4 环境照明设计

照明设计不仅要满足生活、工作等视觉功能方面的要求，而且要充分发挥照明设施的装饰作用。这种突出艺术效果、和建筑本身密切联系的照明设计，称为“环境照明设计”。

4.1 照明环境对视觉与心理的作用

同一空间，照明方式不同，给人的感觉不同，进而影响人们的情绪和行为。环境照明设计必须考虑人的视觉与心理作用。

1）均匀的高亮度表面给人以透明感，当室内其他部分很暗时，透明感更加明显。

2）为使室内具有活力感，可采用突出周边墙的不均匀照明方式，如用白炽灯以擦射方式照明墙。

3）如果室内亮度较低且无眩光，人会感到轻松。

4）如果房间中间较暗、周围较亮，照明不均匀，可使人产生亲切私密的感觉。

5）当室内有适当的照度，周边采用明亮有序的浅色照明（如墙照明）时，空间显得开敞。一般暖色调表面显得往前，冷色调表面显得后退。室内使用镜面，更能增加开敞感。

6）如一个大房间中间区域具有高亮度，而周围是黑暗环境，人会产生恐怖的感觉。

7）晚上，如室内照度很高，窗玻璃上就会出现灯具和室内环境的反影，使人们认为外面深不可测。

照明环境对视觉与心理的作用还与个人感受、爱好和性格有关，同样的环境，不同人的感觉却可能完全不同。

4.2 室内环境照明设计的一般方法

室内环境照明设计首先要确定符合设计要求的照明方式，然后再按照光的表现力确定光源、灯具的类型及其布置方式。要综合使用多种技法，充分利用光的自身特性创造出良好的环境气氛。灯具可以用千姿百态的吊灯、壁灯、暗灯或吸顶灯，这些灯具本身的造型就很美观；也可以用多个灯组成图案；还可以把光源隐藏在建筑构件中，构成发光顶棚、光梁和光带等。

（1）利用灯具本身的艺术装饰美化室内照明环境

1）吊灯。图3-18是几种形式的吊灯。吊灯通常是由几个单灯组合而成的，同时对灯架和灯罩进行艺术处理，因此尺寸较大，适用于大型厅堂。

2）暗灯和吸顶灯。将灯具放在顶棚的隐槽里（暗灯），或紧贴在顶棚上（吸顶灯）。顶棚上做一些线脚和装饰处理，与灯具相互配合，构成各种图案，可形成装饰性很强的照明环境。使用暗灯时，顶棚亮度太低，灯口处易形成眩光，吸顶灯则能改善这一状况。

3）壁灯。壁灯常安装在大面积墙面上，它可提高部分墙面亮度，在墙上形成亮斑，打破单调气氛，光线柔和。

（2）将多个灯具有机组合，取得装饰效果

将顶棚上的灯具组合成各式各样的图案，或使灯具与顶棚装修相结合，形成美观的整体，均可获得较好的装饰效果。这种照明处理方式很适合面积大、高度小的空间使用。

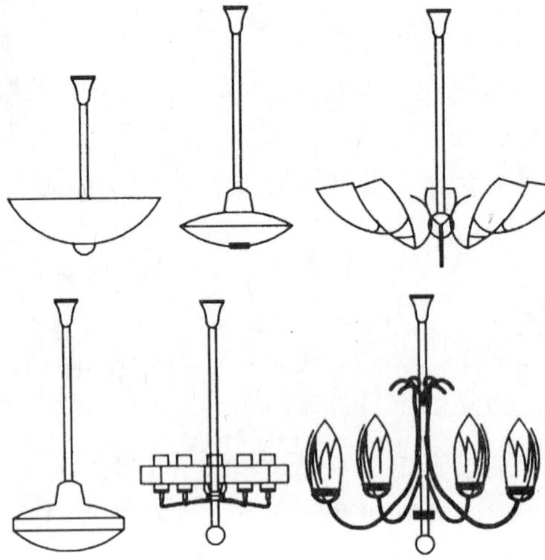

图 3-18 各种形式的吊灯

（3）和建筑构造相结合，进行大面积照明处理

此种方法是将光源隐蔽在建筑构件中，并和建筑构件（顶棚、墙沿、梁、柱等）或家具合成一体的照明方式，可分为两种类型：一是发光顶棚、光梁或光带；二是反光光檐或光龛。它们的共同特点是：①发光体不再是分散的点光源，而扩大为发光带或发光面。因此能在保持发光表面亮度较低的情况下，使室内获得较高照度。②光线柔和，整个空间照度均匀，阴影浅淡，甚至没有阴影。③能消除直接眩光，减弱反射眩光。

1）发光顶棚。为保证室内照明环境的稳定性，模仿天然采光，在玻璃吊顶至天窗间安装灯具，称为发光顶棚。图 3-19 是一种与采光窗合用的发光顶棚。无论采用何种发光顶棚，都应满足三个基本要求：效率高；维修、清扫方便；发光表面亮度均匀。人眼能觉察出不均匀的亮度比（即亮度最小值 L_{min} 和亮度最大值 L_{max} 的比值）为 1:1.4。为了不超过此界限，应使灯的间距 l 和它至顶棚的距离 h 之比（l/h）保持在一定的范围内。适宜的 l/h 值见表 3-20。发光顶棚应避免雷同和单调，如可将顶棚划分为一些小块，并故意造成亮点，打破单调感，效果较好。由表 3-20 可知，为使发光表面亮度均匀，需把灯装得很密或者远离透光面。可见，发光顶棚效率较低、经济上不合理，因此只适用于要求高照度的场所。

2）光梁和光带。将发光顶棚的宽度缩小成为带状，若此发光表面与顶棚表面平齐，则称为光带（图 3-20a、b）；若凸出于顶棚表面，则称为光梁（图 3-20c、d）。光带的轴线最好与房间的外墙平行，这样光线的方向与天然采光方向一致，可减少阴影和不舒适眩光。光带间的间距不应超过它到工作面距离的 1.3 倍，以保证室内照度均匀。光带与顶棚处于同一平面，光线无法照射到顶棚，会造成顶棚昏暗。光梁凸出顶棚，侧面可照射顶棚表面，减少了发光表面与顶棚表面的亮度对比。光带和光梁的嵌装，在设计和施工中都必须与土建配合。

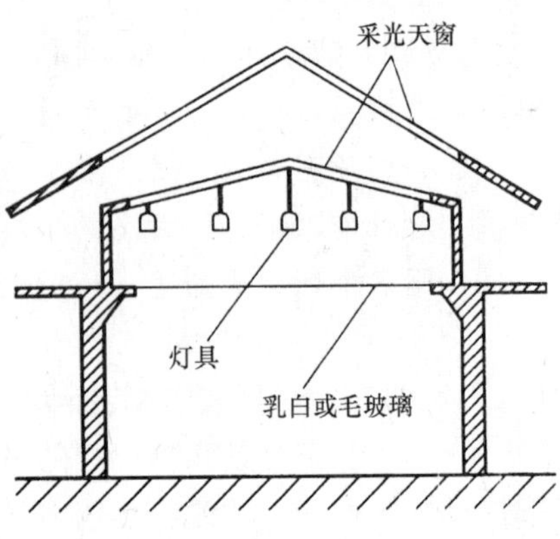

图 3-19 发光顶棚和天窗合二为一

3）格片式发光顶棚。在同等照度时，和点光源相比，发光顶棚、光梁和光带的表面亮

度相对来说还是比较低的，但如果要求较高的照度，仍然会形成眩光。为解决这一矛盾，环境照明设计常采用格片式发光顶棚。格片式发光顶棚在现代建筑中很流行。图 3-21 是几种典型格片式发光顶棚板材的结构及安装方法。

表 3-20　各种情况下适宜的距高比 l/h

灯具类型	$L_{max}/L_{min} \approx 1.4$	$L_{max}/L_{min} \approx 1.0$
窄配光的镜面灯	0.9	0.7
点光源余弦配光灯具	1.5	1.0
点光源均匀配光和线光源余弦配光灯具	1.8	1.2
线光源均匀配光灯具	2.4	1.4

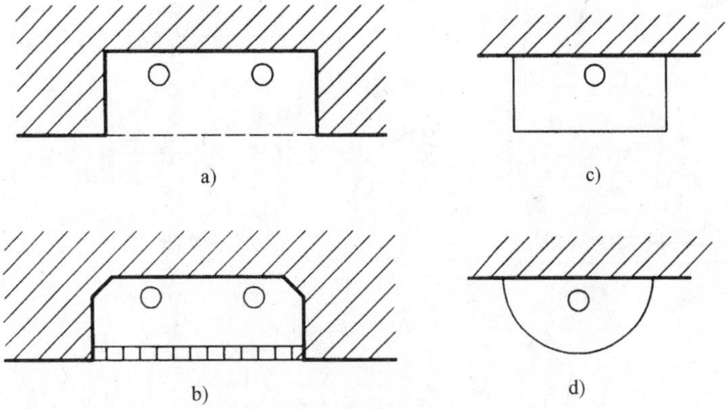

图 3-20　光梁和光带

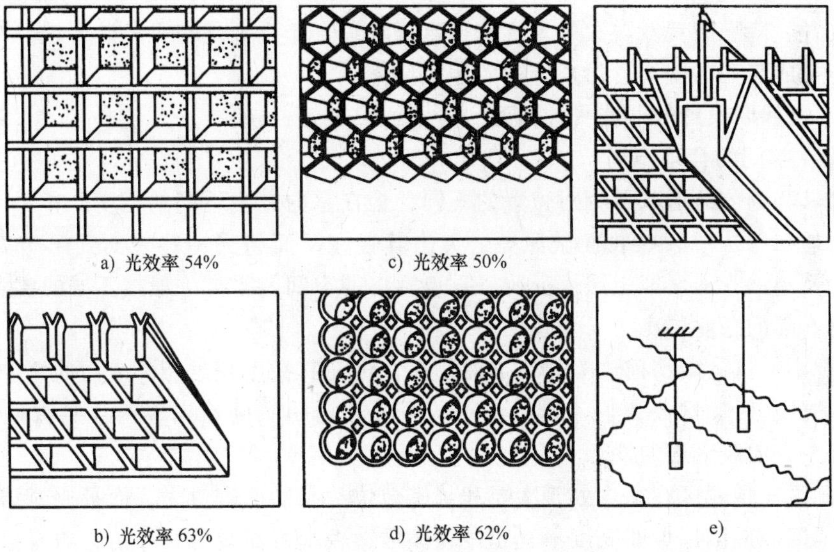

图 3-21　格片式板材的结构与安装方法

a）方格状　b）抛物面　c）蜂窝状　d）圆柱状　e）安装方式

4）反光照明设施。反光照明设施将光源隐藏在灯槽内，利用顶棚或别的表面（如墙面）反光进行照明。它具有间接型灯具的特点，又是大面积光源，所以光的扩散性极好，甚至可以完全消除阴影和眩光。由于光源面积大，只要布置方法得当，就可以取得各种艺术效果。反光照明的光效率比单个间接型灯具高一些。反光顶棚的构造及位置如图 3-22 所示，图 3-23 为几种反光顶棚的实例。因反光顶棚槽口朝上，非常容易积尘，如果不经常清扫，它的光效率可能降低到原来的 40% 以下，设计时应特别注意。这种装置由于光线充分扩散，一些立体形象会显得平淡，不宜单独用于需辨别物体外形的场合。

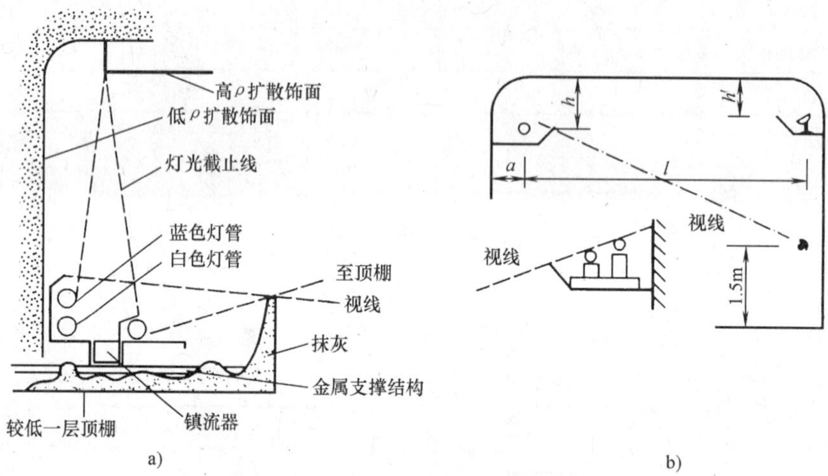

图 3-22 反光顶棚的构造及位置

a）反光顶棚的构造 b）反光顶棚应保证观众看不见光源

5）多功能综合顶棚。多功能综合顶棚综合考虑室内环境对声、光、热的要求，将灯具、空调装置、降噪装置及防火装置等按一定要求综合排列。优点是各装置统一布局，结构紧凑，并能构成简洁的图案，形成舒适的照明环境。

4.3 室内环境照明设计的一些具体问题

（1）光在空间的合理布局

由于灯具和物体的形状及相对位置的不同，会在室内产生不同的亮度分布。设计中可通过灯具的合理布置，使某些表面被照亮，突出其存在，而将另一些表面处于暗处，使其退后，处于次要地位，从而产生层次分明、重点突出的空间效果。一般按不同的要求，把室内空间划分为不同的亮度层次。

1）视觉中心区。对房间中需要突出的物体，可使其亮度超过相邻表面的 5 ~ 10 倍。

2）活动区。活动区是人们工作、学习的区域。它的照度首先应符合照明标准的规定，同时应具有一定的照度均匀性。

3）顶棚区。顶棚区在室内处于次要和从属地位，亮度不宜过大，而且要简洁。

4）周围区。周围区域的亮度不宜超过顶棚区，否则可能会喧宾夺主，妨碍重点突出。

（2）采用各种有效的照明措施

在需要强调室内某些局部，突出它的造型、轮廓和艺术性时，需要有局部强调照明。这时可采用如下的照明方式：

1）扩散照明。大面积柔和均匀的照明特别适用于起伏不大的场合，如壁画。但此法不

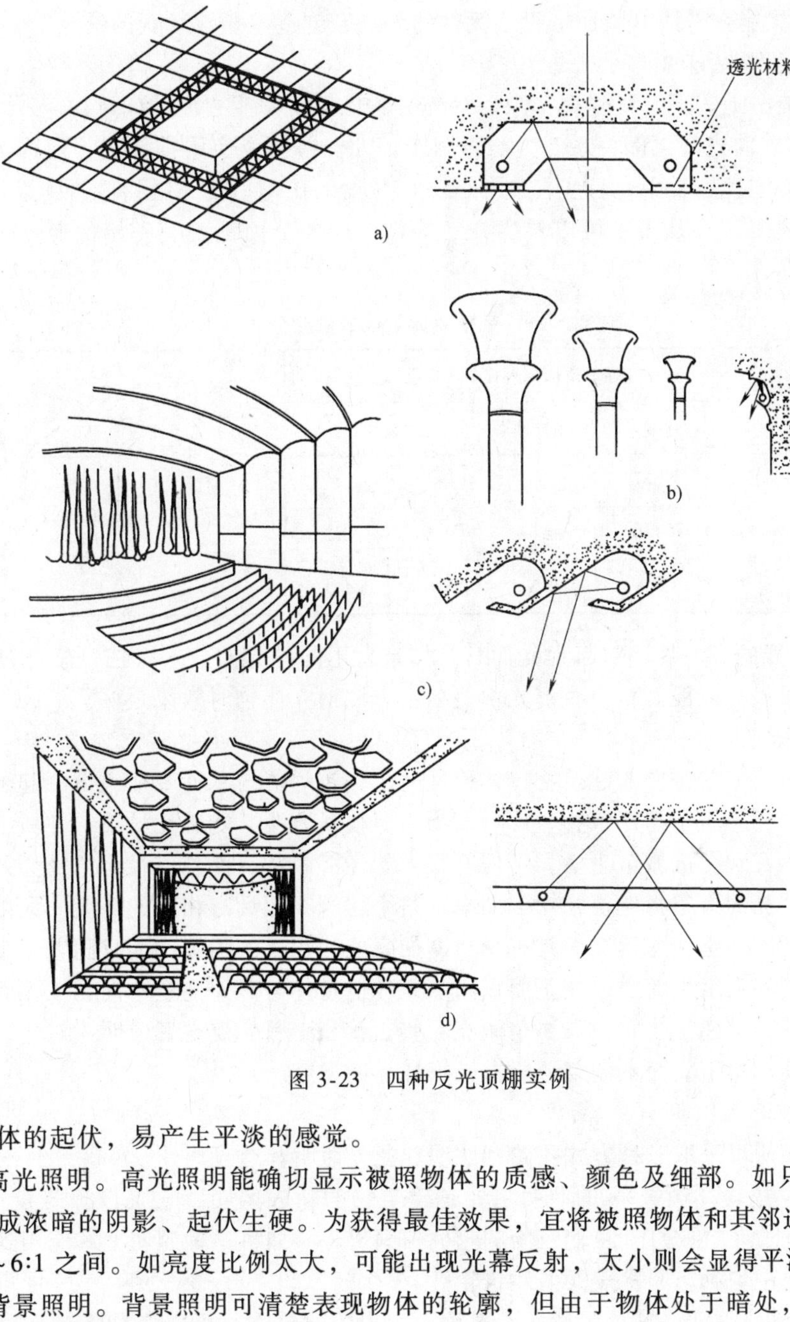

图 3-23　四种反光顶棚实例

能突出物体的起伏，易产生平淡的感觉。

2）高光照明。高光照明能确切显示被照物体的质感、颜色及细部。如只用单一光源照射，易形成浓暗的阴影、起伏生硬。为获得最佳效果，宜将被照物体和其邻近表面的亮度控制在2:1～6:1之间。如亮度比例太大，可能出现光幕反射，太小则会显得平淡。

3）背景照明。背景照明可清楚表现物体的轮廓，但由于物体处于暗处，它的颜色、细部、表面特征等都无法表现。

4）墙泛光。用光线将墙面照亮，形成一个明亮的表面，会使人感到空间扩大，突出质感，使人们把注意力集中于墙上的艺术品。

① 柔和均匀的墙泛光，使人感到空间扩大。

② 如产生泛光的光源在侧上方，会突出墙的材质。

③ 扇贝形光斑在平墙上添加一些变化和趣味性，突出活力感。

④ 投光照明可突出墙上一些尺寸较小的艺术品，如绘画、小壁毯等。

⑤ 光点效果能在平淡的墙面上投上无数的光点，创造出非常活跃的气氛。

(3) 突出立体造型的照明方式

为完整、充分地表现三维物体形象，应充分考虑以下照明方面的问题：

1) 调整各方向光的比例关系。为防止阴影，人们都愿意使用扩散光。但为突出艺术品的立体效果，必须运用集中光且应控制好各方向照度的比例。使三维物体达到最佳立体效果的照度分布见表 3-21。从表中可以看出，三维物体的各个面都要有一定的照度，但又不能平均分布。

表 3-21 最佳立体效果的照度分布

	对于 a 面的照度比				
	测量面				
	a	b	c	d	e
最小比	1	1.8	0.6	0.8	0.3
最大比		2.5	0.3	1.6	1.1

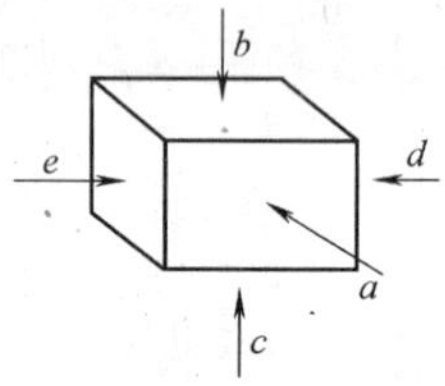

2) 考虑光线的方向性。对直射光而言，如来自不同的方向，一个三维物体就会产生完全不同的视觉效果。一般而言，直射光由侧前上方照射立体物时效果最好。

4.4 室外环境照明

在城市规划和一些重要的建筑物单体设计时，建筑师应与其他专业人员一起考虑室外夜间环境照明的问题。城市的建筑物、广场及街道等夜景照明，能美化城市，使城市各种活动的时间延长，丰富和促进城市生活，不但有很大的经济效益，而且有很大的社会效益。

在白天，明亮的天空将建筑物均匀照亮，整个建筑立面具有相同的亮度。太阳直射光具有强烈的方向性，使整个建筑立面具有相当高的亮度和明显的阴影，而且随着太阳位置的移动，阴影的方向和强度也随之改变。而夜间的光环境条件与白天完全不同，在夜间，天空漆黑一片，是暗背景，建筑物立面只要稍微亮一些，就和漆黑的夜空形成明显对比，使之显现出来。因而夜间的建筑立面不需要形成白天那样高的亮度。

(1) 建筑物立面照明

建筑立面照明可采取三种方式：轮廓照明、泛光照明和透光照明。

1) 轮廓照明。城市中心区的照明主要是建筑物的轮廓照明，它是以黑暗夜空为背景，利用沿建筑物周边布置的灯，将建筑物的轮廓勾画出来。如将这种照明方式应用到我国古建筑上，会在夜空中勾勒出非常美丽的建筑轮廓。

2) 泛光照明。对于一些体形较大，轮廓不突出的建筑物，可用射灯将整个建筑物或建筑物的某些突出部分均匀照亮，在夜空中获得非常动人的效果。泛光照明灯具可放在下列位置：

① 建筑物自身的阳台、雨篷上。这时注意墙面的亮度应有一定的变化，避免大面积亮度相同所引起的呆板感觉。

② 灯具放在建筑附近的地面上。这时灯具位于观众附近，要防止灯具直接暴露在观众视野范围内，更不能使观众直接看到灯具的发光面，形成眩光。一般可采用绿化或其他物件

遮挡。注意不要使灯具离墙太近，以免在墙上形成贝壳状的亮斑。

③ 放在路边的灯杆上。这种方式特别适于街道狭窄、建筑物不高的情况，如旧城区中的古建筑。

④ 放在邻近或对面建筑物上。这时应避免投射角过小而使建筑物内形成光干扰。

建筑物泛光照明所需的照度取决于建筑物的重要性、建筑物所处环境（明或暗的程度）和建筑物表面的反光特性。具体照度值可参考表 3-22 中所列的数值。

表 3-22　建筑物泛光照明照度建议值

建筑物立面材料	光反射比	照度建议值/lx	
		周围环境	
		明亮	暗
浅色大理石、白色面砖或塑料贴面	0.70～0.80	150	50
混凝土、浅灰或浅黄色石灰石	0.45～0.70	200	100
砂石、红陶瓷面砖	0.20～0.45	300	150

玻璃幕墙的照明和普通墙面的照明方式不同，应采取特殊的照明措施。

现在常用发光效能高的高强气体放电灯作室外泛光照明光源，它不但耗费较少的电能且可在墙面上形成较高的照度，还可利用它产生的不同光色，在建筑物立面上形成不同的颜色，形成更加美丽的城市夜景。但设计时必需考虑建筑物的性质、墙面颜色、环境等因素，才能达到预期效果。

3）透光照明。透光照明是利用室内照明形成的亮度，透过窗口，在漆黑的夜空中形成排列整齐的亮点，别有风趣。这时应设置浅色窗帘，以便只开启临窗的灯具就能获得必需的亮度。北方还可利用这部分开启的灯所发出的热量维持夜间室温。

实际上，在同一幢建筑物上，建筑物的立面照明通常利用上述方法中的两种或多种方式，才能很好地表现出建筑物的特点。

（2）城市广场和道路照明

1）城市广场照明。城市广场照明应达到下列标准：

① 足够的照度。

② 均匀的亮度分布。

③ 力求不出现眩光。

④ 结合环境，造型美观。

⑤ 灯杆和周围环境协调，不影响广场的使用功能。

2）道路照明。道路照明的主要作用是在夜间为司机和行人提供良好的视看条件，并保证交通安全。对道路照明的基本要求包括：

① 障碍物表面和背景（路面）之间具有一定的亮度差，障碍物才可能被发现。

② 路面亮度较均匀，能满足道路使用要求。

③ 限制眩光，按道路类别选择合适的灯具。

④ 具有诱导性。路面中心线、路缘、两侧路面标志以及沿道路恰当安装灯具，可给司机提供有关道路前方走向、线型、坡度等视觉信息。

任务5 绿色照明简介

照明设计对改善夜间人们的视看条件、美化城市有很大作用，但如果设计不当，就可能造成能源的严重浪费或形成光污染，所以节约照明电能与节约资源、保护环境有很密切的关系。基于这种思想，近些年来，环境学者提出了所谓的“绿色照明工程”。《建筑照明设计标准》对绿色照明的定义为：绿色照明是节约能源、保护环境、有益于提高人们生产、工作、学习效率和生活质量，保护身心健康的照明。

我国的电能主要来自火力发电，消耗大量不可再生资源，并造成环境污染。节约用电不仅有明显的经济效益，而且还有很大的社会效益。照明节能的基本原则是在保证不降低视觉作业要求的前提下，最有效地利用照明用电。

节约照明用电的具体措施有：

① 尽可能采用高光效、长寿命光源，优先使用荧光灯。

② 照明设计应选用效率高、利用系数高、配光合理、保持率高的灯具。

③ 根据视觉作业要求，确定合理的照度标准值，并选择合适的照明方式。

④ 室内表面尽可能采用浅色装修。

⑤ 加强用电管理。

现在，建筑环境的光污染问题已日益受到人们的重视。随着室外环境照明的大面积使用，城市夜间照明的照度水平普遍提高。由于设计不当，有些光线射向目标物以外的地方。如这些多余的光射向住宅，则干扰人们的正常休息；射向正驾车行驶的驾驶员则影响交通安全；射向天空则干扰飞行的安全。

此外，绿色照明工程还包括生产高效节能不污染环境的光源，便于回收和综合利用、能成为二次资源的照明器材；采用新技术使照明器材的废弃物不污染环境等。这就要求提高全民的环境意识，加强环境立法。所以“绿色照明”是一项复杂的社会系统工程。

课后任务

3.1 参照下面的知识点，复习并归纳本学习情境的主要知识

- 现代照明电光源按发光机制可分为热辐射光源和气体放电光源。

- 热辐射光源的发光机理：当金属加热到1000K以上时，就发出可见光，温度越高，可见光在总辐射中所占的比例越大。常见的热辐射光源主要有白炽灯和卤钨灯。

- 利用某些元素的原子被电子激发产生可见光的光源称为气体放电光源，常见的气体放电光源有荧光灯、紧凑型荧光灯（节能型荧光灯）、荧光高压汞灯、金属卤化物灯、钠灯和氙灯等。

- 光效高的灯往往单灯功率大，因此光通量很大，这样在一些小空间中就难于应用。对常用照明光源，在小空间适用的光通量范围（400~2000lm），很少有高光效的光源可用。

- 灯具是光源、灯罩及附件的总称，灯具可分为装饰性灯具和功能性灯具两大类。灯具的光特性主要用配光曲线、遮光角和灯具效率三项技术数据来说明。

- 国际照明委员会（CIE）按光通量在上、下半球的分布将灯具划分为直接型灯具、半直接型灯具、均匀扩散型灯具、半间接型灯具和间接型灯具五类。

• 工厂、学校等场所的照明，以满足视觉作业要求为主，这种照明方式称为工作照明。发挥照明设施的装饰作用，以突出艺术效果的照明，称为环境照明设计。

• 正常照明系统按灯具的布局可分为一般照明、分区一般照明、局部照明和混合照明四种照明方式。

• 因正常照明的电源失效而启用的照明，称为应急照明。大型公共建筑、工业建筑都应设置独立的应急照明系统。应急照明按其用途可分为疏散照明、安全照明和备用照明三类。

• 《建筑照明设计标准》主要从照明数量、照明质量与照明节能三方面对照明设计提出了要求。

• 为提高照明质量，要保证照度均匀度、限制眩光、注意光源的显色性、保证室内各表面具有合适的光反射比、注意阴影问题、保证照度的稳定性和消除频闪效应。

• 各类建筑照明的功率密度不应超过附录C中的规定值。

• 照明设计时按下列条件选择光源：

➢ 高度较低房间宜采用细管径直管形荧光灯。

➢ 商店营业厅宜采用细管径直管形荧光灯、紧凑型荧光灯或小功率的金属卤化物灯。

➢ 高度较高的工业厂房，应采用金属卤化物灯或高压钠灯，亦可采用大功率细管径荧光灯。

➢ 一般照明场所不宜采用荧光高压汞灯，不应采用自镇流荧光高压汞灯。

➢ 一般情况下，室内外不应采用普通照明白炽灯；在特殊情况下需采用时，其额定功率不应超过100W。

• 照明设计中选择灯具时，应综合考虑光的技术特性、经济性、周围环境条件及灯具的外形与建筑物是否协调等问题。

• 灯具的布置与光的投射方向、工作面的照度、照度的均匀性、眩光的限制，以及阴影等都有直接关系。

• 布灯是否合理，主要取决于距高比是否恰当。

• 布灯时应避免产生阴影、考虑检修的方便与安全并注意顶灯与壁灯相结合的问题。

• 本学习情境介绍了利用系数法和灯数概算法两种照明计算方法。

• 室内环境照明设计的一般方法：利用灯具本身的艺术装饰美化室内照明环境；将多个灯具有机组合，取得装饰效果；和建筑构造相结合，进行大面积照明处理。

• 建筑立面照明可采取轮廓照明、泛光照明和透光照明三种方式。

• 城市广场照明的基本要求：足够的照度；均匀的亮度分布；力求不出现眩光；结合环境，造型美观；灯杆和周围环境协调，不影响广场的使用功能。

• 道路照明的基本要求：障碍物表面和背景（路面）之间具有一定的亮度差；路面亮度较均匀；限制眩光并注意道路照明的诱导性。

• 绿色照明是节约能源、保护环境、有益于提高人们生产、工作、学习效率和生活质量，保护身心健康的照明。

3.2 思考下面的问题

(1) 简述白炽灯和荧光灯的发光机制。

(2) 为什么一些功效高的灯在一些小空间中难于应用？

(3) 灯具光电特性的主要技术指标有哪些？

(4) CIE 按光通量在上下半球的分布，将灯具分为哪几类？这些类型的灯具各有何特点？

(5) 正常照明系统分为哪几类？

(6) 如何提高室内工作照明的质量？灯具的选择与布置应注意哪些问题？

(7) 简述不同的照明环境对视觉与心理的作用。

(8) 简述室内环境照明设计的一般方法。

(9) 建筑物立面照明有哪三种方式？

(10) 简述你对“绿色照明”的认识。

3.3 完成下面的课后练习任务

(1) 扁圆吸顶灯的布置如图 3-6 所示，但灯至工作面的距离为 3.0m，灯具内光源为 200W 的白炽灯，求 P_1、P_2 点的照度（不计反射光影响）。

(2) 任务 (1) 中的其他条件不变，P_1 点位置不变，但 P_2 点在原来的下方，下移 0.5m，求 P_1、P_2 点的照度（不计反射光影响）。

第2部分　建筑声学

学习情境4　建筑声学基本知识

职业标准要求：

掌握声音的产生条件，掌握声音的频率、周期、波长和声速的关系，掌握声音的传播特性，掌握吸声系数和透射系数的定义，了解反射系数的定义；了解声功率、声强、声压、声强级、声功率级的概念，掌握声压级的概念及其叠加计算，了解响度和响度级的概念，了解声级计的三个计权网络和A声级的应用，掌握声源的指向性规律，掌握倍频程和频谱，了解音调和音色，掌握人耳的听闻特性；掌握室内声场的变化过程；掌握混响时间的概念和计算公式，掌握室内声压级的计算方法；了解房间声音共振特点，了解简并现象及防止方法。

任务1　声音的产生与传播

1.1　声音的产生

物体在介质中振动时，会使邻近的介质产生振动并以波的形式向四周传播，这种波称为声波，某些频率的声波传到人的听觉器官，会使人产生声音的感觉。可见，声音来源于物体的振动，其中振动的物体称为声源。产生声音的两个必要条件是声源和传声介质。

在空气中传播的声音称为空气声，在固体中传播的声音称为固体声，人耳最终听到的声音，一般是空气声。

声波是“纵波”，它的传播方向和振动的方向相同。声音在空气中传播，会引起大气压强的变化，中等响度的声音，声音附加压强的变化仅为正常大气压强的百万分之一。

1.2　波振面、波长和声速

有声波存在的空间称为声场。在某时刻声波到达空间各点的包迹面称为波振面（或波前）。波振面为平面的波称为平面波，如离点声源足够远的局部范围；波振面为球面的波称为球面波，如一点声源辐射的声波。为方便起见，可用声射线表示声音的传播方向，简称为声线。球面波的声线是以声源为中心的径向射线。在均匀介质中，球面波在任意方向上有着相同的强度，故它是无方向性的。

物体或空气质点每振动一次，即完成一次往复运动或疏密相间的运动所需的时间称为周期，用T表示，单位是秒（s）。物体或空气质点每秒振动的次数称为频率，用f表示，单位是赫兹（Hz）。周期和频率的关系为：

$$T=\frac{1}{f} \tag{4-1}$$

或

$$f=\frac{1}{T} \tag{4-2}$$

物体或空气质点每完成一次往复运动或疏密相间的运动经过的距离称为波长，用 λ 表示，单位为米（m）。

声波在传声介质中的传播速度称为声速，用 c 表示，单位是 m/s。声速的大小与声源的特性无关，只与传声介质的性质（如介质的弹性、密度和温度）有关。当温度为0℃时，声波在不同介质中的传播速度见表4-1。

声速、波长和频率有如下关系：

$$c = f\lambda \tag{4-3}$$

或

$$c = \frac{\lambda}{T} \tag{4-4}$$

表4-1 0℃时声波在不同介质中传播速度 （单位：m/s）

介质类型	钢	混凝土	软木	橡皮	玻璃	淡水	松木	玄武岩
声速	5050	3100	500	50	5200	1481	3320	3140

在同一介质中声速是确定的，因此频率 f 越高，波长 λ 就越短，通常室温下空气中的声速约为340m/s，100～400Hz的声音，波长范围大致在8.5～3.4m之间。

物体振动产生的声波，人耳并不是都能感觉到，只有当声波的频率范围大致在20～20000Hz之间（空气中波长17mm～17m）才能产生声音的感觉，这个范围的声波称为可闻声。低于20Hz的声波称为次声波，高于20000Hz的声波称为超声波。次声和超声都不属于可闻声。

1.3 声音的传播特性

声音在传播过程中，除传入人耳引起声音大小、音调高低的感觉外，遇到障碍物如墙、孔洞等还将产生反射、折射、衍射、干涉、透射和吸收等现象。

（1）声音的反射和衍射

声波在同一介质内按直线方向前进。当声波遇到尺寸比波长大得多的障碍物时，声波的一部分将被反射，形成反射波。这种反射与光反射非常相似，仍遵守反射定律：

1）声线的入射方向和反射方向与反射面的法线方向在同一个平面内。

2）声线的入射方向和反射方向分别在法线的两侧。

3）声线的入射角等于反射角。

如声源发出的是球面波，经平面反射后仍是球面波。如果用声线表示前进方向，反射线可以看作是从虚声源发出的。所以，利用声源和虚声源的对应关系，以几何声学的作图法就能很容易地确定反射波的方向。

声波碰到尺寸比波长大得多的障碍物将产生反射作用，在障碍物后形成一个“声影区”，但声影区的声强不为零。如果障碍物或孔洞的几何尺寸比声波波长小，声波将绕过它们，而不出现声影，这种现象称为声波的衍射。由于低频声的波长长，故衍射现象特别明显。

（2）声音的折射和干涉

声波在传播过程中，遇到不同介质的分界面时，除了反射外，还会发生折射，从而改变声波的传播方向。

由于离地面高度不同，空气的密度不同，声波在空气中传播时，也会改变传播方向。白天近地面处的气温较高，声速较大，声速随离地面高度的增加而减小，导致声音传播方向向上弯曲；夜晚地面温度较低，声速随离地面的高度的增加而增加，声波的传播方向向下弯曲，这也是在夜晚声波传播得比较远的原因。此外，空气中各处风速的不同也会改变声波的传播方向，声波顺风传播时向下弯曲；逆风传播时向上弯曲，并产生声影区。

实际上，很难严格区分温度与风对声音折射的影响，因为它们往往同时存在，且二者的组合情况又千变万化，同时还会受到其他因素的影响。

在设计工业厂房时，如果已经知道这种厂房有明显的干扰噪声，并且厂址又选在居住区附近，就需要考虑常年主导风向这个因素；在做新的城市和城镇规划时，更应强调这方面的要求。在建造露天剧场这类建筑时，可以利用在白天因温度差导致声波传播方向向上弯曲的特点，加强后部席位所接受的来自舞台的声音。如采用成排的台阶式坐席，应使台阶升起坡度与声波向上折射角度大致吻合，就可以达到这样的效果。

相同类型的波遇到一起时将发生干涉，声波也不例外。当两列声波相遇时，介质中某些点的声音可能被加强，某些点的声音则可能减弱。但两列声波相交后，各自仍按原来的方向传播。

（3）声音的透射与吸收

当声波遇到障碍物时，声波疏密相间的压力将推动障碍物发生相应的振动，其振动又引起另一侧的传声介质随之振动，这种声音透过障碍物的现象称为声波的透射。

声波引起障碍物振动要消耗声能。由于摩擦、碰撞，其中一部分声能转化为其他形式的能量（如热能），声能因而衰减，这种现象称为声波的吸收。

1.4　建筑材料的声音特性

据能量守恒定律，总声能 E_0 是反射声能 E_r、透射声能 E_τ 和吸收声能 E_α 之和，即：

$$E_0 = E_r + E_\tau + E_\alpha \tag{4-5}$$

透射声能 E_τ 与入射声能 E_0 之比称为透射系数，记作 τ；反射声能 E_r 与入射声能 E_0 之比称为反射系数，记作 γ，即：

$$\tau = \frac{E_\tau}{E_0} \tag{4-6}$$

$$\gamma = \frac{E_r}{E_0} \tag{4-7}$$

通常把 τ 值小的材料称为隔声材料，把 γ 值小的材料称为吸声材料。实际上障碍物吸收的声能仅仅是 E_α，但从入射波和反射波所在的空间考虑，常把除反射以外的部分都认为被吸收了，由此得出材料的吸声系数 α：

$$\alpha = 1 - \gamma = 1 - \frac{E_r}{E_0} = \frac{E_\alpha + E_\tau}{E_0} \tag{4-8}$$

在室内音质设计或进行噪声控制时，必须了解各种材料的隔声、吸声特性，从而合理地选用材料。常用建筑材料及结构的吸声系数见附录 F。

任务2　声音计量与人耳的听觉特性

2.1　声功率、声强和声压

（1）声功率

声功率指声源在单位时间内向外辐射的声音能量，记作 W，单位为瓦（W）或微瓦（μW）。

声源的声功率一般都非常小。人正常说话声功率大致是 10～50μW，400 万人同时大声讲话的声功率仅相当于一只 40W 灯泡的电功率，充分利用人们讲话、演唱时发出的有限声功率，是室内声学研究的主要内容之一。表 4-2 列出了几种不同声源的声功率。

表 4-2 几种不同声源的声功率

声源种类	喷气飞机	气锤	汽车	钢琴	女高音	对话
声功率	10kW	1W	0.1W	2μW	1000～7200μW	20μW

对于电声源，必须区别电功率和它的声功率。电声源上标称的功率是指输入声源的电功率，而声功率是声源输出声音的功率。例如，扩声系统中所用扩声器的电功率通常是数十瓦，但扬声器的声功率只有百分之几瓦。

（2）声强

在声波传播的过程中，单位面积波振面上通过的声功率称为声强，记为 I，单位是 W/m^2。

$$I=\frac{W}{S} \tag{4-9}$$

平面声波波振面的面积不变，故声强不变；球面波波振面的面积是 $4\pi r^2$，因此球面声波的声强与距离平方成反比，越远越弱。这个规律称为平方反比定律。

$$I=\frac{W}{4\pi r^2} \tag{4-10}$$

以上考虑的都是理想情况，假设声音在介质中传播时无能量损耗、无衰减。实际上，声波在一般介质中传播时，声能总是有损耗的。

（3）声压

声音在空气中传播引起空气发生疏密相间的变化，从而导致大气压强的起伏变化，这种在大气压强基础上变化的压强称为声压，声压只有大小没有方向，单位是 Pa。任何一点的声压都在随时间而不断变化，每一瞬时的声压称为瞬时声压。某段时间内瞬时声压的平均值称为有效声压，记作 p。对于正弦波，有效声压等于瞬时声压的最大值 p_m 除以$\sqrt{2}$，即：

$$p=\frac{p_m}{\sqrt{2}} \tag{4-11}$$

通常所说的声压，如未加说明，指的就是有效声压。

自由声场中，某点的声强与该点声压的平方成正比，与介质的密度和声速的乘积成反比，即：

$$I=\frac{p^2}{\rho_0 c} \tag{4-12}$$

式中 p——有效声压，单位为 Pa；

ρ_0——空气密度，单位为 kg/m^3，一般为 $1.225kg/m^3$；

c——空气中的声速，单位为 m/s；

$\rho_0 c$——介质的特性阻抗，在 20℃时其值为 $415N\cdot s/m^3$。

由式（4-10）和式（4-12）可知，在自由声场中，如果测得声压 p 和测量点与声源的距离 r，即可算出该点的声强 I 及声源的声功率 W。

2.2 声强级、声压级、声功率级及其叠加

（1）听阈和痛阈

人耳刚能感觉到其存在的声音的声压称为听阈，听阈对于不同频率是不相同的。人耳对1000Hz的声音感觉最灵敏，其听阈声压为 $P_0=2\times10^{-5}\mathrm{Pa}$（称为基准声压）。对应的声强为 $I_0=10^{-12}\mathrm{W/m^2}$（称为基准声强），对应的声功率为 $W_0=10^{-12}\mathrm{W}$（称为基准声功率）。

使人产生疼痛感的上限声压称为痛阈，对1000Hz的声音为20Pa，相应声强为 $1\mathrm{W/m^2}$，相应声功率为1W。

（2）声强级、声压级和声功率级

人耳的听觉范围从微风吹动树叶之类的最轻声，到震耳欲聋的大炮声，声压、声强和声功率的变化范围都极大，声压相差达一百万倍。人耳听觉分辨能力的灵敏度与声压、声强和声功率不成正比例关系。在声压较低时，空气压强的稍许变动人耳就可区别；在声压高时，空气压强的变化却必须很大时才能区别。所以，用声压、声强和声功率来表示声音的强弱极不方便，因此，常采用将声压、声强或声功率的倍数取对数的方式来描述声音，对声音计量常用的单位是分贝（dB）。对应的物理量有声强级、声压级和声功率级三种。

声强级的公式为

$$L_\mathrm{I}=10\lg\frac{I}{I_0} \tag{4-13}$$

式中 L_I——声强级，单位为dB；

I——声强，单位为 $\mathrm{W/m^2}$；

I_0——基准声强，$I_0=10^{-12}\mathrm{W/m^2}$。

声压级的公式为

$$L_\mathrm{p}=20\lg\frac{P}{P_0} \tag{4-14}$$

式中 L_p——声压级，单位为dB；

P——声压，单位为Pa；

P_0——基准声压，$P_0=10^{-5}\mathrm{Pa}$。

在一定条件下，声强级和声功率级在数值上相等。

声功率级的公式为

$$L_\mathrm{W}=10\lg\frac{W}{W_0} \tag{4-15}$$

式中 L_W——声功率级，单位为dB；

W——声功率，单位为W；

W_0——基准声功率，$W_0=10^{-12}\mathrm{W}$。

由式（4-14）可计算出：人耳的听阈声压和痛阈声压用声压级表示，对应为0dB和120dB；声压级每增加1dB，约相当于声压变化12%；声压每增加1倍，声压级增加约6dB；声压每增大到原来的10倍，声压级增加20dB。

一般情况下，声压级每增加10dB，人耳主观听闻的响度大致增加1倍。

表4-3给出了一些声源声物理量的大小。

表4-3 一些声源的声物理量

声强 /(W/m²)	声压 /Pa	声强级或声压级/dB	相应的环境	声强 /(W/m²)	声压 /Pa	声强级或声压级/dB	相应的环境
10^2	200	140	离喷气机3m处	10^{-4}	2×10^{-1}	80	—
1	20	120	疼痛阈	10^{-6}	2×10^{-2}	60	相距1m处交谈
10^{-1}	$2\sqrt{10}$	110	风动铆钉机旁	10^{-8}	2×10^{-3}	40	安静的室内
10^{-2}	2	100	织布机旁	10^{-10}	2×10^{-4}	20	—
				10^{-12}	2×10^{-5}	0	人耳最低可闻阈

(3) 声音叠加的相关运算

两个声音叠加时，总声强为各个声强的代数和，但总声压是各个声压的均方根值：

$$p_{总}=\sqrt{{p_1}^2+{p_2}^2} \tag{4-16}$$

声强级、声压级叠加时，不能简单地进行算术相加，而要按对数规律进行。当声压级分别为L_{p1}和L_{p2}的两个声音（假设$L_{p1}\geqslant L_{p2}$）叠加时，叠加后的总声压级为：

$$L_p=L_{p1}+10\lg(1+10^{-\frac{L_{p1}-L_{p2}}{10}}) \tag{4-17}$$

两个声音叠加后的声压级如按上式计算相当麻烦，故经上式计算后将$L_{p1}-L_{p2}$与$\Delta L_p=L_p-L_{p1}$的关系做成表（表4-4），可直接由表中查出两个声压级差$L_{p1}-L_{p2}$所对应的附加ΔL_p值，将它加在较高的那个声压级上即所求的声压级。

表4-4 声压级差值与增值的关系 （单位：dB）

$L_{p1}-L_{p2}$	0	0.1	0.2	0.3	0.4	0.5	0.6	0.7	0.8	0.9
0	3.0	3.0	2.9	2.9	2.8	2.8	2.7	2.7	2.6	2.6
1	2.5	2.5	2.5	2.4	2.4	2.3	2.3	2.3	2.2	2.2
2	2.1	2.1	2.1	2.0	2.0	1.9	1.9	1.9	1.8	1.8
3	1.8	1.7	1.7	1.7	1.6	1.6	1.6	1.5	1.5	1.5
4	1.5	1.4	1.4	1.4	1.4	1.3	1.3	1.3	1.2	1.2
5	1.2	1.2	1.2	1.1	1.1	1.1	1.1	1.0	1.0	1.0
6	1.0	1.0	0.9	0.9	0.9	0.9	0.9	0.8	0.8	0.8
7	0.8	0.8	0.8	0.7	0.7	0.8	0.7	0.7	0.7	0.7
8	0.6	0.6	0.6	0.6	0.6	0.6	0.6	0.6	0.5	0.5
9	0.5	0.5	0.5	0.5	0.5	0.5	0.5	0.4	0.4	0.4
10	0.4	—	—	—	—	—	—	—	—	—
11	0.3	—	—	—	—	—	—	—	—	—
12	0.3	—	—	—	—	—	—	—	—	—
13	0.2	—	—	—	—	—	—	—	—	—
14	0.2	—	—	—	—	—	—	—	—	—
15	0.1	—	—	—	—	—	—	—	—	—

由表中可知，两个数值相等的声压级叠加，只比原来增加了3dB，而不是增加一倍，这也可经简单计算求得。通常情况下，如两个声音的声压级相差超过15dB，则附加声压级很小，可忽略不计。

【例4-1】 测得某机器噪声声压级如表4-5所示，试求这8个频率的声音的总声压级。

表4-5　某机器的噪声频带声压级

倍频程的中心频率/Hz	63	125	250	500	1000	2000	4000	8000
声压级/dB	90	95	100	93	82	75	70	70

【解】 总声声压级的大小依次为100dB、95dB、93dB、90dB、82dB…，利用表4-4依次叠加。

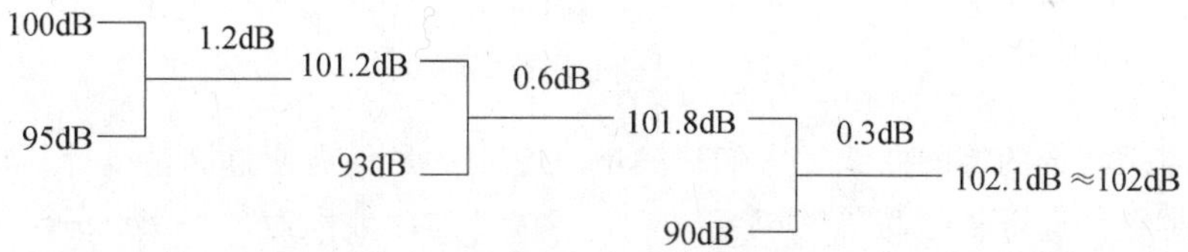

计算至此，进行三次叠加后即得102dB，与其余声压级的差值均超过15dB，附加值很小，可见总声压级主要决定于前面4个数值。

2.3　响度和响度级

为了描述人耳对声音强弱的感觉，人们又引入了响度和响度级的概念。

度量一个声音比另一个声音响多少的量称为响度。它是描述人对声音大小感觉的主观评价指标。一般说来，对频率相同的声音，声压越大，声音越响，但二者不成比例关系。并且，人耳对不同频率的声音的灵敏度也不一样。因此，不能单纯用声压级衡量声音响或是不响。比如说，声压级相同频率不同的两个单一频率的声音（称为纯音）听起来并不一样响；声音的声压增加一倍，并不感觉加倍响；两个频率和声压级都不同的声音，听起来却可能一样响。

图4-1是纯音的等响曲线。图中每条曲线上各点代表的声音是一样响的。取等响曲线中参考音1000Hz的垂直线与等响曲线相交点的声压级定义为各等响曲线的级别，称为响度级，单位是方（Phon）。也就是说，任何一条曲线上的响度级就等于1000Hz时同样响的声音的声压级。可以看出，5000Hz的35dB的声音和100Hz的52dB的声音与1000Hz的40dB的声音，人听起来同样响，它们的响度级都是40Phon。

图4-1中，最下面的一条等响曲线为0Phon，表示人耳的听阈；最上面一条为120Phon，表示人耳的痛阈。人耳可接受的声压级不能超过这两条曲线所包括的范围。在这个范围内，响度级和响度之间接近线性关系。响度级约改变10Phon，近似等于响度改变了一倍。从图中还可以看出，在低频段，等响曲线非常密集，而频率越高，等响曲线越稀疏。这表明同样大的声压级变化在低频引起的响度变化比高频大。同时，对声压级相同的声音，中高频声较低频声显得更响些。在高声压级时等响曲线较平坦，反映了高声压级时声压级相同的各频率声音显得差不多一样响，而与频率的关系不大。

2.4　总声级

上述的响度级概念是按纯音定义的，但通常情况下，声音的频率成分十分复杂。对复合

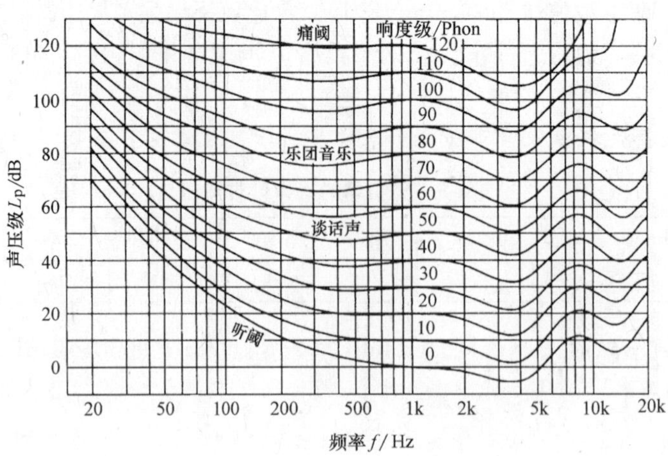

图 4-1 纯音的等响曲线

声不能直接使用纯音的等响曲线，人们对其响度感觉的量值需通过测量或计算求得。目前工程中常采用声级计进行某些简单的声音测量。声级计的读数称为“声级”，单位是 dB。在声级计中参考等响曲线设计有 A、B、C 三个计权网络。

C 计权网络是模拟人耳对 85Phon 以上纯音的响应，在整个可听频率范围内，它让所有的声音近乎一样通过，因此，它可代表总声级。

B 计权网络是模拟人耳对 70Phon 纯音的响应，它使接收声通过时，低频段有一定的衰减。

A 计权网络是模拟人耳对 40Phon 纯音的响应，它使接收的声音通过时，500Hz 以下的低频段有较大的衰减，所以，A 网络测得的声级更适合描述人耳对声音强弱的感觉。

用声级计的 A、B、C 不同计权网络测得的声级，分别计作 dB［A］、dB［B］和 dB［C］。在音频范围内进行测量时，多使用 A 计权网络，用 A 计权网络测得的声级通常称为“A 声级”。

2.5 声源的指向性

声源在没有或近乎没有反射作用存在时（声源在自由空间）所形成的声场称为自由声场。声源的指向性是自由声场中声源辐射的声音强度在空间分布的一个重要特性。

当声源的尺寸比波长小得多时，可视为无方向性的点声源，在距声源中心等远处的声压级相同。

当声源尺寸和波长相差不多或更大时，它就不是点声源，可视为由许多点声源所组成，叠加的结果使各方向的辐射不一样，因而具有指向性。声源尺度比波长大得越多，指向性就越强。如人的头或扬声器与低频声的波长相比很小，这种情况下可视为点声源，但对高频声，由于声波的波长短，就不能视为点声源，且具有明显的指向性。因此，厅堂形状的设计、扬声器的位置布置，都要考虑声源的指向性。

总之，频率越高，声波的波长越短，声源正面的声压比背面和侧面的声压大得多，指向性越强；而低频声，声源前后的声压变化不大，因而指向性差。

2.6 倍频程和频谱

（1）倍频程和 1/3 倍频程

在测量声音时，常用到倍频程的概念。倍频程是指一系列相邻频率相差为 2 倍的多个频率。例如，琴键的低音 A 的频率是 220Hz，中音 A 的频率是 440Hz，而高音 A 的频率为 880Hz，则称 220Hz 和 880Hz 相差 2 个倍频程。

建筑声学中还常用 1/3 倍频程。在两个相距为 1 倍频程的频率 f、$2f$ 之间，插入两个频率为 $2^{1/3}f$、$2^{2/3}f$ 使它们之间成比例为 $1:2^{1/3}:2^{2/3}:2$，即为 1/3 倍频程。

目前声学测量中常用的倍频程和 1/3 倍频程，它们的频带划分和中心频率见表 4-6。中心频率 f_c 为上、下限截止频率 f_U 和 f_L 的几何平均值，即：

$$f_c = \sqrt{f_U \cdot f_L} \tag{4-18}$$

表 4-6　倍频带和 1/3 倍频带的划分　（单位：Hz）

倍频带		1/3 倍频带		倍频带		1/3 倍频带	
中心频率	截止频率	中心频率	截止频率	中心频率	截止频率	中心频率	截止频率
		12.5	11.2～14.1			800	710～900
16	11.2～22.4	16	14.1～17.8	1000	710～1400	1000	900～1120
		20	17.8～22.4			1250	1120～1400
		25	22.4～28			1600	1400～1800
31.5	22.4～45	31.5	28～35.5	2000	1400～2800	2000	1800～2240
		40	35.5～45			2500	2240～2800
		50	45～56			3150	2800～3550
63	45～90	63	56～71	4000	2800～5600	4000	3550～4500
		80	71～90			5000	4500～5600
		100	90～112			6300	5600～7100
125	90～180	125	112～140	8000	5600～11200	8000	7100～9000
		160	140～180			10000	9000～11200
		200	180～244			12500	11200～14100
250	180～355	250	224～280	16000	11200～	16000	14100～17800
		315	280～355			20000	17800～
		400	355～450				
500	355～710	500	450～560				
		630	560～710				

（2）频谱

建筑设计中，通常以频率范围（或称频带范围）为横坐标，以对应的声压级为纵坐标表示某一声音各组成频率的声压级，这种图形称为声源的频谱。由一些离散频率成分形成的频谱称为线状谱，在一定频率范围内含有连续频率成分的频谱称为连续谱。图 4-2 为单簧管发声的频谱示意图，图 4-3 为几种噪声的频谱。

2.7　音调和音色

声音的强弱、音调和音色称为声音的三要素。

音调主要是由声音的频率决定的。单一频率的声音称为纯音。如被敲击的音叉所发出的声音。一个乐器发出的声音，通常包含一系列频率成分，其中一个最低频率的声音称为基音，人们据基音辨别乐器的音调，其频率称为基频。

乐器发出的除基音之外的声音称为谐音，其频率都是基频的整数倍，称为谐频，如图 4-2所示。基音和谐音的组合决定了声音的音色和音质。借助于音色和音质，才能区别不同乐器所发出的声音。

由于音乐声（即乐音）只含有基频和谐频，所以音乐的频谱是线状谱，如图4-2所示。管弦乐队发出的声音是由各种乐音混合而成的，频率成分非常复杂。

对于语言声，其规律也是类似的，各人的声音互不相同，各有特征。声音通过电话后，许多谐音被削弱，但仍然可以在电话交谈中辨别不同人的声音特征。

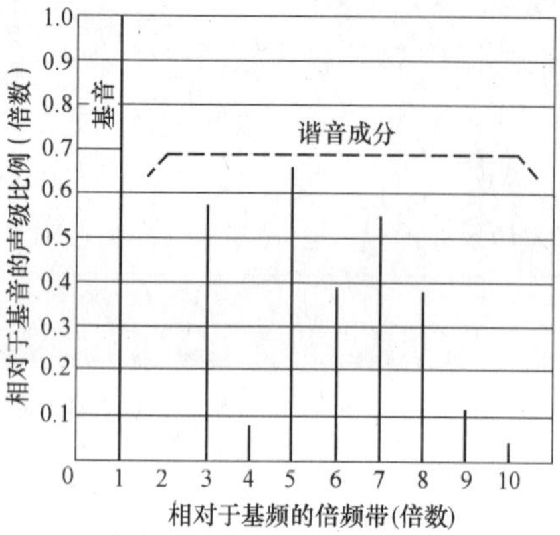

图4-2 单簧管发声的频谱示意图

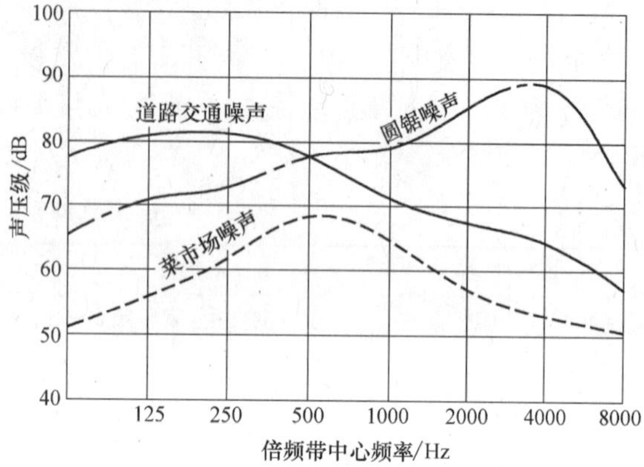

图4-3 几种噪声的频谱

噪声是频率成分更复杂的声音，甚至包含有可闻声之外的频率成分。人耳听不出其中包含有任何谐音或是音调的特征，噪声大多数是连续谱，如图4-3所示，但这种声音的主要频率是可以辨别的。噪声不仅取决于声音的物理性质，如强度、频率、连续性和时间，还与周围环境气氛、人的主观意识和心理状态有密切关系，是因时因地因人而异的。例如，对正在潜心学习的人，会认为交响乐是强噪声。

2.8 人耳的听闻特性

关于人耳的听闻特性，前面涉及了一些，如听阈和痛阈、响度感觉、音色和音质的感觉。除此之外，人耳还有如下的听闻特性。

（1）时差效应与回声感觉

如声音已经消失，作用于人耳的效果并不消失，感觉会持续一个短暂的时间。声源在室内发声后，直达声和反射声先后到达人耳，若时间相差在50ms以内，则人耳分辨不出是不同的声音，似乎后面的声音是前一个声音的继续，感觉到的仅是音色和响度的变化，这种现象称为时差效应。

在直达声到达后约50ms之内到达的反射声，可以加强直达声，而在50ms之后到达的反射声，不会加强直达声，但如果它的强度比较大，人便能感觉到，形成“回声”。

（2）听觉定位

人能根据两耳听到声音的强度差、到达的时间差和相位差判断声源的方位和远近，这是人耳的一个重要特性。双耳水平方向上的分辨力要比竖直方向强得多。正常人在水平方向0°～60°的范围内，可辨别声源方位1°～3°的变化，具有良好的方位辨别力。对竖直方向，要在声源方位变化10°～15°以上时才能辨别。

室内音质设计必须考虑方位感的问题，避免使听众感觉到扬声器发出的声音与讲演者的直达声来自不同方向。如用单耳听音，则失去方位感。用单个话筒在播音室内拾音，就相当于单耳听音。

人耳对声源的定位还受视觉的影响。如人能看到声源的位置，只要声和像位置偏离不大，仍能感觉到视觉和听觉是一致的。

（3）掩蔽效应

人在倾听一个声音时，如果存在其他的声音（称为掩蔽声），对所听声音的听阈就要提高，人耳的听觉灵敏度降低，这种现象称为掩蔽效应。听阈所提高的分贝数称为掩蔽量，提高后的听阈称为掩蔽阈。因此，在噪声环境下，要想听到一个声音，该声音的声压级必须大于掩蔽阈。

一声音对另一声音的掩蔽量，主要取决于两者的频谱和声压级差。低音调（频率较低）的声音，当响度很大时，会对高音调（频率高）的声音产生显著的掩蔽作用，而高音调的声音对低音调的声音只产生很小的掩蔽作用。掩蔽声和被掩蔽声的频率越接近，掩蔽作用越大。在室内声学中，往往需要避免噪声对有用声信号的掩蔽。但有时也可利用背景噪声保证语言或通信的私密度。

任务 3 室内声场的变化过程

声波在室内传播受各种界面的约束，形成一个比自由空间（如露天）复杂得多的“声场”。这种声场具有一些特有的声学现象，如距离声源同样远处要比露天时响一些；又如在室内，当声源停止发声后，声音仍持续一段时间。这些现象对听音有很大影响。

3.1 声波在室内的反射

几何声学用声线来研究声音，不考虑声音的波动性，只考虑声音的强度及传播方向。

用几何声学的方法可得到室内声音传播的直观图形，如图 4-4 所示。

从图 4-4 中可以看出，听者接收到的声音有直达声和反射声两种。其中反射声有通过顶棚或地面的一次反射声，还有通过顶棚和后墙面的二次反射声及其他更多次反射声，只不过反射次数越多，衰减越严重，对听音的影响越小。因此，通常只着重研究一、二次反射声，并控制它们的分布情况，以改善室内音质。

图 4-5 表示声波在常见反射面上反射的情形。其中，A、B 均为平面反射，但 A 平面距声源较近，入射角较大，反射声线较发散；而 B 平面距声源较远，入射声线近似平行，反射声线也近似平行；C 凸面使声线发散；D 凹面使声线集中在某一区域，形成声聚焦。

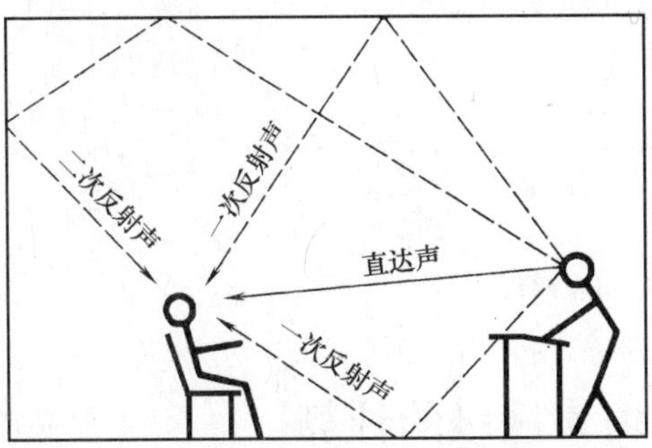

图 4-4 室内声音传播示意图

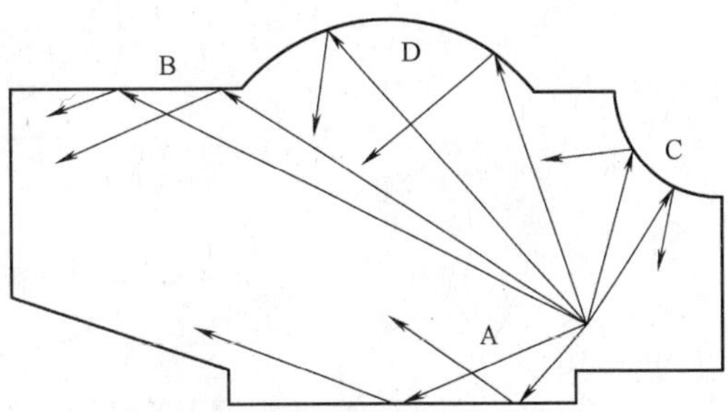

图 4-5 室内声音反射典型情况

3.2 室内声场的形成及变化过程

（1）室内声场的形成

声源在室内发声，室内形成复杂的声场。房间中任一点陆续接收到的声音都可看成由三部分构成：直达声、近次反射声和混响声。

直达声是由声源直接传播到接收点的声音。直达声不受室内界面的影响，可认为其声强按距离平方反比规律衰减。

近次反射声是指在直达声到达后50ms以内到达的反射声，主要为一、二次反射声和少数三次反射声。近次反射声对直达声起到加强的作用，此外短延时反射声和侧向到达的反射声对音质有很大影响。

在近次反射声到达后陆续到达的、经过多次反射的声音统称为混响声。混响声对远场的声强起决定作用，而且其衰减的大小对音质有重要影响。

（2）室内声音的增长和衰减过程

室内声音的变化大致可分为如图4-6所示的三个过程：

1）声音的增长过程。声源在室内发声时，由于反射和吸收的共同作用，室内声能密度逐渐增长。

2）稳态过程。一般情况下，声源发声经过1～2s后，室内声能密度不再继续增加，处于动态平衡，即室内声场的稳态过程。

3）混响过程。当声音达到稳态后，若声源停止发声，声音不会立即消失，而有一个衰减的过程，这个过程称为混响过程。

从图4-6可以看出，当室内表面反射很强时（图中 a 线），声源发声后，可获得较高的声能密度，而进入稳态过程的时间稍晚一点，且衰减较慢。若室内表面吸收量增加（图中 b 线和 c 线），则与上述情况相反，短时间内达到稳态，且声能密度小，其混响过程也短一些。

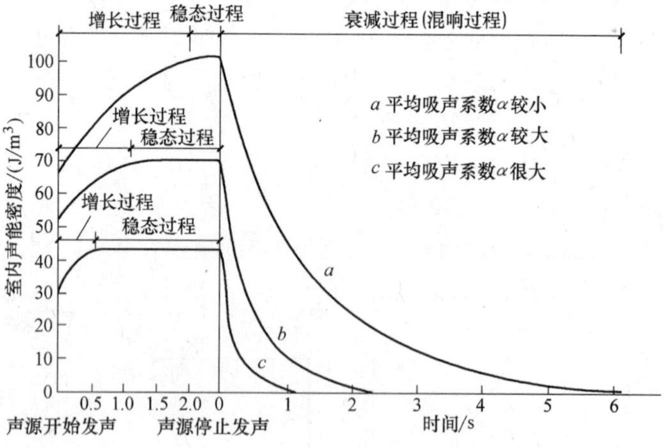

图4-6 室内声音的增长和衰减过程

任务4 混响时间和室内声压级的计算

4.1 混响时间

当室内声场达到稳态，声源在室内停止发声后，残余声能在室内往复反射，经表面吸声材料吸收，室内平均声能密度下降为原有数值的百万分之一所需要的时间，或者说声音衰减

60dB 所经历的时间，称为混响时间，用 T_{60} 表示，如图 4-7 所示。

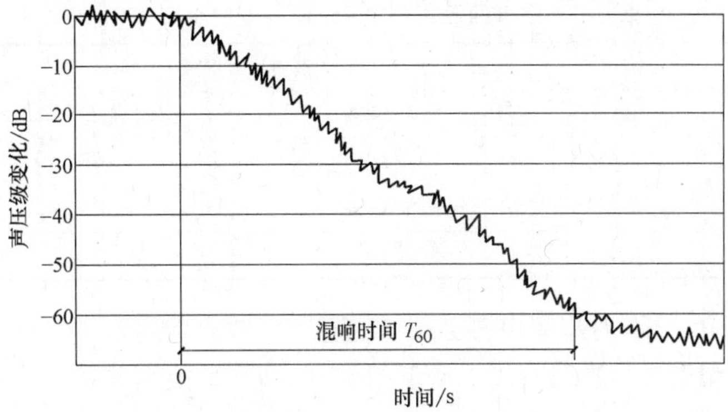

图 4-7　混响时间的定义

混响时间的计算有两种方法：

(1) 赛宾公式

在假定室内声音被充分扩散，室内任一点在任何方向上的声强都一样，并且声能均匀衰减，即室内声音按同样的比例被室内表面吸收的前提下，赛宾建立了混响时间的计算公式：

$$T_{60}=\frac{KV}{\overline{\alpha}S}=\frac{KV}{A} \tag{4-19}$$

式中　K——常数，$K=0.161\mathrm{s/m}$；

V——房间容积，单位为 m^3；

$\overline{\alpha}$——室内表面平均吸声系数；

S——室内总表面积，单位为 m^2；

A——房间的总吸声量，单位为 m^2。

平均吸声系数 $\overline{\alpha}$ 的计算公式如下：

$$\overline{\alpha}=\frac{\alpha_1 S_1+\alpha_2 S_2+\cdots+\alpha_n S_n}{S_1+S_2+\cdots+S_n} \tag{4-20}$$

式中　S_1、$S_2\cdots S_n$——室内不同材料表面的面积，单位为 m^2；

α_1、$\alpha_2\cdots\alpha_n$——不同表面材料的吸声系数。

房间总吸声量的计算公式如下：

$$A=\alpha_1 S_1+\alpha_2 S_2+\cdots+\alpha_n S_n=\overline{\alpha}S \tag{4-21}$$

赛宾公式表明，决定混响时间的两个主要因素是房间容积 V 和室内总吸声量 A。公式同时指出了两者的关系。但受公式假定条件的限制，使用中如超出一定范围，计算结果与实际有较大出入。如室内平均吸声系数趋近 1，声能将全部吸收，实际混响时间趋近于零，但用赛宾公式却计算出 $T_{60}=KV/S$。只有当 $\overline{\alpha}<0.2$ 时，赛宾公式的计算结果才与实际情况比较接近。

(2) 伊林—哈里森公式

伊林和哈里森考虑房间内表面对声音的吸收和空气对声能的吸收推导出如下公式：

$$T_{60}=\frac{0.161V}{-S\ln(1-\overline{\alpha})+4mV} \tag{4-22}$$

式中 $4m$——空气的吸声系数，见表4-7。

表4-7 空气的吸声系数 $4m$ 值（室内温度20℃）

频率/Hz	室内相对湿度			
	30%	40%	50%	60%
2000	0.012	0.010	0.010	0.009
4000	0.038	0.029	0.024	0.022
6300	0.085	0.062	0.050	0.043

对频率在1000Hz以上的高频声，必须考虑空气吸收声能对混响时间的影响。这种吸收主要取决于空气的湿度，其次是温度。$\overline{\alpha}$与$-\ln(1-\overline{\alpha})$的换算关系见表4-8。

表4-8 $\overline{\alpha}$与$-\ln(1-\overline{\alpha})$的换算表

$\overline{\alpha}$	$-\ln(1-\overline{\alpha})$	$\overline{\alpha}$	$-\ln(1-\overline{\alpha})$	$\overline{\alpha}$	$-\ln(1-\overline{\alpha})$	$\overline{\alpha}$	$-\ln(1-\overline{\alpha})$
0.01	0.0100	0.12	0.1277	0.23	0.2611	0.34	0.4151
0.02	0.0202	0.13	0.1391	0.24	0.2741	0.35	0.4303
0.03	0.0304	0.14	0.1506	0.25	0.2874	0.36	0.4458
0.04	0.0408	0.15	0.1623	0.26	0.3008	0.37	0.4615
0.05	0.0513	0.16	0.1742	0.27	0.3144	0.38	0.4775
0.06	0.0618	0.17	0.1861	0.28	0.3281	0.39	0.4937
0.07	0.0725	0.18	0.1982	0.29	0.3421	0.40	0.5103
0.08	0.0833	0.19	0.2105	0.30	0.3565	0.45	0.5972
0.09	0.0942	0.20	0.2229	0.31	0.3706	0.50	0.6924
0.10	0.1052	0.21	0.2355	0.32	0.3852	0.55	0.7976
0.11	0.1164	0.22	0.2482	0.33	0.4000	0.60	0.9153

伊林—哈里森公式比赛宾公式更接近实际情况，特别是当$\overline{\alpha}$趋近于1时，$\ln(1-\overline{\alpha})$趋近于∞，混响时间趋近于0，这与实际情况相符。当室内平均吸声系数很小时，两种公式可以得到相近的结果。

4.2 室内声压级的计算

室内有声功率级为L_w的声源时，室内声场的分布取决于房间的形状、各界面材料和家具、设备等的吸声特性及声源的性质和位置等，此时计算室内某点声压级L_p分布的公式为：

$$L_P = 10\lg W + 10\lg\left(\frac{Q}{4\pi r^2} + \frac{4}{R}\right) + 120 \tag{4-23}$$

式中 W——声源声功率，单位为W；

Q——声源指向性因数，与声源的方向性和位置有关，通常把无方向性的声源放在房间中心时，$Q=1$；声源位于某一墙面中心时，$Q=2$；声源在两个界面交线的中心时，$Q=4$；声源在三个界面的交角处时，$Q=8$；

r——计算点至声源的距离，单位为m；

R——房间常数，$R=\frac{S\overline{\alpha}}{1-\overline{\alpha}}$，单位为$m^2$；

S——房间内总表面积，单位为 m^2；

$\overline{\alpha}$——室内平均吸声系数。

【例 4-2】 某观众厅体积为 $20000m^3$，室内总表面积为 $6257m^2$，已知 500Hz 的平均吸声系数为 0.232，演员声功率为 340μW，在舞台上发声。求距离声源 39m 处最后一排座位处的声压级。

【解】 根据已知条件，求出房间常数：

$$R=\frac{S\overline{\alpha}}{1-\overline{\alpha}}=1890m^2$$

指向性因数 $Q=1$，则有：

$$L_P=\left[10\lg 0.00034+10\lg\left(\frac{1}{4\pi\times 39^2}+\frac{4}{1890}\right)\right]dB+120dB=58.8dB$$

任务 5　房间的共振和共振频率

房间受到声源激发时，对不同频率的声音会有不同的响应，最容易被激发起来的频率成分是房间的共振频率。声音的频率越接近房间的共振频率，共振响应越大。前述声音在室内的增长和衰减过程，均未考虑声音共振的影响。

通常房间对声音的共振频率有很多个。由波动学原理可知，当声源持续发声时，如满足一定条件，则可在某一方向之间始终维持驻波状态，即产生轴向共振；在三维空间中，除了轴向驻波外，还出现切向驻波和斜向驻波，如图 4-8 所示，这时房间共振的机会增加许多。在两个靠得较近的坚硬平行壁面间的脚步声或击掌声听起来有音乐的感觉，就是由于声波在两个壁面间往返反射形成颤动回声，它本质上就是驻波现象。

房间的共振频率是由房间的空间尺寸决定的。房间的长、宽、高基本上决定了房间的共振频率。在房间对声音共振时，某些振动方式的共振频率相同，即共振频率重叠，这种现象称为共振频率的“简并”，如图 4-9 所示。当房间的尺寸较小且房间的长、宽、高相近或成简单倍数时，“简并”现象非常严重。在出现“简并”的共振频率范围内，那些与共振频率相同的声音被大大加强，导致室内原有的声音产生失真（亦称频率畸变）。因此，在设计房

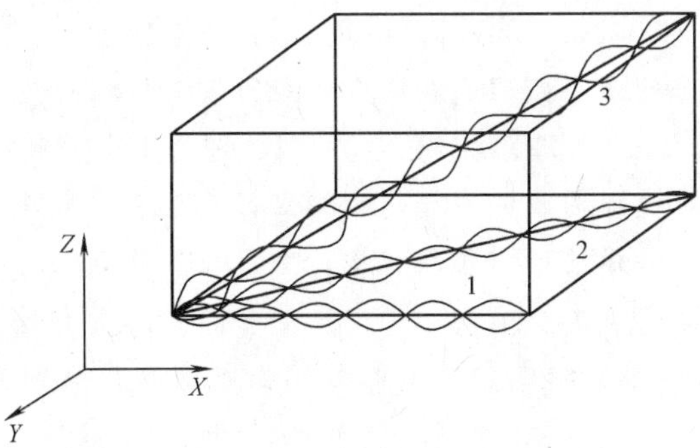

图 4-8　声音在矩形房间中的共振

1—轴向驻波　2—切向驻波

3—斜向驻波

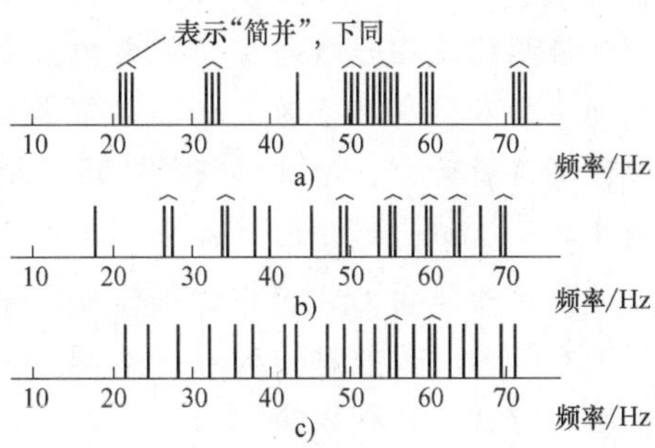

图 4-9　三种不同矩形房间的共振频率分布

房间尺寸：a）7m×7m×7m　b）6m×6m×9m

c）6m×7m×8m

间的形状时，特别是小尺寸的播音室、琴房等，应避免房间的边长相同或形成简单的整数比。当房间体积大于700m^{3}时，房间尺寸及比例对声音的影响就较小，一般不出现“简并”现象。

课后任务

4.1 参照下面的知识点，复习并归纳本学习情境的主要知识

● 产生声音的两个必要条件是声源和传声介质。

● 在空气中传播的声音称为空气声，在固体中传播的声音称为固体声，人耳最终听到的声音，一般是空气声。

● 声音的周期、频率、声速和波长有如下关系

$$T=\frac{1}{f},f=\frac{1}{T},c=\frac{\lambda}{T}$$

● 可闻声的频率范围大致在20～20000Hz之间，通常室温下空气中的声速约为340m/s。

● 声音在传播过程中，除传入人耳引起声音大小、音调高低的感觉外，遇到障碍物如墙、孔洞等还将产生反射、折射、衍射、干涉、透射和吸收等现象。

● 材料的吸声系数

$$\alpha=1-\gamma=1-\frac{E_r}{E_0}=\frac{E_\alpha+E_\tau}{E_0}$$

● 声强级、声压级、声功率级的公式分别为

$$L_I=10\lg\frac{I}{I_0},L_p=20\lg\frac{P}{P_0},L_W=10\lg\frac{W}{W_0}$$

● 声音叠加时，叠加后的总声压级

$$L_p=L_{p1}+10\lg(1+10^{-\frac{L_{p1}-L_{P2}}{10}})$$

● 度量一个声音比另一个声音响多少的量称为响度。取纯音等响曲线中参考音1000Hz的垂直线与等响曲线相交点的声压级定义为各等响曲线的级别，称为响度级，单位是方(Phon)。

● 声级计A网络测得的声级通常称为A声级，计作dB（A）。A声级更适合描述人耳对声音强弱的感觉。

● 频率越高，声源的指向性越强。

● 倍频程是指一系列相邻频率相差为2倍的多个频率。在两个相距为1倍频程的频率f、$2f$之间，插入两个频率为$2^{1/3}f$、$2^{2/3}f$使它们之间成比例为$1:2^{1/3}:2^{2/3}:2$，即为1/3倍频程。

● 建筑设计中，通常以频带范围为横坐标，以对应的声压级为纵坐标表示某一声音各组成频率的声压级，这种图形称为声源的频谱。音乐的频谱是线状谱，噪声大多数是连续谱。

● 声音的强弱、音调和音色称为声音的三要素。

● 人耳的听闻特性：听阈和痛阈、响度感觉、音色和音质的感觉、时差效应与回声感觉、听觉定位、掩蔽效应。

● 室内声场可看成由直达声、近次反射声和混响声三部分构成。

● 室内声音的变化大致可分声音的增长过程、稳态过程和混响过程。

● 当室内声场达到稳态，声源在室内停止发声后，残余声能在室内往复反射，经表面吸

声材料吸收，室内平均声能密度下降为原有数值的百万分之一所需要的时间，或者说声音衰减60dB所经历的时间，称为混响时间，用T_{60}表示。

• 计算混响时间的赛宾公式和伊林—哈里森公式分别为

$$T_{60}=\frac{KV}{\overline{\alpha}S}=\frac{KV}{A},T_{60}=\frac{0.161V}{-S\ln(1-\overline{\alpha})+4mV}$$

• 计算室内声压级的公式

$$L_{\mathrm{P}}=10\lg W+10\lg\left(\frac{Q}{4\pi r^2}+\frac{4}{R}\right)+120$$

• 通常房间对声音的共振频率有很多个，房间的长、宽、高基本上决定了房间的共振频率。

• 在房间对声音共振时，某些振动方式的共振频率相同，即共振频率重叠，这种现象称为共振频率的“简并”。为防止“简并”现象，在设计房间的形状时，应避免房间的边长相同或形成简单的整数比。

4.2　思考下面的问题

(1) 产生声音的必要条件是什么？声音的频率、周期、波长和声速之间有何关系？

(2) 常温下空气中的声速为多少？空气中可闻声的波长范围是多少？

(3) 为什么夜间声音传播较远？

(4) 声音为何常用“级”来度量？级的运算是按算术法则进行的吗？说明理由。

(5) 举例说明你对声音单位分贝（dB）量值的感受。

(6) 简述音乐和噪声的本质区别。

(7) 人耳有哪些听觉特性？

(8) 简述室内声场的形成及变化过程。

(9) 何为“简并”？如何克服？

4.3　完成下面的课后练习任务

(1) 某房间有三个声源，它们的声压级分别为83dB、92dB、88dB，房间的总声压级为多少？

(2) 求下列纯音的响度级，并说明哪个纯音最响。

①90dB，30Hz；　②80dB，1000Hz；　③75dB，500Hz；　④83dB，2000Hz。

(3) 某观众厅体积为15000m^3，室内总表面积为4934m^2，已知500Hz的平均吸声系数为0.225，演员声功率为330μW，在舞台上发声。求距声源31m处的最后一排座位处的声压级。

学习情境5　建筑材料及结构的吸声与隔声

职业标准要求：

了解吸声材料与吸声结构的类型，掌握多孔吸声材料的吸声机理、吸声特性及其影响因素；掌握各种共振吸声结构的吸声机理和吸声特性，了解其他吸声结构的吸声特性及应用；掌握隔声量的概念，掌握质量定律，了解吻合效应；掌握提高双层匀质密实墙、轻质墙体和门窗隔声性能的措施。

任务1　吸声材料与吸声结构

1.1　概述

在室内音质设计和噪声控制中，吸声材料和吸声结构用途广泛。如控制房间的混响时间，使房间具有良好的音质；消除室内的回声、声聚焦等声学缺陷；室内吸声降噪；建筑消声等。

选择吸声材料和吸声结构时，必须知道材料或结构的吸声机理、性能、影响因素和应用范围，同时还必须考虑材料或结构的强度、热特性、施工特点和外观等方面的性质，以便使所选材料或结构满足建筑设计和建筑本身使用功能的要求。

吸声材料与吸声结构的种类很多。根据吸声机理，常用吸声材料和吸声结构可分为两大类，即多孔性吸声材料和共振吸声结构。由多孔吸声材料和共振吸声结构单独或两者结合还可派生出其他吸声结构。表5-1为常用吸声材料与吸声结构的吸声特性。

表5-1　常用吸声材料与吸声结构的吸声特性

序号	吸声材料或结构方式	吸声系数 α					
		125Hz	250Hz	500Hz	1000Hz	2000Hz	4000Hz
1	50mm厚超细玻璃棉，表观密度20kg/m^3，实贴	0.20	0.65	0.80	0.92	0.80	0.85
2	50mm厚超细玻璃棉，表观密度20kg/m^3，离墙50mm	0.28	0.80	0.85	0.95	0.82	0.84
3	50mm厚甲醛泡沫塑料，表观密度14kg/m^3，实贴	0.11	0.30	0.52	0.86	0.91	0.96
4	矿棉吸声板，厚12mm，离墙100mm	0.54	0.51	0.38	0.41	0.51	0.60
5	4mm厚穿孔FC板，穿孔率20%，后空100mm填50mm厚超细玻璃棉	0.36	0.78	0.90	0.83	0.79	0.64
6	4mm厚穿孔FC板，穿孔率4.5%，后空100mm填50mm厚超细玻璃棉	0.50	0.37	0.34	0.25	0.14	0.07
7	穿孔钢板，孔径2.5mm，穿孔率15%，后空30mm填30mm厚超细玻璃棉	0.18	0.57	0.76	0.88	0.87	0.71
8	9.5mm厚穿孔石膏板，穿孔率8%，板后贴桑皮纸，后空50mm	0.17	0.48	0.92	0.75	0.31	0.13
9	9.5mm厚穿孔石膏板，穿孔率8%，板后贴桑皮纸，后空360mm	0.58	0.91	0.75	0.64	0.52	0.46

（续）

序号	吸声材料或结构方式	吸声系数 α					
		125Hz	250Hz	500Hz	1000Hz	2000Hz	4000Hz
10	三夹板，后空50mm，龙骨间距450mm×450mm	0.21	0.73	0.21	0.19	0.08	0.12
11	三夹板，后空100mm，龙骨间距450mm×450mm	0.60	0.38	0.18	0.05	0.05	0.08
12	五夹板，后空50mm，龙骨间距450mm×450mm	0.09	0.52	0.17	0.06	0.10	0.12
13	五夹板，后空100mm，龙骨间距450mm×450mm	0.41	0.30	0.14	0.05	0.10	0.16
14	12.5mm厚石膏板，后空400mm	0.29	0.10	0.05	0.04	0.07	0.09
15	4mm厚FC板，后空100mm	0.25	0.10	0.05	0.05	0.06	0.07
16	3mm厚玻璃窗，分格125mm×350mm	0.35	0.25	0.18	0.12	0.07	0.04
17	坚实表面，如水泥地面、大理石面、砖墙水泥砂浆抹灰等	0.02	0.02	0.02	0.03	0.03	0.04
18	木搁棚、地板	0.15	0.10	0.10	0.07	0.06	0.07
19	10mm厚毛地毯实铺	0.10	0.10	0.20	0.25	0.30	0.35
20	纺织品丝绒0.31kg/m^2，直接挂墙上	0.03	0.04	0.11	0.17	0.24	0.35
21	木门	0.16	0.15	0.10	0.10	0.10	0.10
22	舞台口	0.30	0.35	0.40	0.45	0.50	0.50
23	通风口（送、回风口）	0.80	0.80	0.80	0.80	0.80	0.80
24	人造革沙发椅（剧场用）每个坐椅吸声量	0.10	0.15	0.24	0.32	0.28	0.29
25	观众坐在人造革沙发椅上，人椅单个吸声量	0.19	0.23	0.32	0.35	0.44	0.42
26	观众坐在织物面沙发椅上，单个吸声量	0.15	0.16	0.30	0.43	0.50	0.48

1.2　多孔吸声材料

多孔吸声材料是工程中使用最普遍的吸声材料，其特征是具有大量内外连通的微小空隙和气泡。多孔吸声材料包括各种纤维材料和颗粒材料。纤维材料如玻璃棉、超细玻璃棉、岩棉和矿棉等无机纤维及其毡、板制品，棉、麻、毛等有机纤维及其制品等。颗粒材料有膨胀珍珠岩、陶粒及其板、块制品等。

（1）多孔吸声材料的吸声机理

由于多孔吸声材料具有大量内外连通的微小间隙和气泡，声波能沿微孔进入材料内部，引起空隙中空气振动。空气的粘滞阻力、空气与孔壁和纤维间的磨擦及热传导作用，使一部分声能转化为热能而被吸收。可见，这与隔热材料（如聚苯类泡沫塑料和加气混凝土）不一样，隔热材料要求有封闭的微孔。只有那些孔洞外敞，孔与孔相互连通的多孔材料，声波才能进入材料内部，也才能起到吸声作用。

（2）多孔吸声材料的吸声特性及其影响因素

声波的频率越高，空气质点的振动速度越快，声波传入多孔材料的空隙后，空气与孔壁的磨擦和热交换作用也更快，所以，多孔吸声材料对中高频声音的吸声系数大，而对低频声音的吸声系数小。

影响多孔吸声材料吸声特性的主要因素有如下几个方面：

1）材料的表观密度 γ 和空气的流阻。材料的表观密度即材料的质量和表观体积的比值。空气的流阻指微量空气稳定流过材料时，材料两边的静压差和空气流动速度之比。多孔吸声材料表观密度的大小意味着材料内部空隙的多少。可见，表观密度直接影响空气的流阻。流阻过大，透气性不好；流阻过小，声能转换成热能的效率过低，这两种情况对吸声都不利。因此，从吸声性能考虑，多孔吸声材料存在一个最佳的空气流阻。对应地，每种多孔吸声材料都有一个对应于最佳吸声效果的表观密度，如超细玻璃棉 $\gamma = 15 \sim 25\text{kg/m}^3$，矿棉 $\gamma = 120\text{kg/m}^3$。

2）材料背后有无空气层。材料背后有无空气层对吸声特性有重要影响。材料后空气层的作用相当于增加材料厚度，设置空气层能提高材料对低频声的吸声系数。但由于空气层的共振作用，当空气层厚度为1/4波长的奇数倍时，吸声系数最大；当其厚度为1/2波长的整数倍时，吸声系数最小。随着频率的不同，将形成不同的共振吸声峰值，如图5-1所示。

3）材料的厚度。增加材料厚度对提高中低频吸声效果有利，而对高频声影响不显著。但厚度增加到一定的程度，吸声效果提高就不明显了。图5-2为多孔材料厚度对吸声性能的影响。

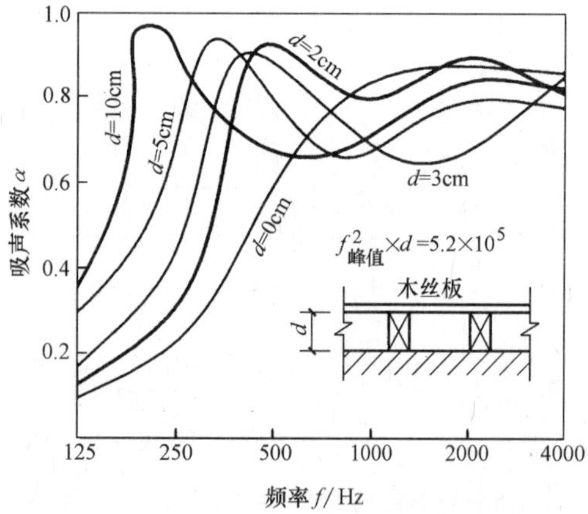

图5-1 背后空气层厚度对吸声系数的影响

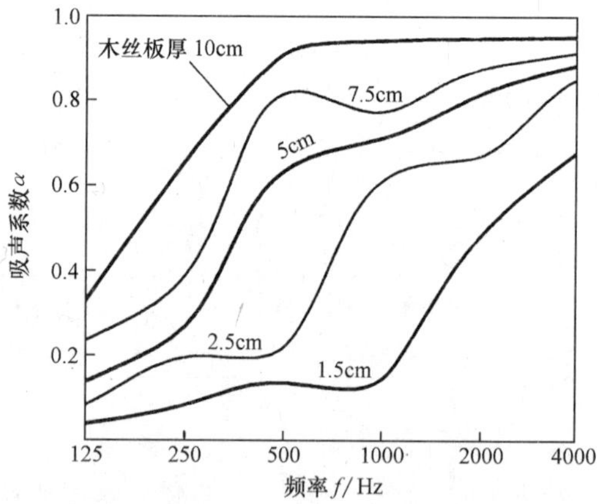

图5-2 多孔材料厚度对吸声性能的影响

4）饰面。大多数多孔材料由于强度、维护、建筑装修或改善吸声性能的要求，常做饰面处理。若在多孔材料表面加粉刷或油漆，相当于在材料表面增加高流阻材料，这将影响材料对高频声的吸收。对于软质纤维板、矿棉板等，经过钻半深孔（深为厚度的2/3～3/4）处理后，相当于增加了吸声表面积，材料的吸声性能有所提高。如用0.5mm以上的薄膜作护面材料，因不透气，对吸声性能有较大影响。当护面层是金属网、塑料窗纱或玻璃布时，由于穿孔率大，可认为对材料的吸声性能无影响。若护面层是穿孔板，穿孔率又在20%以上，那么，也可视为影响不大。图5-3为表面粉刷对多孔材料吸声性能的影响。

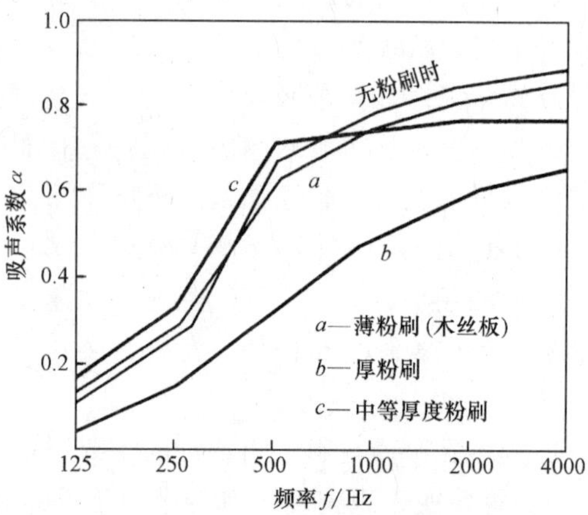

图5-3 表面粉刷对多孔材料吸声性能的影响

5）材料吸湿。材料吸湿后，随着孔隙内吸水量的增大，材料孔隙率减小，首先使高频吸声系数降低，含湿量再增加，影响的频率范围进一步扩大，中频、甚至低频吸声也受到影响。

1.3　共振吸声结构

（1）穿孔板吸声结构

穿孔板是室内音质设计和噪声控制中常用的材料。在石棉水泥板、石膏板、硬质纤维板及金属板上钻孔或冲孔即为穿孔板，穿孔板后再设置空气层，便构成空腔共振吸声结构。穿孔板吸声结构的吸声原理可通过亥姆霍兹共振器来说明。图5-4a为亥姆霍兹共振器，当声波入射的频率和共振器的固有频率相同时，会引起共振，振动中因克服摩擦阻力而将声能转变为热能，起到吸声的作用。从图5-4b可以看出，穿孔板上每个孔与其对应的空气层均可看成是一个亥姆霍兹共振器。

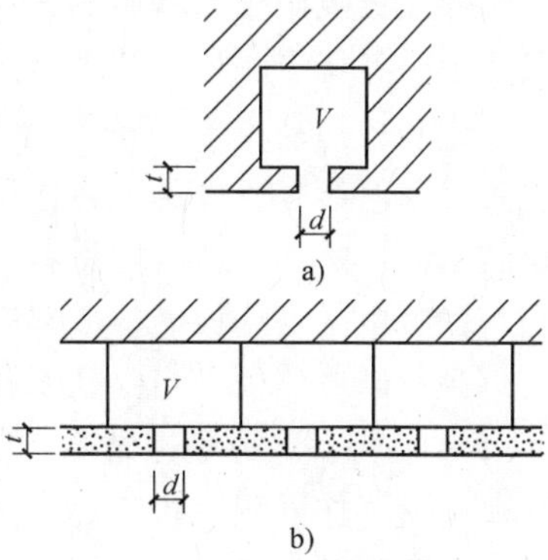

图5-4　穿孔板吸声结构原理
a）亥姆霍兹共振器　b）穿孔板吸声结构

根据上述吸声机理，穿孔板吸声结构在共振频率处吸声系数最大，离共振频率越远，吸声系数越小。一般穿孔板共振频率在低频范围，在工程中，穿孔板常被用来吸收某个低频段的声音。穿孔板的共振频率 f_0 可通过下式进行计算：

$$f_0=\frac{c}{2\pi}\sqrt{\frac{P}{(t+0.8d)L}} \tag{5-1}$$

式中　c——声速，取 $c=34000\text{cm/s}$；

t——穿孔板厚度，单位为cm；

d——孔径，单位为cm；

$0.8d$——开口末端修正量，单位为cm；

P——穿孔率，即穿孔面积与总面积之比，当圆孔按正方形排列时 $P=\frac{\pi}{4}\left(\frac{d}{D}\right)^2$，其中 D 为孔距；

L——背后空气层厚度，单位为cm。

穿孔板吸声结构如不做其他处理，最大吸声系数约在0.3～0.5之间。为了使穿孔板吸声结构在较宽的频率范围内都有较大的吸声系数，可在穿孔板后设置多孔吸声材料，并且应将多孔材料直接靠在穿孔板上，以提高声阻。但注意不应填放毛毡类较密实的高流阻材料。当填多孔材料后，在以共振频率为中心的相当宽的频率范围内，吸声系数都提高了，其提高值与所填材料的种类及厚度关系不大。穿孔板后填充多孔吸声材料的吸声特性如图5-5所示。穿孔板吸声结构的吸声系数还随穿孔率的提高而提高。

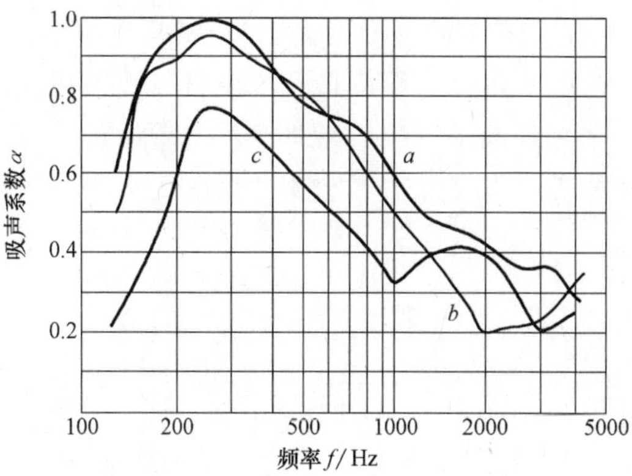

图5-5　穿孔板后多孔材料层对吸声特性的影响
a—穿孔面板后贴背衬材料　b—背衬材料在构造中间
c—背衬材料贴墙

当穿孔板吸声结构背后空气层厚度很大时（如吊顶距屋顶大于 50cm），往往具有两个共振频率，并具有相当宽的吸声频率范围。

当穿孔板孔径小于 1mm 时称为微穿孔板，声音通过微穿孔板时，空气在板孔中摩擦消耗能量，因而具有良好的吸声作用。微穿孔板只要求在板后留有空气，而取消了普通穿孔板吸声结构内衬贴的多孔吸声材料，使空腔共振吸声结构大大简化。孔的大小和间距决定了微穿孔板的吸声系数；板的构造和空气层厚度决定了吸声频率范围。板的材料可以是金属板，也可以是有机玻璃板。当穿孔率在 1% ~3% 之间时，吸声效果较好。

（2）薄膜、薄板吸声结构

薄膜材料连同背后封闭的空气层共同形成薄膜吸声结构。常用的薄膜材料有皮革、人造革或塑料薄膜等，这些材料不透气、柔软、受张拉时有弹性。薄膜吸声结构一般用于吸收中频声音，吸声频率通常在 200 ~2000Hz，吸声系数约为 0.3 ~0.4。薄膜吸声结构的空气层中如安装多孔材料，整个频率范围的吸声系数比没有多孔材料时普遍提高。

周边固定于龙骨上的薄板与背后的空气层共同构成薄板共振吸声结构。常用的板材有胶合板、石膏板、石棉水泥板、硬质纤维板或金属板等。其吸声机理是，薄板在声波作用下将发生振动，板振动时，由于板内部和木龙骨间出现摩擦损耗，使声能转变为机械振动，最后转变为热能而起到吸声作用。因为低频声比高频声更容易激发薄板振动，所以薄板吸声结构更容易吸收低频声，其吸声系数约为 0.2 ~0.5，吸声频率通常在共振频率附近，约在 80 ~300Hz 之间。影响薄板共振吸声结构吸声系数的主要因素是空气层厚度、薄板质量和是否在空气层中填充吸声材料。改变空气层厚度或板面质量会使共振频率发生变化。在空气层中填充多孔材料，可提高吸声系数。

1.4 其他吸声结构

（1）空间吸声体

如果把多孔吸声材料加工成一定形状，悬吊在空中，就构成了空间吸声体。空间吸声体的形状可根据建筑形式的需要来确定，可以是简单的平板式，或用平板组合成其他形状，也可做成锥体或圆柱体等形式，如图 5-6 所示。

空间吸声体有两个或两个以上的面与声波接触，有效吸声面积比装在室内界面上大得多，因此，同样重的吸声材料做成空间吸声体，其吸声量可达贴在墙上的十倍。按投影面积计算，空间吸声体的吸声系数可大于 1。对于形状复杂的吸声体，通常用吸声量表示其吸声特性。

空间吸声体一般用多孔吸声材料外加透气护面层做成，其中多孔吸声材料常用超细玻璃棉，超细玻璃棉厚度一般取 50 ~100mm。护面层可用钢板网、铝板网、穿孔板等，也可在钢板网外再加一层阻燃织物。图 5-7 所示为一种空间吸声体的构造方法。

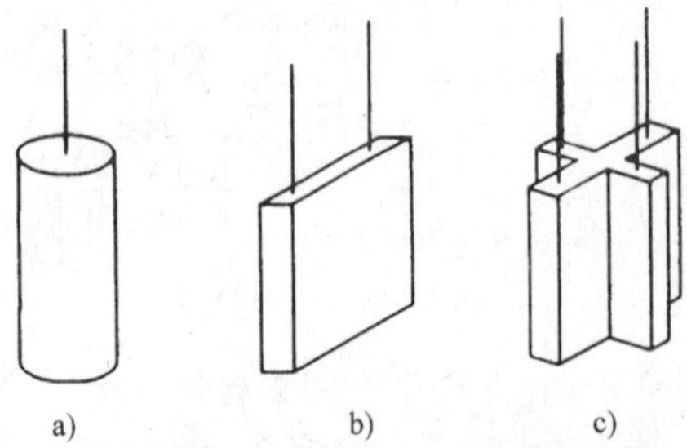

图 5-6 空间吸声体的几种形式

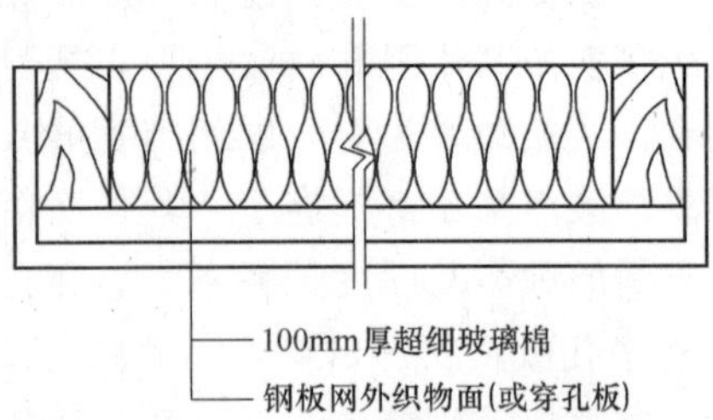

图 5-7 空间吸声体构造示例

空间吸声体对中高频声音吸收较强，对低频声音的吸收较弱，因此，用空间吸声体控制室内中高频混响时间十分有效。空间吸声体的吸声效果还与吸声体的布置有关，布置得越密，单个吸声体的吸声量越小。对于水平吊装的平板吸声体来说，吸声体投影面积占屋顶总面积的40%是比较经济的。吸声体吊装高度对吸声性能也有影响，如位置过高，靠近屋面板，使吸声体上表面的吸声能力下降，因而降低了吸声量。

(2) 强吸声结构

在消声室中，通常在墙面和顶棚密布吸声尖劈。吸声尖劈的构造如图 5-8 所示，用直径 3.2～3.5mm 的钢丝制成所需形状和尺寸的框架，在框架上粘、缝布类罩面材料，内填棉状多孔材料。近年来，多把棉状材料制成厚毡，裁成尖劈，装入框架内。尖劈的吸声系数需在 0.99 以上，在中高频范围，此要求很容易达到，低频则较困难，达到此要求的最低频率称为截止频率，通常用 f_c 表示。

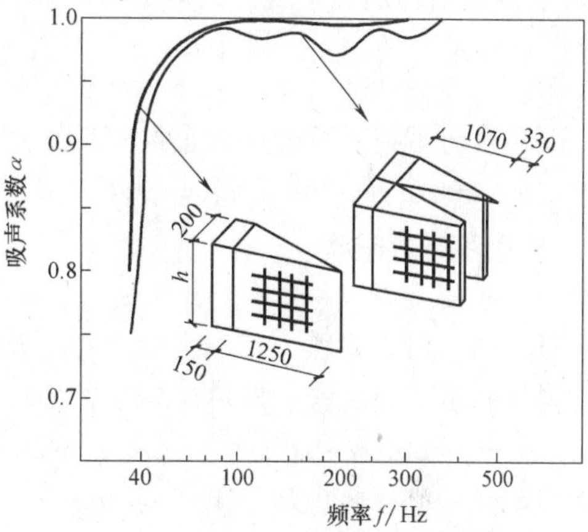

图 5-8　吸声尖劈及其吸声特性

注：材料为玻璃棉，表观密度 $100kg/m^3$。

安装吸声尖劈将使房间的使用面积大大减小，为了改善这一状况，现在常采用的做法是：在围护结构表面平铺多孔材料，使多孔材料的表观密度从外表面到内部逐渐增大，只要多孔吸声材料的厚度较大，就可做到对较宽频率范围内声音的强吸收，获得与吸声尖劈大致相同的吸声效果。这种做法结构简单，占用空间小。

(3) 帘幕

帘幕具有很好的透气性，具有类似多孔吸声材料的吸声特性。帘幕的吸声量与厚度和面密度有关，较厚帘幕对高频声吸收较强。当帘幕离开墙面一段距离时，相当于多孔吸声材料背后增加空腔，可改善中低频吸声效果。帘幕打褶后，吸声效果将更好。

(4) 洞口

从室内的角度看，当房间洞口开向室外时（如开启的窗），对声音是完全吸收的，吸声系数为 1。如洞口开向另外一个空间，其吸声系数通常小于 1。

洞口对室内声学问题（如混响时间）影响很大。如孔洞面积占室内总表面积的 4%，其吸声量则占 25%，平均混响时间缩短了 25% 以上。

(5) 人和家具

人和家具都会吸收声能。由于衣服属于多孔吸声材料，故具有多孔吸声材料的吸声特点。沙发椅、被褥、地毯等也属于多孔吸声材料。其他家具如写字台、各种橱柜等一般用薄板做成，可视为共振吸声结构。计算中，人和家具的吸声特性通常用每个人或每件家具的吸声量来表示，再通过个数（或件数）求出总吸声量。对影剧院观众厅，为了减小观众吸声对厅堂音质的影响，不论有无观众，每个座位的吸声量均应保持不变。

(6) 空气

声音在空气中传播时，不可避免地存在空气吸声的问题。空气的吸声量受湿度和温度影响，由于高频声音引起空气振动速度加快，所以空气对 1000Hz 以上的声音吸收较强。

任务2 构件隔声

2.1 隔声量的概念

前面已经介绍过透射系数 τ，它能表示围护结构透射空气声的多少。而工程上用隔声量 R_0 表示围护结构隔绝空气声的能力。它与透射系数 τ 的关系如下：

$$R_0 = 10\lg\frac{1}{\tau} \tag{5-2}$$

隔声量与透射系数的概念正好相反，透射系数 τ 越小，隔声量 R_0 越大，如某墙的透射系数 $\tau = 0.0001$，则隔声量 $R_0 = 40\text{dB}$。隔声量 R_0 越大，构件的隔声能力越好。

2.2 单层匀质密实墙

（1）质量定律

对单层匀质密实墙，其隔声量除考虑质量、频率外，还必须考虑墙面是有限的，墙本身具有弹性和阻尼等因素。对单层匀质密实墙，通常有如下关系：

$$R_0 = 20\lg m + 20\lg f - 47.2 \tag{5-3}$$

其中 R_0——墙体隔声量，单位为dB；

m——墙体单位面积质量（即面积密度），单位为 kg/m^2；

f——入射声的频率，单位为Hz。

式（5-3）描述了单层匀质密实墙隔声量的规律，即质量定律。由该式可知：对于某一频率，单层匀质密实墙的隔声量随单位面积质量的增加而增加，而对于某一单位面积质量不变的墙板而言，隔声量又随着频率的增加而增加。例如，墙板的质量增加一倍，墙板对某一频率声音的隔声量提高20lg2dB，约为6dB。图5-9表示了几种材料的隔声量，图5-10给出了常用构件的平均隔声量。

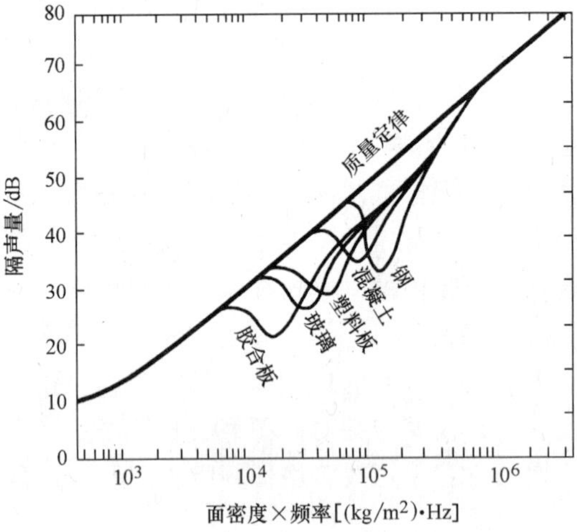

图5-9 几种材料的隔声量及其吻合效应

（2）吻合效应

当声波斜向入射时，在一定的频率范围内使墙体发生弯曲共振，使隔声量明显下降，低于按质量定律计算的结果，这就是所谓的“吻合效应”。图5-9中曲线下降部分就是由于吻合效应造成的。

使墙体发生弯曲共振的最低频率称吻合临界频率。吻合临界频率处的隔声量低谷称为“吻合谷”。如5mm厚玻璃的吻合临界频率为3000Hz，240mm厚普通砖墙的吻合临界频率在70～120Hz之间。

如吻合临界频率处于音频范围，会影响墙体的隔声效果。通常的解决办法是：采用硬而厚的墙体来降低临界频率，或用软而薄的墙体来提高临界频率。

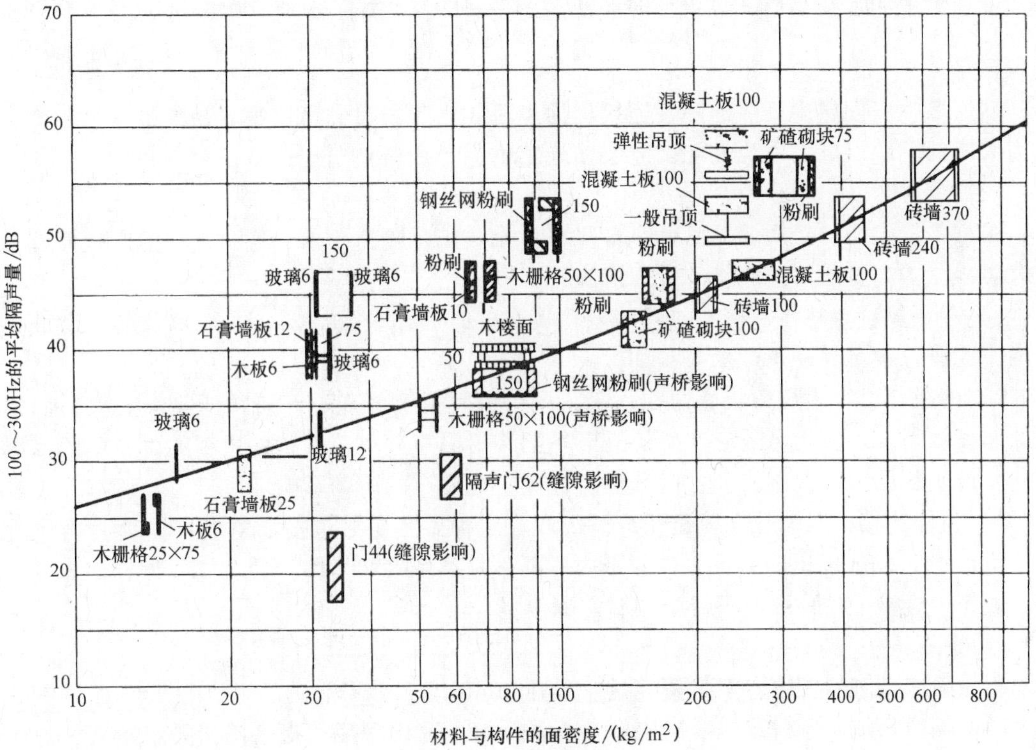

图 5-10　各种构件的平均隔声量

2.3　双层匀质密实墙

对隔声要求较高的建筑，采用单层匀质密实墙既不经济、也不合理，这时可采用带空气间层的双层墙或多层墙。其隔声机制是：空气间层相当于在两层墙板间加一弹簧，对声波有减振作用，从而提高了墙板的隔声量。与面积密度相同的单层墙相比，双层墙的隔声量约提高 4～5dB。由空气间层提供的附加隔声量随空气层厚度的增加而增加，但增加的趋势越来越小，最后接近一极限值。同时，当空气间层厚度较大时，附加隔声量随双层墙面密度的不同而有差别，面密度大的附加隔声量大。

双层墙中的空气层不可太薄，通常采用的空气层厚度至少 5cm，空气层也不宜太厚，为得到最大的附加隔声量，对中频而言，最佳厚度可以选为 8～12cm。

双层墙的隔声量会因发生共振而下降，双层墙与空气间层共同组成一个振动系统，其固有频率 f_0 由下式得出：

$$f_0 = \frac{600}{\sqrt{l}}\sqrt{\frac{1}{m_1}+\frac{1}{m_2}} \tag{5-4}$$

式中　m_1、m_2——每层墙的单位面积质量，单位为 kg/m^2；

l——空气间层厚度，单位为 cm。

当入射波频率与 f_0 相同时，将发生共振，声能透射显著加大。只有当 $f>\sqrt{2}f_0$ 时，双层墙的隔声量才明显提高。一般设计时应使 $f_0 < \frac{100}{\sqrt{2}}$Hz，才能保证对100Hz以上的声音有足够的隔声量。

双层墙空气间层中固体的刚性连接称为声桥。声音通过它可以很容易地传到另一侧，因此大大降低了双层墙的隔声性能。双层墙施工中应尽量避免出现声桥。

2.4 轻质墙体

根据质量定律，轻质墙体的隔声量很小，无法满足隔声要求，这一直是推广轻质墙体的一大障碍。提高轻质墙隔声量的主要措施有：

1）多层复合。将多层密实材料用多孔吸声材料（如玻璃棉、岩棉等）分隔，做成夹层结构。此法一般可提高隔声量3～8dB。

2）薄板叠合。多层薄板叠合在一起，可避免因板缝处理不好而降低隔声效果，如每层板的厚度减小，可使吻合效应产生的隔声谷上移出隔声频率范围；各层板的材料不同或厚度不同，可使各层的吻合谷错开，以减轻吻合效应对隔声的不利影响。

3）弹性连接、双墙分立，避免声桥传声。这种做法应尽量提高空气层厚度，当空气层厚度增加到7.5cm以上时，大多数频带内的隔声量增加8～10dB。

表5-2给出了各种纸面石膏板隔墙的隔声量。

2.5 门窗隔声

不做隔声处理的门窗，平均隔声量一般在20dB以下，不能满足生活和工作对隔声的要求。门的隔声量取决于门扇本身的隔声性能及门缝的密闭程度。提高门的隔声能力关键在于门扇及其周边缝隙的处理。提高门隔声量的主要措施有：多层复合，做成夹层门，内填多孔吸声材料。如有可能，可选用密实厚重的材料做门。门边缘、门槛或门框上可加橡胶条或密封条以密封门缝。表5-3为门扇空腔内填充玻璃棉后的隔声效果。

表5-2 各种纸面石膏板隔墙的隔声量

序号	构造简述	空腔厚度/mm	面密度/(kg/m²)	不同频率下的隔声量/dB					
				125Hz	250Hz	500Hz	1000Hz	2000Hz	4000Hz
1	两侧各一层12mm厚板，木龙骨	80	25	27	29	35	43	42	38
2	两侧各一层12mm厚板，木龙骨	140	25	25	38	43	54	58	46
3	两侧均为12mm厚板加9mm厚板，木龙骨	80	40	34	34	41	48	56	45
4	两侧各一层12mm厚板，轻钢龙骨	75	21	16	32	39	44	45	37
5	两侧各两层12mm厚板，轻钢龙骨	75	42	28	42	47	52	60	49
6	两侧各一层12mm厚板，轻钢龙骨，空腔填30mm厚超细玻璃棉	75	22	28	44	49	54	60	47
7	两侧各两层12mm厚板，轻钢龙骨，空腔填40mm厚岩棉	75	44	40	51	58	63	54	52
8	一侧一层12mm厚板，另一侧两层12mm厚板，分立轻钢龙骨	95	33	29	39	46	50	54	44
9	同上，空腔填30mm厚超细玻璃棉	95	34	33	45	54	57	60	54

表 5-3　纸面石膏板（厚 12mm）门不同层数和有无填充材料的隔声量改善值

（单位：dB）

填充材料	(1-1)层			(1-2)层			(2-2)层		
	低频	中频	高频	低频	中频	高频	低频	中频	高频
无	0	0	0	6~8	3~5	3~5	9~11	6~8	9~11
2.5cm 厚玻璃棉	6~8	6~8	6~8	9~11	12~14	9~11	12~14	12~14	12~14
5.0cm 厚玻璃棉	6~8	9~11	9~11	12~14	12~14	9~11	≥15	≥15	≥15
7.5cm 厚玻璃棉	9~11	12~14	12~14	12~14	≥15	≥15	≥15	≥15	≥15

在隔声要求非常高的场合，可用双层门或“声闸”来提高门的隔声量。“声闸”如图 5-11所示。

为提高窗的隔声量，通常采用双层窗或多层窗。双层窗的间距最好能在 200mm 以上，一侧玻璃应倾斜安装，以尽量避免因共振降低隔声效果。双层窗玻璃的厚度应不同，以避免吻合效应。对隔声要求较高的隔声窗应采用 5mm 以上的玻璃，也可用多层不同厚度的玻璃进行叠合。双层窗空腔周边需做吸声处理，在构造上还应考虑玻璃的清洗的问题，以免影响采光。图 5-12 是两种隔声窗的构造实例。图 5-13 是各种隔声窗的隔声量曲线。

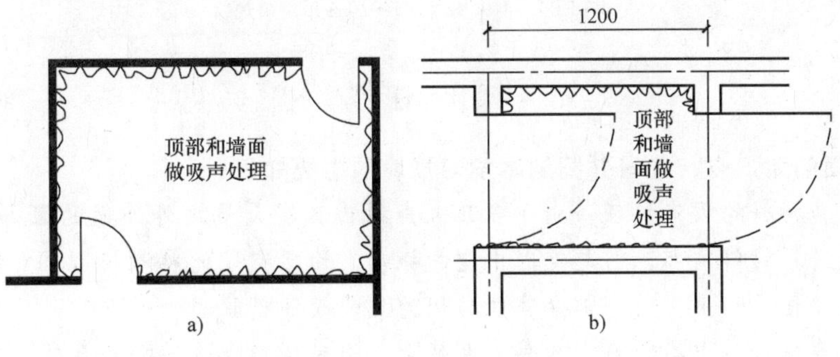

图 5-11　两种“声闸”示意图

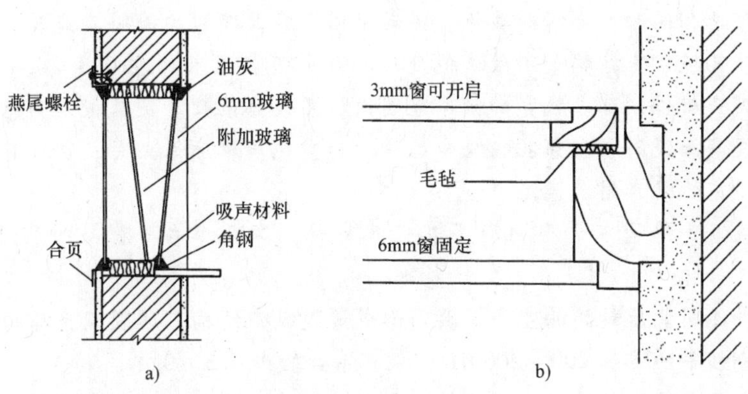

图 5-12　隔声窗构造实例

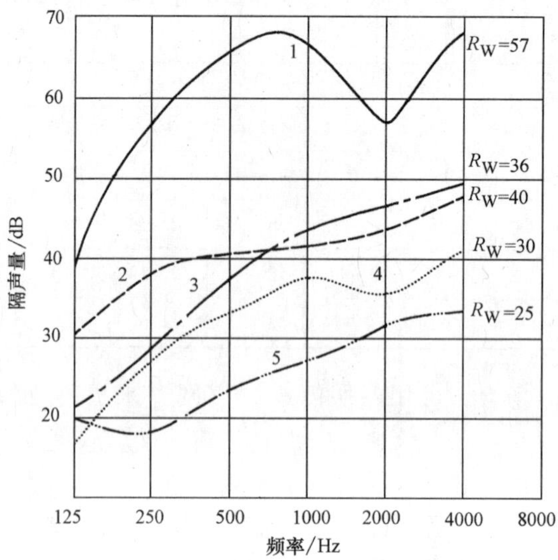

图 5-13 各种隔声窗的隔声量曲线

1—8mm 玻璃、533mm 空气间层、10mm 玻璃，边框加衬垫 2—19mm 玻璃、70mm 空气间层、60mm 玻璃，边框加衬垫 3—3mm 玻璃、32mm 空气间层、3mm 玻璃，用粘结剂密封 4—同 3，但未密封 5—2mm 单层玻璃

课后任务

5.1 参照下面的知识点，复习并归纳本学习情境的主要知识

- 多孔吸声材料的吸声机理：由于多孔吸声材料具有大量内外连通的微小间隙和气泡，声波能沿微孔进入材料内部，引起空隙中空气振动。由于空气的粘滞阻力、空气与孔壁和纤维间的磨擦及热传导作用，使一部分声能转化为热能而被吸收。
- 多孔吸声材料对中高频声音的吸声系数大，而对低频声音的吸声系数小。
- 影响多孔吸声材料吸声特性的主要因素有材料的表观密度 γ 和空气的流阻、材料背后有无空气层、材料的厚度、饰面和材料吸湿。
- 在穿孔板后再设置空气层，便构成空腔共振吸声结构。当入射声波的频率和穿孔板吸声结构的固有频率相同时，会引起共振，振动中因克服摩擦阻力而将声能转变为热能，起到吸声的作用。穿孔板吸声结构如不做其他处理，最大吸声系数约在 0.3～0.5 之间。在穿孔板后设置多孔吸声材料，可在较宽的频率范围内提高吸声系数。穿孔板吸声结构的吸声系数还随穿孔率的提高而提高。当穿孔板吸声结构背后空气层厚度很大时，往往具有两个共振频率，并具有相当宽的吸声频率范围。
- 微穿孔板吸声结构不需要内衬多孔吸声材料，穿孔率在 1%～3% 之间时吸声效果较好。
- 薄膜材料连同背后封闭的空气层共同形成薄膜吸声结构。薄膜吸声结构一般用于吸收中频声音，吸声频率通常在 200～2000Hz，吸声系数约为 0.3～0.4。
- 周边固定于龙骨上的薄板与背后的空气层共同构成薄板共振吸声结构。薄板吸声结构更容易吸收低频声，其吸声系数约为 0.2～0.5，吸声频率通常在共振频率附近，约在 80～

300Hz之间。

● 同样重的吸声材料做成空间吸声体，其吸声量可达贴在墙上的十倍。空间吸声体对中高频声音吸收较强，对低频声音吸收较弱，常用空间吸声体控制室内中高频混响时间。

● 在消声室中，通常在墙面和顶棚密布吸声尖劈。吸声尖劈的吸声系数需在0.99以上，在中高频范围，此要求很容易达到，低频则较困难，达到此要求的最低频率称为截止频率，通常用f_c表示。

● 帘幕具有很好的透气性，具有类似多孔吸声材料的吸声特性。

● 当房间洞口开向室外时，吸声系数为1；如洞口开向另外一个空间，其吸声系数通常小于1。

● 对影剧院观众厅，为了减小观众吸声对厅堂音质的影响，不论有无观众，每个座位的吸声量均应保持不变。

● 空气对1000Hz以上的声音吸收较强。

● 隔声量的定义式$R_0 = 10\lg\frac{1}{\tau}$。

● 质量定律$R_0 = 20\lg m + 20\lg f - 47.2$

● 当声波斜向入射时，在一定的频率范围内使墙体发生弯曲共振，使隔声量明显低于按质量定律计算的结果，这就是所谓的"吻合效应"。可采用硬而厚的墙体来降低临界频率，或用软而薄的墙体来提高临界频率。

● 为提高隔声效果，双层墙中的空气层不可太薄，至少5cm，也不宜太厚，对中频而言，最佳厚度可以选为8~12cm。

● 双层墙空气间层中固体的刚性连接称为声桥。

● 提高轻质墙隔声量的主要措施有多层复合；薄板叠合；弹性连接、双墙分立，避免声桥传声。

● 提高门隔声量的主要措施有：多层复合，做成夹层门，内填多孔吸声材料；选用密实厚重的材料做门；密封门缝；采用双层门或设置"声闸"。

● 为提高窗的隔声量，通常采用双层窗或多层窗。

5.2　思考下面的问题

（1）多孔吸声材料的吸声机理是什么？有什么吸声特性及影响吸声特性的因素？

（2）穿孔板吸声结构的吸声特性及影响因素有哪些？

（3）薄膜吸声结构、薄板吸声结构的吸声特性有哪些？

（4）何谓质量定律？

（5）双层匀质密实墙的共振频率如何计算？

（6）如何提高轻质墙的隔声能力？

（7）如何提高门窗的隔声效果？

5.3　完成下面的课后练习任务

一墙体隔声量为50dB，现在墙上开一孔洞，大小为整个墙面积的千分之一。问该墙的隔声量下降多少dB？[提示：先应用隔声量的定义式（5-2），求出开孔前的透射系数，再求出开孔后的透射系数，进而求出开孔后的隔声量，开孔前后隔声量的差值即为隔声量的下降值。]

学习情境6　噪声控制与建筑隔振

职业标准要求：

了解噪声的危害；了解用等效连续A声级、昼间等效声级、夜间等效声级、累计百分声级评价噪声的方法，了解噪声评价曲线和噪声评价指数的确定方法，了解噪声的允许标准；掌握噪声的来源和控制原则，了解城市噪声控制方法，了解居住区规划中的噪声控制方法；了解建筑中的吸声降噪措施；了解建筑隔声的评价方法，掌握房间隔声计算方法；了解建筑减振知识。

任务1　噪声的评价和噪声允许标准

1.1　噪声的危害

（1）噪声对听觉器官的损害

噪声对听力的影响取决于噪声的强度和接触时间。噪声引起的听力损失有一个从听觉适应、暂时性耳聋到噪声性耳聋的发展过程。在极高强度的噪声环境中，人们的听力会受到永久性的损伤而导致“暴震性耳聋”。人们长时间处在90dB（A）以上的噪声环境中，可能引起“职业性耳聋”。短时间暴露在极强的噪声环境中，可能引起“暂时性耳聋”。这种“暂时性耳聋”通常只针对一定频率的声音，可能延续几秒钟，也可能持续几天。

人耳的听力损失首先出现在高频范围，继而扩展到较低的频率。可能引起听力损失的噪声级界限值与噪声的频谱及噪声出现时的特性（如起伏变化、短暂的或持续的等）有关，也因人而异。

（2）噪声能引起多种疾病

研究表明，高强度噪声除了会引起听觉器官的损伤外，对人的身心健康也有直接危害。噪声可能诱发某些疾病，如导致人体神经系统疾病，甚至引发心脏病。

（3）噪声对正常生活的影响

睡眠是人们恢复体质和精神的一个必要阶段。一般来说，噪声级如果超过45dB（A），就会对睡眠产生影响。强噪声会缩短人们的睡眠时间，影响入睡深度，而睡眠不足会导致食欲下降、应激能力降低。噪声对儿童身心健康的影响尤为严重。

噪声对人的刺激程度与人的生理和心理因素有关。通过广泛的社会调查发现，对噪声干扰程度起决定性的因素为人的性格、年龄、对噪声的适应程度、噪声的频率和噪声出现的特点等方面。相同的噪声环境，性格焦虑的人和病人易引起烦恼；老年人比青年人易引起烦恼；新噪声源的干扰比听惯了的噪声要大；高频噪声、音调起伏较大的噪声以及突发的噪声引起的烦恼最大。

在噪声环境中，人们往往试图选择自己要听的声音而排斥其他噪声。如环境噪声过高，就掩蔽了所要听的声音。表6-1列出了不同噪声环境下，能够交谈的最大距离。

表 6-1　在不同噪声环境下，能够交谈的最大距离

噪声级/dB(A)	交谈距离/m		电话通信	噪声级/dB(A)	交谈距离/m		电话通信
	普通声	大声			普通声	大声	
45	7	14	满意	65	0.7	1.4	困难
50	4	8		75	0.22	0.45	
55	2.2	4.5	稍困难	85	0.07	0.14	不能
60	1.3	2.5					

(4) 噪声能降低劳动生产率，增加事故率

噪声对工作效率的影响随工作性质的不同而不同。对需要集中精力的工作，即使很低的噪声也会使工作受到影响。对于熟练的手工操作，当噪声级高达 85dB（A）时，由于心理上的刺激，使可能出现差错的次数增加。如噪声级超过 90dB（A），则对各种工作均将产生有害的影响。

由于噪声对工作影响非常大，也就可能引起事故，增加事故率。

噪声会分散人的注意力，影响人的情绪，对学习的影响也非常大。

(5) 强噪声波甚至能破坏建筑物或物质的结构

1962 年美国三架军用飞机以超音速低空掠过日本藤泽市，强烈的噪声使该市许多建筑物玻璃震碎、墙壁震裂、烟囱倒塌，造成很大损失。150dB（A）以上的强噪声，还会导致金属结构疲劳。例如一块 0.6mm 厚的钢板在 168dB（A）的强噪声作用下，只要 15min 就会断裂。

噪声危害大小的影响因素有如下几方面：

1）噪声的危害随着噪声强度的增加而增加。

2）噪声作用的持续时间越长，噪声的危害越大。

3）噪声现象爆发得越突然，其干扰程度就越大，例如枪声、金属撞击声。

4）低频噪声的干扰比声级相等的高频声小。可以清楚辨别的、峰值超过平均噪声级 10dB 左右的噪声，使人感到特别刺耳。此外，噪声对人的干扰程度还与噪声所包含的信息量、人们对声音的记忆与联想，以及人们的年龄和健康状态有关。

1.2　噪声的评价

噪声评价是指采用适当的评价量和合适的评价方法，对噪声的干扰与危害进行评价。我们已经知道总声压级、A 计权声级、响度级等基本评价量。下面介绍的噪声评价量，是以上述量为基础建立的。

(1) 等效连续 A 声级 L_{eq}

噪声往往有起伏的变化。等效连续 A 声级是用单值表示一个连续起伏的噪声，简称等效声级，指在规定测量时间 T 内 A 声级的能量平均值，用 L_{eq} 表示，单位为 dB（A）。

$$L_{eq}=10\lg\left(\frac{1}{T}\int_0^T 10^{0.1L_A}\mathrm{d}t\right) \tag{6-1}$$

式中　L_A——t 时刻的瞬时 A 声级，单位为 dB（A）；

T——规定的测量时间段。

等效声级 L_{eq} 能反映噪声的平均效果，因此广泛用于对环境噪声的评价。我国声环境质

量标准就是以等效声级作为评价量的。

等效声级很难反映突发噪声，而一些突发噪声对人的影响非常大，在这种情况下，就需要用其他的评价量来评价噪声。

(2) 昼间等效声级 L_d 和夜间等效声级 L_n

通常，昼间是指 6 时至 22 时之间的时段，夜间是指 22 时至次日 6 时之间的时段。夜间噪声对人的影响比昼间大。

在昼间时段内测得的等效连续 A 声级称为昼间等效声级，用 L_d 表示，单位是 dB (A)。

在夜间时段内测得的等效连续 A 声级称为夜间等效声级，用 L_n 表示，单位是 dB (A)。

(3) 累计百分声级 L_N

城市噪声的最主要来源是道路交通噪声，为了评价这类起伏不定的噪声，记录噪声随时间变化的 A 声级并进行统计分析，就得到累计百分声级 L_N。分别超过 90%、50% 和 10% 时间的噪声 A 声级，以符号 L_{90}、L_{50} 和 L_{10} 表示。这些量可以很好地反映某一地区一天特定时间段的城市噪声状况。

(4) 噪声评价曲线 *NR* 和噪声评价指数 *N*

1971 年，国际标准化组织 (ISO) 采用噪声评价曲线 (*NR*) 来评价噪声，*NR* 曲线如图 6-1 所示。在每一条曲线上，中心频率为 1000Hz 的倍频带声压级等于噪声评价指数 *N*。

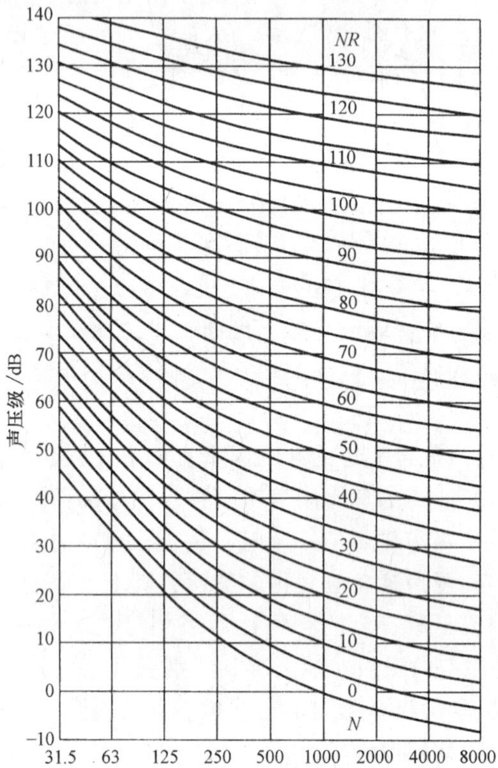

图 6-1 噪声评价曲线 *NR*

确定噪声评价指数的方法是：先测量各个倍频带的声压级，再把噪声的倍频带频谱叠合在 *NR* 曲线上，以频谱与 *NR* 曲线相切的最高 *NR* 曲线编号，代表该噪声的噪声评价指数 *N*。

部分建筑的允许噪声评价指数见表 6-2。

1.3 噪声的允许标准

为从宏观上控制噪声污染，保证人们生活在适宜的声环境中，国际标准化组织 (ISO) 以及许多国家都制定了控制噪声的标准及相关法规。我国于 1997 年 3 月 1 日起开始施行《中华人民共和国环境噪声污染防治法》，在此基础上，制订或修订了一系列噪声相关标准。我国噪声控制相关的现行标准有《声环境质量标准》(GB 3096—2008)、《工业企业厂界环境噪声排放标准》(GB 12348—2008)、《社会生活环境噪声排放标准》(GB 22337—2008) 和《民用建筑隔声设计规范》(GB 50118—2010) 等。这些法规、标准和规范对噪声的控制及测量方法提出了具体的要求。

表 6-2　部分建筑允许噪声评价指数 N 及对应的 A 声级

类别	N 值	A 声级/dB(A)	类别	N 值	A 声级/dB(A)
播音、录音室	15	30	住宅	30	42
音乐厅	20	34	旅馆客房	30	42
电影院	25	38	办公室	35	46
教室	25	38	体育馆	35	46
医院病房	25	38	大办公室	40	50
图书馆	30	42	餐厅	40	50

(1) 声环境质量标准

《声环境质量标准》将声环境功能区分为五类。

0 类声环境功能区：指康复疗养区等需要安静的区域。

1 类声环境功能区：指以居民住宅、医疗卫生、文化教育、科研设计、行政办公为主要功能，需要保持安静的区域。

2 类声环境功能区：指以商业金融、集市贸易为主要功能，或者居住、商业、工业混杂，需要维护住宅安静的区域。

3 类声环境功能区：指以工业生产、仓储物流为主要功能，需要防止工业噪声对周围环境产生严重影响的区域。

4 类声环境功能区：指交通干线两侧一定距离之内，需要防止交通噪声对周围环境产生影响的区域，包括 4a 类和 4b 类两种类型。4a 类为高速公路、一级公路、二级公路、城市快速路、城市主干路、城市次干路、城市轨道交通（地面段）、内河航道两侧的区域；4b 类为铁路干线两侧区域。

各类声环境功能区的环境噪声等效声级限值见表 6-3。

表 6-3　环境噪声限值　[单位：dB (A)]

声环境功能区类别		时段	
		昼间	夜间
0 类		50	40
1 类		55	45
2 类		60	50
3 类		65	55
4 类	4a 类	70	55
	4b 类	70	60

表 6-3 中 4b 类声环境功能区环境噪声限值，适用于 2011 年 1 月 1 日起环境影响评价文件通过审批的新建铁路（含新开廊道的增建铁路）干线建设项目两侧区域。

在下列情况下，铁路干线两侧区域不通过列车时的环境背景噪声限值，按 4a 类标准执行：

① 穿越城区的既有铁路干线。

② 对穿越城区的既有铁路干线进行改建、扩建的铁路建设项目。

既有铁路是指 2010 年 12 月 31 日前已建成运营的铁路或环境影响评价文件已通过审批的铁路建设项目。

各类声功能区夜间突发噪声的最大声级超过环境噪声限值的幅度不得高于 15dB(A)。

城市区域按划分的声功能分区严格执行上述标准。

乡村区域一般不划分声环境功能区，根据环境管理的需要可按以下要求确定乡村区域适用的声环境质量要求：

① 位于乡村的康复疗养区执行 0 类声功能区要求。

② 村庄原则上执行 1 类声环境功能分区要求，工业活动较多的村庄以及有交通干线经过的村庄（指执行 4 类声环境功能区要求以外的地区）可局部或全部执行 2 类声环境功能区要求。

③ 集镇执行 2 类声环境功能区要求。

④ 独立于村庄、集镇之外的工业、仓储集中区执行 3 类声环境功能区要求。

⑤ 位于交通干线两侧一定距离内的噪声敏感建筑物执行 4 类声环境功能区的要求。

（2）民用建筑噪声允许标准

表 6-4 为《民用建筑隔声设计规范》规定的民用建筑室内允许噪声级。在执行中还需根据昼夜噪声的不同特征进行修正。至于演出类建筑和体育馆等的噪声标准，可查阅《剧院、电影院和多用途厅堂建筑声学设计规范》和《体育馆声学设计及测量规范》等。

表 6-4 民用建筑室内允许噪声级 ［单位：dB（A）］

建筑类别	房间名称		时间	特殊标准	较高标准	一般标准	最低标准
住宅建筑	卧室		昼间		≤40	≤45	
			夜间		≤30	≤37	
	起居室(厅)		昼间		≤40	≤45	
			夜间		≤40	≤45	
学校建筑	语言教室、阅览室					≤40	
	普通教室、实验室、计算机房					≤45	
	音乐教室、琴房					≤45	
	舞蹈教室					≤50	
	教学辅助用房	教师办公室、休息室、会议室				≤45	
		健身房				≤50	
		教学楼中封闭的走廊、楼梯间				≤50	
医院建筑	病房、医务人员休息室		昼间		≤40		≤45
			夜间	≤30	≤35		≤40
	各类重症监护室		昼间		≤40		≤40
			夜间		≤35		≤35
	诊室				≤40		≤45
	手术室、分娩室				≤40		≤45
	洁净手术室						≤50
	人工生殖中心净化区						≤40
	听力测听室						≤25
	化验室、分析实验室						≤40
	入口大厅、候诊厅				≤50		≤55

（续）

建筑类别	房间名称	时间	特殊标准	较高标准	一般标准	最低标准
旅馆建筑	客房	昼间	特级≤35	一级≤40		二级≤45
		夜间	特级≤30	一级≤35		二级≤40
	办公室、会议室		特级≤40	一级≤45		二级≤45
	多用途厅		特级≤40	一级≤45		二级≤50
	餐厅、宴会厅		特级≤45	一级≤50		二级≤55
办公建筑	单人办公室			≤35		≤40
	多人办公室			≤40		≤45
	电视电话会议室			≤35		≤40
	普通会议室			≤40		≤45
商业建筑	商场、商店、购物中心、会展中心			≤50		≤55
	餐厅			≤45		≤55
	员工休息室			≤40		≤45
	走廊			≤50		≤60

（3）工业企业噪声允许标准和噪声排放标准

我国《工业企业厂界环境噪声排放标准》参照国际标准化组织的建议做出了规定，为保护听力，每天工作8h，允许连续噪声级为85dB（A），在高噪声环境连续工作的时间减少一半，允许噪声级提高3dB（A），依此类推。在任何情况下均不得超过115dB（A）。如果噪声环境的A声级是起伏变化的，则应该用等效连续A声级进行评价。

《工业企业厂界环境噪声排放标准》（GB 12348—2008）的规定见表6-5。

表6-5　工业企业厂界环境噪声排放限值　　［单位：dB（A）］

厂区外声环境功能区类别	昼间	夜间
0	50	40
1	55	45
2	60	50
3	65	55
4	70	55

夜间频发噪声的最大声级超过限值的幅度不得高于10dB（A）；夜间偶发噪声的最大声级超过限值的幅度不得高于15dB（A）。

（4）社会生活环境噪声排放标准

《社会生活环境噪声排放标准》（GB 22337—2008）对社会生活噪声排放源边界噪声排放限值同表6-5。

任务2　噪声控制方法

2.1　噪声的来源和控制原则

（1）噪声的来源

要进行噪声控制，必须了解噪声的来源。近几十年经济建设的发展使噪声出现了许多新情况，如航空港噪声、交通运输噪声等。现代城市噪声的主要来源有如下几个方面：

1）交通运输噪声。城市交通业日趋发达，但随着城乡车辆的增加，公路和铁路交通干线的增多，机车和机动车辆的噪声已成为噪声的元凶，占城市噪声的75%。特别是一些临街的建筑，受害极重。

2）工业机械噪声。这也是噪声的主要来源。各种动力机具工作时由于撞击、摩擦、喷射及振动，可产生70dB以上的噪声。像纺织车间、锻压车间、粉碎车间和钢厂、水泥厂、气泵房、水泵房都比较严重，对这类噪声，即使有降噪处理措施，也不能从根本上消除。

3）建筑噪声。规模庞大的基本建设会产生强噪声。如道路建设、基础设施建设、房地产开发、旧城区改造，都会形成城市建筑噪声，建筑施工现场噪声一般在90dB以上，最高时可达到130dB。

4）社会生活和公共场所噪声。如商业噪声、人群集会的噪声及各种活动的高音喇叭声。据统计，社会生活和公共场所噪声占城市噪声的14.4%。

5）家用电器噪声。随着生活的现代化，家用电器的噪声越来越多，对人们的危害越来越大。据检测，家庭中电视机所产生的噪声可达60～80dB，洗衣机为42～70dB，电冰箱为34～50dB。

（2）噪声的控制原则

要解决噪声污染问题，必须依次从噪声源、传播途径和接受者三方面分别采取措施。噪声控制的原则是：

1）从声源控制噪声是最根本的措施，但使用者很难对噪声源进行根本改造，而主要靠操作来限制（例如从使用功率、操作时间等方面进行控制）。

2）对于传播途径只能从建筑规划、建筑设计上加以考虑（例如总平面布置，吸声、隔声处理等）。

3）对于接受者则可以从城市布局规划、合理的声学分区或采取其他措施保护等方面采取措施。

出于经济技术方面的考虑，噪声控制应在满足功能要求的前提下，选用技术上先进、经济上合理的控制措施。

必须注意，在某些场合，为了私密性，有时需要增加噪声。例如医生同病人讨论病情，不希望被别人听见，可在候诊室放音乐。再如，在开放式办公室中，为提高办公效率，也要求较高的背景噪声以掩蔽临近区域传来的声音。

为创造适宜的声环境，城市规划和建筑设计人员，一般可根据工程任务的实际情况，按以下步骤确定噪声控制方案：

1）调查噪声现状，以确定噪声的声压级，同时了解噪声产生的原因以及周围环境情况。

2）根据噪声现状和有关的噪声允许标准，确定噪声声压级需降低的数值。

3）根据需要和可能，采取综合的降噪措施，包括城市规划、总平面图布置、单体建筑设计，建筑围护结构隔声或吸声减噪处理、消声、减振等各种措施。

现在全世界都日益重视节省能源和各种资源。为了人类社会的可持续发展，任何需要消耗大量能源和资源的防噪、降噪措施，即使很有效，也不可能采用。

2.2　城市噪声控制方法

（1）制定和完善噪声控制法规

这方面，我国已制定了《汽车加速行驶车外噪声限值及测量方法》、《工业企业噪声控制设计规范》及有关建筑噪声控制和生活噪声控制的相应法规。

（2）城市规划和建筑布局中的降噪措施

城市的声环境是评价城市环境质量的重要方面。合理的规划布局是减轻与防止噪声污染的一项最有效、最经济的措施。在城市总体规划中，声环境规划是必需的。图6-2为某城市城区的声环境规划图，它从声环境质量方面考虑了城市的功能分区。在城市规划中，还必须控制人口数量，这样才能从根本上改善城市的声环境。

（3）控制道路交通噪声

应该禁止过境车辆穿越城市区域，根据不同的人流、物流、车辆流量改善城市道路和交通网都是有效的降噪措施。比如在道路的规划上使所有城市道路都是死胡同，以免被用作地区道路通行。同时尽量将对噪声敏感的房屋规划在噪声小的区域。

2.3　居住区规划中的噪声控制

（1）与噪声源保持必要的距离

对这种方法，如对噪声源和建筑物之间的空地进行绿化，有助于建筑物底层房间的降噪。

（2）利用屏障降低噪声

实体墙、路堤或类似的地面坡度变化，以及对噪声干扰不敏感的建筑物（例如沿城市干道的商业建筑），均可作为对噪声干扰敏感建筑物的声屏障。为使屏障有较好的降噪效果，屏障的长度最好不小于屏障与接收者之间距离的4倍。沿高速公路设置屏障，不可忽视对景观及行驶安全的影响。屏障降噪如图6-3～图6-6所示。

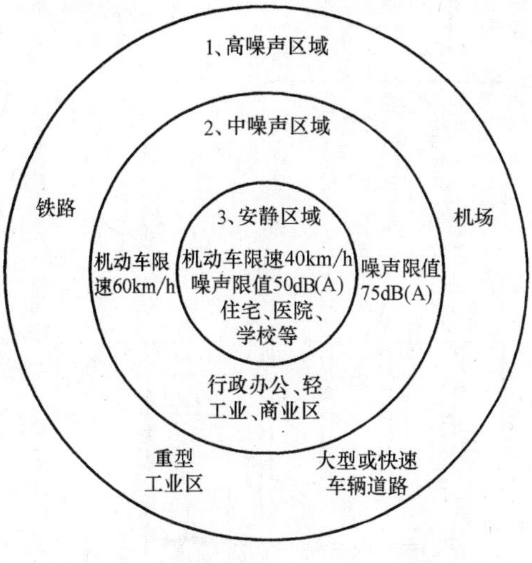

图6-2　城市声环境规划示意图

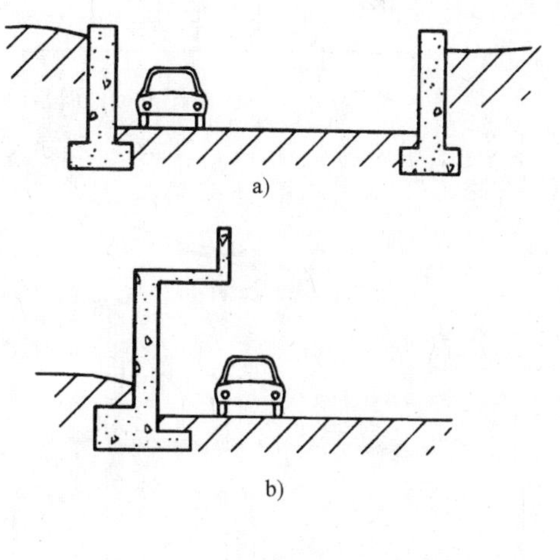

图6-3　交通干道防噪断面设计

a）沟堑式道路　b）利用悬臂构筑物防噪

（3）利用绿化减弱噪声

在噪声源与建筑物之间的大片草坪或是种植由高大的常绿乔木与灌木组成的足够宽度且

浓密的绿化带，是减弱噪声干扰的有效措施之一。

（4）进行合理的总图布置及单体建筑设计

从声环境考虑，房屋可大致分为三类：第一类是要求安静条件的房间，可称为“静室”；第二类是包含了干扰噪声源的房间，可称为“吵闹房间”；第三类是兼有上述两种性质的房间，例如音乐练习室。静室应远离吵闹房间和有噪声源的房间，或在噪声传来方向不设窗户；尽可能利用建筑内对降噪要求不高的空间将静室与内、外噪声源隔开；吵闹房间应集中布置，以减小它们的影响范围；吵闹房间与静室间的建筑围护结构应断开，以消除固体声。在总平面布置及单体建筑的平、剖面设计中，这些措施都可以采用。图6-7和图6-8所示的两种方案就综合考虑了噪声控制的问题。

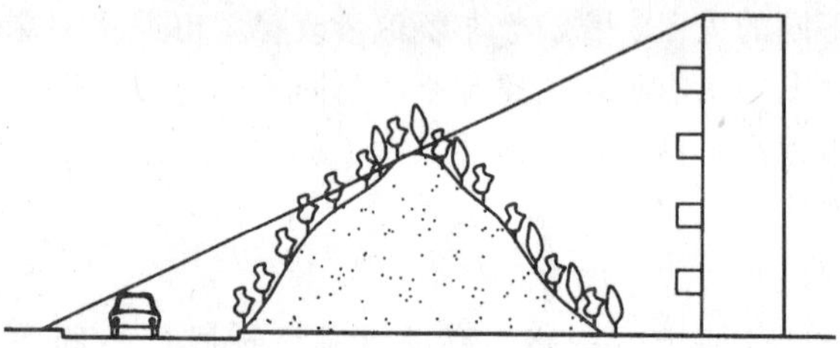

图6-4 利用绿化土堤防噪

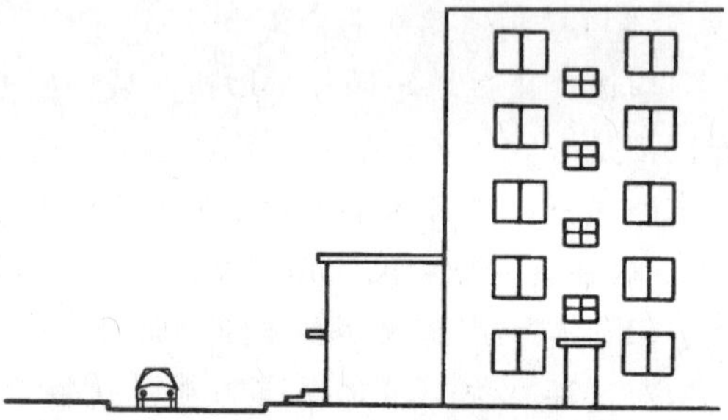

图6-5 用低层建筑作防噪屏障

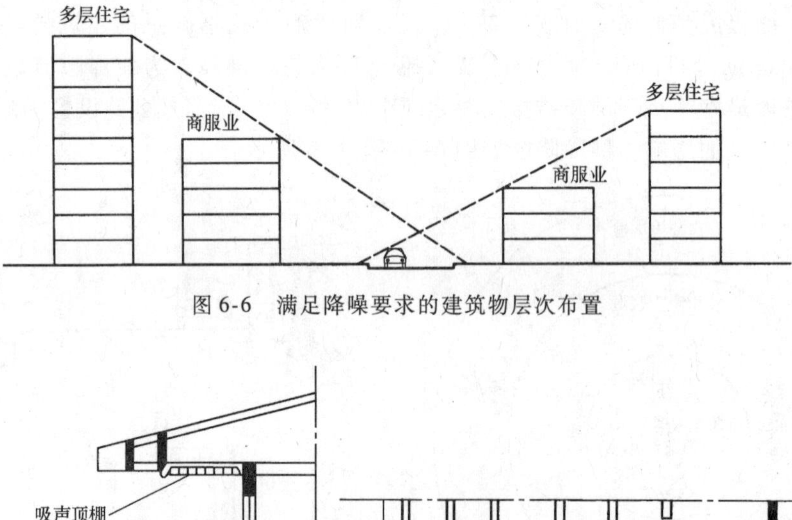

图6-6 满足降噪要求的建筑物层次布置

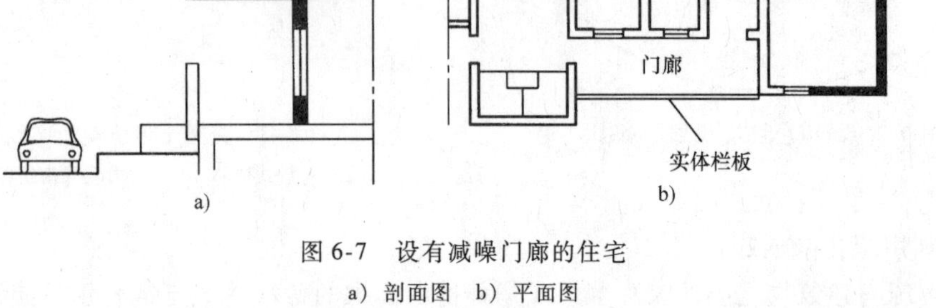

图6-7 设有减噪门廊的住宅

a）剖面图 b）平面图

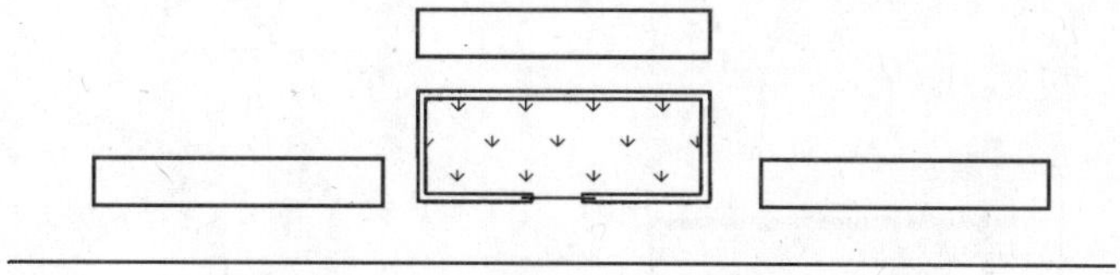

图 6-8　部分住宅后退，空地辟为绿地

任务 3　建筑中的吸声降噪

由于直达声和混响声的共同作用，同样的噪声源，在室内产生的噪声比在室外要高出 10～15dB。如在室内顶棚和墙面上布置吸声材料或吸声结构，使噪声碰到这些材料后被吸收一部分，从而减弱反射声，达到降低噪声的目的，这就是“吸声降噪”。

吸声降噪量可用下式进行计算

$$\Delta L_{\mathrm{p}} = 10\lg \frac{\overline{\alpha}_2}{\overline{\alpha}_1} = 10\lg \frac{A_2}{A_1} = 10\lg \frac{T_1}{T_2} \tag{6-2}$$

式中　ΔL_{p}——室内吸声降噪处理前后混响声声压级差值，单位为 dB；

A_1——室内原有声条件下的总吸声量，单位为 m^2；

A_2——室内吸声处理后的总吸声量，单位为 m^2；

$\overline{\alpha}_1$——室内原有声条件的平均吸声系数；

$\overline{\alpha}_2$——室内增加吸声材料后的平均吸声系数；

T_1——吸声处理前的混响时间，单位为 s；

T_2——吸声处理后的混响时间，单位为 s。

上式表明：吸声降噪的效果取决于处理前后的吸声量（或吸声系数）的比值。原有房间由硬表面改变为吸声表面，噪声的降低程度非常明显，有时噪声级可降低 10dB。但吸声减噪的效果再好，也不会使室内噪声级达到同样条件下自由声场中的噪声程度。图 6-9 为封闭阳台吸声降噪设计示例。

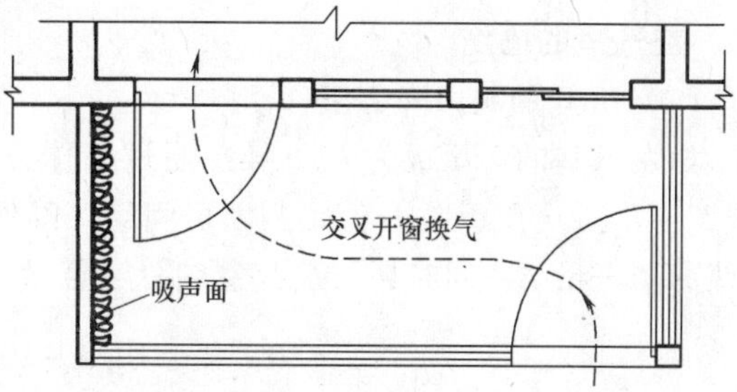

图 6-9　封闭阳台吸声降噪

任务 4　建筑隔声与隔振

建筑材料的发展方向是绿色环保、轻质高强，但轻质材料的隔声效果往往不能满足生产生活的要求，如大部分轻质墙的隔声量只有 30dB，远远小于 240mm 厚的实心砖墙。

4.1　声波在围护结构中的传递方式和途径

声波在围护结构中的传递基本上有两种方式，如图 6-10 所示。

（1）空气声

声源经过空气向四周传播的声音称为空气声，这包括两种途径：

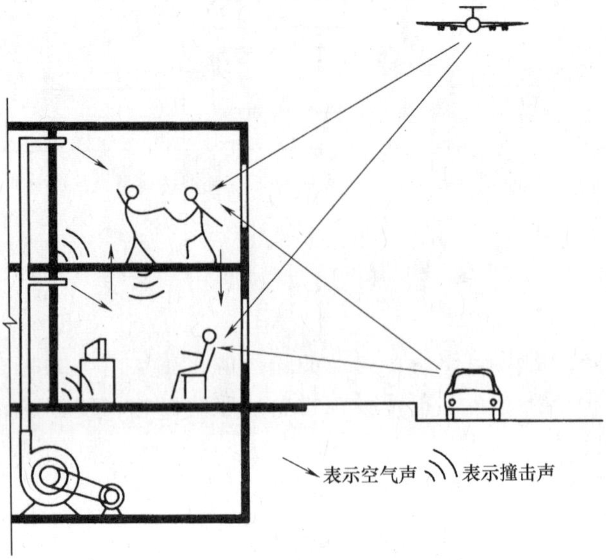

图 6-10 声波在建筑物中的传播途径

1）经由空气直接传播。即声音通过围护结构上的孔洞和缝隙传入室内。

2）透过围护结构传播。声音传到围护结构上，引起围护结构的振动，从而使声音透射到室内。

（2）撞击声

在建筑结构上撞击而引起的噪声称为撞击声。

4.2 空气声的隔绝

（1）房间的噪声降低值

如发声室的声压级为 L_1，噪声通过墙体传至邻室后，其声压级为 L_2，两室的声压级差 $D=L_1-L_2$。声压级差 D 值是判断房间噪声降低实际效果的最终指标。D 值大小首先取决于隔墙的隔声量 R，同时还与接收室的总吸声量 A 以及隔墙的面积 S 有关。它们的关系为：

$$D=R+10\lg A-10\lg S=R+10\lg\frac{A}{S} \tag{6-3}$$

可见，对同一隔墙，当房间的吸声量与隔墙面积不同时，房间内噪声的降低值不同。因此，除了提高隔墙的隔声量之外，增加房间的吸声量与缩小隔墙面积也是降低房间噪声的有效措施。

在隔声设计时，可利用式（6-3）检查隔墙是否满足噪声允许标准的要求。例如，已知隔墙隔声量为 R_0，发声室的噪声级为 L_1，接收室的允许噪声级为 L_2，则要求噪声降低值为 L_1-L_2。如已知房间吸声量 A 以及隔墙面积 S，则由式（6-3）可计算出实际的声压级差 D，若 $D\geqslant L_1-L_2$，则说明隔墙的设计满足隔声要求，否则需要采用隔声量更大的隔墙或增加房间的吸声量。

若已知 L_1、L_2、A 和 S，且令 $D=L_1-L_2$，由式（6-3）可求出隔墙的隔声量 R_0：

$$R_0=D-10\lg\frac{A}{S} \tag{6-4}$$

求出 R_0 后，即可利用已有的资料选择合适的隔墙构造方案。

（2）隔绝空气声的标准

《建筑隔声评价标准》（GB/T 50121—2005）中规定了将空气声隔声数据转换成单值评价量的方法。单值评价量的名称和符号与测量量有关，确定空气声隔声单值评价量的方法有数值计算法和曲线比较法两种，两者原理上完全相同。下面以用 1/3 倍频程确定计权隔声量 R_W 及其频谱修正量的曲线比较法为例，讲述确定空气声隔声单值评价量的方法。

1）确定计权隔声量的曲线比较法。根据 1/3 倍频程的空气隔声测量量确定单值评价量的基准曲线如图 6-11 所示，曲线分为三段：100 ~ 400Hz 每倍频程增加 9dB；400 ~ 1250Hz 每倍频程增加 3dB；1250 ~ 4000Hz 曲线平直（每倍频程增加 0dB）。

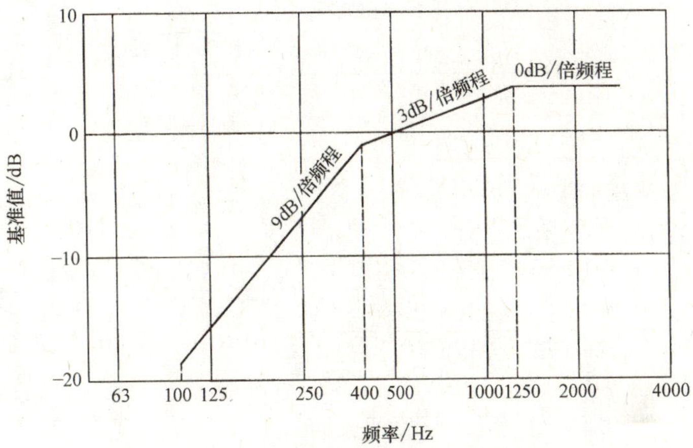

图 6-11　空气声隔声基准曲线（1/3 倍频程）

在确定计权隔声量时，先将一组精确到 0.1dB 的 1/3倍频程空气声隔声量在坐标纸上绘制成一条隔声量的频谱曲线。再将绘有基准曲线的透明纸覆盖其上，使横坐标重合。将基准曲线以 1dB 为 1 步，沿垂直方向向上移动，直到满足下面规定时为止：计算低于基准曲线的各 1/3 倍频程的隔声量与基准曲线的差值，使差值之和尽量地大，但不超过 32dB。此时基准曲线上 0dB（横坐标为 500Hz）所对应的隔声量曲线的纵坐标值即为计权隔声量。

计权隔声量 R_W 的确定如图 6-12 所示。

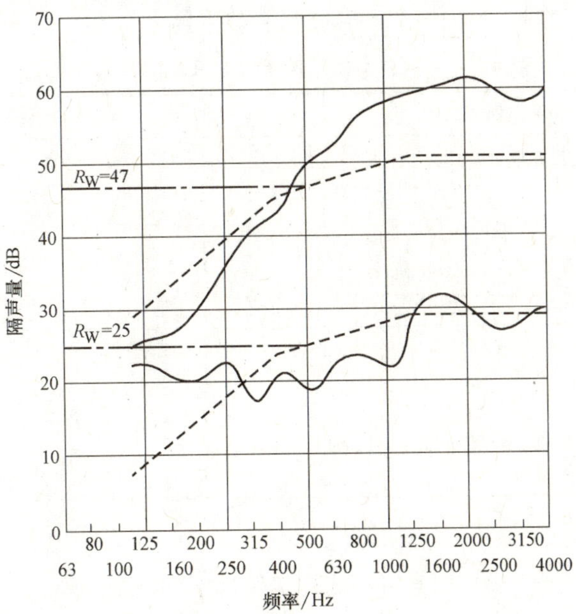

图 6-12　计权隔声量 R_W 的确定方法

其他单值评价量的确定方法与确定计权隔声量 R_W 的方法相同。

2）确定频谱修正量的方法。计算频谱修正量的声压级频谱见表 6-6。

表 6-6 计算频谱修正量的声压级频谱

<table>
<tr><th rowspan="3">频率
/Hz</th><th colspan="4">声压级 L_{ij}</th></tr>
<tr><th colspan="2">用于计算 C 的频谱 1</th><th colspan="2">用于计算 C_{tr} 的频谱 2</th></tr>
<tr><th>1/3 倍频程</th><th>倍频程</th><th>1/3 倍频程</th><th>倍频程</th></tr>
<tr><td>100</td><td>-29</td><td rowspan="3">-21</td><td>-20</td><td rowspan="3">-14</td></tr>
<tr><td>125</td><td>-26</td><td>-20</td></tr>
<tr><td>160</td><td>-23</td><td>-18</td></tr>
<tr><td>200</td><td>-21</td><td rowspan="3">-14</td><td>-16</td><td rowspan="3">-10</td></tr>
<tr><td>250</td><td>-19</td><td>-15</td></tr>
<tr><td>315</td><td>-17</td><td>-14</td></tr>
<tr><td>400</td><td>-15</td><td rowspan="3">-8</td><td>-13</td><td rowspan="3">-7</td></tr>
<tr><td>500</td><td>-13</td><td>-12</td></tr>
<tr><td>630</td><td>-12</td><td>-11</td></tr>
<tr><td>800</td><td>-11</td><td rowspan="3">-5</td><td>-9</td><td rowspan="3">-4</td></tr>
<tr><td>1000</td><td>-10</td><td>-8</td></tr>
<tr><td>1250</td><td>-9</td><td>-9</td></tr>
<tr><td>1600</td><td>-9</td><td rowspan="3">-4</td><td>-10</td><td rowspan="3">-6</td></tr>
<tr><td>2000</td><td>-9</td><td>-11</td></tr>
<tr><td>2500</td><td>-9</td><td>-13</td></tr>
<tr><td>3150</td><td>-9</td><td>—</td><td>-15</td><td>—</td></tr>
</table>

根据噪声声源的不同，宜按表 6-7 选择频谱修正量。

表 6-7 不同种类的声源及其宜采用的频谱修正量

噪声源种类	宜采用的频谱修正量
日常活动（谈话、音乐、收音机和电视） 儿童游戏 轨道交通（中速和高速） 高速公路交通（速度 >80km/h） 喷气飞机（近距离） 主要辐射中高频噪声的设施	C（频谱 1）
城市交通噪声 轨道交通（低速） 螺旋桨飞机（远距离） Disco 音乐 主要辐射低中频噪声的设施	C_{tr}（频谱 2）

频谱修正量 C_j 按式（6-5）进行计算。

$$C_j = -10\lg\sum 10^{(L_{ij}-X_i)/10} - X_W \tag{6-5}$$

式中 j——频谱序号，$j=1$ 或 2，1 为计算 C 的频谱 1，2 为计算 C_{tr} 的频谱 2（见表 6-6）；

X_W——按前面的方法计算的空气声隔声单值评价量（如前面的计权隔声量 R_w）；

i——100 ~ 3150Hz 的 1/3 倍频程或 125 ~ 2000Hz 的倍频程序号；

L_{ij}——表 6-6 中所给出的第 j 号频谱的第 i 个频带的声压级；

X_i——第 i 个频带的测量量，精确到 0.1dB。

频谱修正量在计算时应精确到 0.1dB，得出的结果应修约为整数。根据所用的频谱，其频谱修正量 C 用于频谱 1（A 计权粉红噪声），C_{tr}用于频谱 2（A 计权交通噪声）。

3）空气声隔声评价的结果表述。根据《建筑隔声评价标准》确定的空气声隔声评价结果应包括空气声单值评价量和频谱修正量。单值评价量的名称前须在相应测量量的名称前冠以“计权”二字，其符号必须在相应的测量量的符号后增加下角标“$_W$”。

在对建筑构件空气声隔声特性进行表述时，应同时给出单值评价量和两个频谱修正量。确定建筑物空气声隔声单值评价量应使用 1/3 倍频程测量量。在对建筑物空气声隔声特性进行表述时，应以单值评价量和一个频谱修正量的形式给出。

在结果表述中应说明单值评价量是根据 1/3 倍频程还是倍频程测量量计算得出的。

4）空气声隔声性能的分级。

① 建筑构件的空气声隔声性能分级见表 6-8。

表 6-8　建筑构件空气声隔声性能分级

等级	范围	等级	范围
1 级	$20dB \leqslant R_W + C_j < 25dB$	6 级	$45dB \leqslant R_W + C_j < 50dB$
2 级	$25dB \leqslant R_W + C_j < 30dB$	7 级	$50dB \leqslant R_W + C_j < 55dB$
3 级	$30dB \leqslant R_W + C_j < 35dB$	8 级	$55dB \leqslant R_W + C_j < 60dB$
4 级	$35dB \leqslant R_W + C_j < 40dB$	9 级	$R_W + C_j \geqslant 60dB$
5 级	$40dB \leqslant R_W + C_j < 45dB$		

注：1. R_W 为计权隔声量，其相应的测量量为用实验室法测量的 1/3 倍频程隔声量 R。

2. C_j 为频谱修正量，用于内部分隔构件时，C_j 为 C；用于围护构件时，C_j 为 C_{tr}。

② 建筑物的内隔墙、楼板、外围护结构的空气声隔声性能分级见表 6-9。

表 6-9　建筑物空气声隔声性能分级

等级	范围	
	建筑物内部两个空间之间	建筑物内部空间与外部空间之间
1 级	$15dB \leqslant D_{nT,W} + C < 20dB$	$15dB \leqslant R_{tr,W} + C_{tr} < 20dB$
2 级	$20dB \leqslant D_{nT,W} + C < 25dB$	$20dB \leqslant R_{tr,W} + C_{tr} < 25dB$
3 级	$25dB \leqslant D_{nT,W} + C < 30dB$	$25dB \leqslant R_{tr,W} + C_{tr} < 30dB$
4 级	$30dB \leqslant D_{nT,W} + C < 35dB$	$30dB \leqslant R_{tr,W} + C_{tr} < 35dB$
5 级	$35dB \leqslant D_{nT,W} + C < 40dB$	$35dB \leqslant R_{tr,W} + C_{tr} < 40dB$
6 级	$40dB \leqslant D_{nT,W} + C < 45dB$	$40dB \leqslant R_{tr,W} + C_{tr} < 45dB$
7 级	$45dB \leqslant D_{nT,W} + C < 50dB$	$45dB \leqslant R_{tr,W} + C_{tr} < 50dB$
8 级	$50dB \leqslant D_{nT,W} + C < 55dB$	$50dB \leqslant R_{tr,W} + C_{tr} < 55dB$
9 级	$D_{nT,W} + C \geqslant 55dB$	$R_{tr,W} + C_{tr} \geqslant 55dB$

注：1. $D_{nT,W}$ 为计权标准声压级差，其相应测量量为现场法测量的标准声压级差 D_{nT}。

2. $R_{tr,W}$ 为计权交通噪声隔声量，其相应测量量为现场法测量的交通噪声隔声量 R_{tr}。

4.3 撞击声的隔绝

（1）隔绝撞击声的标准

《建筑隔声评价标准》（GB/T 50121—2005）中规定，撞击声隔声单值评价量的名称和符号与测量量有关，确定撞击声单值评价量的方法也有数值计算法和曲线比较法两种。本书只介绍曲线比较法。

1）确定撞击声隔声单值评价量的曲线比较法。根据1/3倍频程的撞击声隔声测量量确定单值评价量的基准曲线如图6-13所示，根据倍频程的撞击声隔声测量量确定单值评价量的基准曲线如图6-14所示。

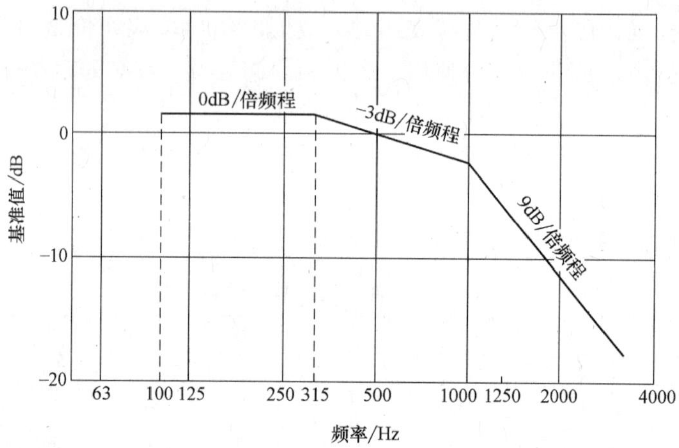

图6-13 撞击声隔声基准曲线（1/3倍频程）

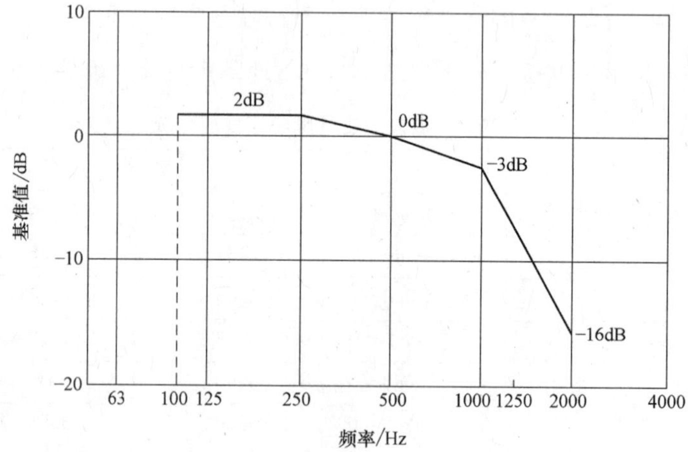

图6-14 撞击声隔声基准曲线（倍频程）

下面以确定计权规范化撞击声压级 $L_{n,W}$ 的曲线比较法为例，说明确定撞击声隔声单值评价量的方法。

如图6-15所示，将一组精确到0.1dB的1/3倍频程规范化撞击声压级 L_n 的测值在坐标纸上绘制成一条频谱曲线，再将具有相同坐标比例并绘有1/3倍频程撞击声隔声基准曲线的透明纸覆盖在频谱曲线上，使横坐标重叠，并使纵坐标中基准曲线 0dB 与频谱曲线上的一个整数坐标对齐，然后以 1dB 为一步，直至所有 1/3 倍频程的不利偏差（频谱曲线向上超过基准曲线是不利的）之和尽量大，但不超过 32dB 为止。此时基准曲线上 0dB 线所对应的频谱曲线上的纵坐标即为计权规范化撞击声压级 $L_{n,W}$。

2）撞击声改善量的单值评价量。楼板面层撞击声改善量的单值评价量名称和符号与测量量有关。基准楼板（为了确定楼板面层撞击声改善量而提出的一种理想化楼板，其计权规范化撞击声压级为 78dB）规范化撞击声压级 $L_{n,r,0}$ 必须符合表 6-10 的规定。

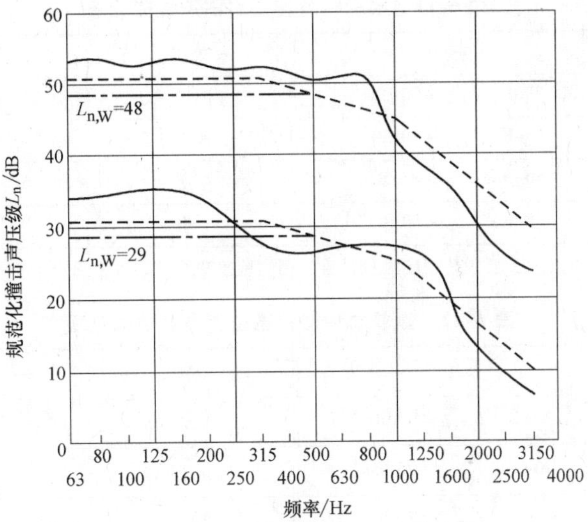

图 6-15　计权规范化撞击声压级 $L_{n,W}$ 的确定方法

表 6-10　基准楼板的规范化撞击声压级

频率/Hz	$L_{n,r,0}$/dB	频率/Hz	$L_{n,r,0}$/dB
100	67	630	71
125	67.5	800	71.5
160	68	1000	72
200	68.5	1250	72
250	69	1600	72
315	69.5	2000	72
400	70	2500	72
500	70.5	3150	72

计权撞击声压级改善量应按式 6-6 和式 6-7 进行计算。

$$L_{n,r} = L_{n,r,0} - \Delta L \tag{6-6}$$

$$\Delta L_W = 78 - L_{n,r,W} \tag{6-7}$$

式中　$L_{n,r}$——在基准楼板铺设了测试面层时的规范化撞击声压级的计算值；

$L_{n,r,0}$——基准楼板的规范化撞击声压级（表 6-10）；

ΔL——楼板面层撞击声压级的改善量；

$L_{n,r,W}$——在基准楼板铺设了测试面层时的计权规范化撞击声压级的计算值。

3）撞击声隔声评价结果的表述。按《建筑隔声评价标准》确定的撞击声隔声单值评价量，其名称必须在测量量的名称前冠以“计权”二字，其符号必须在相应测量量的符号后加下角标“w”。在表述楼板面层的撞击声改善量时，应给出计权撞击声压级的改善量 ΔL_W，同时还应以图表的形式给出各频带的撞击声压级的降低量。

4）撞击声隔声性能分级。楼板构件的撞击声隔声性能分级见表 6-11，建筑中分隔两个独立空间的楼板撞击声隔声性能分级见表 6-12。

表 6-11 楼板构件撞击声隔声性能分级

等级	范围	等级	范围
1 级	$70dB < L_{n,W} \leqslant 75dB$	5 级	$50dB < L_{n,W} \leqslant 55dB$
2 级	$65dB < L_{n,W} \leqslant 70dB$	6 级	$45dB < L_{n,W} \leqslant 50dB$
3 级	$60dB < L_{n,W} \leqslant 65dB$	7 级	$40dB < L_{n,W} \leqslant 45dB$
4 级	$55dB < L_{n,W} \leqslant 60dB$	8 级	$L_{n,W} \leqslant 40dB$

注：$L_{n,W}$ 为计权规范化撞击声压级，其相应测量量应为用实验室法测量的规范化撞击声压级 L_n。

表 6-12 建筑物中楼板撞击声隔声性能分级

等级	范围	等级	范围
1 级	$75dB < L_{nT,W} \leqslant 80dB$	5 级	$55dB < L_{nT,W} \leqslant 60dB$
2 级	$70dB < L_{nT,W} \leqslant 75dB$	6 级	$50dB < L_{nT,W} \leqslant 55dB$
3 级	$65dB < L_{nT,W} \leqslant 70dB$	7 级	$45dB < L_{nT,W} \leqslant 50dB$
4 级	$60dB < L_{nT,W} \leqslant 65dB$	8 级	$L_{nT,W} \leqslant 45dB$

注：$L_{nT,W}$ 为计权标准化撞击声压级，其相应测量量应为用现场法测量的标准化撞击声压级 L_{nT}。

（2）隔绝撞击声的措施

在控制声源振动的基础之上，改善楼板隔绝撞击声性能的主要措施有：

1）面层法。在楼板表面铺设弹性良好的面层材料（如地毯、塑性地毯、塑料地面、微发泡的钙塑、再生橡胶板等），以减弱楼板本身的振动，此种方法对改善楼板的中高频撞击声非常有效，做法如图 6-16 所示。

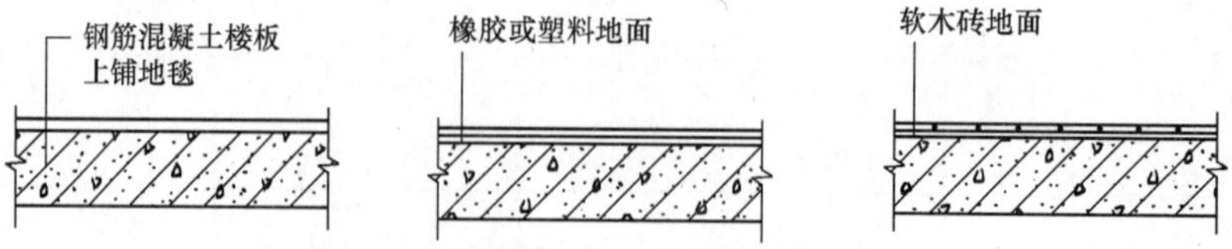

图 6-16 楼板面层处理的几种方法

2）垫层法。在楼板结构层与面层之间做弹性垫层，以降低结构层的振动。弹性垫层可做成片状、条状或块状，将其放在面层或龙骨的下面。图 6-17 为两种“浮筑式”楼板，它们隔声性能与普通楼板相比有显著改善，但应注意这种楼板在面层和墙的交接处也要采用隔离措施，以免引起墙体振动，影响隔声效果。浮筑式楼板增加的造价并不多，但工业化施工问题未能很好解决。

3）吊顶法。吊顶法实际上是在辐射声能的基层板下方加一个空气间层，类似于双层墙，主要是隔绝上层楼板传到下层房间空气中的声音，其隔声能力可按质量定律估算，显然较重的抹灰吊顶比轻质纤维吊顶好。另外，吊顶与基层板之间应尽量做到非刚性连接，并处理好吊顶缝隙。图 6-18 为一种隔声吊顶的构造方案。隔声要求较高时可同时采用“浮筑式楼板”与“分离式吊顶”。

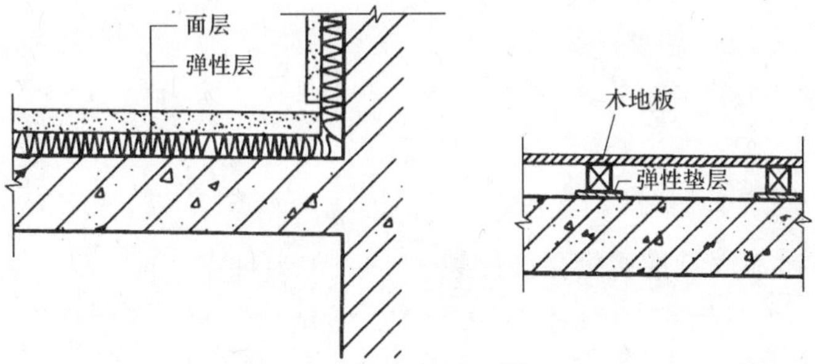

图 6-17 两种“浮筑式”楼板的构造方案

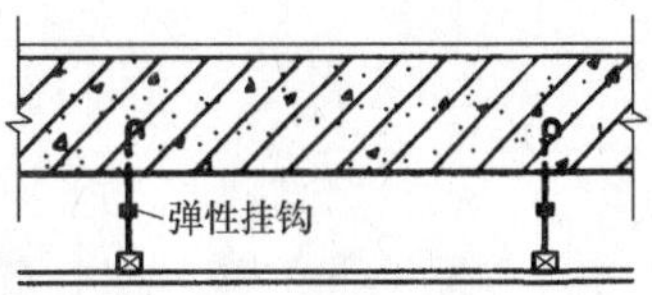

图 6-18 隔声吊顶的构造方案

4.4 建筑减振

(1) 振动的影响

根据振动性质的不同，振动对人体的影响可以分为全身振动和局部振动两种。人直接位于振动的物体上所受的振动即全身振动；局部振动则是手持机械化工具时所受的振动。对人影响最大的是全身振动，而且接受振动的时间越长，人体的生理变化就越大。

人们能够感觉到的振动，其频率可以由几分之一赫兹到 5000～8000Hz。按照频率，振动可分为三个范围：低频振动（30Hz 以下）；中频振动（30～100Hz）；高频振动（100Hz 以上）。对人体最有害的，是振动频率与人体某些部分的固有频率（共振频率）相吻合的那些振动。对于人体、内脏、头部和中枢神经系统发生共振的频率分别为 6Hz、8Hz、25Hz 和 250Hz。振动允许标准必须根据人们的生理反应，客观测定振动的物理参数和人们对于某种振动的主观感觉来制定。

车间机器振动可通过基础或其他结构向外传播产生固体噪声。火车通过时引起的振动会导致附近建筑物辐射出空气声并可能使墙壁开裂、发生不均匀沉降甚至倒塌。地下管线也会因振动遭到破坏。可见，振动对建筑物和一些设施也有很大影响。

(2) 建筑隔振

振动和冲击都可以在冲击点处有效地抑制。如铁路附近的建筑物可采用双基础，使建筑结构与地基隔开，并在两个基础之间铺垫阻尼材料，以防止振动传播。在车间，用隔振机座减缓电机传到地基的振动，以降低低频噪声，这种做法有时可使固体噪声的声压级降低 5～10dB。图 6-19a 为主动式隔振措施，防止机械的振动传到地面；图 6-19b 为被动式隔振措施，防止地面的振动传到对振动敏感的仪器。总之，在工业与民用建筑中，需要抗振和减振的部位，都可设置减振装置。

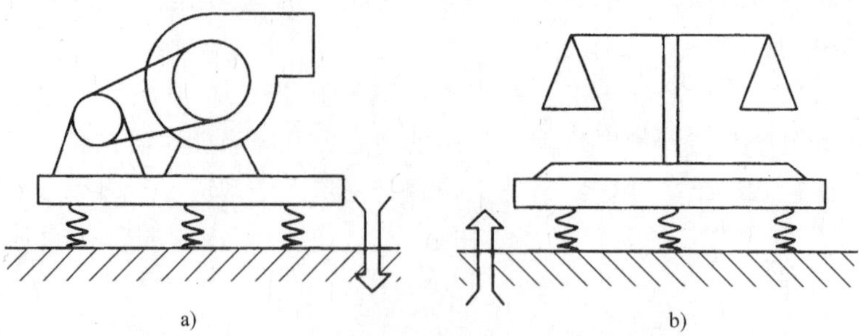

图6-19 隔振措施示例

a）主动式隔振 b）被动式隔振

课后任务

6.1 参照下面的知识点，复习并归纳本学习情境的主要知识

● 噪声会对听觉器官造成损害，能引起多种疾病，会对正常生活造成影响，能降低劳动生产率，增加事故率，强噪声波甚至能破坏建筑物或物质的结构。

● 噪声的评价量有：

➢ 等效连续A声级 $L_{eq}=10\lg\left(\frac{1}{T}\int_0^T 10^{0.1}L_A\mathrm{d}t\right)$

➢ 昼间等效声级和夜间等效声级

➢ 累计百分声级

➢ 噪声评价曲线 *NR* 和噪声评价指数 *N*

● 为保护听力，每天工作8h，允许连续噪声级为85dB（A），在高噪声环境连续工作的时间减少一半，允许噪声级提高3dB（A），依此类推。在任何情况下均不得超过115dB（A）。

● 噪声的来源有交通运输噪声、工业机械噪声、建筑噪声、社会生活和公共场所噪声及家用电器噪声。

● 噪声的控制原则：从声源控制噪声、从传播途径上控制噪声、接受者采取防护措施。

● 按以下步骤确定噪声控制方案：

➢ 1）调查噪声现状，以确定噪声的声压级，同时了解噪声产生的原因以及周围环境情况。

➢ 2）根据噪声现状和有关的噪声允许标准，确定噪声声压级需降低的数值。

➢ 3）根据需要和可能，采取综合的降噪措施。

● 城市噪声控制方法：制定和完善噪声控制法规、城市规划和建筑布局中的降噪措施、控制道路交通噪声。

● 居住区规划中的噪声控制：与噪声源保持必要的距离、利用屏障降低噪声、利用绿化减弱噪声、合理的总图布置及单体建筑设计。

● 吸声降噪量的计算公式 $\Delta L_p=10\lg\frac{\overline{\alpha}_2}{\overline{\alpha}_1}=10\lg\frac{A_2}{A_1}=10\lg\frac{T_1}{T_2}$。

● 声波在围护结构中的传递有空气声（包括经由空气直接传播和透过围护结构传播两

种途径）和固体声两种方式。

- 房间的噪声降低值 $D=R+10\lg A-10\lg S=R+10\lg\frac{A}{S}$。
- 空气声隔声性能的分级如表 6-8 和表 6-9 所示。撞击声隔声性能的分级如表 6-11 和表 6-12 所示。
- 隔绝撞击声的方法有面层法、垫层法和吊顶法。
- 根据振动性质的不同，振动对人体的影响可以分为全身振动和局部振动两种。对人影响最大的是全身振动，而且接受振动的时间越长，人体的生理变化就越大。
- 按照频率，振动可分为低频振动（30Hz 以下）、中频振动（30～100Hz）和高频振动（100Hz 以上）。对人体最有害的，是振动频率与人体某些部分的共振频率相吻合的那些振动。振动对建筑物和一些设施也有很大影响。
- 振动和冲击都可以在冲击点处有效地抑制。隔振措施可分为主动式和被动式两种。

6.2　思考下面的问题

（1）噪声有哪些危害？

（2）常用的噪声评价量有哪些？

（3）噪声的来源和控制原则是什么？

（4）控制噪声的方法有哪些？

（5）试述隔绝撞击声的措施。

6.3　完成下面的课后练习任务

（1）某房间原来的混响时间为 1.2s，现欲降低到 1.0s，原来房间的总吸声量为 $30m^2$，如进行吸声降噪处理，试计算处理后总吸声量应达到多少？

（2）要求一房间与邻室的 A 声压之差至少为 50dB（A），该房间的吸声量为 $30m^2$，分户墙的面积为 $18m^2$，问分户墙的隔声量 R_0 最小为多少才能满足要求？

学习情境7　室内音质设计

职业标准要求：

了解评价室内音质的声学指标，掌握室内音质的评价标准；掌握确定厅堂容积的基本要求，掌握厅堂体形设计的原则和方法；掌握室内混响设计的基本过程；了解室内音响设备基本知识；了解各类厅堂音质设计要点。

剧场、电影院、音乐厅、会议室等建筑，是人群聚集进行文化娱乐和社会活动的场所。这些建筑物中的音质问题，既同混响时间有关，也同室内声场的不同特点有关。音质设计一方面要加强声波传播途径中有效的反射，使声音能量在建筑物内均匀分布和扩散，同时要采用各种吸声材料和结构，消除建筑物内的不利声反射及声聚焦等声学缺陷，控制混响时间，并需消除各种干扰。所有这些都是室内音质设计要解决的问题。

任务1　室内音质评价标准

1.1　描述室内音质的声学指标

对音质有要求的厅堂可分为三类：供语音通信用的厅堂、供音乐演奏用的厅堂和多功能厅堂。这些房间的音质状况，可通过下述声学指标来描述：

1）混响时间。如果混响时间长，混响声对直达声的影响就大，特别是对语言声，听清楚就更困难，而音乐同语言相比，要求混响时间稍长一些。室内音质设计最主要的是混响设计。

2）声级分布。室内各处的声级大小应该相近，避免声场的不均匀性。

3）反射声的时间与空间分布。如反射声在空间分布不均匀，会造成室内各处的音质大不相同，影响听闻效果。

1.2　对室内音质的要求

上述三方面的声学指标，最终都要反映到是否满足人们的听闻要求上，从人的听闻特性上来说，室内音质应满足以下几点要求：

（1）合适的响度

合适的响度是音质设计中最基本的要求。语言和音乐的响度必须大大高于环境噪声，否则听闻就会发生困难。语言的响度可以比音乐的响度低一些。对语言来说，感到合适的响度级约为60～70phon。

（2）令人满意的清晰度

语言和音乐均要求声音清晰，而语言对这方面的要求更高。语言的清晰程度常用“音节清晰度”来表示，它是通过人发出若干单音节（汉字一字一音节），各单音节间毫无意义上的联系，由室内听音者收听并记录，然后统计听者正确听到的音节占全部音节数的百分比，该百分比即为音节清晰度，关系如下：

$$音节清晰度 = \frac{听众正确听到的音节数}{所发出的全部音节数} \times 100\% \qquad (7\text{-}1)$$

不同的音节清晰度与听觉的关系见表 7-1。

表 7-1　音节清晰度与听音感觉的关系

音节清晰度（%）	听音感觉
<65	不满意
65 ~ 75	勉强可以
75 ~ 85	良好
>85	优良

人们讲话时，由于讲话的连贯性，往往不必听清每个字便可听懂意思，一般用“语言可懂度”表示对讲话听懂的程度。当汉语清晰度达到 90% 时，语言可懂度即可达到 100%。对于音乐的清晰程度很难用数量表示，当声源的音色可以清楚地区别出来、每个音符都可以听清、节奏较快的音乐也能旋律分明时，则认为清晰度高。

（3）足够的丰满度

混响时间是衡量音质状况的重要参数，它关系到语言的清晰程度、音乐的丰满程度和活跃程度。一般说来，混响时间过短，声音听起来干涩，过长又会使声音浑浊不清。以语言为主的厅堂，不希望太长的混响时间，否则会影响语言的清晰度；以音乐为主的厅堂，过短的混响时间会影响声音的丰满度。混响时间与大厅座位多少、体积大小、内部装修、频率特性等有关。使听众认为最为合适的混响时间称为“最佳混响时间”。

（4）良好的空间感

空间感与反射声到达的时间及空间分布关系密切。室内音质设计时，应使观众感到声音的方位与视觉方位的一致性。

（5）没有声缺陷和噪声干扰

良好的室内音质要求室内各处声音强度基本一致，因此必须消除各种声学缺陷，如回声、颤动回声、声聚焦、长延迟反射声、声影、声失真和室内共振等。消除室内声学缺陷主要靠合理的厅堂平剖面设计以及吸声材料和吸声结构的正确布置。较高的噪声将干扰听闻，影响室内音质；连贯的噪声，特别是低频噪声会掩蔽语言和音乐；不连续的噪声会破坏室内宁静的气氛。因此，应尽量消除噪声干扰，将噪声级控制在允许背景噪声级以下。

任务 2　厅堂的容积和体形设计

2.1　确定厅堂容积

确定厅堂容积应综合考虑经济上和技术上的可行性及通风、卫生等方面的要求，但从声学角度考虑房间的容积，一般有两个方面的基本要求：保证有足够的响度与合适的混响时间。

（1）保证足够的响度

为保证有合适的响度，对于不用扩声设备的讲演厅一类建筑，一般要求容积不大于 2000 ~ 3000m^3（约容纳 700 人）。供音乐演出用的厅堂，由于唱歌及乐器演奏的声功率较大，可允许较大的容积。对于一些音质设计良好，不用扩声设备就能保证使用要求的房间，最大允许容积见表 7-2。当采用电声设备时，房间容积不受限制，但容积越大控制混响时间越困难。

表7-2 用自然声的大厅的最大允许容积

用途	最大允许容积/m^3	用途	最大允许容积/m^3
讲演	2000～3000	独唱、独奏	10000
话剧	6000	大型交响乐	20000

（2）保证合适的混响时间

由混响时间的赛宾公式可知，影响混响时间的主要因素是房间的容积 V 和总吸声量 A。在总吸声量中，观众吸声量所占的比例很大，例如在一般剧场中，观众吸声量可占总吸声量的1/2～2/3。因此，控制好房间容积和观众人数之间的比例，也就在一定程度上控制了混响时间。在实际工程中，常用“每座容积”这一指标衡量房间的混响特性，它的单位为m^3/座。在尽可能少用吸声处理的情况下，恰当地选择每座容积，仍然可以得到合适的混响时间，这对降低建筑造价非常有利。如果每座容积选择过大，必须增加大量的额外吸声处理，才能保证最佳混响时间。反之，如选择过小，则混响时间偏短，一旦竣工将无法更改，从而造成室内音质的先天性缺陷。根据经验，为达到适当的混响时间，音乐用厅堂、语言用厅堂和多功能厅堂的每座容积应分别控制在6～8m^3/座、3.5～4.5m^3/座、4.5～5.5m^3/座。

2.2 厅堂体形设计的原则和方法

（1）厅堂体形设计的基本原则

1）缩短房间的前后距离并考虑声源的方向性。为使观众尽可能靠近声源，应尽量缩短厅堂后部与声源的距离。在平面设计中，当平面面积一定时，选取宽短的平面形式比窄长的好。由于声源通常具有方向性，观众席应尽量不超过声源正前方140°的夹角范围。这和视觉的要求是一致的。

2）避免直达声被遮挡和被观众掠射吸声。在剖面设计中，若厅堂容积较大，可采用挑台楼座的处理办法。为获得较强的直达声，座位沿纵向地面升起的坡度非常重要。若无坡度或坡度过小，则声音到达厅堂后部时，将被前面的观众遮挡；当声音掠过观众头部时，声能被大量吸收，这个吸声量远大于按距离平方规律的衰减量。在设计中，对能遮挡直达声的座位，应尽量使后排座位比前排座位高出8cm以上，且前后排座错开，如图7-1所示。

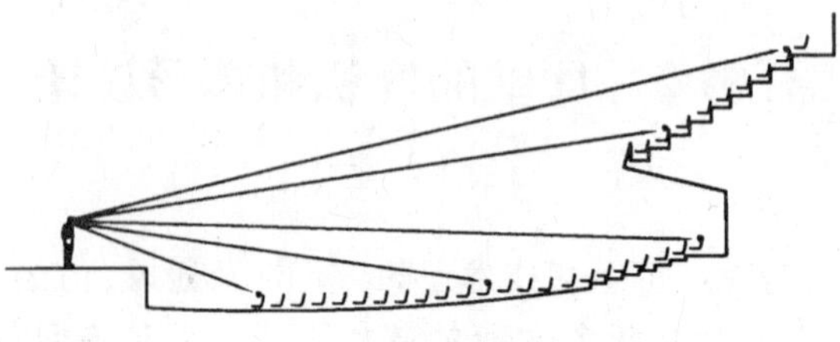

图7-1 观众厅座位的布置要求

3）争取和控制近次反射声。近次反射声主要是由靠近声源的界面形成的，并且被反射的次数较少。利用近次反射声的关键在于一次反射面及声源附近表面的设计，使之具有合理的形状、倾斜度和足够的尺寸，这对控制室内声学效果非常重要。

4）避免各种室内声学缺陷。室内音质设计中，必须消除各种声学缺陷，如回声、颤动回声、声聚焦和声影等。

（2）厅堂体形设计的方法

房间平剖面形式的选择和尺寸的确定以及墙面、顶棚的处理对室内声学效果的影响非常大。设计时必须考虑使用功能、视线、听闻、照明、施工、经济和艺术造型等各方面的要求，厅堂体形设计是一个多因素综合平衡的产物。

从建筑声学角度，体形设计可利用模型试验法、虚声源法或根据几何声学原理利用计算机的三维成像技术进行模拟。现在，计算机三维成像技术在室内音质设计中应用普遍，这种技术被称为“计算机声场模拟技术”。

（3）厅堂体形设计的一些具体措施

1）剖面和顶棚的处理。合理的剖面和顶棚形式及其一次反射声的声线分布如图 7-2 所示。

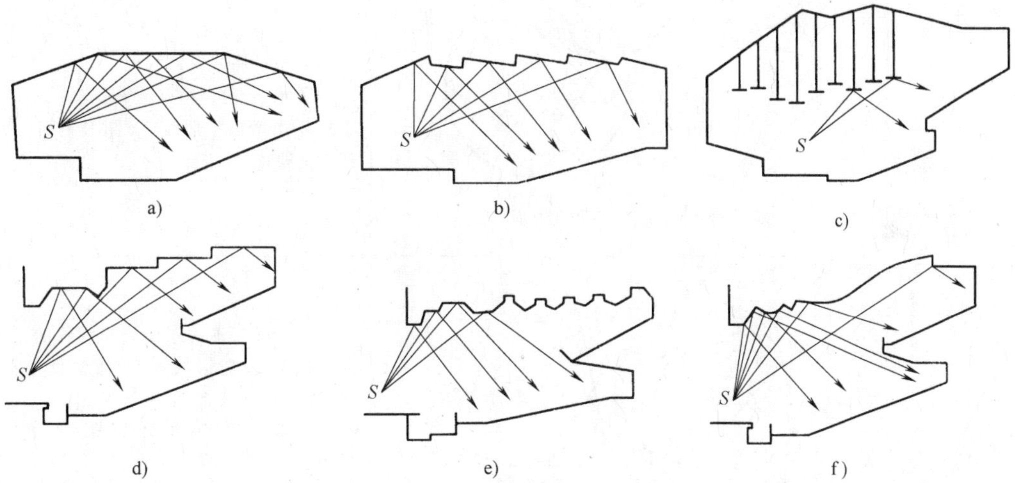

图 7-2 一次反射声均匀分布的顶棚形式

a）平面式 b）锯齿形 c）浮云式 d）折线式 e）扩散体式 f）弧面式

剖面和顶棚的处理应注意下面几个方面的问题：

① 在一般情况下，应充分利用顶棚做反射面。

② 顶棚高度不宜过大，否则将增加反射距离，以致产生回声，因此平吊顶只适用于较小的厅堂。

③ 折线形或波浪形顶棚，声线可按照设计要求反射到需要的区域，声音的扩散性好，声能分布均匀。

④ 圆拱形或球面顶棚，易产生声聚集，声能分布不均匀，宜慎重采用。

2）平面形式及侧墙的处理。厅堂的平面形式及其侧墙的一次反射声分布与相应的音质特点见表 7-3。这方面的设计应注意：

① 应充分发挥侧墙下部的反射作用，侧墙上部宜作吸声或扩散处理。

② 注意侧墙的布置，避免声音沿边反射而达不到座位区。

③ 侧墙和中轴线的水平夹角 $\phi \leq 10°$ 较好，矩形平面的宽度在 20m 以内时较好。

3）后墙处理。有音质要求的厅堂，后墙面的处理非常重要。处理得当，可有效地避免回声或增大座区后部的声音。后墙的处理方法如图 7-3 和图 7-4 所示，图 7-3 为平面图，图 7-4为剖面图。

表 7-3 厅堂的平面形式及其侧墙的一次反射声分布与相应的音质特点

平面形式	示意图	音质特点
矩形(钟形) 平面	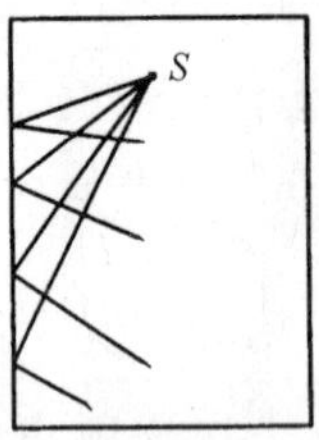 矩形平面 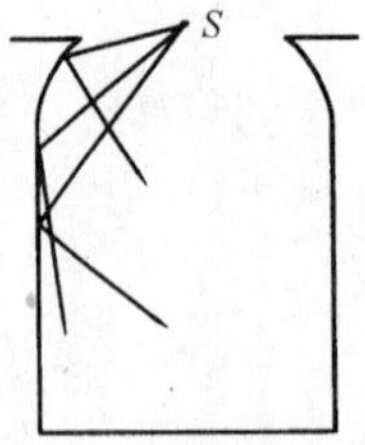 钟形平面	1. 声能分布均匀 2. 座区前部反射声空白区域小 3. 观众厅宽度超过 30m 时,可能产生回声 4. 钟形平面对减小反射距离很有效
圆形(半圆形) 平面	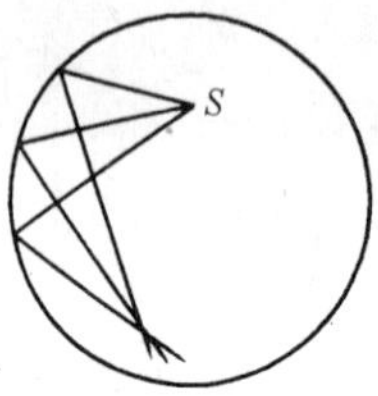 圆形平面(一) 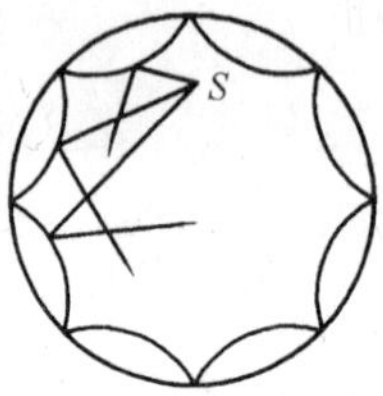 圆形平面(二)	1. 声能分布不均匀 2. 有沿边反射、声聚焦等缺陷 3. 沿墙增设扩散面后(圆形平面二)能纠正其缺点
扇形平面	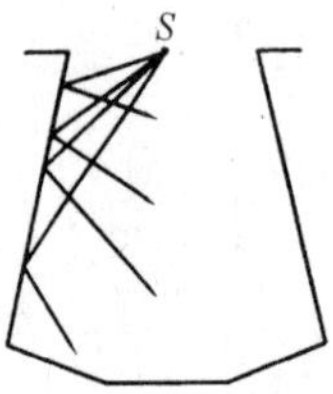 扇形平面(一)  扇形平面(二)	1. 声学效果取决于侧墙和轴线的关系,夹角越大,反射区域越小,通常夹角不大于 22.5° 2. 后墙曲率半径要大,以避免声聚焦和回声
六角形平面	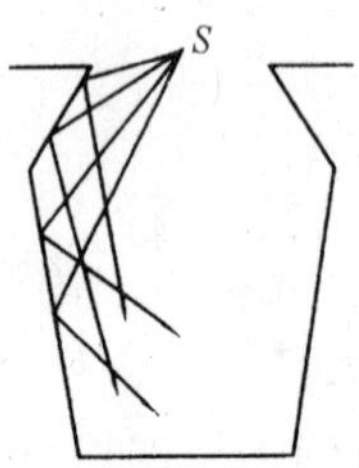 六角形平面(一) 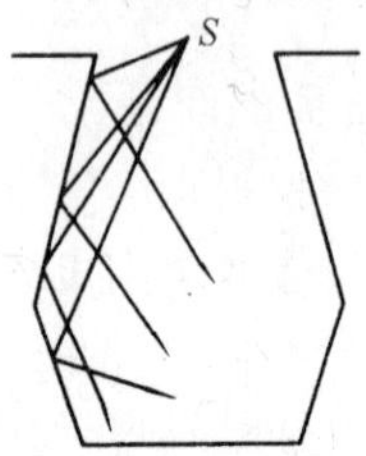 六角形平面(二)	1. 声能分布均匀 2. 座区中部能接受较多的反射声能 3. 平面比例改变时,反射声区域亦因之改变,如六角形平面(二)较六角形平面(一)的反射声区域大
卵形(椭圆形) 平面	 卵形平面 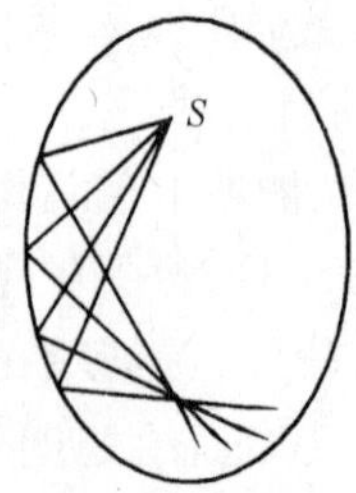 椭圆形平面	1. 易产生声能分布不均匀及声聚焦等缺点 2. 采用时应沿墙增设扩散面

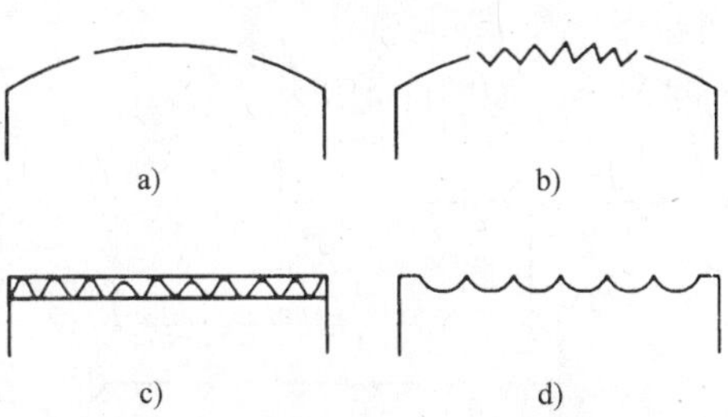

图 7-3　后墙处理（平面图）
a）小曲率后墙，应使曲率中心在舞台后
b）折线形后墙使声线扩散　c）直线形后墙，可作吸声处理　d）波浪形后墙使声线扩散

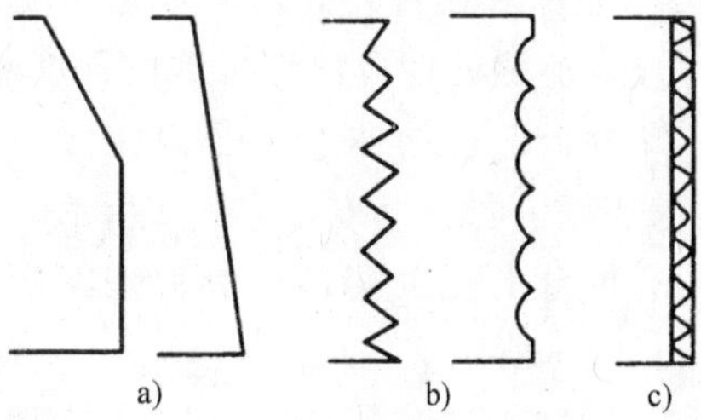

图 7-4　后墙处理（剖面图）
a）反射面　b）扩散面　c）吸声面

后墙处理的基本要求是：

① 平面曲率要大，以避免回声和声聚焦，否则需作吸声或扩散处理。

② 可利用墙的上部作反射面，以增加座区后部的声音强度。

4）台口附近的侧墙和顶棚的扩散处理。这种处理方法处理前后的声线分布情况如表 7-4所示。此种处理方法应注意：

① 应尽可能缩小面光口和耳光口的宽度，以减少声能的消耗。

② 台口附近的侧墙和顶棚应做成高效的反射面，其反射声应尽可能投射到座区的前部。

表 7-4　台口附近侧墙和顶棚的扩散处理

	有缺点的布置方式	改进后的布置方式
平面图	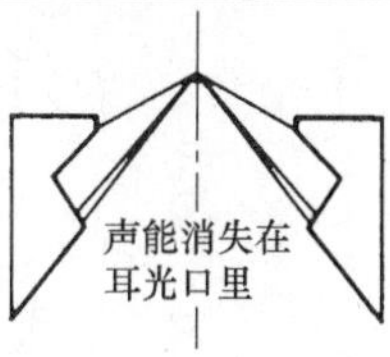	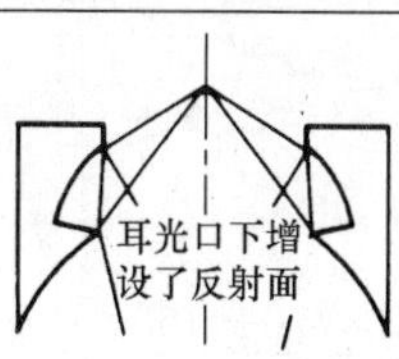
剖面图	 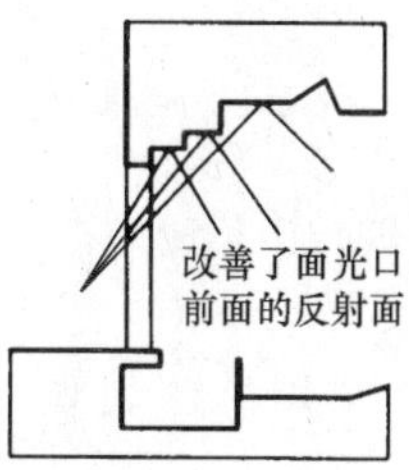	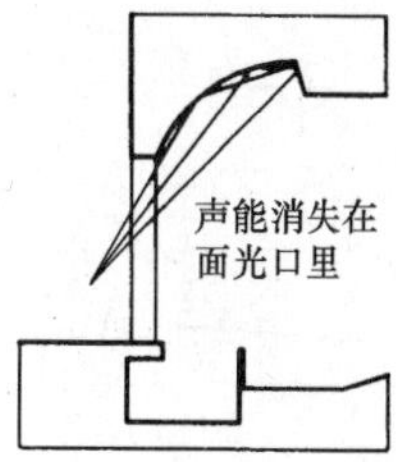 

5）乐池和挑台的处理。乐池和挑台的处理注意以下问题：

① 乐池的处理应保证乐池的深度和台唇口挑出尽量小，如图 7-5 所示。

② 挑台前面的曲率半径要大，以避免回声和声聚焦，如图 7-6 a、b、c 所示。

③ 挑台不要太深，以免形成声影区，如图 7-6 d、e 所示。

④ 尽量使挑台下最后一排也能得到来自大厅顶棚处的一次反射声，如图 7-6 f 所示。

⑤ 挑台下的顶棚可做成反射面，以提高挑台下部座区的声强，如图 7-6g 所示。

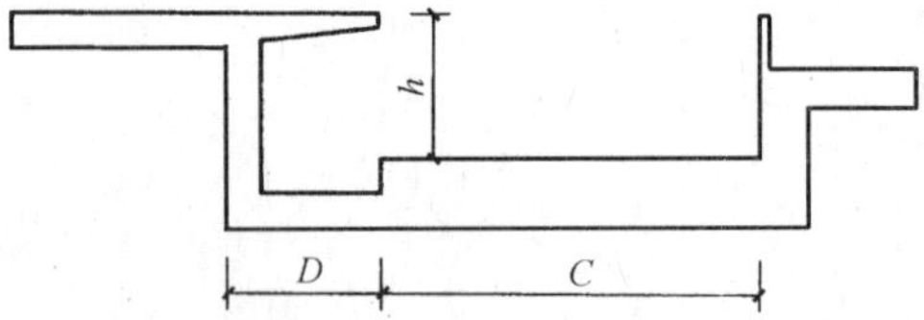

图 7-5 乐池

$h=1.9\sim2.0\mathrm{m}$ $C=3\mathrm{m}$（一般剧院）

$C=4\mathrm{m}$（大型剧院） $C/D>3$

6）反射面和反射板。观众厅内的一些反射面，包括舞台口天花板、侧墙、挑台和包厢栏板，可向池座前区提供前期反射声，弥补这些区域缺少反射声的缺陷。在侧墙和顶棚悬吊一些反射板也能起到相同的作用，但反射板尺寸应大于声波的波长，且应该用密实、表面光滑、反射性能好的材料制作。图 7-7 为舞台反射板的两种形式。

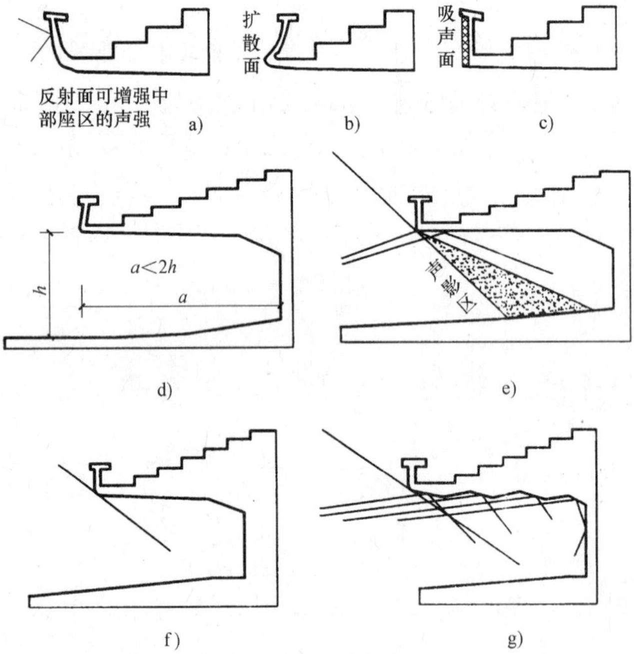

图 7-6 挑台处理

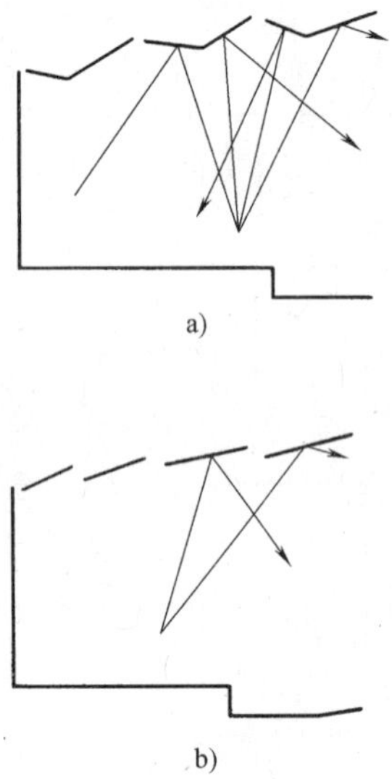

图 7-7 舞台反射板的两种形式

任务 3 室内混响设计

3.1 选择最佳混响时间

如果房间的混响时间过长，会导致听音的清晰度下降。但混响时间过短，就会影响声音的丰满度。一般来讲，对以语言声为主的房间，如教室、演讲厅、话剧院，混响时间不可过长，以1s左右为宜；而对听音乐为主的房间，如音乐厅等，则希望混响时间稍长些，如达到1.5~2.0s。必须针对具体房间的主要用途选择最佳混响时间，才能达到丰满度和清晰度之间的适当平衡。对不同房间推荐的500Hz最佳混响时间如图7-8所示。

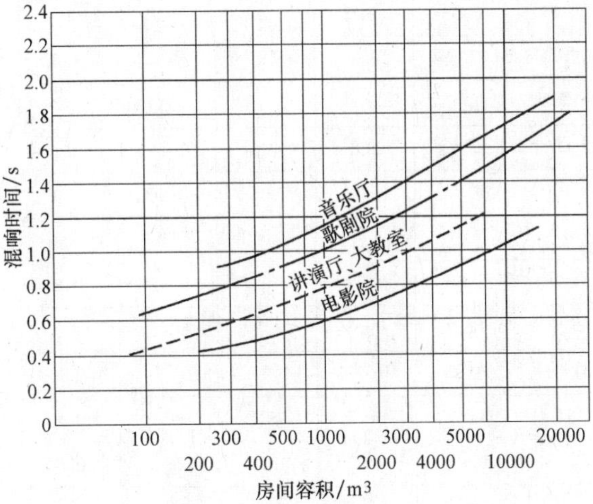

图7-8　不同厅堂500Hz最佳混响时间推荐值

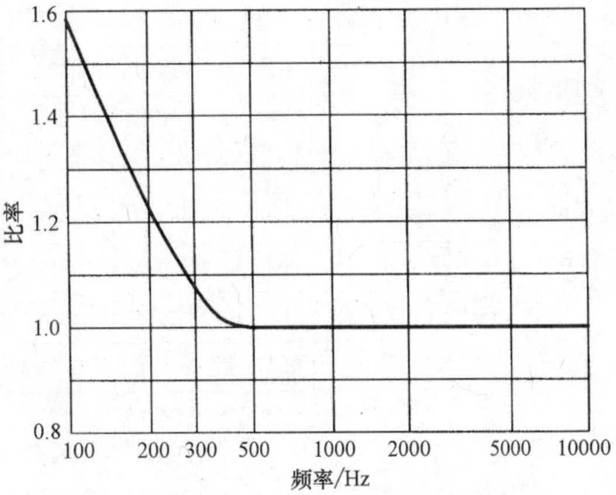

图7-9　音乐用房间混响时间频率特性曲线

同一房间对各频率声音的混响时间是不同的，这可用房间混响时间的频率特性曲线来表示。语言用房间，混响时间的频率特性曲线以平直为好。但由于人耳对低频声音的宽容度较大，同时室内的装饰材料和构造通常对中、高频声音的吸收较大，所以低频混响时间允许比中高频提高15%~20%。音乐用房间较理想的混响时间频率特性应符合图7-9的要求。

3.2　确定需要增加的吸声量

1）根据设计完成的体形，计算出房间的容积V和总内表面积S。

2）根据混响时间计算公式求出房间所需的平均吸声系数$\overline{\alpha}$。一般用伊林—哈里森公式，见公式（4-22）。平均吸声系数乘以总内表面积S即为房间所需的总吸声量$A_x=\overline{\alpha}S$。

3）计算房间原有的吸声量A_y，包括室内家具和观众的吸声量等。

4）房间所需的总吸声量A_x减去房间原有的吸声量A_y，即为需增加的吸声量$\Delta A=A_x-A_y$。

3.3　选择适当的吸声材料和面积并确定其布置方案

查阅资料及结构的吸声系数数据，从中选择适当的材料及结构，确定各自面积，以满足所需增加的吸声量及频率特性。

3.4　调整与修改

当选择了材料和结构并确定了相应的面积后，仍需反复验证、调整或重新选择，才能达到要求。如软、硬件条件允许，这个过程可利用计算机软件进行模拟和计算。表7-5和表7-6为一观众厅混响设计计算实例。

表 7-5 观众厅混响时间计算表（一）

项目			观众及座椅	吊顶	墙面	墙面	墙面	走廊、乐池	门	开口	通风口
材料及做法			①	②	③	④	⑤	⑥	⑦	⑧	⑨
面积/m²				900	150	100	376	340	28	130	6
吸声系数和吸声量	125Hz	α	0.19	0.25	0.21	0.17	0.02	0.02	0.16	0.30	0.8
		S_α/m²	190	225	31.5	17	7.5	6.8	4.5	39	4.8
	250Hz	α	0.23	0.10	0.73	0.48	0.02	0.02	0.15	0.35	0.8
		S_α/m²	230	90	109.5	48	7.5	6.8	4.2	45.5	4.8
	500Hz	α	0.32	0.05	0.21	0.92	0.02	0.02	0.10	0.40	0.8
		S_α/m²	320	45	31.5	92	7.5	6.8	2.8	52	4.8
	1000Hz	α	0.35	0.05	0.19	0.75	0.03	0.03	0.10	0.45	0.8
		S_α/m²	350	45	28.5	75	11.3	11.6	2.8	58.5	4.8
	2000Hz	α	0.47	0.06	0.08	0.31	0.03	0.03	0.10	0.50	0.8
		S_α/m²	470	54	12	31	11.3	11.6	2.8	65	4.8
	4000Hz	α	0.42	0.07	0.12	0.13	0.03	0.03	0.10	0.50	0.8
		S_α/m²	420	63	18	13	11.3	11.6	2.8	65	4.8

注：①1000人，按人数计算吸声量。②4mm厚FC板，大空腔。③三夹板，后空50mm。④9.5mm厚穿孔板，穿孔率8%，板后贴桑皮纸，空腔50mm。⑤水泥抹面。⑥混凝土面。⑦木板门。⑧舞台口、耳光口、面光口。⑨送回风口。

表 7-6 观众厅混响时间计算表（二）

项目	相应频率的统计值及计算值					
	125Hz	250Hz	500Hz	1000Hz	2000Hz	4000Hz
V/m³	5400					
$\sum S$/m²	2480					
4mV					48.6	118.8
$\sum S_\alpha$/m²	526.1	546.3	562.4	587.5	662.5	609.5
$\overline{\alpha}$	0.212	0.220	0.227	0.237	0.267	0.246
$-\ln(1-\overline{\alpha})$	0.238	0.248	0.257	0.270	0.311	0.282
T_{60}/s	1.47	1.41	1.36	1.30	1.06	1.06

任务4 室内音响设备基本知识

建筑中的音响设备系统一般可分为广播通信系统、扩声系统、重放系统、音质主动控制系统等。但重放系统、音质主动控制系统所用大部分设备与扩声系统相同，并且扩声系统一般兼有重放功能。

4.1 扩声系统的组成、作用和相关的国家标准

最简单的扩声系统包括传声器（话筒）、功率放大器和扬声器三种设备（图7-10）。大

型的专业扩声系统一般以调音台为中心。信号源除传声器外，还有计算机、收录机、激光唱机、VCD和DVD等。从调音台输出的信号在到达功率放大器前，由频率均衡器、延时器、混响器、分频器等设备作进一步加工处理再送到扬声器。

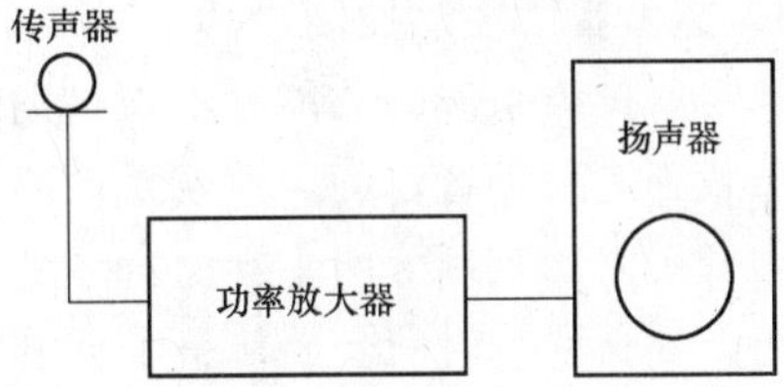

图7-10　最简单的扩声系统

传声器的作用是把声信号转换成电信号。功率放大器的主要作用是把电信号放大。扬声器的作用是把放大的电信号再转化为声信号。

调音台也称扩声控制桌，是扩声系统的控制中枢。调音台由传声器放大器、中间放大器及末级放大器三部分组成。一个调音台有多个传声器放大器，一般有4路、6路、16路、24路等，其主要作用是接收一路传声器信号，控制音量，调节频率特性，加混响、延时，进行声音混合以及调整声像等。传声器放大器还有幻像电路、相位切换、高低通滤波器、哑音控制等电路。中间放大器的作用是把混合后的信号再放大，然后由总音量电位器调整电平后送往下一级放大器。末级放大器除了进一步放大信号外，还担负着与下一级设备（主要是功率放大器）接口的任务。

我国国家广播电影电视总局主编的《厅堂扩声系统设计规范》（GB 50371—2006）是我国进行扩声系统设计的主要依据。

4.2　室内布置扬声器的基本要求

1）观众席声压级分布均匀。

2）观众席上的声源方向感良好。

3）控制声反馈以防止啸叫，并避免产生回声和颤动回声。

抑制啸叫的根本措施是减少扬声器发出的声音反馈到传声器。一般可通过以下方法来控制啸叫：①保证大厅混响时间较短；②选用强指向性传声器和扬声器；③使用窄带均衡器降低某些易产生啸叫频率的信号增益；④使用“移频器”使整个扩声系统的输出信号比输入信号移动几个赫兹（一般为1~4Hz），破坏原来系统可能产生反馈啸叫的条件；⑤采用压缩限幅器，使信号过大时系统自动降低增益。

扬声器布置应根据房间的使用性质、室内空间的大小及形式来决定，一般分为集中式、分散式和混合式。图7-11为扬声器集中布置示意图，图7-12为扬声器分散布置示意图。

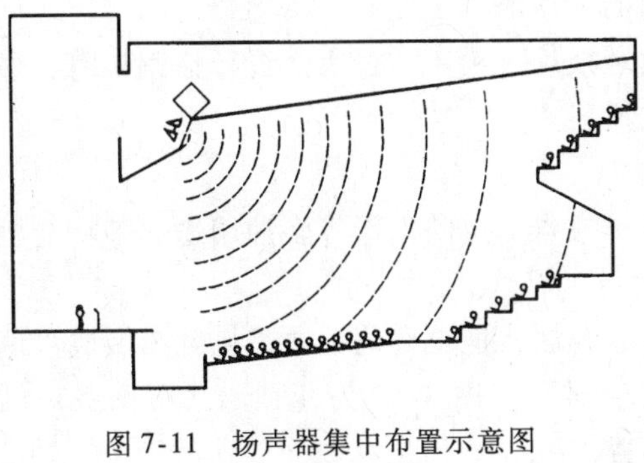
图7-11　扬声器集中布置示意图

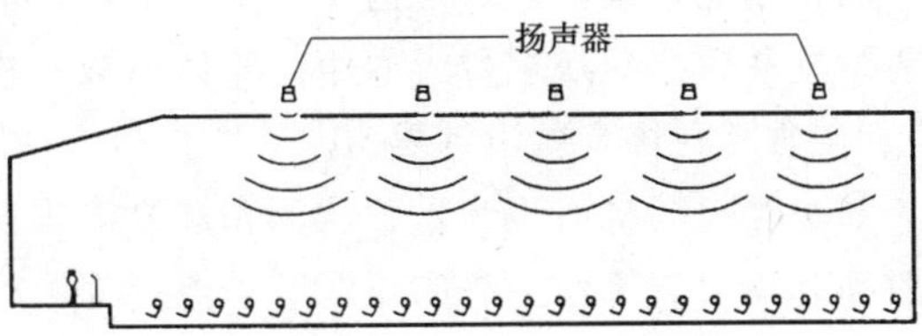

图7-12　扬声器分散布置示意图

4.3 室内音质主动控制

目前扩声系统的功能已不单是把声音扩大，还有改善音质的作用。用电声设备改善室内音质或创造某种特定的声学效果，都可认为是音质主动控制。

音质主动控制分两个方面：一是增加早期反射声并改善反射声分布，其次是增加房间混响声，延长混响时间。要使一个混响延长系统能被人们所接受，必须具备三个条件：

1）系统的稳定性好。

2）系统音质的保真性佳。

3）系统的可控性强。

任务5 各类厅堂音质设计要点

5.1 音乐厅音质设计要点

音乐厅是音质要求最高的厅堂类型之一，其特点是演奏席与观众厅位于同一空间，声能得到充分利用。这类厅堂要求较长的混响时间和丰富的侧向反射声。在音质设计中，设计人员应在保证没有回声、声聚集等音质缺陷的同时尽量少用吸声材料。古典音乐厅因具有窄厅、矩形平面、高天花板的特点，被称为鞋盒式音乐厅。其两侧及后部有不太深的挑台，一般能使观众席获得丰富的侧向反射声，如著名的维也纳音乐厅及波士顿音乐厅。

为在较宽、较大的音乐厅中争取尽可能多的侧向反射声，有的在侧墙安装倾斜反射板，或将吊顶做成扩散面，使一部分声能被反射到侧墙，再由侧墙反射到观众席。如美国加州奥兰治表演艺术中心多用途剧场利用上一层侧板为下一层提供侧向反射声。

5.2 剧院音质设计要点

剧院种类很多，归纳起来可分为三类：西洋歌剧院、地方戏院和话剧院。剧院一般有很大的舞台空间。舞台上帘幕、布景、道具等有时吸声量不够，使舞台空间混响时间过长，这对音质是不利的，可在舞台后墙或顶部布置吸声材料，使舞台空间的混响时间与观众厅基本相同。

歌剧院一般用自然声演出，由于歌剧演员声功率较大，允许歌剧院有较大的容积。规模较小的歌剧院，可采用简单的矩形或钟形平面，通过设置跌落包厢等措施增加扩散。

歌剧院乐池上方吊顶可做成带有弧度的反射面，尽可能将乐队的声音反射到观众席。

以自然声为主的大厅，应控制其规模。大厅可设楼座、包厢，以缩短直达声距离，争取尽量多的前期反射声。大厅后墙可做一些吸声或扩散处理。大厅尽量少用吸声材料，宜通过降低大厅每座容积来控制混响时间及提高大厅内的声压级。

话剧院话剧演出以对白为主，声功率小，故观众厅规模不宜过大。设计话剧院时，应尽可能缩短最后排观众至舞台的距离，以争取一次反射声。

5.3 多功能剧场音质设计要点

多功能剧场常用于音乐、歌舞和戏剧演出及作报告、放映电影等多种用途。多功能剧场一般都有较大的舞台，有的还配有乐池。

多功能剧场在确定混响时间时，可采用折衷的办法，但更好的办法是将侧墙做成可调式吸声结构，根据房间使用时的情况，主动调节混响时间。图7-13为几种形式可调吸声结构的示意图。可调声环境是现代厅堂设计的必然趋势。

为更好地满足音乐演出要求，多功能剧场宜配置活动的声反射罩。

目前国内的多功能剧场，大多数时间用于放映电影。扬声器一般固定在银幕后，在银幕后加一层多孔吸声材料，能防止舞台混响声进入观众厅，明显改善电影院的音质效果。

多功能剧场一般安装电声系统，这时剧场的容积不受响度要求限制，但清晰度、避免声学缺陷等方面的问题仍需引起足够重视。

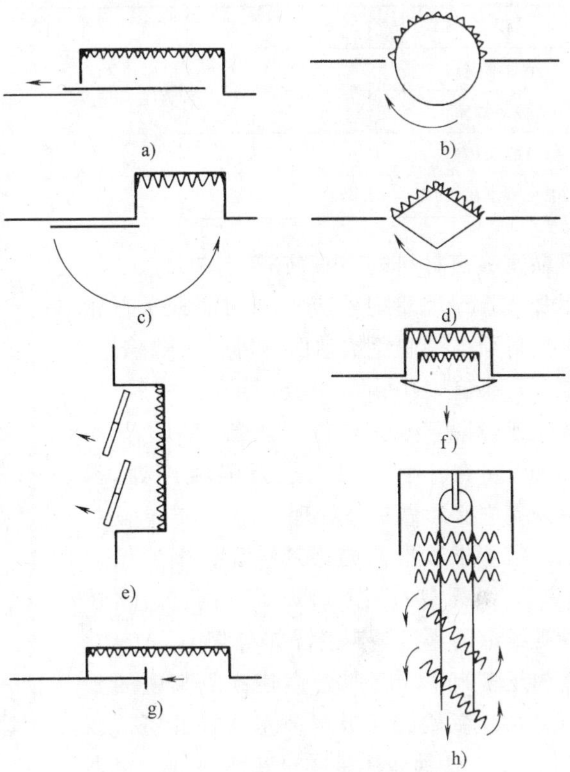

图 7-13　可调吸声结构示例

5.4　电影院音质设计要点

电影院有普通电影院、立体声电影院、环幕电影院等。电影胶片上记录的声音已加工处理，还原重放时不需要室内空间来对它进行“润色”。

立体声影院不应设楼座，无需争取反射声来提高响度。吸声材料的用量以满足混响时间为宜。

5.5　体育馆音质设计要点

体育馆有综合馆和专业馆之分。

综合性体育馆是名副其实的多功能厅。体育馆都装有电声系统，对音质要求相对较低，只要具有良好的清晰度和一定的丰满度，且没有噪声干扰和回声、声聚集等声缺陷即可。

体育馆的特点是容积大，座椅一般为吸声较少的夹板椅或塑料椅，可布置吸声材料的墙面也很少。从声学角度考虑，体育馆上部宜满做吊顶。目前具有网架结构的体育馆，常常采用暴露结构的形式，仅靠墙面来吸声远不能满足要求，解决办法是在网架空间内悬吊空间吸声体以增加大厅吸声量。

主席台及裁判席附近的墙面宜做吸声处理，以便减少进入话筒的反射声，有利于提高扩声系统的传声增益。

目前，体育馆屋面板普遍采用钢质复合板，即双层钢板之间加一层保温层，只要在复合板室内一侧钢板上钻孔即可用来吸声。

5.6　录播室、演播室音质设计要点

录播室一般规模较小，设计不当很容易产生低频共振频率的“简并”。为此，房间长、宽、高应避免彼此相等或成整数比。表 7-7 给出了录播室三维尺寸的推荐比例。录播室也可采用不规则形，但不得出现凹面墙、穹形顶，以免形成声聚焦。

表 7-7 矩形录播室尺寸的推荐比例

录播室	高	宽	长
小录播室	1	1.25	1.60
一般录播室	1	1.60	2.50
低顶棚录播室	1	2.50	3.20
细长型录播室	1	1.25	3.20

录播室吸声材料的布置应符合“分散、均匀”的原则。录播室内不应出现大面积平行相对的声反射面，以避免颤动回声等音质缺陷。

在音乐录音室中，可用吸声屏风将打击乐器隔离，或设隔声小室供打击乐器专用，其面积为 $10m^2$ 左右。小室内应进行强吸声处理。音乐录音室内必须做扩散处理。

录播室要求非常低的背景噪声，一般做成“房中房”。录播室的出入口设置声闸，进出录播室的管线都需进行隔声、隔振处理。

为满足多声轨录音时各声道高隔离度的要求，可将录音室做成强吸声多室式录音室，如图 7-14 所示。这种做法是在录音室内划分很多小室，每个小室对应一种乐器，小室内都做强吸声处理。

图 7-14 强吸声多室式录音室实例

演播室的用途是制作电视和录像节目。一般录音和录像同时进行，故也有一定的声学要求。演播室中由于演员、观众和道具的移动变换，吸声量变化很大，故混响时间较难控制。一般演播室的顶棚及四壁应做吸声处理，但必须采用非燃性吸声材料。

录播室、演播室都带有控制室。控制室的观察窗应具有较高的隔声量。普通控制室的音质要求与录播室基本相同。强吸声多室式录音室的控制室声学要求较高。

5.7 歌舞厅、卡拉 OK 厅音质设计要点

歌舞厅有乐队伴奏、演唱、音乐播放等活动。卡拉 OK 厅主要供观众自娱自乐演唱并播放伴奏音乐。歌舞厅、卡拉 OK 厅具有观演大厅的性质，只是对音质的要求比较低。除需达到合适的混响时间外，在舞台后墙做吸声处理，有利于防止电声系统的“啸叫”。对歌舞厅，常因薄板的大量使用引起对低频声的过度吸收。有时软包面太多，导致中高频吸声过多，也可能因弧形墙面或穹顶产生声聚焦。歌舞厅、卡拉 OK 厅不仅要控制外部噪声的传入，而且需防止它对周围环境的噪声影响。

5.8 听音室、家庭影院音质设计要点

听音室要求在重放各种音质的节目时都有较好的音质效果。听音室混响时间可取 0.3 ~ 0.4s，音箱背后应布置强吸声材料。两侧墙可一侧或交叉进行吸声处理。地板和顶棚也应进行相应的吸声处理。听众背后宜做扩散反射面。扬声器与侧墙应有 1m 以上的间距。双声道立体声两扬声器之间宜有 2.5m 的间距。只有在扬声器前方的一定范围内，才能获得良好的立体声效果。因此，听音室面积不可过小。

家庭影院要求比双声道立体声听音室具有更大的面积。

目前我国面积稍大一些的城镇住宅一般设有大厅，面积一般为15～25m^2，虽然比理想的听音室小，但通过合理的布置，也可获得良好的听音效果。如大厅用作唱卡拉OK，则应在座椅背后的墙面（话筒指向的墙面）做吸声处理，可防止“啸叫”的产生。当主要作为家庭影院或欣赏立体声音乐时，可在主音箱后的墙面做吸声处理。

课后任务

7.1　参照下面的知识点，复习并归纳本学习情境的主要知识

● 对音质有要求的厅堂有供语音通信用的厅堂、供音乐演奏用的厅堂和多功能厅堂三类。这些房间的音质状况可通过混响时间、声级分布和反射声的时间与空间分布来描述。

● 对室内音质的要求：合适的响度、令人满意的清晰度、足够的丰满度、良好的空间感、没有声缺陷和噪声干扰。

● 从声学角度考虑房间的容积，要保证有足够的响度与合适的混响时间。

● 厅堂体形设计的基本原则：缩短房间的前后距离并考虑声源的方向性、避免直达声被遮挡和被观众掠射吸声、争取和控制近次反射声、避免各种室内声学缺陷。

● 厅堂体形设计可利用模型试验法、虚声源法或利用计算机声场模拟技术。

● 厅堂剖面和顶棚的处理应注意：在一般情况下，应充分利用顶棚做反射面；顶棚高度不宜过大，平吊顶只适用于较小的厅堂；折线形或波浪形顶棚对声音的扩散性好，声能分布均匀；圆拱形或球面顶棚，易产生声聚集，宜慎重采用。

● 厅堂的平面形式及其侧墙的设计应注意：应充分发挥侧墙下部的反射作用，侧墙上部宜做吸声或扩散处理；注意侧墙的布置，避免声音沿边反射而达不到座位区；侧墙和中轴线的水平夹角$\phi \leqslant 10°$较好，矩形平面的宽度在20m以内时较好。

● 厅堂后墙处理的基本要求是：平面曲率要大，以避免回声和声聚焦，否则需做吸声或扩散处理；可利用墙的上部作反射面，以增加座区后部的声音强度。

● 厅堂台口附近的侧墙和顶棚的扩散处理应注意：应尽可能缩小面光口和耳光口的宽度，以减少声能的消耗；台口附近的侧墙和顶棚应做成高效的反射面，其反射声应尽可能投射到座区的前部。

● 厅堂乐池和挑台处理注意的问题：应保证乐池的深度和台唇口挑出尽量小；挑台前面的曲率半径要大，以避免回声和声聚焦；挑台不要太深，以免形成声影区；尽量使挑台下最后一排也能得到来自大厅顶棚处的一次反射声；挑台下的顶棚可做成反射面，以提高挑台下部座区的声强；应用反射面和反射板调整声场分布。

● 室内混响设计的基本过程：选择最佳混响时间、确定需要增加的吸声量、选择适当的吸声材料和面积并确定其布置方案、调整与修改。

● 最简单的扩声系统包括传声器、功率放大器和扬声器三种设备。

● 大型的专业扩声系统一般以调音台为中心。信号源除传声器外，还有计算机、收录机、激光唱机、VCD和DVD等。从调音台输出的信号在到达功率放大器前，由频率均衡器、延时器、混响器、分频器等设备做进一步加工处理再送到扬声器。

● 扬声器布置一般分为集中式、分散式和混合式。室内布置扬声器的基本要求：观众席

声压级分布均匀、观众席上的声源方向感良好、控制声反馈以防止啸叫，并避免产生回声和颤动回声。

• 室内音质主动控制分两个方面：一是增加早期反射声并改善反射声分布；其次是增加房间混响声，延长混响时间。

• 各类厅堂音质设计的要点，包括音乐厅，多功能剧场，电影院，体育馆，录播室、演播室，歌舞厅、卡拉OK厅，听音室、家庭影院等。

7.2 思考下面的问题

(1) 描述室内音质的声学指标有哪些？对室内音质有哪些要求？

(2) 从建筑声学角度，确定厅堂容积需考虑哪些因素？

(3) 厅堂体形设计的基本原则是什么？

(4) 为什么要求音乐用房间的混响时间比语言用房间的混响时间长些？

(5) 简述室内混响设计的基本步骤。

(6) 各类厅堂音质设计应分别注意哪些问题？

第3部分　建筑热工学

学习情境8　建筑热工学基本知识

职业标准要求：

掌握围护结构传热的基本方式及其规律；掌握围护结构稳定传热的基本规律及其应用；了解周期性不稳定传热的基本特点；了解描述湿空气性质的基本物理量；掌握室内外热环境的基本知识。

任务1　围护结构传热的基本方式

1.1　建筑中的传热现象及热工对策

建筑围护结构的作用之一就是防热御寒，使室内形成舒适的热环境。冬夏两季，热量通过围护结构的传递方式不同：冬天热量由室内流向室外；夏季白天和晚上的热量流动方向相反，白天热量由室外流向室内，夜间热量由室内流向室外。因此，围护结构冬季的热工对策与夏季不同，在冬季，要求围护结构具有较好的保温性能，而夏季不仅要求围护结构隔热好，还要求夜间散热快。

建筑围护结构的热工设计应根据建筑物室内外的热量传递情况、传热部位以及建筑结构形式结合当地室外气候特征，采取不同的措施和处理方法。

1.2　热量传递的基本方式

自然界中，只要有温差，就会有热量的传递。热量总是从高温物体传至低温物体，或从物体的高温部位传至低温部位。热量的传递方式有导热、对流和辐射三种。

(1) 导热

导热是指在同一物体内各部分温度不同或温度不同的物体直接接触时，材料内部发生的热量转移的过程。单纯的导热过程只有在密实的固体中才会发生，通过围护结构实体材料的热传递过程，可作为导热过程来考虑。

物体内或空间中各点的温度是空间和时间的函数。各点在某一时刻的温度分布叫作该物体或该空间的温度场。如果温度场不随时间变化，则叫作稳定温度场，由此产生的导热叫作稳定导热；如果温度随时间的变化而变化，则叫不稳定温度场，由此产生的导热叫不稳定导热。

在温度场中，连接温度相同的点便形成了等温面。只有在不同等温面上的点之间才有热量传递。

在建筑热工学中，遇到最多的是平壁的导热，如图8-1所示的单层匀质平壁，其宽与高的尺寸比厚度大得多，假设平壁内外表面的温度分别为θ_i和θ_e，均不随时间变化，而且假定$\theta_i >$

θ_e。实践证明，此时通过壁体的热量与壁面之间的温度差、传热面积和传热时间成正比，与壁体的厚度成反比，即：

$$Q=\frac{\lambda}{d}(\theta_i-\theta_e)F\tau \tag{8-1}$$

式中 Q——总导热量，单位为 kJ 或（W·h）；

λ——热导率，单位为 W/(m·K)，由材料性质决定的比例系数；

θ_i——平壁内表面的温度，单位为℃；

θ_e——平壁外表面的温度，单位为℃，对温度差，1℃ =1K；

d——平壁厚度，单位为 m；

F——垂直于热量传递方向的平壁表面积，单位为 m^2；

τ——导热进行的时间，单位为 h。

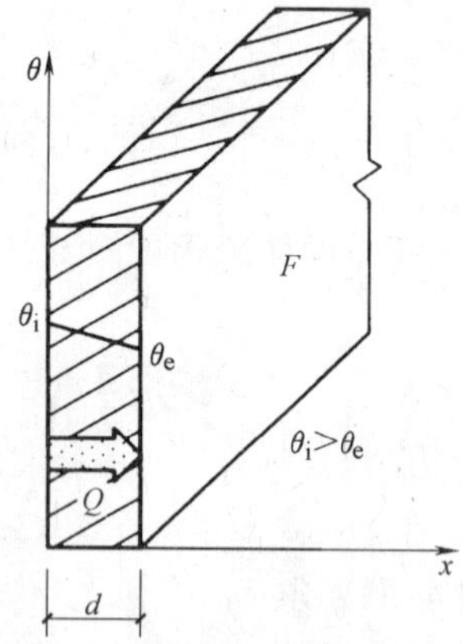

图 8-1 单层匀质平壁的导热

热导率 λ 反映了材料的导热能力，其数值为：在稳定传热的情况下，当材料层单位厚度内的温差为1℃时，在 1h 内通过 $1m^2$ 表面积的热量。不同状态物质的热导率值相差很大。气体的热导率最小，其数值约在 0.006 ~0.6W/(m·K) 之间，空气在常温、常压下的热导率为 0.029W/(m·K)，静止不流动的空气具有很好的保温能力；液体的热导率次之，约为 0.07 ~0.7W/(m·K)，水在常温下，热导率为 0.58W/(m·K)，约为空气的 20 倍；金属的热导率最大，约为 2.2 ~420W/(m·K)；非金属材料，如绝大多数建筑材料的热导率介于 0.03 ~3W/(m·K) 之间。工程上常把热导率 λ 值小于 0.25W/(m·K) 的材料称为绝热材料，如矿棉、泡沫塑料、珍珠岩、蛭石等。常用建筑材料的热导率见附录 G。

如果用 q 表示单位时间内通过单位面积的热量（称为面积热流量），则由式（8-1）有

$$q=\frac{\lambda}{d}(\theta_i-\theta_e) \tag{8-2}$$

也可写作

$$q=\frac{\theta_i-\theta_e}{\frac{d}{\lambda}}=\frac{\theta_i-\theta_e}{R} \tag{8-3}$$

式中 q——平壁的面积热流量，单位为 W/m^2；

R——热阻[⊖]，单位为 $m^2 \cdot K/W$，$R=d/\lambda$。

热阻 R 反映了热量通过平壁时遇到的阻力，是平壁抵抗热量通过的能力。在同样的温差条件下，热阻越大，通过材料层的热量就越少。要想增加热阻，可以加大平壁的厚度，或选用热导率 λ 值小的材料。

（2）对流

对流是指依靠流体的宏观流动，把热量由一处传递到另一处的现象。工程上大量遇到的是流体流过一个固体壁面时发生的热量交换过程，称为表面换热或对流传热。

对流按产生原因可分为自然对流和受迫对流两种。自然对流是指本来温度相同的流体或

⊖ 在热学中，这个量称为热绝缘系数，符号为 M。

流体与相邻的固体表面，因其中某一部分受热或遇冷产生温差，形成对流运动而传递热能。受迫对流是指因外力作用，如风力、水泵、风机等的扰动，迫使流体产生对流。自然对流的面积热流量主要取决于流体局部受热或受冷时所产生的温差，而受迫对流主要取决于外界扰动的大小。

流体与固体表面的对流传热过程可用牛顿公式进行计算：

$$q_c = \alpha_c(t-\theta) \tag{8-4}$$

式中　q_c——对流传热的面积热流量，单位为 W/m^2；

α_c——表面传热系数，单位为 $W/(m^2 \cdot K)$，即当固体壁面与流体主体部分的温差为 1℃（对温差 1℃ = 1K）时，单位时间通过单位面积的传热量；

t——流体主体部分温度，单位为℃；

θ——固体壁面温度，单位为℃。

计算对流传热的面积热流量，也就是如何确定表面传热系数 α_c 的问题。式（8-4）实际上把一切影响对流传热面积热流量的因素都归结到 α_c 中去了。由于各种因素的影响，表面传热系数常用如下的经验公式进行计算。

1）自然对流（围护结构内表面）

垂直表面　$$\alpha_c = 2.0\sqrt[4]{\Delta t} \tag{8-5}$$

水平表面（热量流动方向由下而上）　$$\alpha_c = 2.5\sqrt[4]{\Delta t} \tag{8-6}$$

水平表面（热量流动方向由上而下）　$$\alpha_c = 1.3\sqrt[4]{\Delta t} \tag{8-7}$$

式中　Δt——壁面与室内空气的温度差，单位为℃。

2）受迫对流

内表面：　$$\alpha_c = 2 + 3.6v \tag{8-8}$$

外表面：　$$\alpha_c = 2 + 3.6v\text{（冬天）} \tag{8-9}$$

$$\alpha_c = 5 + 3.6v\text{（夏天）} \tag{8-10}$$

式中　v——气流速度，单位为 m/s。

（3）辐射

任何物体只要热力学温度高于0K，表面就会不停地向四周发射电磁波，同时又不断地吸收其他物体投射来的电磁波。如果这种辐射的波长范围为0.4～40μm，就会有明显的热效应。这种辐射与吸收的过程就造成了以辐射形式进行的物体间的能量转移——辐射传热。

辐射传热不需要物质间相互接触，也不需要任何中间媒介。

当物体表面受到辐射强度为 I_o 的辐射时，如反射的辐射强度为 I_ρ，被吸收的辐射强度为 I_α，透过物体从另一侧传出去的辐射强度为 I_τ（如透过玻璃）。据能量守恒定律有：

$$I_o = I_\rho + I_\alpha + I_\tau$$

若等式两端同时除以 I_o，则

$$\frac{I_\rho}{I_o} + \frac{I_\alpha}{I_o} + \frac{I_\tau}{I_o} = \rho + \alpha + \tau = 1 \tag{8-11}$$

式中　ρ——物体对辐射热的光谱反射比，$\rho = I_\rho / I_o$；

α——物体对辐射热的光谱吸收比，$\alpha = I_\alpha / I_o$；

τ——物体对辐射热的光谱透射比，$\tau = I_\tau / I_o$。

物体对不同波长的外来辐射的吸收、反射及透射的性能是不同的。凡能将外来辐射全部反射（$\rho=1$）的物体称为绝对白体，能全部吸收（$\alpha=1$）的称为全辐射体（也可称为黑体），能全部透过（$\tau=1$）的则称为绝对透明体或透热体。在自然界中没有绝对全辐射体、绝对白体和绝对透明体。

物体对外放射辐射热能的能力用辐射照度来表示。单位时间内在单位面积上物体辐射的波长从0到∞范围的总能量，称作物体的全辐射照度，用符号 E 表示，单位是 W/m^2。

全辐射体不但能吸收所有的外来辐射能，也能向外发射各种波长的热辐射，其辐射能力最强。全辐射体辐射遵守斯蒂芬-波尔兹曼定律：

$$E_b = C_b\left(\frac{T_b}{100}\right)^4 \tag{8-12}$$

式中 T_b——全辐射体的热力学温度，单位为K；

C_b——全辐射体的辐射系数，$C_b=5.68W/(m^2\cdot K^4)$。

普通的建筑材料的辐射能力都小于全辐射体，但它们发射的辐射光谱与同温度的全辐射体发射的相似，只是强度小一些，所以在工程上统称为灰体。灰体的全辐射照度 E 也可按斯蒂芬-波尔兹曼定律来计算：

$$E = C\left(\frac{T}{100}\right)^4 \tag{8-13}$$

式中 T——灰体的热力学温度，单位为K

C——灰体的辐射系数，单位为 $W/(m^2\cdot K^4)$。

物体的辐射系数表征物体向外发射辐射能的能力，它取决于物体表层的化学性质、光洁度及温度等因素，其数值在 $0\sim5.68W/(m^2\cdot K^4)$ 之间。把灰体的全辐射照度与同温度下全辐射体的全辐射照度相比得到的数值称为黑度，用 ε 来表示，即：

$$\varepsilon = \frac{E}{E_b} = \frac{C}{C_b} \tag{8-14}$$

黑度 ε 表明灰体的辐射照度接近全辐射体的程度。根据希荷夫定律，在一定温度下，物体对辐射热的光谱吸收比 α 在数值上与其黑度 ε 是相等的。因而材料辐射能力越大，它对外来辐射的吸收能力亦越大；反之，若辐射能力越小，则吸收能力亦越小。物体表面的黑度 ε 并不等于它对太阳辐射热的光谱吸收比 α_s，因为太阳的表面温度比普通物体的表面温度高得多。

物体对不同波长的外来辐射的反射能力也是不同的，白色表面对可见光的反射能力最强，对于长波热辐射，其反射能力则与黑色表面相差极小。至于磨光的表面，则不论其颜色如何，对长波辐射的反射能力都是很强的。图8-2为不同表面对辐射热的光谱反射比图线。

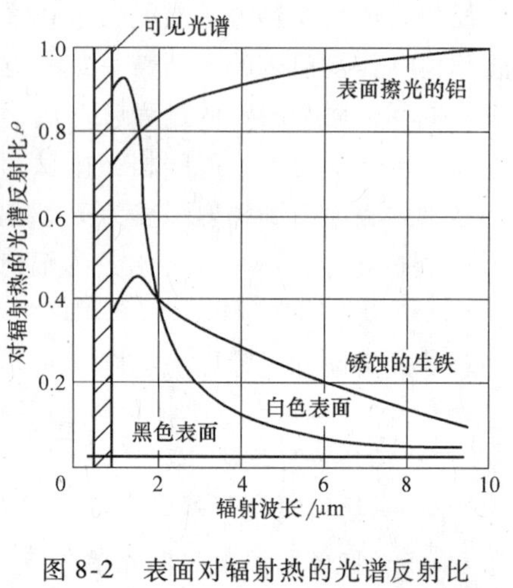

图8-2 表面对辐射热的光谱反射比

玻璃与一般建筑材料不同，对于可见光来说，它是透明体，但对红外线却几乎是不透明体。因此，用普通玻璃制作的温室，能引进大量的太阳辐射热而阻止室内的长波辐射向外透射，产生所谓的“温室效应”。建筑设计中可利用“温室效应”应用无污染的太阳能。

表 8-1 列出了若干材料的辐射系数 C、黑度 ε 和对太阳辐射热的光谱吸收比 α_s 值。

表 8-1　一些材料的 C、ε 及 α_s 值

序号	材　料	ε(10～40℃)	$C=\varepsilon C_b$	α_s
1	全辐射体	1.00	5.68	1.00
2	开在大空腔上的小孔	0.97～0.99	5.50～5.62	0.97～0.99
3	黑色非金属表面(如沥青、纸等)	0.90～0.98	5.11～5.50	0.85～0.98
4	红砖、红瓦、混凝土、深色油漆	0.85～0.95	4.83～5.40	0.65～0.80
5	黄色的砖、石、耐火砖等	0.85～0.95	4.83～5.40	0.50～0.70
6	白色或淡奶油色砖、油漆、粉刷涂料	0.85～0.95	4.83～5.40	0.30～0.50
7	窗玻璃	0.90～0.95	5.11～5.40	大部分透过
8	光亮的铝粉漆	0.40～0.60	2.27～3.40	0.30～0.50
9	铜、铝、镀锌铁皮、研磨铁板	0.20～0.30	1.14～1.70	0.40～0.65
10	研磨的黄铜、铜	0.02～0.05	0.11～0.28	0.30～0.50
11	磨光的铝、镀锡铁皮、镍铬板	0.02～0.04	0.11～0.23	0.10～0.40

实际上，建筑物的传热大多是辐射、对流和导热三种方式综合作用的结果。图 8-3 为屋顶被太阳照射时的传热情况，图 8-4 为供暖室内的热交换过程。

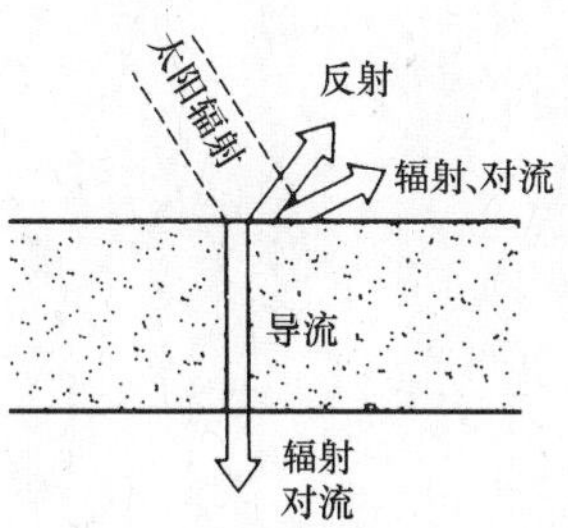

图 8-3　屋顶被太阳照射时的传热情况

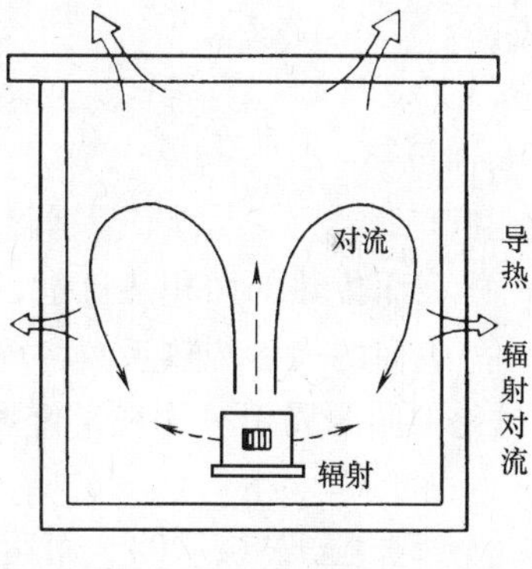

图 8-4　供暖室内的热交换过程

任务 2　围护结构的稳定传热过程

围护结构传热的计算模型可分为两种：一种是稳定传热，一种是周期性不稳定传热。本节重点讲述建筑围护结构主体部分的一维稳定传热。

2.1　稳定传热

稳定传热是最简单和最基本的传热过程，由于计算方便，建筑热工设计中常采用此种模型进行估算。如果围护结构的宽与高的尺寸比厚度大得多，则通过平壁的热量流动可认为只有沿厚度一个方向。一维稳定传热具有两点主要特征：一是通过平壁的面积热流量 q 处处相同；二是同一材质的平壁内部各界面间温度分布呈直线关系，即温度随距离的变化规律为直线。

建筑围护结构通常可简化为多层平壁。图 8-5 为三层平壁的稳定传热过程。

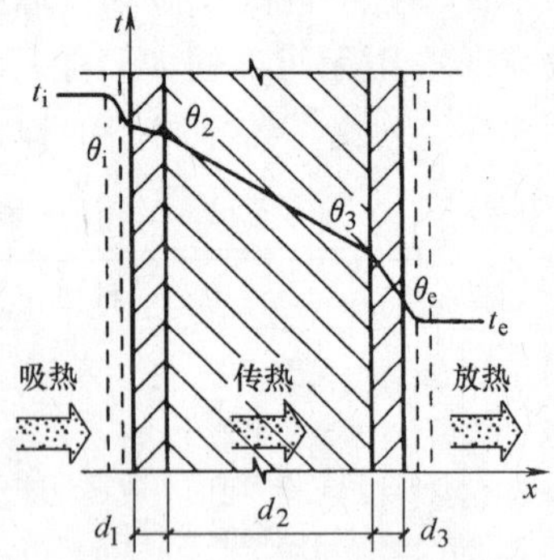

图 8-5 三层平壁的稳定传热过程

（1）内表面吸热

由前述知识可知，壁体内表面和室内空气表面传热（对流传热）的面积热流量为：

$$q_i = \alpha_i(t_i - \theta_i) \tag{8-15}$$

式中 q_i——内表面传热的面积热流量，单位为 W/m^2；

α_i——内表面的表面传热系数，单位为 $W/(m^2 \cdot K)$。

（2）多层平壁内材料层的导热过程

由式（8-3）可知，由内向外，平壁内各层的面积热流量分别为

第一层内：
$$q_1 = \frac{\theta_i - \theta_2}{\dfrac{d_1}{\lambda_1}} = \frac{\theta_i - \theta_2}{R_1} \tag{8-16}$$

第二层内：
$$q_2 = \frac{\theta_2 - \theta_3}{\dfrac{d_2}{\lambda_2}} = \frac{\theta_2 - \theta_3}{R_2} \tag{8-17}$$

第三层内：
$$q_3 = \frac{\theta_3 - \theta_e}{\dfrac{d_3}{\lambda_3}} = \frac{\theta_3 - \theta_e}{R_3} \tag{8-18}$$

（3）外表面散热

$$q_e = \alpha_e(\theta_e - t_e) \tag{8-19}$$

式中 q_e——外表面传热的面积热流量，单位为 W/m^2；

α_e——外表面的表面传热系数，单位为 $W/(m^2 \cdot K)$。

因为所讨论的问题属于一维稳定传热过程，传热量 q 应满足

$$q = q_i = q_1 = q_2 = q_3 = q_e \tag{8-20}$$

联立式（8-15）至式（8-20），可得

$$q = \frac{t_i - t_e}{\dfrac{1}{\alpha_i} + \dfrac{d_1}{\lambda_1} + \dfrac{d_2}{\lambda_2} + \dfrac{d_3}{\lambda_3} + \dfrac{1}{\alpha_e}} \tag{8-21}$$

由式（8-21），推广到多层平壁的稳定传热过程，有

$$q = \frac{t_i - t_e}{\dfrac{1}{\alpha_i} + \sum\dfrac{d}{\lambda} + \dfrac{1}{\alpha_e}} = \frac{t_i - t_e}{R_i + \sum\dfrac{d}{\lambda} + R_e} = \frac{t_i - t_e}{R_0} = K_0(t_i - t_e) \tag{8-22}$$

式中 q——通过平壁的面积热流量，单位为 W/m^2；

R_i——平壁内表面的热阻，单位为 $m^2 \cdot K/W$，$R_i = 1/\alpha_i$，一般按表 8-2 取值；

$\sum d/\lambda$——平壁各材料层导热阻之和，单位为 $m^2 \cdot K/W$；

R_e——平壁外表面的热阻，单位为 $m^2 \cdot K/W$，$R_e = 1/\alpha_e$，一般按表 8-3 取值；

R_0——平壁的总传热阻，单位为 $m^2 \cdot K/W$，$R_0 = \dfrac{1}{\alpha_i} + \sum\dfrac{d}{\lambda} + \dfrac{1}{\alpha_e} = R_i + \sum\dfrac{d}{\lambda} + R_e$，它表

示热量从一侧空间传到另一侧空间时所受到的总阻力；

K_0——平壁的总传热系数，单位为 $W/(m^2 \cdot K)$，是总传热阻 R_0 的倒数，其物理意义是：当 $t_i - t_e = 1℃$时，在单位时间内通过平壁单位表面积的传热量。

表 8-2　内表面的表面传热系数和热阻

内表面特征	α_i /[W/(m²·K)]	R_i /(m²·K/W)
墙、地面、表面平整的顶棚、屋盖或楼板以及带肋的顶棚（$h/s \leq 0.3$）	8.72	0.115
有井形突出物的顶棚、屋盖或楼板（$h/s > 0.3$）	7.56	0.132

注：表中的 h 为肋高，s 为肋间净距。

表 8-3　外表面的表面传热系数和热阻

外表面状况		α_e /[W/(m²·K)]	R_e /(m²·K/W)
与室外空气直接接触的表面		23.26	0.043
不与室外空气直接接触的表面	阁楼楼板上表面	8.14	0.123
	不采暖地下室顶棚下表面	5.82	0.172

在建筑热工设计中，除特殊需要外，围护结构的表面传热系数或热阻一般都直接采用经验数据。由式（8-22）可知，多层平壁的热阻等于各层平壁热阻之和。在室内外温差相同的条件下，热阻 R_0 越大，通过平壁所传递的热量就越少。

2.2　组合材料层的稳定传热热阻

如图 8-6 所示的组合材料层，平均热阻按下式计算：

$$\overline{R} = \left[\frac{F_0}{\dfrac{F_1}{R_{0.1}} + \dfrac{F_2}{R_{0.2}} + \dfrac{F_3}{R_{0.3}} + \cdots + \dfrac{F_n}{R_{0.n}}} - (R_i + R_e)\right]\phi \tag{8-23}$$

式中　F_0——与热量流动方向垂直的总传热面积，单位为 m^2；

F_1、F_2、…、F_n——按平行于热量流动方向划分的各个传热面积，单位为 m^2；

$R_{0.1}$、$R_{0.2}$、…、$R_{0.n}$——各个传热面部位的传热阻，单位为 $(m^2 \cdot K)/W$；

R_i——内表面传热阻，取 0.11 $(m^2 \cdot K)/W$；

R_e——外表面传热阻，取 0.04 $(m^2 \cdot K)/W$；

ϕ——修正系数，按表 8-4 采用。

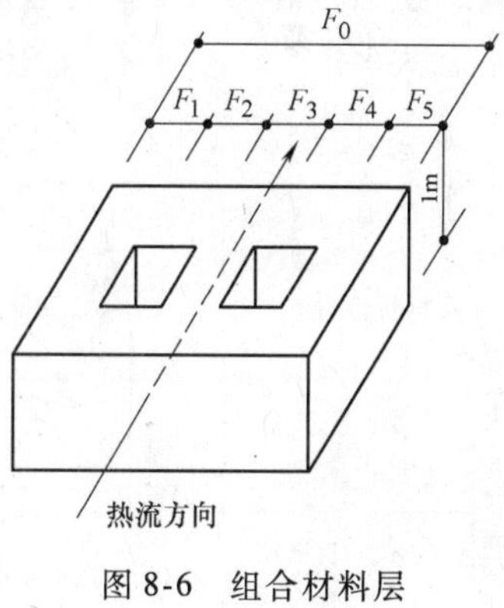

图 8-6　组合材料层

表 8-4　修正系数 ϕ 值

λ_2/λ_1 或 $(\lambda_2+\lambda_3)/2\lambda_1$	0.09～0.19	0.20～0.39	0.40～0.69	0.70～0.99
ϕ	0.86	0.93	0.96	0.98

2.3　封闭空气间层的热阻

利用封闭空气间层，可大大增加围护结构的绝热性能。空气间层内的传热过程是一个有限空间内的两个表面之间的热转移过程，传热强度主要取决于对流及辐射的强度。

(1) 封闭空气间层自然对流情况

图8-7a、b是竖直的空气间层，当间层两界面存在温差时，热表面附近的空气将上升，冷表面附近的空气则下降，形成一股上升和下降的气流。图8-7a为间层厚度较大的竖向空气间层，上升气流和下降气流互不干扰，与开敞空间中沿垂直壁面所产生的自然对流状况相似；图8-7b间层厚度较小，上升气流和下降气流相互干扰，形成局部环流，加强了传热。

图8-7c、d为水平空气间层，图8-7c中，高温面在上方，间层内可视为不存在气体对流；而图8-7d中，高温面在下方，形成强烈的自然对流。

(2) 封闭空气间层的辐射传热

间层表面材料的辐射系数大小和间层平均温度的高低直接影响间层的辐射传热量。对于普通的竖直空气间层，在单位温差下，辐射传热量占总传热量的70%以上，因此，要提高空气间层的热阻，首先要设法减少辐射传热量。将空气间层布置在围护结构的冷侧，降低间层的平均温度，可减少辐射传热量，但效果不显著。最有效的措施是在间层壁面涂贴辐射系数小的反射材料，目前在建筑中采用的主要是铝箔。根据铝箔的成分和加工质量的不同，它的辐射系数介于0.29～1.12W/($m^2\cdot K^4$)之间，而一般建筑材料的辐射系数为4.65～5.23W/($m^2\cdot K^4$)。铝箔应设在高温侧，否则，可能由于低温侧的温度进一步降低而造成间层内部结露，使铝箔和围护结构的强度遭到破坏。

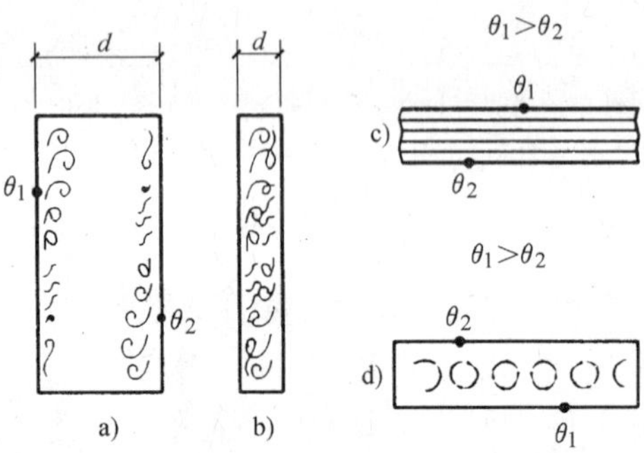

图8-7 不同封闭空气间层中的自然对流情况

a)、b) 垂直空气间层 c)、d) 水平空气间层

表8-5为工程设计中所采用的空气间层热阻 R_{ag} 值。

表8-5 空气间层的热阻 R_{ag} 值 [单位：($m^2\cdot K$)/W]

位置、热量流动状况及材料特性		冬季							夏季						
		间层厚度/mm							间层厚度/mm						
		5	10	20	30	40	50	>60	5	10	20	30	40	50	>60
一般空气间层	热量向下流动（水平、倾斜）	0.10	0.14	0.17	0.18	0.19	0.20	0.20	0.09	0.12	0.15	0.15	0.16	0.16	0.15
	热量向上流动（水平、倾斜）	0.10	0.14	0.15	0.16	0.17	0.17	0.17	0.09	0.11	0.13	0.13	0.13	0.13	0.13
	垂直空气间层	0.10	0.14	0.16	0.17	0.18	0.18	0.18	0.09	0.12	0.14	0.14	0.14	0.15	0.15
单面铝箔空气间层	热量向下流动（水平、倾斜）	0.16	0.28	0.43	0.51	0.57	0.60	0.64	0.15	0.25	0.37	0.44	0.48	0.52	0.54
	热量向上流动（水平、倾斜）	0.16	0.26	0.35	0.40	0.42	0.42	0.43	0.14	0.20	0.28	0.29	0.30	0.30	0.28
	垂直空气间层	0.16	0.26	0.39	0.44	0.47	0.49	0.50	0.15	0.22	0.31	0.34	0.36	0.37	0.37

（续）

位置、热量流动状况及材料特性		冬季 间层厚度/mm							夏季 间层厚度/mm						
		5	10	20	30	40	50	>60	5	10	20	30	40	50	>60
双面铝箔空气间层	热量向下流动（水平、倾斜）	0.18	0.34	0.56	0.71	0.84	0.94	1.01	0.16	0.30	0.49	0.63	0.73	0.81	0.86
	热量向上流动（水平、倾斜）	0.17	0.29	0.45	0.52	0.55	0.56	0.57	0.15	0.25	0.34	0.37	0.38	0.38	0.35
	垂直空气间层	0.18	0.31	0.49	0.59	0.65	0.69	0.71	0.15	0.27	0.39	0.46	0.49	0.50	0.50

2.4　一维稳定传热时平壁内部的温度分布

仍以图 8-5 的三层平壁为例，通过平壁内表面的面积热流量与通过平壁各部分的热流量相等。由 $q=q_i$ 有：

$$\frac{t_i-t_e}{R_0}=\frac{t_i-\theta_1}{R_i}$$

得出壁体的内表面的温度为：

$$\theta_i=t_i-\frac{R_i}{R_0}(t_i-t_e) \tag{8-24}$$

由 $q=q_1=q_2$ 有：

$$\frac{t_i-t_e}{R_0}=\frac{\theta_i-\theta_2}{R_1}$$

$$\frac{t_i-t_e}{R_0}=\frac{\theta_2-\theta_3}{R_2}$$

将式（8-24）中的 θ_i 代入以上二式可得：

$$\theta_2=t_i-\frac{R_i+R_1}{R_0}(t_i-t_e)$$

$$\theta_3=t_i-\frac{R_i+R_1+R_2}{R_0}(t_i-t_e)$$

以此类推，对于多层平壁内任一层的内表面温度 θ_m 为：

$$\theta_m=t_i-\frac{R_i+\sum_{j=1}^{m-1}R_j}{R_0}(t_i-t_e) \tag{8-25}$$

其中 $m=1,2,3,\cdots,n$；ΣR_j 是从第一层到第 $m-1$ 层的热阻之和，层次编号顺着热量流动的方向。

由 $q=q_e$，有：

$$\frac{t_i-t_e}{R_0}=\frac{\theta_e-t_e}{R_e}$$

得出外表面的温度为：

$$\theta_e=t_e+\frac{R_e}{R_0}(t_i-t_e) \tag{8-26}$$

可见，在稳定传热的条件下，每一材料层内的温度分布是一直线，在多层平壁中成一条连续的折线。材料层内的温度降落程度与各层的热阻成正比，材料层的热阻越大，在该层内的温度降落越大。

【例 8-1】 已知室内气温为 15℃，室外气温为 -10℃，试计算通过图 8-8 所示的钢筋混凝土预制板屋顶和砖墙的面积热流量和内部温度分布。$R_i = 0.11\ (m^2 \cdot K)/W$；$R_e = 0.04\ (m^2 \cdot K)/W$。

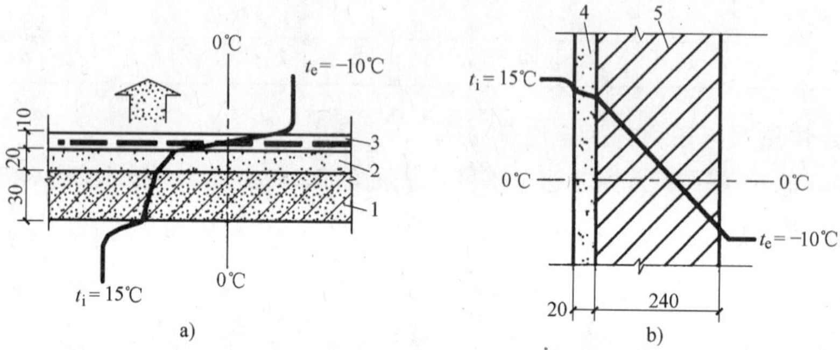

图 8-8 钢筋混凝土预制板屋顶和砖墙

1—钢筋混凝土预制板 2—水泥砂浆 3—二毡三油防水层 4—白灰粉刷 5—砖砌体

【解】 已知 $t_i = 15℃$，$t_e = -10℃$，$R_i = 0.11\ (m^2 \cdot K)/W$，$R_e = 0.04\ (m^2 \cdot K)/W$。由附录 G 查得：砖砌体的 $\lambda = 0.81W/(m \cdot K)$，石灰粉刷的 $\lambda = 0.81W/(m \cdot K)$，钢筋混凝土的 $\lambda = 1.74W/(m \cdot K)$，水泥砂浆的 $\lambda = 0.93W/(m \cdot K)$，油毡屋面的 $\lambda = 0.17W/(m \cdot K)$。

钢筋混凝土屋顶的传热阻为

$$R_0 = \left(0.11 + \frac{0.03}{1.74} + \frac{0.02}{0.93} + \frac{0.01}{0.17} + 0.04\right) m^2 \cdot K/W = 0.248 m^2 \cdot K/W$$

砖墙的传热阻为

$$R_0 = \left(0.11 + \frac{0.02}{0.81} + \frac{0.24}{0.81} + 0.04\right) m^2 \cdot K/W = 0.471 m^2 \cdot K/W$$

（1）求面积热流量

通过钢筋混凝土屋顶的面积热流量

$$q = \left[\frac{1}{0.248}(15+10)\right] W/m^2 = 100.80 W/m^2$$

通过砖墙的面积热流量

$$q = \left[\frac{1}{0.471}(15+10)\right] W/m^2 = 53.08 W/m^2$$

（2）求表面及内部温度

钢筋混凝土屋顶

$$\theta_i = \left[15 - \frac{0.11}{0.248}(15+10)\right] ℃ = 3.9℃$$

$$\theta_2 = \left[15 - \frac{0.11 + 0.017}{0.248}(15+10)\right] ℃ = 2.2℃$$

$$\theta_3=\left[15-\frac{0.11+0.017+0.022}{0.248}(15+10)\right]℃=0℃$$

$$\theta_e=\left[15-\frac{0.248-0.04}{0.248}(15+10)\right]℃=-6.0℃$$

砖墙结构

$$\theta_i=\left[15-\frac{0.11}{0.471}(15+10)\right]℃=9.2℃$$

$$\theta_2=\left[15-\frac{0.11+0.025}{0.471}(15+10)\right]℃=7.8℃$$

$$\theta_e=\left[15-\frac{0.471-0.04}{0.471}(15+10)\right]℃=-7.9℃$$

由上面的计算可知，在同样的室内外气温条件下，R_0 越大，通过围护结构的面积热流量越小，而内表面温度则越高。

任务3 周期性不稳定传热的基本规律

3.1 周期性不稳定传热的基本特点

无论是室外或室内，围护结构所受到的环境热作用都在随时间变化，围护结构内部的温度和通过围护结构的面积热流量也随之发生变化，这种传热过程称为不稳定传热。若外界热作用随着时间呈周期性变化，则称为周期性不稳定传热。

实际观测中发现，如果室外气温以24h为周期波动，围护结构各截面上的面积热流量和温度也在各自的平均值上下波动，而且这种传热过程有两个基本特点：

1）温度波动过程的延迟。外表面温度波动过程比室外气温波动晚一些，内表面比外表面又晚一些，这种时间上的“滞后”现象称为温度波动过程的延迟。产生温度波动过程延迟的原因在于，材料层升温或降温需要一定的时间进行热量传递。

2）温度波的“衰减”。在一个周期（如一个昼夜）内，尽管室外气温变化的波动很激烈，但围护结构各层温度的波动幅度却按由外向内的顺序越来越小，这种温度波动程度逐渐减弱的现象，称为温度波的“衰减”。温度波在围护结构内的衰减是由于结构材料层的热惰性造成的。

3.2 谐波作用下材料和围护结构的热特性指标

在夏季热工设计中，为了简化计算，一般把室内外温度当作谐波处理，即按正弦或余弦规律变化。现将周期传热中涉及的几个主要热特性指标介绍如下。

（1）材料的蓄热系数

某一匀质半无限大壁体一侧受到谐波热作用时，迎波面（即直接受到外界热作用的一侧表面）上接受的面积热流量振幅 A_q 与该表面的温度振辐 A_θ 之比，称为材料的蓄热系数，用“S”表示，单位是 $W/(m^2\cdot K)$，即

$$S=\frac{A_q}{A_\theta} \tag{8-27}$$

在同样的谐波热作用下，材料的蓄热系数 S 越大，材料表面的温度波动越小。

（2）材料层的热惰性指标

材料层的热惰性指标是表示材料层受到波动热的作用后，背波面上温度波动剧烈程度的一个指标，它表明材料层抵抗温度波动的能力，用 D 表示。它是一个无量纲的量。在数值上等于材料层的热阻 R 与材料层的蓄热系数 S 之积。

$$D = RS \tag{8-28}$$

式中 R——材料层的热阻，单位为 $(m^2 \cdot K)/W$；

S——材料的蓄热系数，单位为 $W/(m^2 \cdot K)$。

对由多层材料组成的围护结构，热惰性指标为各材料层热惰性指标之和，即

$$D = R_1S_1 + R_2S_2 + \cdots + R_nS_n = D_1 + D_2 + \cdots + D_n \tag{8-29}$$

空气间层的蓄热系数 S 和热惰性指标 D 均为零。

任务4 描述湿空气性质的物理量

4.1 水蒸气的分压力

含有水蒸气的空气称为湿空气，室内外的空气都是湿空气，湿空气是干空气和水蒸气的混合物。根据道尔顿分压定律，湿空气的总压力等于干空气的分压力和水蒸气的分压力之和，即

$$P_w = P_d + P \tag{8-30}$$

式中 P_w——湿空气的总压力，单位为 Pa；

P_d——干空气的分压力，单位为 Pa；

P——水蒸气的分压力，单位为 Pa；

空气中所含的水分越多，空气的水蒸气分压力越大。在一定的温度和压力下，一定容积的干空气所能容纳的水蒸气量有一定的限度。水蒸气含量达到这一限度时的湿空气称为“饱和”湿空气，尚未达到这一限度时的湿空气称为“未饱和”湿空气。处于饱和状态的湿空气中水蒸气所呈现的压力，称为“饱和蒸汽压”或“最大水蒸气分压力”，用符号 P_s 表示。未饱和空气的水蒸气分压力用 P 表示。

标准大气压下，不同温度时的饱和蒸汽压 P_s 值见附录 H。P_s 值随温度升高而变大，这是因为在一定的大气压力下，湿空气的温度越高，其一定容积中所能容纳的水蒸气越多，因而水蒸气所呈现的压力也越大。

4.2 空气湿度

空气湿度表示空气的干湿程度，有绝对湿度和相对湿度两种表示方法。

（1）绝对湿度

每立方米的湿空气所含水蒸气的重量称为绝对湿度。绝对湿度一般用 f 表示，单位一般使用 g/m^3。饱和状态下的绝对湿度则用饱和蒸汽量 f_{max} 表示。

用绝对湿度描述空气的湿度，与人的主观感觉和材料的湿特性出入非常大。绝对湿度相同的两种空气，其干湿程度未必相同。必须是在相同温度和相同气压的条件下，才能根据绝对湿度的数值来判断哪一种空气较为干燥或潮湿。

（2）相对湿度

相对湿度是指在一定温度及大气压下，湿空气的绝对湿度 f 与同温度下的饱和蒸汽量 f_{max} 的比值，又称为饱和度。相对湿度一般用 ϕ 表示。

$$\phi = \frac{f}{f_{max}} \times 100\% \tag{8-31}$$

在一定温度下，湿空气中水蒸气含量与水蒸气分压力成正比，因此，相对湿度也可用湿空气中水蒸气的分压力 P 与同温度下水蒸气的饱和蒸汽压 P_s 之比来表示。

$$\phi = \frac{P}{P_s} \times 100\% \tag{8-32}$$

相对湿度 ϕ 值小，表示空气干燥，吸收水分的能力强；ϕ 值大，表示空气潮湿，吸收水分的能力弱。ϕ 为零则空气为干空气；$\phi = 100\%$ 则为“饱和的”空气。显然由相对湿度 ϕ 值大小，可直接判断空气的干、湿程度。相对湿度的大小和人对空气湿度的感觉及材料的湿特性相吻合。

4.3 露点温度

空气在含湿量和大气压不变的情况下，冷确到饱和状态（即相对湿度 $\phi = 100\%$）所对应的温度，称为该状态下空气的露点温度，以符号 t_d 表示。气温如低于露点温度，就会发生结露或结霜现象。

【例 8-2】 已知某房间室温 $t_i = 18℃$，相对湿度 $\phi = 61.1\%$，求该房间的露点温度。

［解］ 查附录 H，当温度为 18℃时，$P_s = 2062.5\text{Pa}$，由公式（8-32）有：

$$P = P_s\phi = 2062.5\text{Pa} \times 0.611 = 1260\text{Pa}$$

按露点温度的定义，当 $P_s = P = 1260\text{Pa}$ 时所对应的温度即为露点温度。

在附录 H 中，查 $P_s = 1260\text{Pa}$ 时对应的温度为：

$$t_d = 10.4℃$$

4.4 湿球温度

用两支相同的水银温度计，一支的水银球用浸在水中的湿纱布包起来，称为湿球温度计；另一支不包纱布，称为干球温度计。二者共同构成干湿球温度计，其相应的读数分别称为湿球温度 t_{wet} 和干球温度 t_{dry}。干球温度实质就是空气的温度。

干湿球温度计可用来测定空气的相对湿度。一般用图表表示相对湿度 ϕ 与 t_{wet} 和 t_{dry} 的关系。

任务5 室内外热环境

5.1 室外热环境

建筑物室外的各种气候因素通过建筑物的围护结构、外门窗及各类开口，直接影响室内热环境。为获得良好的室内热环境，必须了解当地各主要气候因素的概况及变化规律，以作为建筑设计的依据。

（1）与建筑物密切相关的气候因素

一个地区的气候状况是许多因素综合作用的结果。与建筑物密切相关的气候因素为太阳辐射、气温、空气湿度、风及降水等。

1）气温。气温为城市近郊气象台离地面 1.5m 高处空气的温度。大气主要靠吸收地面的长波辐射（$\lambda = 3 \sim 120\mu\text{m}$）而增温。影响气温的主要因素有：入射到地面的太阳辐射热、大气的对流作用、地表面状况、海拔高度和地形地貌的影响等。气温有明显的日变化与年变化。对北半球，一年中，7~8月气温最高，1~2月气温最低。我国气温年较差自南到北逐渐增大。城市中心地区的气温高于城郊和农村（即“热岛效应”）。

2）太阳辐射。太阳辐射的波长范围大致在 $10^{-10} \sim 10^5$m，其中波长在 $0.2 \times 10^{-6} \sim 3 \times 10^{-6}$m 范围内的能量占全部辐射能量的98%。太阳辐射是地球的基本能源，是决定地球气候的主要因素。由于大气反射、折射和吸收的共同作用，使太阳辐射到达地面时被极大地削弱了。工程实践中，认为照到地面的太阳辐射由两部分构成，一是直射辐射、一是散射辐射。直射辐射与太阳高度角、大气透明度、云量、海拔高度、纬度有关系。散射辐射与太阳高度角成正比，与大气透明度成反比，随云量增多而增大，海拔高处散射辐射少，积雪处散射辐射大。到达地面上的太阳直射辐射和散射辐射之和为总辐射，其数值受太阳高度角、大气透明度、云量、海拔高度和地理纬度的影响。太阳高度角越高，紫外线及可见光成分就越多，而红外线成分则减少。

3）空气湿度。相对湿度的变化程度，大陆大于海面，夏季大于冬季，晴天大于阴天。相对湿度的日变化趋势与温度的日变化趋势相反。一年中最热月的绝对湿度最大，最冷月的绝对湿度最小。一年中相对湿度的大小与绝对湿度刚好相反。

4）风。风是自然界由大气压力差所引起的大气水平方向的运动。风可分为大气环流与地方风两大类。大气环流是大气从赤道到南北极或从南北极到赤道的经常性活动；地方风是由于地表水陆分布、地势起伏、表面覆盖等不同造成的，如海陆风、季风、山谷风、巷道风等。季风的变化以年为周期，我国的季风大部分来自热带海洋，多为南风和东南风。

通常用风向频率玫瑰图（简称风玫瑰图）来表示风向和风速。风玫瑰图上所表示风的吹向是从外面吹向地区中心。在城市规划和建筑设计中，应根据当地的风速、主导风向和风频率的平均数据，合理选择房屋的布局、朝向和间距等。图8-9为我国几个主要城市的风玫瑰图。

气象学上将风分为12级，如表8-6所示。

表8-6 风速风级表

风级	风速(m/s)	风名	风的目测标准	风级	风速(m/s)	风名	风的目测标准
0	0~0.5	无风	清烟直冲开	7	12.5~15.2	疾风	树干摇摆、大枝弯曲、迎风步艰
1	0.6~1.7	软风	吹脸面感	8	15.3~18.2	大风	大树摇摆，细枝折断
2	1.8~3.3	轻风	树叶沙沙响，风感觉显著	9	18.3~21.5	烈风	大枝折断，轻物移动
3	3.4~5.2	微风	树叶及细枝微动不止	10	21.6~25.1	狂风	拔树
4	5.3~7.4	和风	树叶及细枝动摇	11	25.2~29.0	暴风	有重大损毁
5	7.5~9.8	清风	大枝摆动	12	>29.0	飓风	风后破坏严重，一片荒凉
6	9.9~12.4	强风	树粗枝摇摆，电线呼呼作响				

5）降水。从地球表面蒸发出来的水汽进入大气层，经凝结后又降到地面上的液态或固态水分，称为降水。降水性质可用降水量、降水时间和降水强度表示。降水量是指降落到地面的雨、雪、雹等融化后，未经蒸发或渗透，积累在相同面积水平面上的水层厚度，单位为mm；降水时间是指一次降水经历的时间，单位为h或min；降水强度是指单位时间内的降水量，通常以24h的总降水量来划分降水强度等级：总降水量小于10mm为小雨，总降水量在10~25mm之间为中雨，总降水量在25~50mm之间为大雨，总降水量在50~100mm之

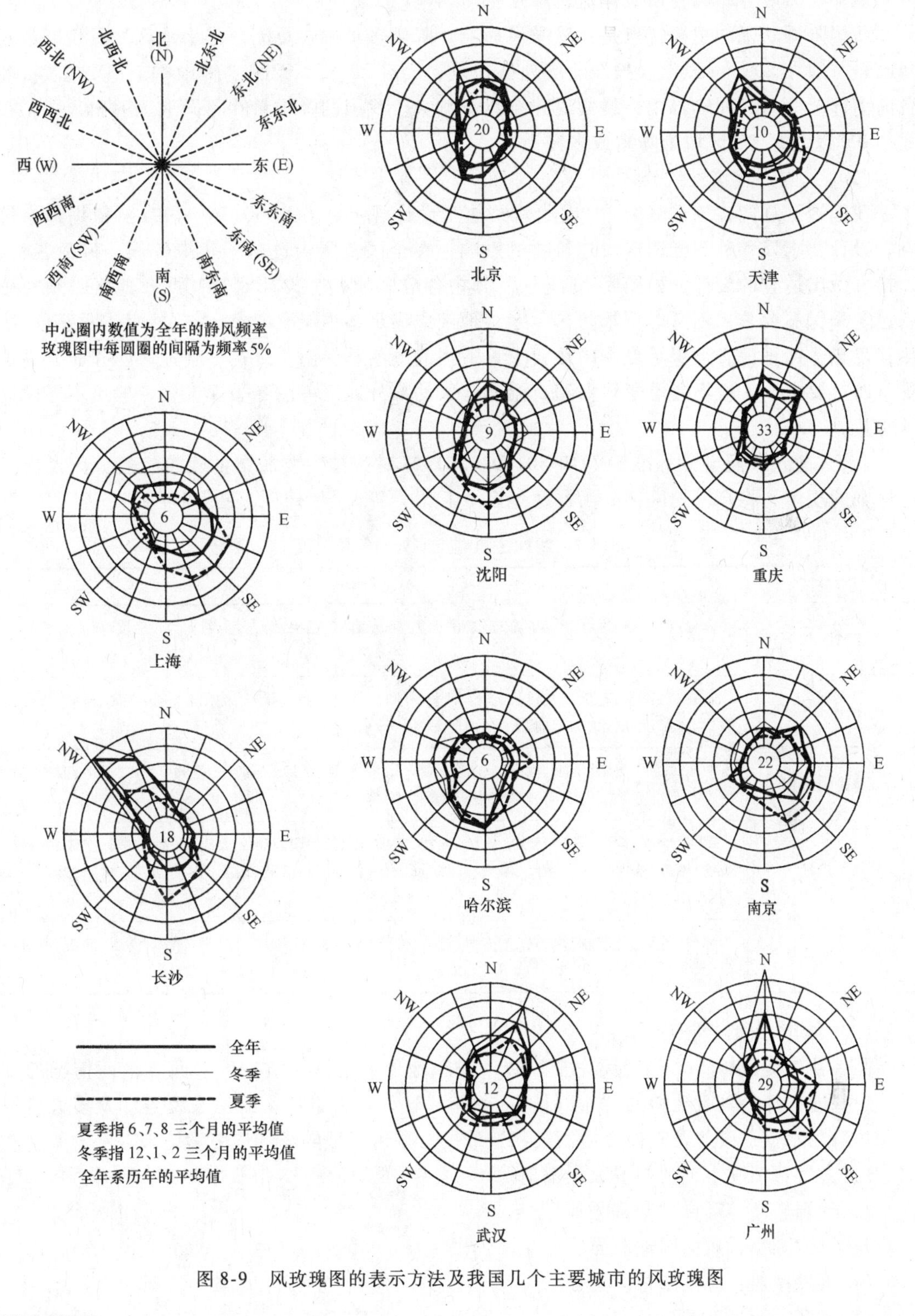

图 8-9　风玫瑰图的表示方法及我国几个主要城市的风玫瑰图

间为暴雨。

影响降水量分布的因素很复杂，寒冷地区降水量少，炎热地区降水量大。此外，大气环流、地形、海陆分布的性质及洋流对降水都有影响。

我国降雨状况的主要特点是：受季风影响，降雨多集中在夏季。华南地区六月份的最大降雨量一般在200mm以上。长江流域地区在夏初会有20~25天的“梅雨季节”。珠江口和台湾南部七、八月间多暴雨，暴雨对建筑物影响大。我国的降雪量在不同地区的出入大，在北纬35°以北至45°区域为降雪或多雪地区。

（2）我国的建筑气候分区

我国地域辽阔，气候复杂。《民用建筑热工设计规范》（GB 50176—1993）依据建筑特点、设计要求及各种气候因素对建筑物的影响，在全国范围内进行了建筑气候分区的工作，以指导做出适宜的设计，如图8-10所示。其中各分区的热工设计对策：严寒地区必须充分满足冬季保温要求，不考虑夏季防热；寒冷地区应满足冬季保温要求，部分地区兼顾夏季防热；夏热冬冷地区必须满足夏季防热要求，适当兼顾冬季保温；夏热冬暖地区必须充分满足夏季防热要求，一般不考虑冬季保温；温和地区的部分地区考虑冬季保温，一般可不考虑夏季防热。

《公共建筑节能设计标准》（GB 50189—2015）对我国主要城市的建筑气候分区做出了更详细的规定，将严寒地区细分为严寒地区A区和严寒地区B区，见表8-7。

表8-7 我国主要城市所处的气候分区

气候分区	代表性城市
严寒地区A区	海伦、博克图、伊春、呼玛、海拉尔、满洲里、齐齐哈尔、富锦、哈尔滨、牡丹江、克拉玛依、佳木斯、安达
严寒地区B区	长春、乌鲁木齐、延吉、通辽、通化、四平、呼和浩特、抚顺、大柴旦、沈阳、大同、本溪、阜新、哈密、鞍山、张家口、酒泉、伊宁、吐鲁番、西宁、银川、丹东
寒冷地区	兰州、太原、唐山、阿坝、喀什、北京、天津、大连、阳泉、平凉、石家庄、德州、晋城、天水、西安、拉萨、康定、济南、青岛、安阳、郑州、洛阳、宝鸡、徐州
夏热冬冷地区	南京、蚌埠、盐城、南通、合肥、安庆、九江、武汉、黄石、岳阳、汉中、安康、上海、杭州、宁波、宜昌、长沙、南昌、株洲、永州、赣州、韶关、桂林、重庆、达县、万州、涪陵、南充、宜宾、成都、贵阳、遵义、凯里、绵阳
夏热冬暖地区	福州、莆田、龙岩、梅州、兴宁、英德、河池、柳州、贺州、泉州、厦门、广州、深圳、湛江、汕头、海口、南宁、北海、梧州

（3）城市小气候特点

同一种气候区域，并非气候完全一致。由于地形、土壤、植被、水面等地面情况的不同，一些地方往往具有独特的“小气候”。城市小气候是由于特殊的地表覆盖、众多人口排放的热量和水汽、废气及其他生活污染物造成的。城市区域的小气候因素体现在：

1）大气透明度小，削弱了太阳辐射。

2）气温较高，形成“热岛效应”。

3）风速减小，风向因地而异。

4）蒸发减弱、湿度变小。

5）雾多，能见度差。

城市建筑热工设计必须考虑这些小气候因素。

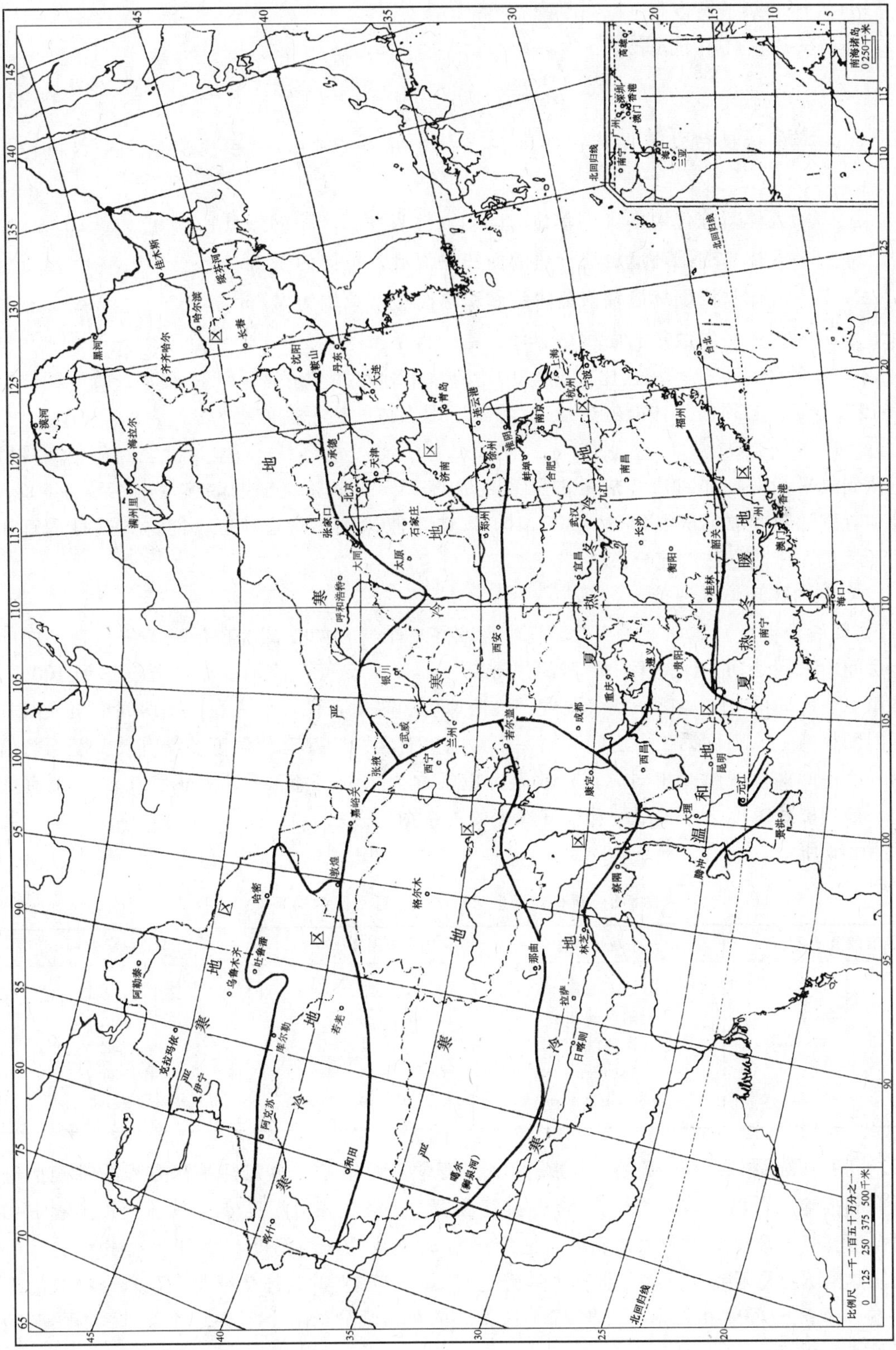

图 8-10　全国建筑热工设计分区图

5.2 室内热环境

(1) 人体的热平衡方程

人体得失热量可用下式表示：

$$\Delta q = q_m \pm q_c \pm q_r - q_w \tag{8-33}$$

式中 Δq——人体热负荷，人体产热的面积热流量与散热的面积热流量之差，单位为 W/m^2；

q_m——人体新陈代谢率（即单位时间内人体表面积产生的热量），单位为 W/m^2；

q_c——人体与周围环境对流传热的面积热流量，单位为 W/m^2；

q_r——人体与周围环境辐射传热的面积热流量，单位为 W/m^2；

q_w——人体蒸发散热的面积热流量，单位为 W/m^2。

Δq 与人的体温变化率成正比，$\Delta q>0$ 或 $\Delta q<0$ 对人都有危害。维持人体表面温度恒定在 36.5℃不变，必须使人体得失热量 Δq 为零，即人体的热平衡方程为：

$$q_m \pm q_c \pm q_r - q_w = 0 \tag{8-34}$$

达到热平衡时，如对流传热量占总散热量的 25% ~30%，辐射散热量占 45% ~50%，呼吸和有感觉蒸发散热量占 25% ~30% 时，人体才能达到热舒适状态，能达到这种适宜比例的环境是人体热舒适的充分条件。

(2) 室内热环境的评价

1) 新有效温度。做如下的实验，让半裸或穿夏季薄衫的受试者在环境条件组合不同的两个房间中来回走动，保持第一个房间黑球温度不变、空气不流动、相对湿度达到 100%，调节第二个房间的空气温度、空气湿度、气流速度和辐射条件，使人在两个房间中出入时具有相同的热感觉，则称第二个房间和第一个房间具有相同的新有效温度。新有效温度的数值和第一个房间的黑球温度相同。新有效温度也常称为“新等感温度”，符号为 *ET*。新有效温度一般用黑球温度、空气湿度和气流速度的关系图来表示。新有效温度与热感觉之间的关系如表 8-8 所示。

表 8-8 新有效温度 *ET* 与热感觉之间的关系

新有效温度 *ET*/℃	主观热感觉	新有效温度 *ET*/℃	主观热感觉
43	允许上限	25	适中(neutral)
40	酷热(very hot)	20	稍冷(slight cool)
35	炎热(hot)	~	冷(cool)
~	热(warm)	15	寒冷(cold)
30	稍热(slight warm)	10	严寒(very cold)

2) 预测热感指数（*PMV* - *PPD* 指标）。丹麦学者范格尔在人体热平衡方程的基础上进行研究和推导，得出人体的蓄热量 Δq 是空气温度 t_i、空气相对湿度 ϕ_i、气流速度 v 和平均辐射温度 t_r 四个环境参数及人体新陈代谢产热率 q_m、皮肤平均温度 t_{sk}、肌体蒸发率 q_w、所着衣服热阻 R'_{clo} 的函数。范格尔根据人体舒适时 $\Delta q=0$ 建立的人体热感与上述六个参数的定量关系，建立起 *PMV* 指标系统，把 *PMV* 值按人的热感觉分成七个等级，*PMV* 指标与热感的关系见表 8-9。

表 8-9　*PMV* 值与人体热感觉的关系

PMV	-3	-2	-1	0	+1	+2	+3
热感	很冷	冷	稍冷	舒适	稍热	热	很热

通过对热舒适方程的计算处理，针对不同情况绘制成一系列热舒适线解图，即 *PMV-PPD* 曲线图（图 8-11）。*PPD* 是 Predicted Percentage Dissatisfied 的缩写，即对该环境感到不满意的人数占总人数的比例值。

国际标准化组织（ISO）规定，*PMV* 值在 -0.5 ~0.5 范围内为室内热舒适指标，然而只有舒适性空调建筑才能达到这一标准。近年来一些学者的研究认为范格尔提出的 *PMV* 值的应用范围还是有某些限制。我国目前尚无相关规定。

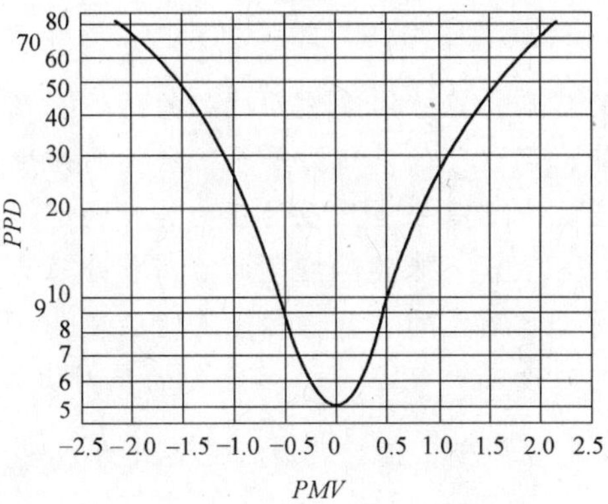

图 8-11　*PMV-PPD* 曲线图

课后任务

8.1　参照下面的知识点，复习并归纳本学习情境的主要知识

- 围护结构夏季的热工对策与冬季不同，在冬季，要求围护结构具有较好的保温性能，而夏季不仅要求围护结构隔热好，也要求夜间散热快。
- 热量的传递方式有导热、对流和辐射三种。
- 导热是指在同一物体内各部分温度不同或温度不同的物体直接接触时，材料内部发生的热量转移的过程。单层匀质密实材料导热的面积热流量为 $q=\dfrac{\theta_i-\theta_e}{\dfrac{d}{\lambda}}=\dfrac{\theta_i-\theta_e}{R}$。
- 对流是指依靠流体的宏观流动，把热量由一处传递到另一处的现象。工程上大量遇到的是流体流过一个固体壁面时发生的热量交换过程，称为表面换热或对流传热。对流传热的面积热流量为 $q_c=\alpha_c(t-\theta)$。
- 辐射传热不需要物质间相互接触，也不需要任何中间媒介。
- 全辐射体辐射的斯蒂芬-波尔兹曼定律 $E_b=C_b\left(\dfrac{T_b}{100}\right)^4$；灰体辐射的斯蒂芬-波尔兹曼定律 $E=C\left(\dfrac{T}{100}\right)^4$；灰体的全辐射照度与同温度下全辐射体的全辐射照度的比值叫黑

度，用 ε 来表示。

- 围护结构一维稳定传热的基本规律

$$q=\frac{t_i-t_e}{\frac{1}{\alpha_i}+\sum\frac{d}{\lambda}+\frac{1}{\alpha_e}}=\frac{t_i-t_e}{R_i+\sum\frac{d}{\lambda}+R_e}=\frac{t_i-t_e}{R_0}=K_0(t_i-t_e)$$

- 封闭空气间层的传热强度主要取决于对流及辐射的强度。要提高空气间层的热阻，应将空气间层布置在围护结构的冷侧，并在间层壁面高温侧涂贴辐射系数小的反射材料。
- 一维稳定传热时平壁内表面温度、材料层分界面处温度和外表面温度的计算公式

$$\theta_i=t_i-\frac{R_i}{R_0}(t_i-t_e)、\theta_m=t_i-\frac{R_i+\sum_{j=1}^{m-1}R_j}{R_0}(t_i-t_e)、\theta_e=t_e+\frac{R_e}{R_0}(t_i-t_e)。$$

- 周期性不稳定传热的基本特点：温度波动过程的延迟、温度波的“衰减”。
- 根据道尔顿分压定律，湿空气的总压力等于干空气的分压力和水蒸气的分压力之和。处于饱和状态的湿空气中水蒸气所呈现的压力，称为“饱和蒸汽压”或“最大水蒸气分压力”，用符号 P_s 表示。未饱和空气的水蒸气分压力用 P 表示。
- 每立方米的湿空气所含水蒸气的重量，称为绝对湿度。
- 相对湿度是指在一定温度及大气压下，湿空气的绝对湿度 f 与同温度下的饱和蒸汽量 f_{max} 的比值，又称为饱和度。相对湿度的定义式为 $\phi=\frac{f}{f_{max}}\times100\%$，常用计算式为 $\phi=\frac{P}{P_s}\times100\%$。
- 空气在含湿量和大气压不变的情况下，冷确到饱和状态（即相对湿度 $\phi=100\%$）所对应的温度，称为该状态下空气的露点温度，以符号 t_d 表示。
- 与建筑物密切相关的气候因素为太阳辐射、气温、空气湿度、风及降水等。
- 气温为城市近郊气象台离地面 1.5m 高处空气的温度。
- 照到地面的太阳辐射由直射辐射和散射辐射两部分构成。
- 相对湿度的变化程度，大陆大于海面，夏季大于冬季，晴天大于阴天。相对湿度的日变化趋势与温度的日变化趋势相反。一年中最热月的绝对湿度最大，最冷月的绝对湿度最小。一年中相对湿度的大小与绝对湿度刚好相反。
- 风是自然界由大气压力差所引起的大气水平方向的运动。气象学上将风分为 12 级。
- 从地球表面蒸发出来的水汽进入大气层，经凝结后又降到地面上的液态或固态水，称为降水。
- 城市区域小气候特点：大气透明度小，削弱了太阳辐射；气温较高，形成“热岛效应”；风速减小，风向因地而异；蒸发减弱、湿度变小；雾多，能见度差。
- 人体的热平衡方程为 $q_m\pm q_c\pm q_r-q_w=0$。
- 人体达到热平衡时，如对流传热量占总散热量的 25% ~30%，辐射散热量占 45% ~50%，呼吸和有感觉蒸发散热量占 25% ~30%，这种适宜比例的环境是人体热舒适的充分条件。
- 评价室内热环境的量主要有新有效温度和预测热感指数（*PMV-PPD* 指标）。

8.2　思考下面的问题

(1) 简述三种传热方式的基本规律。

(2) 自然对流表面传热系数的经验公式中，系数分别为 2.0、2.5 和 1.3，为什么系数各不相同？

(3) 一维稳定传热过程有哪些基本特征？

(4) 为什么围护结构的传热阻与厚度成正比，而空气间层就不存在这样的比例关系？

(5) 周期性不稳定传热有何特点？

(6) 试举例说明结露现象产生的原因。

(7) 为什么在室内温度相同的情况下，冬天会感到冷一些？为何海拔越高，气温越低？

(8) 与建筑物密切相关的气候因素有哪些？

(9) 是否所有使人体得失热量为零的气候因素都使人感到舒适？

(10) 试分析人总处在舒适的环境中，对人体是否有利？

8.3　完成下面的课后练习任务

(1) 已知室内气温为 18℃，室外气温为 −15℃，试计算通过图 8-12 所示砖墙的表面和内部温度分布。已知 $R_i=0.11\text{m}^2\cdot\text{K/W}$；$R_e=0.04\text{m}^2\cdot\text{K/W}$；内外石灰粉刷的热导率 $\lambda=0.81\text{W/(m}\cdot\text{K)}$；砖砌体的热导率 $\lambda=0.76\text{W/(m}\cdot\text{K)}$。

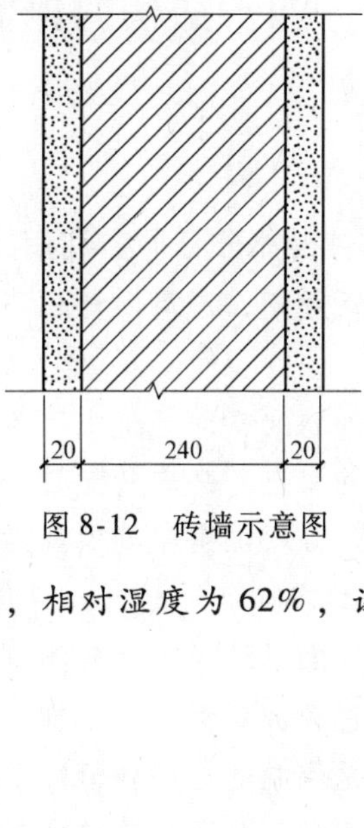

图 8-12　砖墙示意图

(2) 已知某房间气温 $t_i=20$℃，相对湿度为 62%，试计算室内水蒸气分压力和空气的露点温度。

学习情境9　建筑保温与防湿

职业标准要求：

掌握建筑保温设计的基本原则和外围护结构保温设计的基本方法；掌握外门窗、地面及特殊部位保温设计的方法；了解决定外围护结构湿状况的因素、材料的吸湿机理、外围护结构中的水分迁移过程和相关计算方法，掌握表面冷凝和内部冷凝的检验过程和防止与控制冷凝的措施，了解太阳能在建筑采暖中的应用，掌握采暖期建筑围护结构防潮设计要点，了解夏季结露的成因和防止方法。

我国严寒地区冬季气温低、持续时间长；南方很多地区冬季也较冷，所以通常在室内安装取暖设备，为了减少取暖能耗和维持室内气候条件，建筑的围护结构必须采取必要的保温措施。

任务1　围护结构的保温设计

1.1　建筑保温设计的基本原则

(1) 充分利用日照

良好的朝向和间距可以使房屋获得充分日照。利用太阳辐射可杀菌消毒、提高室内温度、节约取暖燃料，因此在房屋建筑规划、建筑设计和装饰施工中应尽可能利用日照。

(2) 增加房间的密闭性

在保温设计时，应避免大面积外表面朝向冬季主导风向，并尽量在迎风面少开门窗及洞口，增加房间的密闭性，减少冷风的渗透。必须开窗时，应进行保温处理，如采用双层窗或双层玻璃。在严寒地区还应设门斗，以增加房屋的保温性能。

(3) 合理选择建筑体形与平面形式

在处理建筑的体形与进行建筑平面设计时，首先考虑的是使用功能和建筑艺术的要求，但若外墙凸凹曲折过多，外表面积过大，对保温很不利。因为外表面积越大，房屋的热损失越多，不规则的外围护结构，往往是保温的薄弱环节。

建筑物与室外大气接触的外表面积与其所包围体积的比值称为体形系数（外表面积中，不包括地面和不采暖楼梯间隔墙和户门的面积）。我国相关规范规定，为满足建筑保温和节能的要求，采暖居住建筑物的体形系数宜控制在0.3以内，严寒、寒冷地区公共建筑的体形系数应小于或等于0.40，夏热冬冷地区条式建筑的体形系数不应超过0.35，点式建筑物的体形系数不应超过0.40。

(4) 使房间具有良好的热特性与合理的供热系统

对不同的房间进行热工设计时，应使其热特性与使用性质相适应。全天使用的房间应有较大的热稳定性，以免室内气温波动太大；对于只有一段时间使用的房屋则要求供热后温度上升快，停止供热后，温度恢复也快。另外，为维持室内气温的恒定，应采用合理的连续供热方式或缩短供热间歇时间。

1.2 外围护结构的保温设计

房间的使用性质及技术经济条件决定了人们对其保温能力的要求。外墙和屋顶是建筑外围护结构的主体部分，其保温设计着重考虑的问题是：首先是保证内表面不结露，对大量的民用建筑，还需避免内表面产生过强的冷辐射，同时要求房间的热损失尽可能少并具有一定的热稳定性。

《民用建筑热工设计规范》（GB 50176—1993）规定，围护结构保温设计的基本方法为最小总热阻法。该方法要求保温设计取阴寒天气作为设计计算的基准条件，并将冬季围护结构的传热过程看作是稳定传热。

（1）最小总热阻

控制建筑围护结构内表面温度不低于室内露点温度，以保证内表面不结露，要求围护结构的总热阻有一个最低的限值，这个最低限度的总热阻称为最小总热阻，用 $R_{0,\min}$ 表示。以最小总热阻 $R_{0,\min}$ 为准设计围护结构，虽不能使房间完全符合人体的热舒适要求，但基本能满足一般的使用要求。

根据稳定传热围护结构内表面温度的计算公式（8-24），并令 $[\Delta t]=t_i-\theta_i$，同时考虑温度修正系数 n，可得到最小总热阻的计算公式为：

$$R_{0,\min}=\frac{(t_i-t_e)n}{[\Delta t]}R_i \tag{9-1}$$

式中 $R_{0,\min}$——最小总热阻，单位为 $m^2\cdot K/W$；

t_i——冬季室内计算温度，单位为℃；一般居住建筑取 18℃，高级居住建筑、医疗福利建筑、托幼建筑取 20℃，老年人居住建筑各种用房室内采暖计算温度按表 9-1 取值，冬冷夏热地区卧室和起居室室内设计温度取 16～18℃，采用集中采暖系统的公共建筑室内计算温度按表 9-2 取值，工业建筑按相应的规范取值；

t_e——冬季室外计算温度，单位为℃，按表 9-3 取值；

R_i——围护结构内表面热转移阻，单位为 $m^2\cdot K/W$；

n——外表面位置的温度修正系数，按表 9-4 取值；

$[\Delta t]$——室内空气与围护结构内表面之间的允许温差，单位为℃；根据房间使用性质，$[\Delta t]$ 按表 9-5 取值。

按允许温差设计的围护结构，一般可保证其内表面不结露，不会对人体形成过分的冷辐射，而且热损失也不会太多。建筑设计中往往要求围护结构的热阻大于最小总热阻。《民用建筑热工设计规范》规定外围护结构的最小总热阻应在前述计算求得的 $R_{0,\min}$ 基础上进行附加，其附加值按表 9-6 的规定采用。

表 9-1 老年人居住建筑各种用房室内采暖计算温度 t_i

房间类型	卧室、起居室	卫生间	浴室	厨房	活动室	餐厅	医务用房	行政用房	门厅走廊	楼梯间
采暖计算温度 t_i/℃	20	20	25	16	20	20	20	18	18	16

表 9-2 集中采暖公共建筑冬季室内计算温度 t_i

建筑类型及房间名称		室内计算温度 t_i/℃	建筑类型及房间名称		室内计算温度 t_i/℃
办公楼	门厅、楼(电)梯	16	体育	比赛厅(不含体操)、练习厅	16
	办公室	20		休息厅	18
	会议室、接待室、多功能厅	18		运动员室、教练员更衣室、休息室	20
	走道、洗手间、公共食堂	16		游泳馆	26
	车库	5	商业	营业厅(百货、书籍)	18
餐饮	餐厅、饮食部、小吃部、办公室	18		鱼肉、蔬菜营业厅	14
	洗碗间	16		副食(油、盐、杂货)营业厅、洗手间	16
	制作间、洗手间、配餐间	16		办公室	20
	厨房、热加工间	10		米面贮藏间	5
	干菜库、饮料库	8		百货仓库	10
影剧院	门厅、走道	14	旅馆	大厅、接待室	16
	观众厅、放映室、洗手间	16		客房、办公室	20
	休息厅、吸烟室	8		餐厅、会议室	18
	化妆间	20		走道、楼(电)梯间	16
交通	民航候机厅、办公室	20		公共浴室	25
	候车厅、售票厅	16		公共洗手间	16
	公共洗手间	16	图书馆	大厅	16
银行	营业大厅	18		洗手间	16
	走道、洗手间	16		办公室、阅览室	20
	办公室	20		报告厅、会议室	18
	楼(电)梯间	14		特藏库、胶卷库、书库	14

表 9-3 冬季室外计算温度 t_e

类型	热惰性指标 D	t_e 的取值	典型城市的 t_e 值
Ⅰ	>6.0	t_e = 采暖室外计算温度 t_w	北京 -9℃;西安 -5℃;沈阳 -19℃
Ⅱ	4.1~6.0	$t_e = 0.6t_w + 0.4t_{e,min}$	北京 -12℃;西安 -8℃;沈阳 -21℃
Ⅲ	1.6~4.0	$t_e = 0.3t_w + 0.7t_{e,min}$	北京 -14℃;西安 -10℃;沈阳 -23℃
Ⅳ	≤1.5	t_e = 累年最低一个日平均温度 $t_{e,min}$	北京 -16℃;西安 -12℃;沈阳 -25℃

表 9-4 温差修正系数 n 值

序号	围护结构及其所处情况	n 值
1	外墙、平屋顶及与室外空气直接接触的楼板等	1.0
2	带通风间层的平屋顶、坡屋顶及与室外空气相通的不采暖地下室上面的楼板等	0.9
3	与有外门窗的不采暖楼梯间相邻的隔墙 1~6 层建筑 7~30 层建筑	 0.60 0.50

（续）

序号	围护结构及其所处情况	n 值
4	不采暖地下室上面的楼板 外墙上有窗户时 外墙无窗户且位于室外地坪以上时 外墙无窗户且位于室外地坪以下时	 0.75 0.60 0.40
5	与有外门窗的不采暖房间相邻的隔墙 与无外门窗的不采暖房间相邻的隔墙	0.70 0.40
6	伸缩缝、沉降缝墙 抗震缝墙	0.30 0.70

表 9-5　允许温度［Δt］值

序号	建筑物和房间类型	外墙/℃	平屋顶和坡屋顶顶棚/℃
1	居住建筑、医院、幼儿园等	6.0	4.0
2	办公楼、学校、门诊部等	6.0	4.5
3	公共建筑（除上述者外）和工业辅助建筑（潮湿房间除外）	7.0	5.5
4	室内空气干燥的生产厂房	10.0	8.0
5	室内空气湿度正常的生产厂房	8.0	7.0
6	室内空气潮湿的公共建筑、生产厂房及辅助建筑物（一般 $t_i = 13 \sim 24℃$，$\phi_i > 75\%$）： 当不允许外墙和顶棚内表面结露时 当允许外墙内表面结露，不允许顶棚内表面结露时	 $t_i - t_d$ 7.0	 $0.8(t_i - t_d)$ $0.9(t_i - t_d)$
7	室内空气潮湿且具有腐蚀性介质的生产厂房	$t_i - t_d$	$t_i - t_d$
8	室内散热量大于 $23.0W/m^2$，且计算相对湿度不大于 50% 的生产厂房	12.0	12.0

注：表中 t_i、t_d 分别为室内空气温度及露点温度，ϕ_i 为空气的相对湿度。

表 9-6　轻质外墙最小传热阻的附加值

外墙材料与构造	当建筑物处在连续供热热网中时	当建筑物处在间歇供热热网中时
密度为 800～1200kg/m³ 的轻骨料混凝土（如陶粒混凝土等）单一材料墙体	15%～20%	30%～40%
密度为 500～800kg/m³ 的轻混凝土（如加气混凝土等）单一材料墙体；外侧为砖或混凝土、内侧复合轻混凝土的墙体	20%～30%	40%～60%
平均密度小于 500kg/m³ 的轻质复合墙体；外侧为砖或混凝土、内侧复合轻质材料（如岩棉、矿棉、石膏板等）墙体	30%～40%	60%～80%

【例 9-1】 已知西安地区冬季室外计算温度 t_e 分别为 -5℃、-8℃、-10℃、-12℃（见表 9-3），试验证图 9-1 所示的外墙是否满足住宅的热工要求。已知 $\lambda_1 = 0.81W/(m \cdot K)$；$S_1 = 10.12W/(m^2 \cdot K)$；$\lambda_2 = 0.76W/(m \cdot K)$；$S_2 = 10.16W/(m^2 \cdot K)$。热惰性指标 $D = \Sigma RS$。

【解】 首先计算热阻及热惰性指标

$$R_1 = \frac{0.02m}{0.81W/m \cdot K} = 0.025m^2 \cdot K/W$$

$$R_2 = \frac{0.24\text{m}}{0.76\text{W/m}\cdot\text{K}} = 0.316\text{m}^2\cdot\text{K/W}$$

$$R_i = 0.1\text{m}^2\cdot\text{K/W}$$

$$R_e = 0.04\text{m}^2\cdot\text{K/W}$$

$$R_0 = \sum R = 0.49\text{m}^2\cdot\text{K/W}$$

$$D_1 = 0.025\text{m}^2\cdot\text{K/W}\times 10.12\text{W/(m}^2\cdot\text{K)} = 0.253$$

$$D_2 = 0.316\text{m}^2\cdot\text{K/W}\times 10.16\text{W/(m}^2\cdot\text{K)} = 3.211$$

$$D_0 = D_1 + D_2 = (0.253 + 3.211)\text{m}^2\cdot\text{K/W} = 3.464\text{m}^2\cdot\text{K/W}$$

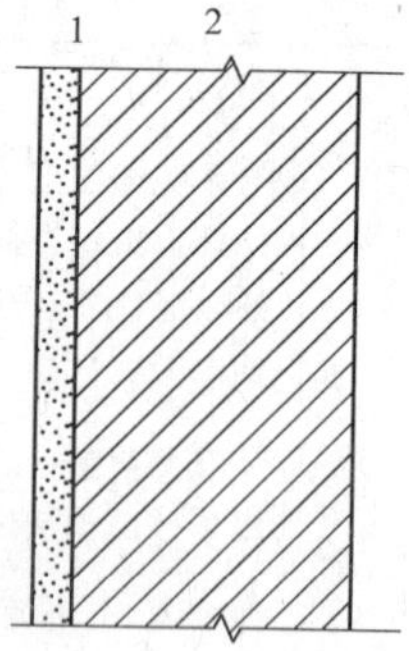

图 9-1 实心砖墙

注意该墙 $D=3.464$，由表 9-3 考虑 t_e 应属于Ⅲ型，但因是实心粘土砖墙，按规范仍可算作Ⅱ型，所以取 $t_e=-8℃$。则最小总热阻为

$$R_{0,\min} = \frac{[18°\text{C} - (-8°\text{C})]\times 1}{6°\text{C}}\times 0.11\text{m}^2\cdot\text{K/W} = 0.476\text{m}^2\cdot\text{K/W}$$

$$R_0 > R_{0,\min}$$

故该墙满足热工要求，但值得注意的是，在上述计算中，考虑到西安地区是干燥地区，砖墙的热导率 λ 的取值是 0.76W/(m·K)。

（2）围护结构热特性指标的限值

为了达到建筑节能的要求，同时使建筑环境满足工作和学习需要，我国相关标准或规范对围护结构各部位传热系数、热阻和热惰性指标做出了相应的限制。

《严寒和寒冷地区居住建筑节能设计标准》（JGJ 26—2010）对采暖居住建筑各部分围护结构传热系数限值的规定如表 9-7 所示。《公共建筑节能设计标准》（GB 50189—2015）对公共建筑围护结构传热系数或热阻限值的规定如表 9-8 和表 9-9 所示。《夏热冬冷地区居住建筑节能设计标准》（JGJ 134—2010）对该地区采暖居住建筑围护结构传热系数或热惰性指标的要求见表 9-10。

（3）绝热材料

一般把热导率小于 0.25W/(m·K)，表观密度小于 1000kg/m³，并可用于绝热工程的材料称为绝热材料。习惯上把用于控制室内热量外流的称为保温材料，用于防止室外热量进入室内的称为隔热材料。

1）绝热材料的分类。绝热材料按材料的形状可分为松散绝热材料、板状绝热材料和整体绝热材料；按材料成分可分为有机绝热材料（如稻草、稻壳、甘蔗纤维、软木、木棉、木屑、刨花、木纤维及其制品）和无机隔热保温材料（如矿物类，有矿棉、膨胀珍珠岩、膨胀蛭石、硅藻土石膏、炉渣、玻璃纤维、岩棉、加气混凝土、泡沫混凝土、浮石混凝土等及其制品）。

2）影响材料热导率的因素。材料结构的不同和材料所处环境的变化都可能影响绝热材料的热导率，进而影响其绝热性能。材料的表观密度对材料的热导率有很大影响，表观密度过大和过小对绝热都不利。如图 9-2 所示，每种材料都存在一个最佳的表观密度。水或冰的热导率都远大于空气，材料受潮后，水或冰取代孔隙中的空气会引起热导率变大，建筑热工设计中必须充分考虑这一问题。温度对热导率也有一定的影响，温度越高，热导率越大，但一般在建筑热工设计中不予考虑。热流方向对纤维类材料热导率也有一定影响。

表 9-7　不同地区采暖居住建筑各部分围护结构传热系数 *K* 限值

[单位：$W/(m^2 \cdot k)$]

采暖期室外平均温度/℃	代表性城市	屋顶		外墙		不采暖楼梯间		窗户(含阳台门上部)	阳台门下部门芯板	外门	地板		地面	
		体形系数≤0.3	体形系数>0.3	体形系数≤0.3	体形系数>0.3	隔墙	户门				接触室外空气地板	不采暖地下室上部地板	周边地面	非周边地面
1.0~2.0	郑州、洛阳、宝鸡、徐州	0.80	0.60	1.10 1.40	0.80 1.10	1.83	2.70	4.70 4.00	1.70	—	0.60	0.65	0.52	0.30
0.0~0.9	西安、拉萨、济南、青岛、安阳	0.80	0.60	1.00 1.28	0.70 1.00	1.83	2.70	4.70 4.00	1.70	—	0.60	0.65	0.52	0.30
-1.0~-0.1	石家庄、德州、晋城、天水	0.80	0.60	0.92 1.20	0.60 0.85	1.83	2.00	4.70 4.00	1.70	—	0.60	0.65	0.52	0.30
-2.0~-1.1	北京、天津、大连、阳泉、平凉	0.80	0.60	0.90 1.16	0.55 0.82	1.83	2.00	4.70 4.00	1.70	—	0.50	0.55	0.52	0.30
-3.0~-2.1	兰州、太原、唐山、阿坝、喀什	0.70	0.50	0.85 1.10	0.62 0.78	0.94	2.00	4.70 4.00	1.70	—	0.50	0.55	0.52	0.30
-4.0~-3.1	西宁、银川、丹东	0.70	0.50	0.68	0.65	0.94	2.00	4.00	1.70	—	0.50	0.55	0.52	0.30
-5.0~-4.1	张家口、鞍山、酒泉、伊宁、吐鲁番	0.70	0.50	0.75	0.60	0.94	2.00	3.00	1.35	—	0.50	0.55	0.52	0.30
-6.0~-5.1	沈阳、大同、本溪、阜新、哈密	0.60	0.40	0.68	0.56	0.94	1.50	3.00	1.35	—	0.40	0.55	0.30	0.30
-7.0~-6.1	呼和浩特、抚顺、大柴旦	0.60	0.40	0.65	0.50	—	—	3.00	1.35	2.50	0.40	0.55	0.30	0.30
-8.0~-7.1	延吉、通辽、通化、四平	0.60	0.40	0.65	0.50	—	—	2.50	1.35	2.50	0.40	0.55	0.30	0.30
-9.0~-8.1	长春、乌鲁木齐	0.50	0.30	0.56	0.45	—	—	2.50	1.35	2.50	0.30	0.50	0.30	0.30
-10.0~-9.1	哈尔滨、牡丹江、克拉玛依	0.50	0.30	0.52	0.40	—	—	2.50	1.35	2.50	0.30	0.50	0.30	0.30
-11.0~-10.1	佳木斯、安达、齐齐哈尔、富锦	0.50	0.30	0.52	0.40	—	—	2.50	1.35	2.50	0.30	0.50	0.30	0.30
-12.0~-11.1	海伦、博克图	0.40	0.25	0.52	0.40	—	—	2.00	1.35	2.50	0.25	0.45	0.30	0.30
-14.5~-12.1	伊春、呼玛、海拉尔、满洲里	0.40	0.25	0.52	0.40	—	—	2.00	1.35	2.50	0.25	0.45	0.30	0.30

注：1. 表中外墙的传热系数限值是指考虑周边热桥影响后的外墙平均传热系数。有些地区外墙的传热系数限值有两行数据，上行数据与传热系数为 4.70 的单层塑料窗相对应；下行数据与传热系数为 4.00 的单框双玻金属窗相对应。

2. 表中周边地面一栏中 0.52 为位于建筑物周边的不带保温层的混凝土地面的传热系数；0.30 为带保温层的混凝土地面的传热系数。非周边地面一栏中的 0.30 为位于建筑物非周边的不带保温层的混凝土地面的传热系数。

表 9-8 不同气候区公共建筑围护结构传热系数 *K* 限值 [单位：W/(m^2·K)]

围护结构部位		严寒地区 A 区		严寒地区 B 区		寒冷地区		夏热冬冷地区	夏热冬暖地区
		体形系数≤0.3	0.3<体形系数≤0.4	体形系数≤0.3	0.3<体形系数≤0.4	体形系数≤0.3	0.3<体形系数≤0.4		
屋面		≤0.35	≤0.30	≤0.45	≤0.35	≤0.55	≤0.45	≤0.7	≤0.9
外墙（包括非透明幕墙）		≤0.45	≤0.40	≤0.50	≤0.45	≤0.60	≤0.50	≤1.0	≤1.5
底面接触室外空气的架空或外挑楼板		≤0.45	≤0.40	≤0.50	≤0.45	≤0.60	≤0.50	≤1.0	≤1.5
非采暖房间与采暖房间的隔墙或楼板		≤0.6	≤0.6	≤0.8	≤0.8	≤1.5	≤1.5	—	—
单一朝向外窗（包括透明幕墙）	窗墙面积比≤0.2	≤3.0	≤2.7	≤3.2	≤2.8	≤3.5	≤3.0	≤4.7	≤6.5
	0.2<窗墙面积比≤0.3	≤2.8	≤2.5	≤2.9	≤2.5	≤3.0	≤2.5	≤3.5	≤4.7
	0.3<窗墙面积比≤0.4	≤2.5	≤2.2	≤2.6	≤2.2	≤2.7	≤2.3	≤3.0	≤3.5
	0.4<窗墙面积比≤0.5	≤2.0	≤1.7	≤2.1	≤1.8	≤2.3	≤2.0	≤2.8	≤3.0
	0.5<窗墙面积比≤0.7	≤1.7	≤1.5	≤1.8	≤1.6	≤2.0	≤1.8	≤2.5	≤3.0
屋顶透明部分		≤2.5		≤2.6		≤2.7		≤3.0	≤3.5

注：窗墙面积比即房间内窗的总面积和房间所有侧墙面积之比。

表 9-9 不同气候区公共建筑地面和地下室外墙热阻 *R* 的限值 [单位：(m^2·K)/W]

围护结构部位		气候分区				
		严寒地区 A 区	严寒地区 B 区	寒冷地区	夏热冬冷地区	夏热冬暖地区
地面	周边地面	≥2.0	≥2.0	≥1.5	1.2	1.0
	非周边地点	≥1.8	≥1.8	≥1.5		
采暖地下室外墙（与土壤接触的墙）		≥2.0	≥1.8	≥1.5	—	—
地下室外墙（与土壤接触的墙）		—	—	—	1.2	1.0

注：周边地面是指距外墙内表面 2m 以内的地面；地面热阻是指建筑基础持力层以上各层材料的热阻之和；地下室外墙热阻是指土壤以内各层材料的热阻之和。

表 9-10　夏热冬冷地区居住建筑围护结构各部位的传热系数 K/[W/(m²·K)] 和热惰性指标 D

屋顶*	外墙*	分户墙和楼板	底部自然通风的架空楼板	户门
$K \leqslant 1.0$ $D \geqslant 3.0$	$K \leqslant 1.5$ $D \geqslant 3.0$	$K \leqslant 2.0$	$K \leqslant 1.5$	$K \leqslant 3.0$
$K \leqslant 0.8$ $D \geqslant 2.5$	$K \leqslant 1.0$ $D \geqslant 2.5$			

注：* 当屋顶和外墙的 K 值满足要求，但 D 值不满足要求时，应按照 GB 50176—1993 第 5.1.1 条验算隔热设计要求。

为正确选择绝热材料，除考虑其热物理性能外，还应了解材料的强度、耐久性、耐火性能及耐侵蚀性等是否满足要求。

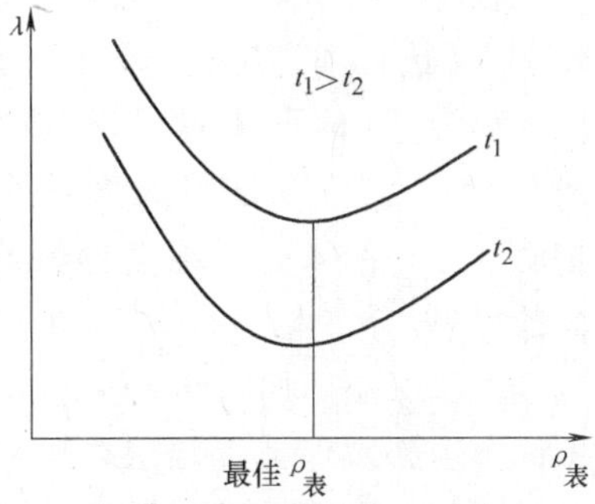

图 9-2　最佳表观密度的概念

（4）外围护结构的保温构造

1）保温构造的类型

① 单设保温层。由热导率很小的材料做保温层，它主要起保温作用，不起承重作用。所以可灵活选择各种类型的保温材料。

② 利用封闭空气间层保温。为提高保温性能，围护结构中空气层的厚度，一般以 4～5cm 为宜。同时空气间层表面最好采用强反射材料，如涂贴铝箔。但反辐射材料必须进行涂塑等处理，以使其有足够的耐久性。

③ 保温承重相结合。利用空心板、空心砌块、轻质实心砌块等做围护结构，既能承重，又能保温，而且构造简单、施工方便。

④ 混合型结构。当单独用某一种方式不能满足保温要求，或能达到保温要求，但在技术或经济上不合理时，往往采用混合型保温构造。混合型的构造比较复杂，但绝热性能好，在恒温室等热工要求较高的房间经常采用。图 9-3 是一高标准恒温车间的外墙构造。

2）保温材料位置

① 内保温。如图 9-4a 所示，其主要优点是当室内加热时温度上升得快，这对间歇使用的房间如影剧院、体育馆和人工气候室比较合适。这种构造方式不存在雨水渗入保温材料的

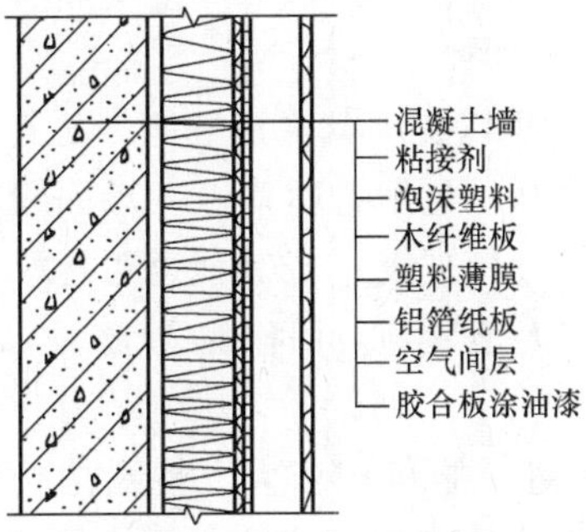

图 9-3　混合型保温结构

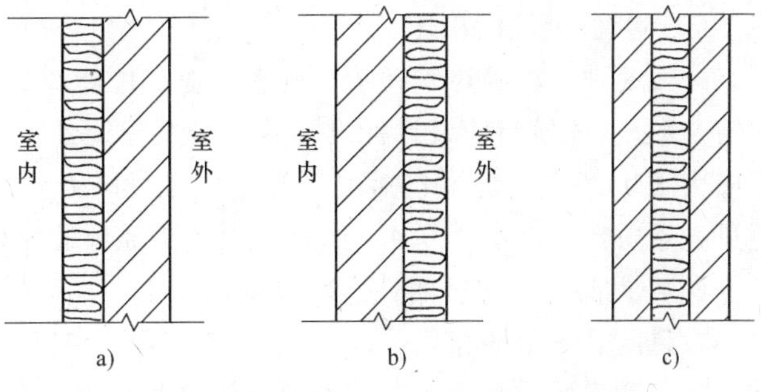

图 9-4　保温材料的位置

a）内保温　b）外保温　c）夹层保温

危险，假如承重层有适当的厚度，可不必设置防水层。

② 外保温。如图9-4b所示，外保温主要优点是能避免建筑物的主要结构产生过大热应力，同时，对房间的热稳定性有利。此外，保温层放在外侧，也减少了内部结露的可能性。其缺点是要求保温材料不受雨水冲刷和大气污染的影响，最好的办法是在外表面设防水层。随着新型保温材料的出现和保温技术的成熟，现阶段墙体外保温应用广泛。如沈阳地区的民用住宅多采用泡沫塑料做墙体外保温。

采用外保温的屋顶，传统做法是在保温层的上面做防水层，这种做法容易使屋面产生内部冷凝水。同时防水层受日晒、交替冻融作用，极易老化和破坏。为了改善这种状况，出现了“倒铺”的方法，即将保温层设在防水层的上边，这在国外称为“Upside Down”构造方法，简称USD构造方法，如图9-5所示。USD法可大大消除内部结露的可能性，又能保护防水层，但该法对绝热材料的要求较高，目前尚缺少这方面的材料。

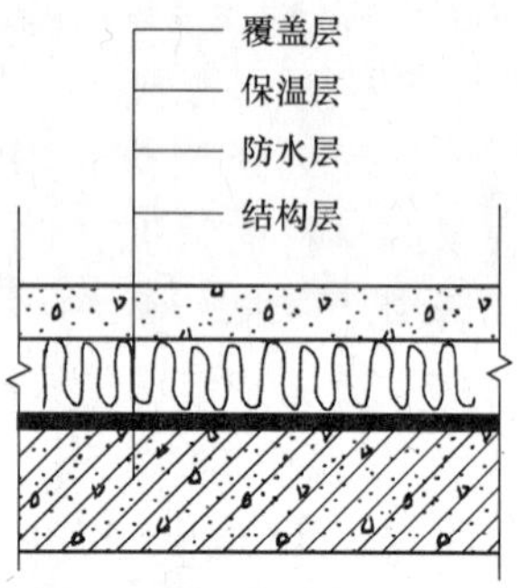

图9-5 USD构造方法示例

③夹层保温。如图9-4c所示，这种方式对绝热材料的要求不高，但必须保证保温层内的湿度不致过高，否则，如保温层外侧属气孔性材料，雨水可能会透过保温层和内侧墙体到达室内表面，影响房间的使用功能并破坏墙体及室内装饰。

任务2 外门窗、地面及特殊部位的保温设计

建筑外窗、外门、地面和一些“热桥”部位的热损失非常大，占建筑外围护结构耗热量的40%～60%。因此这些部位的保温是保温设计中必须重点解决的问题。

2.1 窗的保温设计

窗户是整个外围护结构中保温能力最薄弱的部位，主要原因是缝隙透气、窗玻璃和窗樘等的热阻太小。单层窗的总传热系数K_0约为5.28W/(m^2·K)，是240mm厚砖墙的三倍。窗户热损失的途径有两种：一是通过玻璃、窗框和窗棂等的传热引起的热损失；二是通过缝隙的冷风渗透而引起的热损失。

窗户的保温设计主要从以下几方面考虑：

(1) 控制窗墙面积比

一般说来，在满足采光的基础上，应尽可能减少窗口面积以提高其保温性能，尤其是北向窗。《公共建筑节能设计标准》规定公共建筑各个朝向的窗（包括透明幕墙）墙面积比均不应大于0.70。当窗（包括透明幕墙）墙面积比小于0.40时，玻璃（或其他透明材料）的可见光透射比不应小于0.4，而且屋顶透明部分的面积不应大于屋顶总面积的20%。

(2) 提高窗户的密闭性，减少冷风渗透

在风压、热压的作用下，室外冷空气由窗户缝隙渗入室内的量相当大。特别是材质不佳、加工和安装质量不高时，冷风渗透更为严重。从保温考虑，必须对窗户采取适当的密封措施，这对防尘也非常有利，例如在缝隙处设置密封条，或在接缝外侧加压缝条等。

(3) 提高窗户自身的保温能力

1）选用保温性能好的材料做窗框，或将金属窗框做成空心断面，同时在窗框的中间和窗框与墙间的缝隙中，填充保温材料并密封。

2）在寒冷地区，采用二层或三层窗，也可以采用单扇窗双层玻璃或三层玻璃的方法来增加热阻，以改善玻璃部分的保温能力。

3）依据各类窗户的传热系数合理选择窗户的类型。

2.2 外门的保温设计

外门的热阻一般比窗户大，而比外墙和屋顶小，并且经常开启，因此热损失也非常大。在建筑设计中，应当尽可能选择绝热性能好的保温门。几种常见门的传热阻和传热系数见表9-11。

表9-11 几种常见门的传热阻和传热系数

序号	名称	传热阻/[($m^2 \cdot K$)/W]	传热系数/[W/($m^2 \cdot K$)]	备注
1	木夹板门	0.37	2.7	双面三层板
2	金属阳台门	0.156	6.4	
3	铝合金玻璃门	0.156~0.164	6.1~6.4	3~7mm厚玻璃
4	不锈钢玻璃门	0.150~0.161	6.2~6.5	5~11mm厚玻璃
5	保温门	0.59	1.70	内夹30mm厚轻质保温材料
6	加强保温门	0.77	1.30	内夹40mm厚轻质保温材料

外门保温的主要措施有：密封门缝、在双层木板间填充保温材料、用保温材料做门、增加门的厚度或做成双层门等。

2.3 室内地面的保温设计

采暖室内地面温度一般低于室内气温。为控制热损失和维持一定的地面温度，地面应有必要的保温措施。

不同材料构成的地面，即使表面温度完全相同，人赤脚站在上面，凉热感觉却可能完全不同。这是因为两种材料的热导率不同，热交换的强度不同。地面的这种特性通常用地面的吸热指数B［单位为$W/(m^2 \cdot h^{-1/2} \cdot K)$］来表示。地面的吸热指数$B$是与热阻$R$不同的另一热工指标。$B$越大，从人脚吸取的热量就越多、越快。所以，地面的热工性能可按地面的吸热指数B值的不同分为三类：木地面、塑料地面等属于Ⅰ类（即$B<17$）；水泥砂浆地面等属于Ⅱ类（即B介于17~23之间）；水磨石地面、豆石混凝土地面等属于Ⅲ类（即$B>23$）。

地面对人体舒适感影响最大的是厚度约为3~4mm的面层材料。地面的吸热指数B与地面面层的热导率、比热、密度和热渗透特性有关。

建筑热工设计规范规定，高级宾馆、幼儿园、托儿所、医院、疗养院和病房等对地面热工性能有较高要求的建筑，宜采用Ⅰ类地面。一般居住建筑和公共建筑（包括中小学校等）对地面热工性能要求一般，宜采用不低于Ⅱ类的地面。临时逗留用房及室温高于23℃的采暖房间，允许采用Ⅲ类地面。

越靠近外墙，地面温度越低。实测表明，在沿外墙内侧周边宽约1m的范围内，地面温差达5℃左右，因此，地面保温设计应沿外墙内侧周边做局部保温处理。当建筑物周边无采暖管沟时，在外墙内侧0.5~1.0m范围内，应铺设热阻值不小于外墙热阻值的保温层。

2.4 特殊部位的保温设计

对结构转角或交角、钢筋混凝土骨架、圈梁及热桥等热工性能薄弱的结构和部件，必须采取相应的保温措施，才能满足保温要求。

(1) 围护结构交角处的保温设计

在外墙的转角处，由于外表面面积大，另外交角部分气流不畅，对装配式板材建筑，交角处同时又是热桥，所以交角处内表面温度远比主体内表面温度低。改进的办法可考虑在室内一侧距墙角内表面约60~90cm范围内，加贴一层保温材料（如聚乙烯泡沫等）。对屋顶与外墙的交角处，可考虑将屋顶保温层延伸到外墙顶部。

围护结构交角处的保温构造如图9-6~图9-10所示。

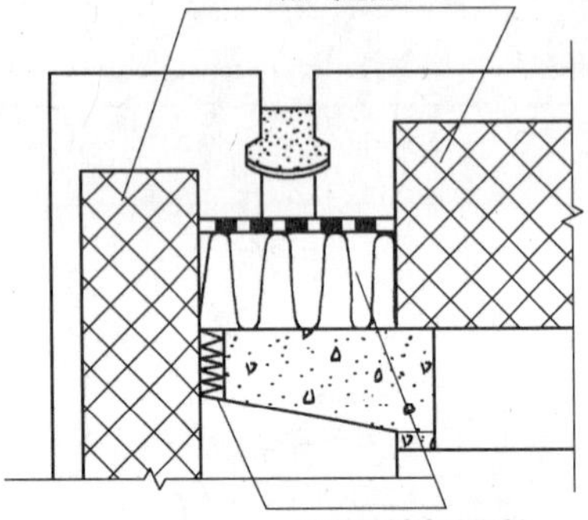

图9-6 复合墙板外墙角局部保温

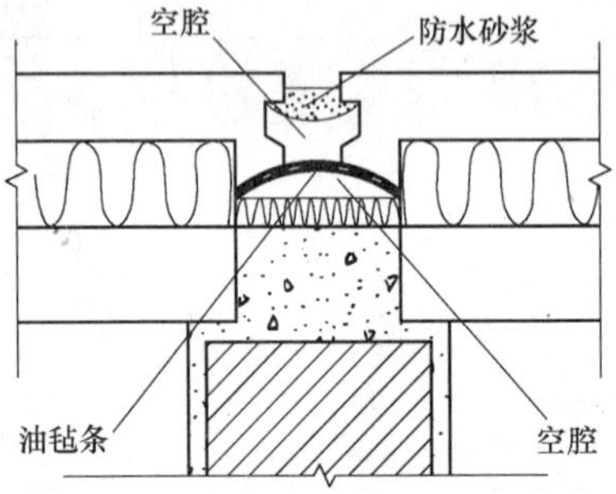

图9-7 外墙与内墙交角保温

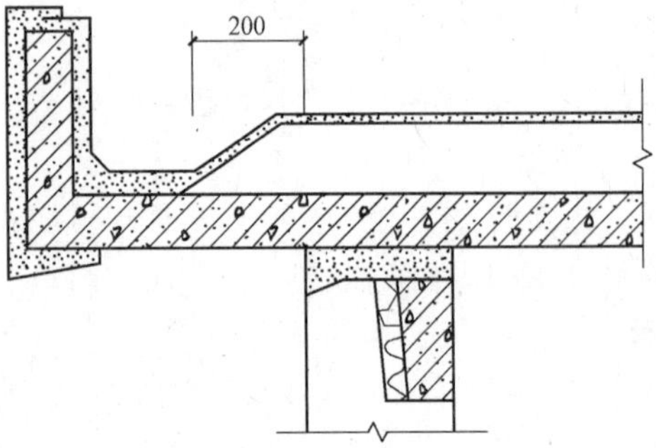

图9-8 屋顶与外墙交角保温

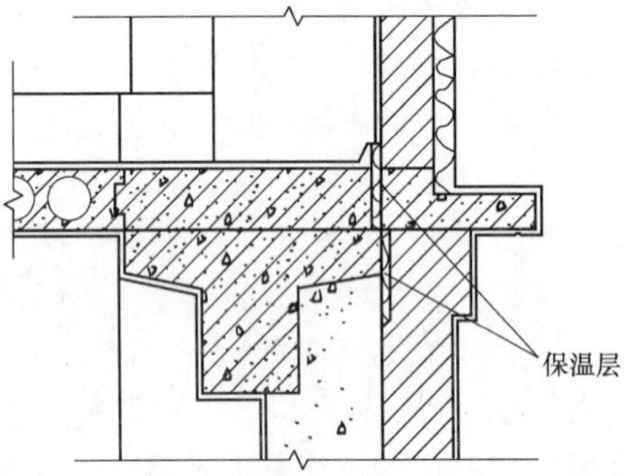

图9-9 楼板与外墙交角保温

(2) 热桥保温

围护结构中某些部位（如外墙体中的钢筋混凝土骨架、圈梁，板材中的肋条）的热损失比相同面积主体部分的热损失要多，其内表面温度比主体部分低。在建筑工程中，形象地将这类容易传热的部位称为“热桥”。图9-11为几种典型的热桥。从建筑保温的要求来看，贯通式热桥是最不合适的，即使其宽度 a 远比主体部分的厚度 δ 小，也会引起内表面温度急剧下降。至于非贯通式热桥，热桥布置在冷侧比布置在热侧好。

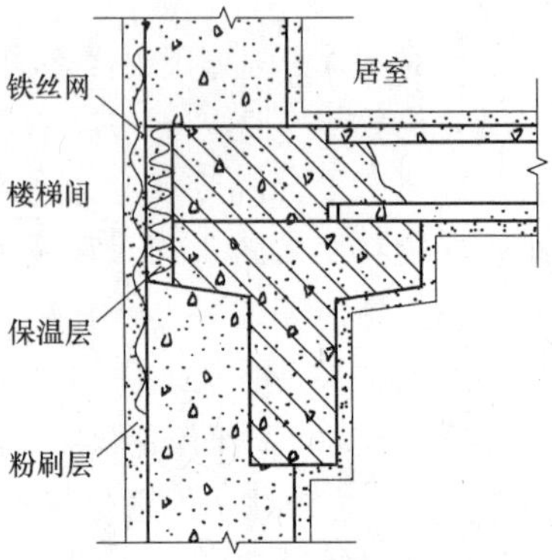

图9-10 楼板与不采暖楼梯间墙交角保温

热桥部位内表面的温度，经验算若低于室内空气露点温度，则应做适当处理，如更换材料、调整构造、内外附加保温层等。对贯通式热桥应设保温层，以使热桥部分的热阻 R_0' 调整到与主体部分的热阻 R_0 相同为准，而保温层的宽度 L 应达到如下规定（图 9-12）：

$$a<\delta \text{ 时}, L>1.5\delta$$

$$a>\delta \text{ 时}, L>2.0\delta$$

这类热桥最好以硬质泡沫塑料结合墙壁内粉刷综合处理。

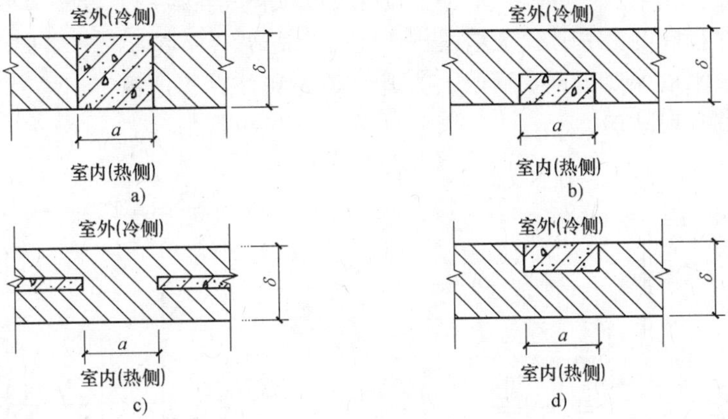

图 9-11　典型热桥形式示例

a）贯通式热桥　b）、c）、d）非贯通式热桥

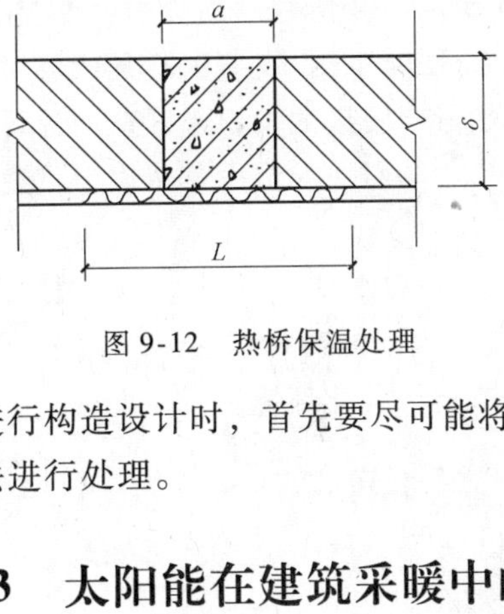

图 9-12　热桥保温处理

至于非贯通式热桥，在进行构造设计时，首先要尽可能将其布置在靠室外一侧；然后再按前述贯通式热桥的处理方法进行处理。

任务 3　太阳能在建筑采暖中的应用

太阳能取之不尽、用之不竭，是廉价的“绿色”能源。建筑中可利用太阳能采暖或使用太阳能热水系统。针对太阳能热水系统国家还制订了《民用建筑太阳能热水系统应用技术规范》（GB 50364—2005）。太阳能采暖系统根据运行过程是否需要动力分为“主动式”和“被动式”两种。

图 9-13 为主动式太阳能采暖系统示意图。主动式利用太阳能的系统需要机械动力驱动，才能达到取暖的目的。从图 9-13 中可见，这种方式的集热和蓄热分开，太阳能在集热器中转化为流体介质的热能，流体介质流动将热量送至蓄热器，再从蓄热器通过管道设备输送到室内。

被动式太阳能利用系统不借助于机械动力，而是通过建筑朝向和外界条件的合理布置，利用建筑围护结构及房屋内部空间及材料的适当设计，使建筑完全以自然的方式，利用太阳能采暖或遮挡太阳能以使建筑降温。

采用了太阳能利用系统的房间称为太阳房。被动式太阳房的主要集热方式有直接受益式、集热墙式和附加日光间式等。

直接受益式太阳房如图 9-14 所示，让阳光直接通过窗户射入室内，通过室内空气和地面的蓄热材料贮存能量。一般情况下，直接受益式太阳房的热稳定性不容易保证。为了减少白天所蓄热量在夜间的散失，保证室内热环境的舒适性，集热窗的玻璃最少应在两层以上，并在夜间对玻璃采取保温措施。同时，为避免眩光和外界能透视室内的“鱼缸”效果，玻璃应选择透明的漫射玻璃。

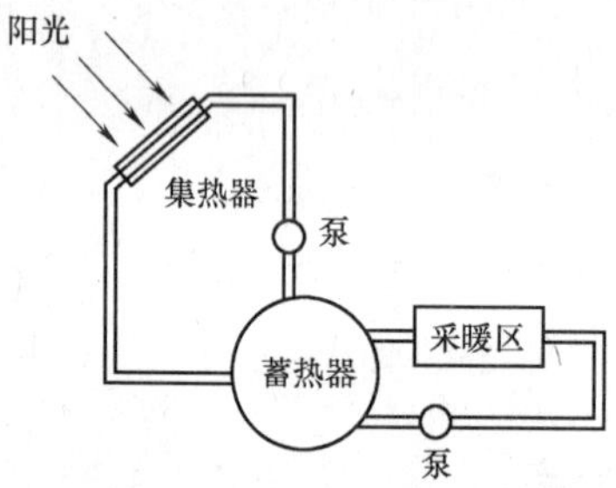

图 9-13 主动式太阳能采暖系统

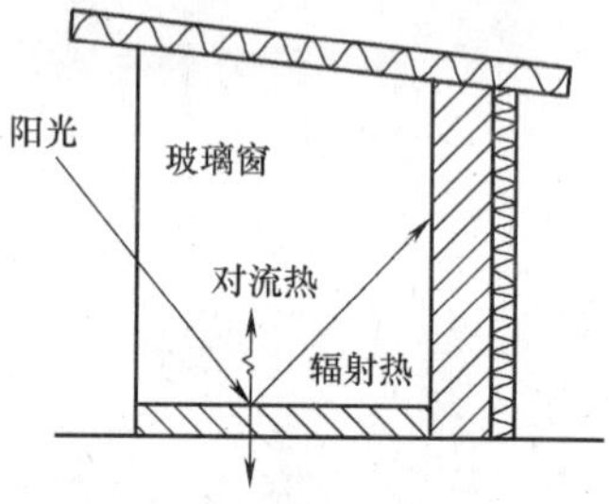

图 9-14 直接受益式采暖方式

集热墙式太阳房如图 9-15 所示，在窗的后面设置一集热墙，阳光照射到墙体表面转变为热能，一部分热能用于加热室内空气，提高室内空气的温度，另一部分被墙体吸收而蓄积起来。在夜间，墙体内蓄积的热量会缓慢散发出来，从而保证了房间的热稳定性。但此种方式的采光效果较差，为此，清华大学研究人员用花格墙来代替密实的墙体，这种集热墙式太阳房的应用效果很好。

附加日光间式太阳房如图 9-16 和图 9-17 所示。这种方式是在房屋内制造一个“附加日光间”，该房间直接由集热窗获得太阳能而蓄积热量，热量再经此房间进入相邻房间。“附加日光间”还可作为温室栽种花卉，美化环境。

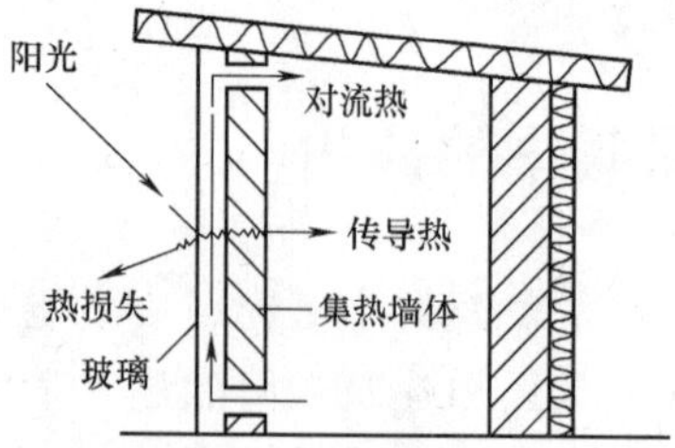

图 9-15 集热墙式采暖方式

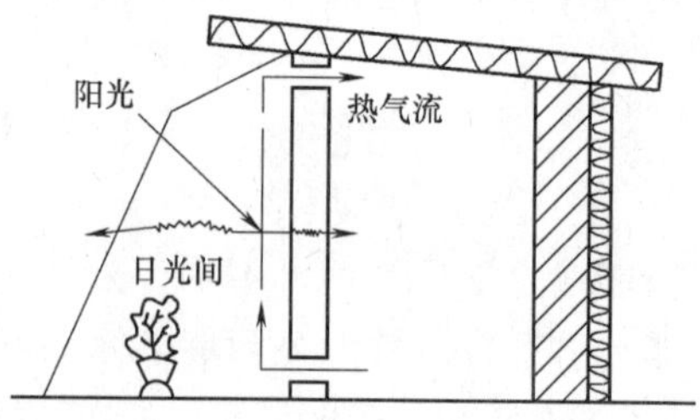

图 9-16 附加日光间式采暖方式

被动式太阳房设计中应注意如下问题：

1）太阳房内白天和夜间均保持足够的热稳定性，这与集热面朝向和蓄热体的配置及集热墙的厚度有关，集热面朝向以略偏东为宜，蓄热体应配置在阳光照射最多的区域，集热墙以 240 厚墙为宜。

2）夏季的防热问题。太阳房应设灵活的遮阳措施，视季节改变遮阳方式，同时注意

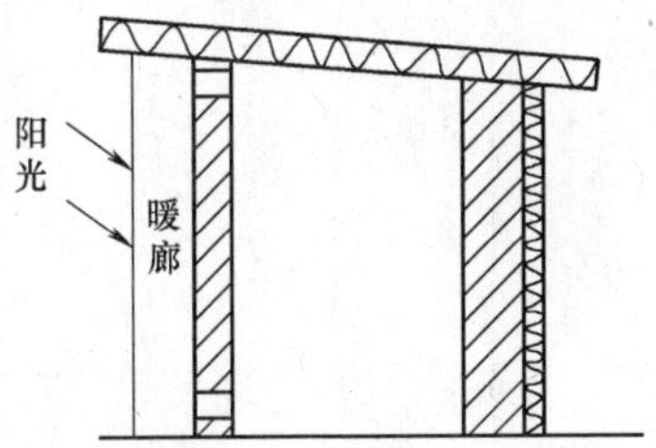

图 9-17　暖廊式日光间

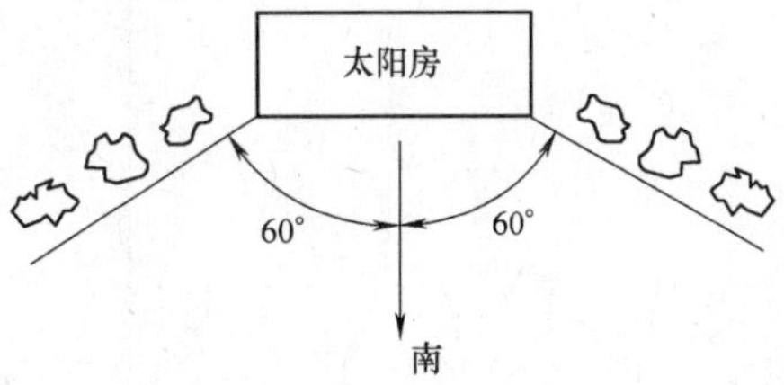

图 9-18　太阳房的绿化区域

太阳房的环境绿化，可将高大的落叶树木种植在建筑物前方 120°的范围之外，如图 9-18 所示。

任务 4　建筑防湿

4.1　决定外围护结构湿状况的主要因素

房屋除受热作用影响外，潮湿是另一个重要的影响因素。如水蒸气渗入围护结构并冷凝，会破坏结构强度、降低保温性能，或孳生木菌、霉菌和其他微生物，危害环境卫生和人体健康。故防止围护结构的蒸汽渗透及冷凝意义重大。外围护结构的湿状况主要取决于以下诸因素：

1）结构中所用材料的原始湿度。

2）施工过程中进入结构材料中的水分。

3）由于毛细管作用，从土壤渗透到围护结构中的水分。

4）由于雨雪作用渗透到围护结构中的水分。

5）使用管理中进入结构材料中的水分。

6）由于材料的吸湿作用，从空气中吸收的水分。

7）空气中的水分在围护结构表面和内部的冷凝。外围护结构由于冷凝受潮可分两种情况，即表面冷凝和内部冷凝，内部冷凝对外围护结构是最不利的。

4.2　材料的吸湿

材料吸收湿空气中的水蒸气而受潮，即材料的吸湿。

材料的吸湿特性，可用材料的等温吸湿曲线来表示，如图 9-19 所示，该曲线是根据不同空气湿度（气温固定为某一值）下测得的平衡吸湿湿度绘制而成。当材料试件与某一状态（一定气温和一定的相对湿度）的空气处于热平衡时，亦即材料的温度与周围空气温度一致（热平衡）时，试件的重量不再发生变化（湿平衡），这时的材料湿度称为平衡湿度（平衡的相对重量湿度）。

从图中可看出，等温吸湿曲线呈“S”形，显示材料的吸湿机理分三种状态：①在低湿度时为单分子吸湿；②在中等湿度时为多分子吸湿；③在高湿度状态时为毛细吸湿，此时，材料中的水分主要以液态的方式存在。表 9-12 列举了若干材料在 0 ~ 20℃ 时不同相对湿度下平衡湿度的平均值。材料的吸湿湿度在相对湿度相同的条件下，随温度的降低而增加。

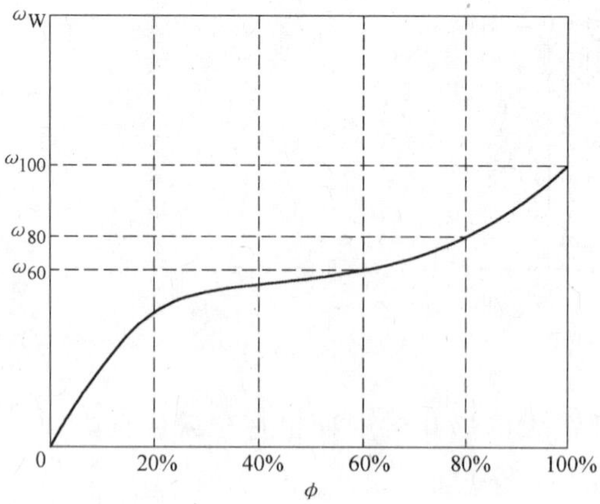

图 9-19 材料的等温吸湿曲线

表 9-12 0～20℃时不同相对湿度下平衡湿度的平均值

材料名称	密度 /(kg/m³)	在不同相对湿度下的重量湿度(%)				
		60	70	80	90	100
加气混凝土	500	3.75	4.33	5.05	6.30	18.0
泡沫混凝土	660	2.85	3.6	4.75	6.2	10.0
普通卵石混凝土	2250	1.13	1.36	1.75	2.62	2.75
水泥珍珠岩(1:10)	400	2.76	3.25	4.50	6.25	13.37

4.3 外围护结构中的水分迁移

材料内部存在压力（分压力或总压力）差、湿度（材料含湿量）差和温度差时，均能引起材料内部所含水分的迁移。材料内的水分可以三种状态存在，水分迁移只有两种相态，即水蒸气渗透和毛细渗透。当材料湿度低于最大吸湿湿度时，材料中的水分尚属吸附水，这种吸附水分的迁移，是先经蒸发，后以气态形式沿水蒸气分压力降低的方向或沿热量流动方向扩散迁移。毛细迁移是指当材料湿度高于最大吸湿湿度时，材料内部就会出现自由水，这种液态水将从含湿量高的部位流向含湿量低的部位。

（1）围护结构的蒸汽渗透

如围护结构的两侧存在着水蒸气分压力差，水蒸气分子将从压力较高的一侧通过围护结构向较低的一侧渗透扩散，这种现象称为蒸汽渗透。

在稳定条件下，围护结构内单纯的水蒸气渗透过程类似围护结构的稳定传热过程，其面积湿流量为

$$\omega = \frac{P_i - P_e}{H_0} \tag{9-2}$$

式中 ω——面积湿流量，单位为 g/m²·h；

H_0——围护结构的总蒸汽渗透阻，单位为 m²·h·Pa/g；按式（9-3）计算；

P_i——室内空气的水蒸气分压力，单位为 Pa；

P_e——室外空气的水蒸气分压力，单位为 Pa。

$$H_0 = H_1 + H_2 + \cdots + H_n = \frac{d_1}{\mu_1} + \frac{d_2}{\mu_2} + \cdots + \frac{d_n}{\mu_n} \tag{9-3}$$

式中　d_1、d_2、…、d_n——围护结构中某一分层的厚度，单位为 m；

μ_1、μ_2、…、μ_n——围护结构相应层的蒸汽渗透系数，单位为 g/(m · h · Pa)。

蒸汽渗透系数表明材料的蒸汽渗透能力，与材料的材质和密实程度有关。材料的孔隙率越大，透汽的渗透性越强。材料的蒸汽渗透系数还与温度、相对湿度有关，计算中采用的是平均值。常用建筑材料的蒸汽渗透系数 μ 值见附录 G。

围护结构的内外表面与附近空气边界层的蒸汽渗透阻很小，可不考虑，即取 P_i 和 $P_e = 0$。则围护结构中任一层的分界面上的水蒸气分压力可按下式计算：

$$P_m = P_i - \frac{\sum_{j=1}^{m-1} H_j}{H_0}(P_i - P_e) \tag{9-4}$$

（2）围护结构冷凝的检验

在取暖期，室内空气温度和绝对湿度比室外高很多，建筑围护结构内外存在很大的水蒸气分压力差和温度差。因此，围护结构中导热和蒸气渗透同时存在。若设计不当，水蒸气通过围护结构时，会在围护结构表面或内部材料的孔隙中冷凝成水或结成冰（即内部冷凝）。若围护结构表面温度低于露点温度，水蒸气就会在表面上冷凝成水（即表面冷凝）。表面冷凝有碍室内卫生，在某些情况下还将直接影响生产和房间的使用。内部冷凝会使保温材料受潮，材料受潮后热导率增大，保温能力降低；内部冷凝水可能结冰，由于冰的冻融交替作用，抗冻性差的保温材料便遭破坏，屋面防水层可能破裂，从而降低结构的使用质量和耐久性。

若围护结构按最小总传热阻法进行设计，通常不会产生表面冷凝，但对围护结构中的保温薄弱部位则应认真检验和处理。

1）表面冷凝的检验。表面冷凝的检验步骤为：

① 计算室内空气的露点温度 t_d。

② 计算围护结构薄弱部位的热阻。

③ 计算围护结构内表面的温度 θ_i。

④ 根据 θ_i 的 t_d 大小判断是否出现表面冷凝，如 $\theta_i \leq t_d$ 则出现表面冷凝。

2）内部冷凝的检验。内部冷凝的检验步骤为：

① 根据室内外空气的温度和湿度，确定水蒸气分压力 P_i 和 P_e，并依次计算出围护结构各层的水蒸气分压力，画出围护结构内的水蒸气分压力 P 的分布曲线。

② 根据室内外空气温度 t_i 和 t_e，确定围护结构各层的温度，并从附录 H 中查出相应的饱和水蒸气分压力 P_s，作出 P_s 分布曲线。

③ 根据 P 线与 P_s 线相交与否来判断围护结构内部是否会出现冷凝现象。如两线相交，则内部出现冷凝（图 9-20a），如两线不相交，则不出现内部冷凝（图 9-20b）。

实践和理论分析表明：在围护结构蒸汽渗透的途径中，若材料的蒸气渗透系数出现由大变小的界面，水蒸气在此将遇到较大的阻碍，最易发生冷凝现象。习惯上把这个最易出现冷凝、而且凝结最严重的界面，称为围护结构内部的“冷凝界面”，如图 9-20a 所示。

显然，当出现内部冷凝时，冷凝界面处的水蒸气分压力已达到该界面温度下的饱和水蒸气分压力 $P_{s,c}$。设由水蒸气分压力较高的一侧空气进到冷凝界面的面积湿流量为 ω_1，从冷凝界面渗透到分压力较低一侧空气的面积湿流量为 ω_2，两者之差就是界面处的冷凝强度 ω_c，如图 9-21 所示，冷凝强度的计算公式为

$$\omega_c = \omega_1 - \omega_2 = \frac{P_A - P_{s,c}}{H_{0,i}} - \frac{P_{s,c} - P_B}{H_{0,e}} \tag{9-5}$$

其中 P_A——水蒸气分压力较高一侧空气的水蒸气分压力，单位为 Pa；

P_B——水蒸气分压力较低一侧空气的水蒸气分压力，单位为 Pa；

$P_{s,c}$——冷凝界面处的饱和水蒸气分压力，单位为 Pa；

$H_{0,i}$——在冷凝界面水蒸气渗入一侧的蒸汽渗透阻，单位为 $m^2 \cdot h \cdot Pa/g$；

$H_{0,e}$——在冷凝界面水蒸气渗出一侧的蒸汽渗透阻，单位为 $m^2 \cdot h \cdot Pa/g$。

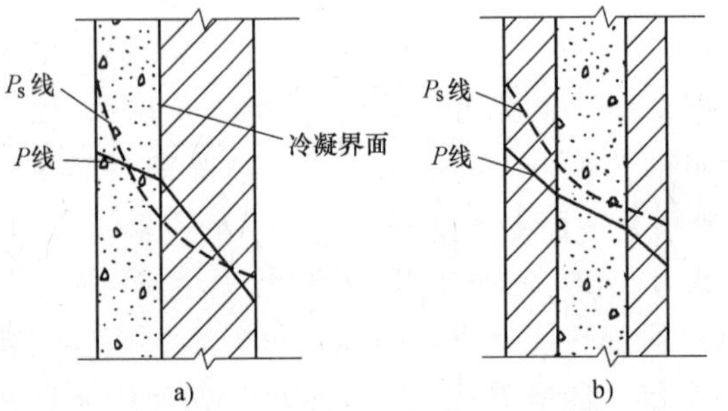

图 9-20 材料层次布置对内部湿状况的影响

a) 有冷凝 b) 无冷凝

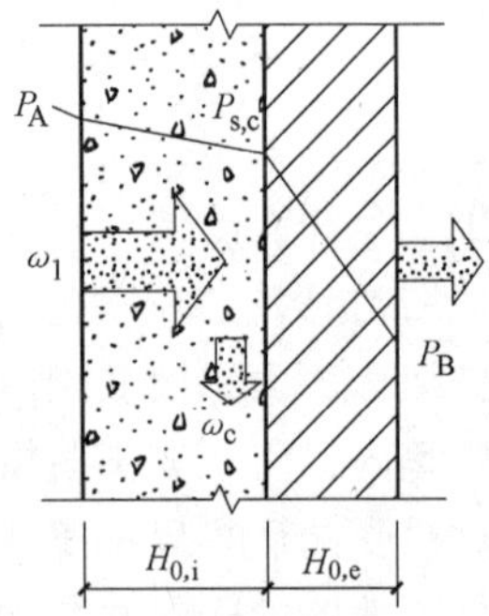

图 9-21 内部冷凝强度

采暖期内总冷凝量的近似估算值为：

$$\omega_{c,0} = 24\omega_c . Z_h \tag{9-6}$$

其中 $\omega_{c,0}$——采暖期内总的冷凝量，单位为 g/m^2；

Z_h——当地采暖期的延续时间，单位为 d。

采暖期内保温层材料湿度增量为：

$$\Delta\omega = \frac{24\omega_c Z_h}{1000 d_i \rho_0} \times 100\% \tag{9-7}$$

式中 d_i——保温层厚度，单位为 m；

ρ_0——保温材料的干密度，单位为 kg/m^3。

如围护结构内部出现少量的冷凝水能在暖季从结构内部蒸发出去，不致逐年累积而使围护结构保温层严重受潮，对一般的采暖房屋是允许的。假定在整个采暖期内可能产生的内部冷凝水全部被保温层吸收，且保温层受潮后的湿度增量 $\Delta\omega$ 不超过允许值 [$\Delta\omega$]，则基本能保证围护结构内部处于正常的湿度状态，不影响其使用效果。

【例 9-2】 试验算图 9-22 所示的外墙结构是否会产生内部冷凝。已知 $t_i = 16℃$，$\phi_i = 60\%$，采暖期室外平均气温 $t_e = -4℃$，平均相对湿度 $\phi_e = 50\%$（$R_i = 0.11m^2 \cdot K/W$，$R_e = 0.04m^2 \cdot K/W$）。

【解】

（1）计算各层的热阻和水蒸气渗透阻（表9-13）

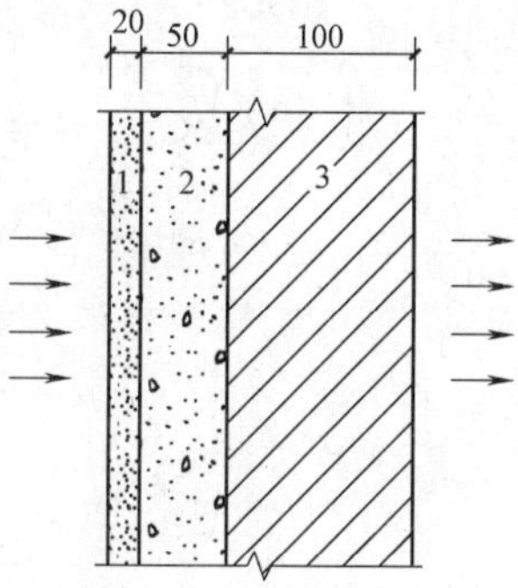

图9-22　外墙结构

1—石灰砂浆　2—泡沫混凝土　3—振动砖板

表9-13　热阻和水蒸气渗透阻计算表

序号	材料层	d /m	λ /[W/(m·k)]	$R=d/\lambda$ /[m^2·k/W]	μ /[g/(m·h·Pa)]	$H=d/\mu$ /[m^2·h·Pa/g]
1	石灰砂浆	0.02	0.81	0.025	0.00012	166.67
2	泡沫混凝土	0.05	0.19	0.263	0.000199	251.26
3	振动砖板	0.14	0.81	0.173	0.0000667	2098.95

由此得：$R_0=(0.11+0.025+0.263+0.173+0.04)\text{m}^2\cdot\text{K/W}=0.611\text{m}^2\cdot\text{K/W}$

$H_0=(166.67+251.26+2098.95)\ \text{m}^2\cdot\text{h}\cdot\text{Pa/g}=2516.88\text{m}^2\cdot\text{h}\cdot\text{Pa/g}$

（2）计算室内外空气的水蒸气分压力

查附录H知：

$t_i=16℃$时，$P_s=1817.2\text{Pa}$

$t_e=-4℃$时，$P_s=437.3\text{Pa}$

所以 $P_i=1817.2\text{Pa}\times0.60=1090.3\text{Pa}$

$P_e=437.3\text{Pa}\times0.50=218.7\text{Pa}$

（3）计算围护结构内部各层的温度和水蒸气分压力

$$\theta_i=\left[16-\frac{0.11}{0.611}(16+4)\right]℃=12.4℃$$

查附录H　$P_{s,i}=1438.5\text{Pa}$

$$\theta_2=\left[16-\frac{0.11+0.025}{0.611}(16+4)\right]℃=11.6℃$$

查附录H　$P_{s,2}=1365.2\text{Pa}$

$$\theta_3=\left[16-\frac{0.11+0.025+0.263}{0.611}(16+4)\right]℃=3.0℃$$

查附录H　$P_{s,3}=757.3\text{Pa}$

$$\theta_e=\left[16-\frac{0.611-0.04}{0.611}(16+4)\right]℃=-2.7℃$$

查附录 H
$$P_{s,e}=448.0\text{Pa}$$
$$P_i=1090.3\text{Pa}$$
$$P_2=\left[1090.3-\frac{166.67}{2516.88}(1090.3-218.7)\right]\text{Pa}=1032.6\text{Pa}$$
$$P_3=\left[1090.3-\frac{166.67+251.26}{2516.88}(1090.3-218.7)\right]\text{Pa}=945.6\text{Pa}$$
$$P_e=218.7\text{Pa}$$

作出 P_s 和 P 分布曲线，如图 9-23 所示，两线相交，说明有内部冷凝产生。

(4) 计算冷凝强度

本例中，冷凝界面位于第 2 层和第 3 层交界处，故：

$P_{s,c}=P_{s,3}=757.3\text{Pa}$

$H_{0,i}=(166.67+251.26)\ \text{m}^2\cdot\text{h}\cdot\text{Pa/g}=417.93\text{m}^2\cdot\text{h}\cdot\text{Pa/g}$

$H_{0,e}=2098.95\text{m}^2\cdot\text{h}\cdot\text{Pa/g}$

$$\omega_c=\left[\frac{1090.3-757.3}{417.93}-\frac{757.3-218.7}{2098.95}\right]\text{g/(m}^2\cdot\text{h)}=0.54\text{g/(m}^2\cdot\text{h)}$$

4.4 防止和控制冷凝的措施

(1) 防止和控制表面冷凝

产生表面冷凝的原因，是由于室内空气湿度过高或壁面的温度过低，如北方冬季和南方春夏之交在围护结构的表面可能出现表面冷凝。

图 9-23 墙体内温度和水蒸气分压力分布

1) 正常湿度的采暖房间。应注意尽可能使外围护结构内表面附近的气流畅通，家具、壁橱等不宜紧靠外墙布置。为防止供热不均匀而引起围护结构内表面温度的波动，围护结构内表面层宜采用蓄热大的材料，利用它蓄存的热量起调节作用，减少出现周期性冷凝的可能性。

2) 高湿房间。一般指冬季室温在 18～20℃以上，相对湿度高于 75% 的房间。对于这类房间，应尽量防止表面冷凝和滴水现象，以免结构受潮影响房间的使用质量。例如浴室、纺织厂的印染车间等，有时其室内气温已接近露点温度，即使加大围护结构的热阻，也不能防止表面冷凝，这时应防止表面冷凝水渗入围护结构的深部，使结构受潮，并避免在表面形成水滴掉落下来，影响房间的使用质量。处理时应根据房间使用性质采取不同的措施。为避免围护结构内部受潮，高湿房间围护结构的内表面应设防水层。

3) 间歇性处于高湿条件的房间。对于这类房间，为避免冷凝水形成水滴，围护结构内表面可增设吸湿能力强且本身耐潮湿的饰面层或涂层。在凝结期，水分被饰面层吸收，待房间比较干燥时，水分自行从饰面层中蒸发出去。

4) 连续处于高湿条件的房间。对于那种连续处于高湿条件下，又不允许屋顶表面的凝水滴到设备和产品上的房间，可设吊顶（吊顶空间应与室内空气流通）将滴水有组织地引流，或加强屋顶内表面处的通风，防止水滴的形成。

(2) 防止和控制内部冷凝

1）材料层次的布置应符合“进难出易”的原则。在同一气候条件下，使用相同的材料，由于材料层次布置的不同，一种构造方案可能不会出现内部冷凝，另一种方案则可能出现。如方案设计使水蒸气易进难出，有内部冷凝；如方案设计使水蒸气进难出易，无内部冷凝。

2）设置隔汽层。设置隔汽层是目前防止或控制围护结构内部冷凝最普遍采取的一种措施。在具体的构造方案中，材料层的布置往往不能完全符合上面所说的“进难出易”的要求，为了消除或减弱围护结构内部的冷凝现象，可在保温层蒸汽流入的一侧设置隔蒸汽层（如沥青卷材或隔汽涂料等）。这样可使水蒸气流入一侧的水蒸气分压力急剧下降，从而可避免内部冷凝。

3）设置通风间层或泄汽沟道。设置隔汽层虽能改善围护结构的湿状况，但并不是最妥善的办法，因为隔汽层的质量在施工和使用过程中不易保证。为此，采用设置通风间层或泄汽沟道的办法最为理想，这样能让进入保温层的水分有个“出路”，如图9-24所示。这是一项有效而可靠的措施，特别适用于湿度高的房间（如纺织厂）的外围护结构和卷材防水屋面的平屋顶结构。由于保温层外侧设有一层通风间层，从室内渗入的蒸汽可被通风间层中的气流带走，对保温层起风干的作用。

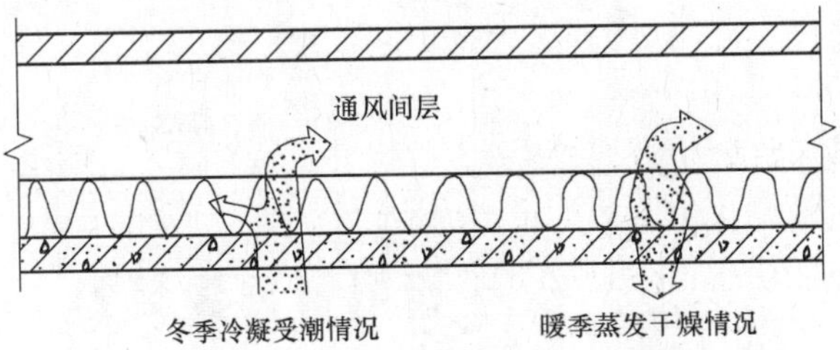

图9-24 有通风间层的围护结构

4）外侧设置密闭空气层。在较冷的一侧设置空气层，可使处于较高温度侧的保温层经常干燥，这个空气层称为引潮空气层，这个空气层所起的作用称为“收汗效应”。

4.5 采暖建筑围护结构防潮设计要点

采暖建筑围护结构的防潮设计，除了应采取上述防止和控制冷凝的措施外，通常还应该从下面几方面加以考虑：

1）在满足使用功能和工艺要求的前提下，尽量降低室内湿度。散湿量大的房间，应有良好的通风换气设施。

2）对温度和湿度正常的房间，内外表面有抹灰层的单一墙体、保温层外侧无密实结构层或保护层的多层墙体，以及保温层外侧有通风层的墙体和屋顶，一般不需设置隔汽层。

3）外侧有密实结构层、保护层或防水层的多层结构，如经验算必须设置隔汽层，则应严格控制保温层的施工湿度，尽量采用保温砌块，避免湿法施工和雨天施工，并保证隔汽层的施工质量。

4）外侧有卷材或其他密闭防水层、内侧为钢筋混凝土屋面板的平屋顶结构，如经验算不需设置隔汽层，则应确保屋面板及其接缝的密实性，达到所需的水蒸气渗透阻。

5）卷材防水屋面应设置与室外空气相通的排湿装置。

6）潮湿房间围护结构保温层外侧宜设置排湿通风间层。

4.6 夏季结露及防止方法

(1) 夏季结露及成因

南方湿热地区夏季经常出现结露现象，常导致墙面泛潮、地面淌水、衣物发霉、装修变形，一楼地面尤其严重。

夏季结露的成因是“差迟凝结”，即气温和湿度骤然变化，物体表面温度变化缓慢造成表面结露。

发生室内夏季结露的充分必要条件是：

1) 室外空气温度高、湿度大，空气饱和或者接近饱和。

2) 室内某些表面热惰性大，使其温度低于室外空气的露点温度。

3) 室外高温高湿空气与室内物体低温表面发生接触。

(2) 防止夏季结露的方法

破坏上述三个条件之一，就是防止结露的出发点。防止夏季结露的方法通常有以下几种。

1) 利用架空层或空气层。如图9-25所示，将地板架空对防止首层地面、墙面的夏季结露有一定作用。

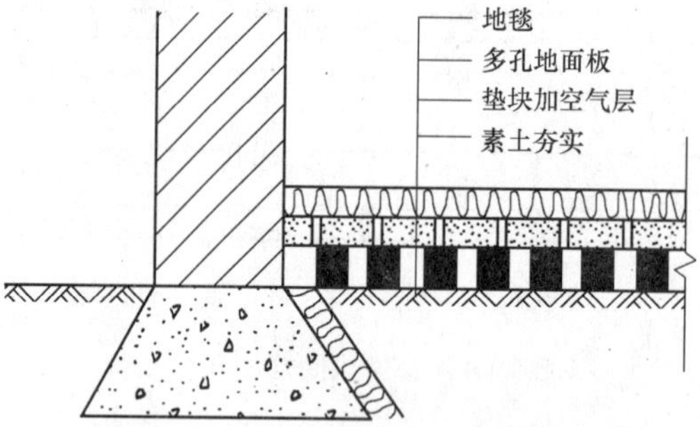

图9-25 空气层防结露地板构造

2) 用热容量小的材料装饰房屋内表面和地面，如铺设地板、地毯，以提高表面温度，减小夏季结露的可能性。

3) 利用有控制的通风防止夏季结露。一般来说，南方的梅雨季节，通风越多，室内结露越厉害。但是有控制的通风，却有利于防止结露。如白天，在夏季结露发生之前，紧闭门窗，限制通风，但在夜间，等室外气温降低之后，门户开放，充分通风，这样不仅减小结露的可能性，同时还能降低室内的温度和湿度，保持室内空气新鲜。

4) 利用多孔材料的吸附冷凝原理和对空气中水分的呼吸作用防止结露。例如，利用陶土防潮砖和防潮缸砖做室内某些表面的面层，这种方法不仅可延缓和减小夏季结露的强度，还可以适当调节室内空气的湿度。

5) 利用空调防止室内夏季结露。空调有抽湿降温的作用，能够降低室内空气的绝对湿度，从而达到避免结露的目的。

6) 在暴雨将至和久雨初晴时，室外空气的温度和湿度会突然上升，如门窗开启，这种高温高湿的空气就会进入室内，和室内温度较低的表面接触而导致结露，并且这种结露非常严重，经久不干。因此，这种情况下应尽量紧闭门窗。

课后任务

9.1　参照下面的知识点，复习并归纳本学习情境的主要知识

- 建筑保温设计的基本原则：充分利用日照、增加房间的密闭性、合理选择建筑体形与平面形式、使房间具有良好的热特性与合理的供热系统。
- 围护结构保温设计的基本方法为最小总热阻法。控制建筑围护结构内表面温度不低于室内露点温度，以保证内表面不结露，要求围护结构的总热阻有一个最低的限值，这个最低限度的总热阻称为最小总热阻，用 $R_{0,\min}$ 表示。最小总热阻的计算公式为

$$R_{0,\min}=\frac{(t_i-t_e)n}{[\Delta t]}R_i。$$

- 采暖建筑围护结构的传热系数或热阻必须符合相关标准或规范的要求。
- 一般把热导率小于 0.25W/(m·K)，表观密度小于 1000kg/m^3，并可用于绝热工程的材料称为绝热材料。习惯上把用于控制室内热量外流的叫保温材料，用于防止室外热量进入室内的叫隔热材料。
- 保温构造的类型：单设保温层、利用封闭空气间层保温、保温承重相结合、混合型保温结构。保温材料位置：内保温、外保温和夹层保温。
- 窗户的保温设计要点：控制窗墙面积比；提高窗户的密闭性，减少冷风渗透；提高窗户自身的保温能力。
- 外门保温的主要措施有：密封门缝、在双层木板间填充保温材料、用保温材料做门、增加门的厚度或做成双层门等方法。
- 地面的热工性能可按地面的吸热指数 B 值的不同分为三类：木地面、塑料地面等属于Ⅰ类（即 $B<17$）；水泥砂浆地面等属于Ⅱ类（即 B 介于 17~23 之间）；水磨石地面、豆石混凝土地面等属于Ⅲ类（即 $B>23$）。
- 围护结构交角处的保温设计：可在室内一侧距墙角内表面约 60~90cm 范围内，加贴一层保温材料。对屋顶与外墙的交角处，可考虑将屋顶保温层延伸到外墙顶部。
- 围护结构中某些部位的热损失比相同面积主体部分的热损失要多，其内表面温度比主体部分低，这类容易传热的部位称为“热桥”。贯通式热桥是最不合适的，至于非贯通式热桥，热桥布置在冷侧比布置在热侧好。
- 太阳能采暖系统根据运行过程是否需要动力分为“主动式”和“被动式”两种。被动式太阳房的主要集热方式有直接受益式、集热墙式和附加日光间式。
- 材料的吸湿机理分三种状态：在低湿度时为单分子吸湿、在中等湿度时为多分子吸湿、在高湿度状态时为毛细吸湿。
- 材料内部存在压力（分压力或总压力）差、湿度（材料含湿量）差和温度差时，均能引起材料内部所含水分的迁移。
- 如围护结构的两侧存在着水蒸气分压力差，水蒸气分子将从压力较高的一侧通过围护结构向较低的一侧渗透扩散，这种现象称为蒸汽渗透。在稳定条件下，围护结构内单纯的水蒸气渗透过程面积湿流量为 $\omega=\frac{P_i-P_e}{H_0}$。围护结构中任一层的分界面上的水

蒸气分压力 $P_m = P_i - \frac{\sum_{j=1}^{m-1} H_j}{H_0}(P_i - P_e)$。

- 表面冷凝的检验步骤为：①计算室内空气的露点温度 t_d。②计算围护结构薄弱部位的热阻。③计算围护结构内表面的温度 θ_i。④根据 θ_i 的 t_d 大小判断是否出现表面冷凝，如 $\theta_i \leqslant t_d$ 则出现表面冷凝。
- 内部冷凝的检验步骤为：①根据室内外空气的温湿度，确定水蒸气分压力 P_i 和 P_e，并依次计算出围护结构各层的水蒸气分压力，画出围护结构内的水蒸气分压力 P 的分布曲线。②根据室内外空气温度 t_i 和 t_e，确定围护结构各层的温度，并从附录 H 中查出相应的饱和水蒸气分压力 P_s，作出 P_s 分布曲线。③根据 P 线与 P_s 线相交与否来判断围护结构内部是否会出现冷凝现象。如两线相交，则内部出现冷凝，如两线不相交，则不出现内部冷凝。
- 在围护结构蒸汽渗透的途径中，若材料的蒸汽渗透系数出现由大变小的界面，水蒸气在此将遇到较大的阻碍，最易发生冷凝现象。习惯上把这个最易出现冷凝、而且凝结最严重的界面，称为围护结构内部的“冷凝界面”。
- 冷凝界面处冷凝强度 $\omega_c = \omega_1 - \omega_2 = \frac{P_A - P_{s,c}}{H_{0,i}} - \frac{P_{s,c} - P_B}{H_{0,e}}$。采暖期内总冷凝量的近似估算值为 $\omega_{c,0} = 24\omega_c Z_h$。采暖期内保温层材料湿度增量为 $\Delta\omega = \frac{24\omega_c Z_h}{1000 d_i \rho_0} \times 100\%$。
- 防止和控制表面冷凝的措施：①对正常湿度的采暖房间，应尽可能使外围护结构内表面附近的气流畅通。围护结构内表面层宜采用蓄热大的材料。②对高湿房间，即冬季室温在 18～20℃以上，相对湿度高于 75% 的房间，应尽量防止表面冷凝和滴水现象。高湿房间围护结构的内表面应设防水层。③对间歇性处于高湿条件的房间，围护结构内表面可增设吸湿能力强且本身耐潮湿的饰面层或涂层。④对于那种连续处于高湿条件下，又不允许屋顶表面的凝水滴到设备和产品上的房间，可设吊顶将滴水有组织地引流，或加强屋顶内表面处的通风。
- 防止和控制内部冷凝的措施：材料层次的布置应符合“进难出易”的原则；设置隔汽层；设置通风间层或泄汽沟道；外侧设置密闭空气层。
- 夏季结露的成因是“差迟凝结”，即气温和湿度骤然变化，物体表面温度变化缓慢造成表面结露。
- 防止夏季结露的方法：利用架空层或空气层；用热容量小的材料装饰房屋内表面和地面；利用有控制的通风防止夏季结露；利用多孔材料的吸附冷凝原理和对空气中水分的呼吸作用防止结露；利用空调防止室内夏季结露；在暴雨将至和久雨初晴时，应尽量紧闭门窗。

9.2 思考下面的问题

（1）简述建筑保温设计的基本原则。

（2）什么是最小总热阻？为什么我国规定围护结构的热阻不得低于最小总热阻？

（3）例 9-1 中如是设计问题，保温层厚度未知，该如何解决？

（4）内保温和外保温各有何优缺点？

(5) 如何改善窗户的保温性能?

(6) 何为热桥? 热桥保温的处理方法有哪些?

(7) 被动式太阳房的主要集热方式有哪些?

(8) 简述检验表面冷凝的步骤。

(9) 简述检验内部冷凝的步骤,并说明什么是冷凝界面。

(10) 简述防止和控制表面冷凝和内部冷凝的措施。

(11) 简述夏季结露的成因及防止方法。

学习情境10　建筑防热

职业标准要求：

掌握建筑防热途径和隔热设计标准，了解室外综合温度的概念；掌握外围护结构隔热设计的原则，掌握屋顶和外墙隔热处理方法；掌握建筑遮阳的基本知识；掌握自然通风的作用和成因，掌握自然通风的合理组织方法；了解空调节能与利用自然能源降温的相关知识。

任务1　建筑防热途径与防热标准

1.1　夏季室内过热的原因

南方炎热地区的房屋必须进行建筑防热设计，以使房间保持良好的热环境、降低空调负荷，节约能源。

造成夏季室内过热的原因，主要是室外气候因素的影响。如图10-1所示，建筑物室内热量的主要来源为：

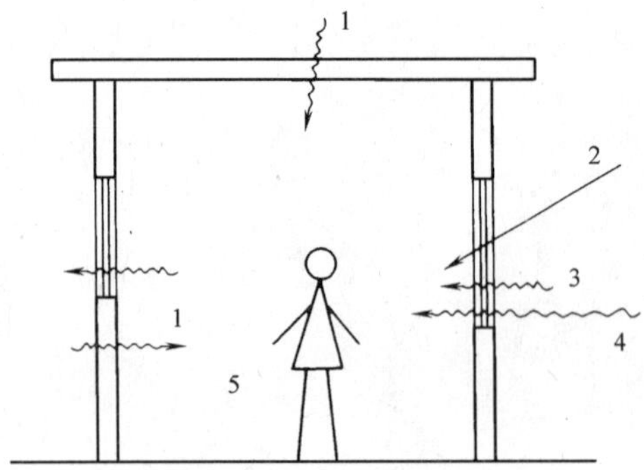

图10-1　室内过热的原因

1—屋顶、墙传热　2—阳光直射　3—热空气交换

4—传入室内的各种热辐射　5—室内余热（包括人体散热）

1）围护结构传入热量，如屋顶、墙面传入的热量等。

2）太阳辐射，直射阳光透过窗户进入室内。

3）自然通风过程中热空气的传入。炎热地区7月份平均气温一般在26～30℃，平均最高气温约33～34℃，整个夏季，也常有瞬时温度高达40℃左右的时间。

4）邻近建筑物、地面、路面对房间围护结构的反射辐射及长波辐射。

5）室内生产、生活及设备产生的余热。

在建筑规划及建筑设计中采取合理的技术措施，减弱室外热作用，使室外热量尽量少传入室内，并使室内热量能很快地散发出去，从而改善室内热环境，这是建筑防热的主要任务。

1.2 建筑防热的途径

1）隔热。对屋顶及外墙，特别是西墙，必须进行隔热处理，以降低内表面温度及减少传入室内的热量，并尽可能使内表面出现高温的时间与房间的使用时间错开。如能采用白天隔热好、夜间散热快的构造方案则较为理想。

2）遮阳。防止阳光直射室内。

3）通风。居住区总体布局、单体建筑设计方案和门窗的设置等，都应有利于自然通风。自然通风是保持室内空气清新、排除余热、改善人体热舒适感的重要途径。

4）绿化。绿化应从建筑物的朝向和布局、避免主要房间受东西晒及绿化环境等方面考虑。

另外，国内外近些年的研究表明，可有效利用自然能源进行建筑防热，其中包括建筑外表面的长波辐射、夜间对流、被动蒸发冷却、地冷空调、太阳能降温等。

1.3 隔热设计标准

《民用建筑热工设计规范》规定，在自然通风情况下，房屋外围护结构应满足如下隔热控制标准：

1）通常情况下，屋顶和东西外墙的内表面最高温度 $\theta_{i,max}$，应满足如下要求

$$\theta_{i,max} \leqslant t_{e,max} \tag{10-1}$$

式中 $\theta_{i,max}$——围护结构内表面最高温度，按《民用建筑热工设计规范》规定的方法计算，单位为℃；

$t_{e,max}$——夏季室外计算温度最高值，按《民用建筑热工设计规范》规定取值，单位为℃。

2）对于夏季特别炎热的地区（如南京、合肥、武汉、重庆等），$\theta_{i,max}$应满足如下要求

$$\theta_{i,max} < t_{e,max} \tag{10-2}$$

3）当外墙和屋顶采用轻型结构（如加气混凝土）时，$\theta_{i,max}$应满足如下要求

$$\theta_{i,max} \leqslant t_{e,max} + 0.5℃ \tag{10-3}$$

4）当外墙和屋顶内侧采用复合轻型材料（如混凝土墙内侧复合轻混凝土、岩棉、泡沫塑料、石膏板等）时，$\theta_{i,max}$应满足如下要求

$$\theta_{i,max} \leqslant t_{e,max} + 1℃ \tag{10-4}$$

5）对冬冷夏热地区，围护结构既应满足夏季的隔热要求，也应满足冬季的保温要求。

为创造良好的室内热环境，建筑隔热设计必须以上述标准验算围护结构内表面的温度。

1.4 室外综合温度

围护结构的隔热设计，必须综合考虑室外气候对围护结构的热作用，包括太阳辐射热的作用、室外空气与外表面的传热和外表面的辐射降温。建筑物理中将这些作用于围护结构的因素综合成一个单一的参数，称为室外综合温度。

$$\text{室外综合温度} = \text{太阳辐射当量温度} + \text{室外空气温度} - \text{外表面长波辐射温度} \tag{10-5}$$

其中，太阳辐射当量温度可看作是太阳辐射对围护结构外表面热作用的提高程度；外表面长波辐射温度可看作外表面的辐射对围护结构的降温作用。

关于室外综合温度的相关计算，本书不予详述。

室外综合温度有以下特点：

1）室外综合温度以 24h 为周期波动，如图 10-2 所示。

2）在夏季，同一天中不同时刻，同一地点各朝向的室外综合温度不同，如图 10-3 所示。

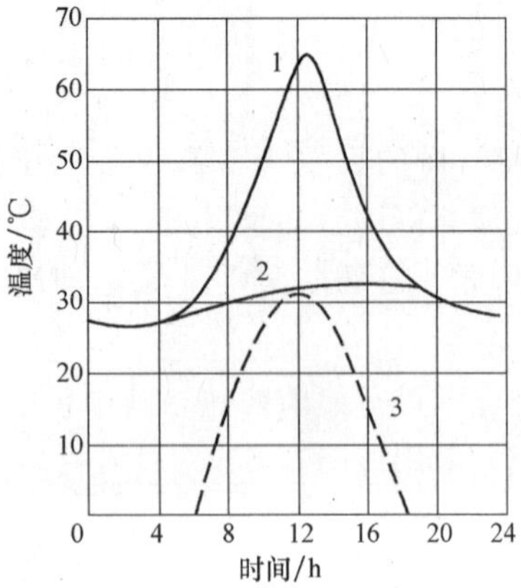

图 10-2 室外综合温度以 24h 为周期波动

1—室外综合温度 2—室外空气温度 3—太阳辐射当量温度

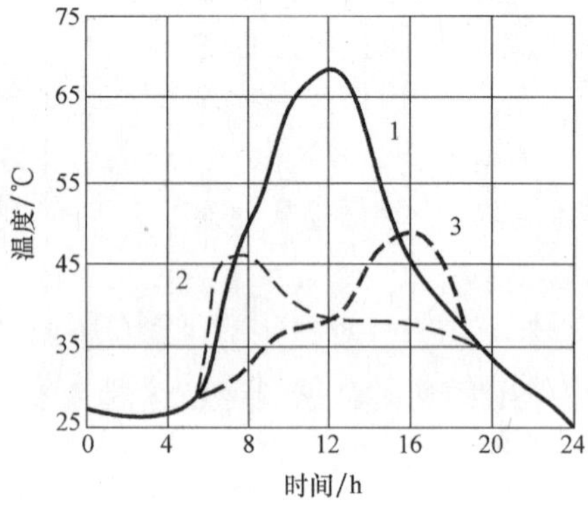

图 10-3 不同朝向的室外综合温度

1—水平面 2—东向垂直面 3—西向垂直面

3）室外综合温度代表了室外热作用的大小。南方夏季时，除南北墙外，其他方向的墙表面，所受室外热作用较大，室外综合温度较高。因此在设计中必须进行隔热处理。

任务 2 围护结构的隔热

2.1 外围护结构隔热设计的原则

在南方炎热地区，不管是空调房间还是一般的工业与民用建筑，都必须进行隔热设计。

外围护结构隔热设计基本原则和主要方法如下：

1）隔热重点在屋面，其次是西墙与东墙。设计时应对屋顶和东西墙按规范要求进行隔热计算。

2）外表面浅色处理。如图 10-4 所示，结构外表面浅色处理可大大降低外表面的温度。

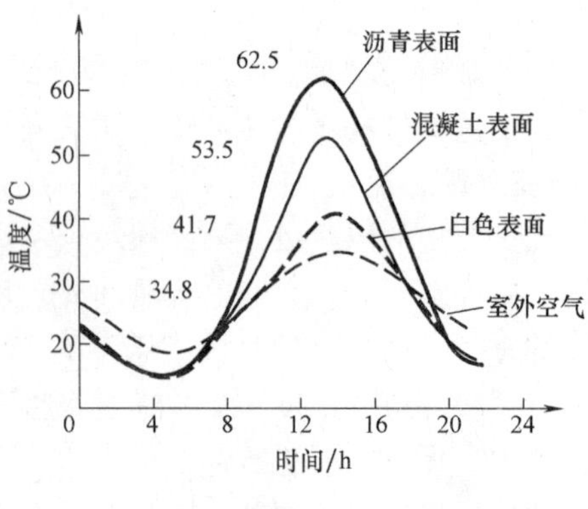

图 10-4 不同颜色表面一天中的温度变化

3）在外围护结构内部设置通风间层，靠空气对流散热。

4）围护结构的热工性能应适合地区特点。

5）利用水的蒸发和植被对太阳能的转化作用降低建筑物的温度。

6）应充分利用自然能源降温。

7）空调房间的传热系数应符合相应的规范要求。

2.2 屋顶隔热

屋顶隔热的主要措施有：

（1）设置封闭空气间层或由绝热材料组成的隔热层

如图 10-5 所示，这类屋顶应用最广泛，但必须尽量减少屋顶的自重，同时注意屋顶表面尽量使用浅色彩。

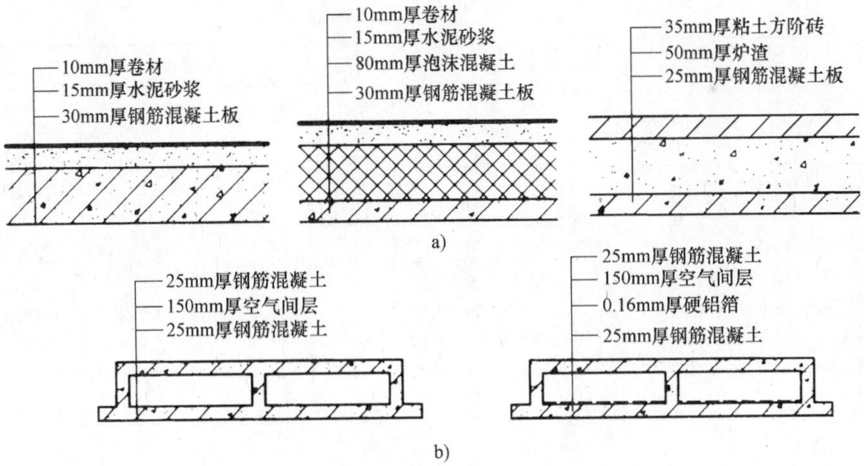

图 10-5　具有绝热层或封闭空气层的隔热屋顶

a）有绝热层的隔热屋顶　b）有封闭空气间层的隔热屋顶

（2）设计成通风屋顶

做成双层屋顶，中间的通风层同时起到隔热和防湿的双重功效，如图 10-6 所示。通风屋顶的隔热效果见表 10-1。

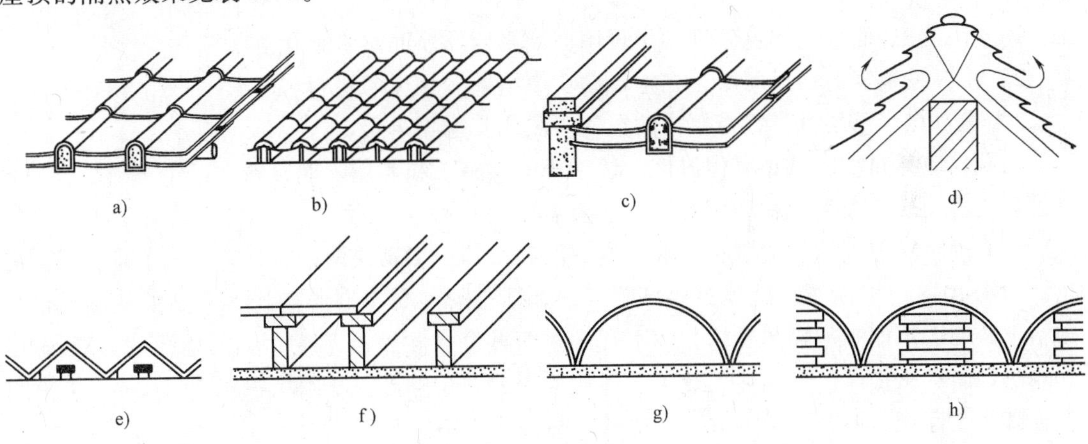

图 10-6　通风屋顶

a）双层架空粘土瓦（坡顶）　b）山形槽板上铺粘土瓦（坡顶）　c）双层架空水泥瓦（坡顶）
d）坡顶的通风屋脊　e）钢筋混凝土折板下吊木丝板　f）钢筋混凝土板上铺大阶砖
g）钢筋混凝土板上砌 1/4 砖拱　h）钢筋混凝土板上砌 1/4 砖拱加设百叶

（3）设置通风阁楼

屋顶设置成阁楼形式，在阁楼的四周开通风口。应用这种隔热形式，一定要灵活处理好冬天的保温问题。图 10-7 为通风阁楼示例。

2.3　外墙隔热

粘土砖墙基本能满足隔热和保温要求，但由于浪费农田，国家已限制使用。

墙体隔热与屋顶隔热的基本原理和方法是相同的，墙体隔热通常采用设置外、中、内三道防线的处理办法。

表 10-1 通风屋顶隔热效果

编号	构造	间层高度/cm	外表面温度		内表面温度			室外气温	
			最高/℃	平均/℃	最高/℃	平均/℃	最高出现时间	最高/℃	平均/℃
1	双层架空粘土瓦	5	48.3	31.6	32.1	28.8	14:30	33.3	26.6
2	山型槽板上铺粘土瓦	15	52.0	32.4	30.0	27.8	15:00	33.7	29.1
3	双层架空水泥瓦	9	54.5	34.1	36.4	30.0	14:00	32.2	27.1
4	钢筋混凝土折板下吊木丝板	63	66.0	—	32.8	—	—	29.1	—
5	钢筋混凝土板上铺大阶砖	24	60.0	36.3	29.8	28.8	20:00	35.5	31.3
6	钢筋混凝土板上砌1/4砖拱	60(内径)	59.0	38.4	33.8	32.3	18:00	34.9	31.2
7	钢筋混凝土板上砌1/4砖拱加设百叶	60(内径)	56.5	38.3	34.0	31.8	19:00	35.5	31.8

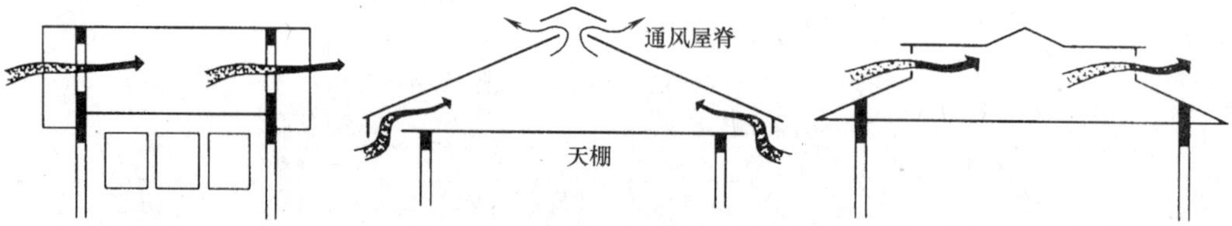

图 10-7 通风阁楼的常见形式

1）外：外表面采用浅色处理，增设墙面遮阳以及墙面垂直绿化等。

2）中：设置竖向通风间层，在空心砌块中填塞多孔保温材料。

3）内：在承重层内设置带铝箔的空气间层或其他隔热层。

为减轻墙体自重，减小墙体厚度，便于机械化施工和利用工业废料，近年来全国各地大量采用空心砌块、大型板材和复合轻型墙板墙体。

空心砌块一般利用工业废料制成，有中型砌块和小型砌块两种，可以做成单排孔或双排孔，如图 10-8a、b 所示。就隔热效果而言，单排孔的混凝土空心砌块大多不如一砖厚的实砌粘土砖墙，不能满足隔热要求，故不宜做东西外墙。若厚度不变，将单排孔改为双排孔，其隔热性能有所提高，基本达到热工设计规范要求。在单排空心砌块中填充轻质多孔材料能改善其热工性能，但施工难度大，且质量不易保证，不宜采用。

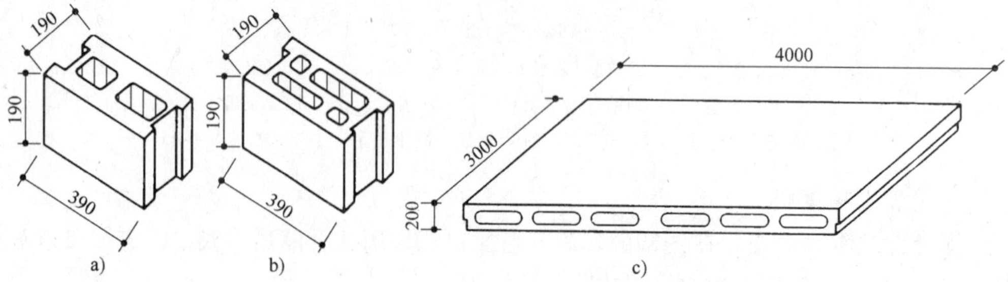

图 10-8 空心砌块和大型墙板

a）单排孔小型砌块 b）双排孔小型砌块 c）大型钢筋混凝土墙板

混凝土空心砌块隔热效果见表10-2。

表10-2 混凝土空心砌块隔热效果

墙体结构	厚度/mm	热阻R/(m^2·K/W)	衰减倍数γ_0	延迟时间ξ_0/h	内表温度/℃		室外气温/℃		室内气温/℃
					平均	最高	平均	最高	
240厚粘土实心砖墙	240	0.306	7.55	5.7	31.57	33.28	29.66	34.7	24.6
小型双排孔空心混凝土砌块	190	0.394	5.20	50	31.56	33.34			
小型单排孔空心混凝土砌块	190	0.179	3.27	3.3	31.86	35.75			

我国南方地区住宅，多用大型空心墙板。该板一般不能满足隔热、保温要求，应进行适当处理，如外粉刷和浅色处理，板内用木丝板或石膏板构成空气间层，增大墙体热阻。大型墙板如图10-8c所示，其隔热效果见表10-3。

表10-3 大型空心墙板隔热效果

墙体结构	外表面温度/℃		内表面温度/℃		室外气温/℃	
	平均	最高	平均	最高	平均	最高
封闭空心大板	34.0	52.0	32.3	39.7	30.2	34.8
封闭空心大板外加刷白	32.0	40.1	31.6	36.3	30.2	34.8
通风空心板	32.9	41.0	31.1	37.7	30.2	34.8
通风空心板外加粉刷	31.4	38.0	31.0	35.0	30.2	34.8

复合轻型墙板通常由一种材料或多种材料多层复合而成，如图10-9所示。复合轻型墙板的构造较复杂，但它将材料区别使用，每层均可采用高效的隔热材料，充分发挥各种材料的特长，且板体轻、热工性能好。表10-4列出了复合轻型墙板与砖墙的隔热效果比较。

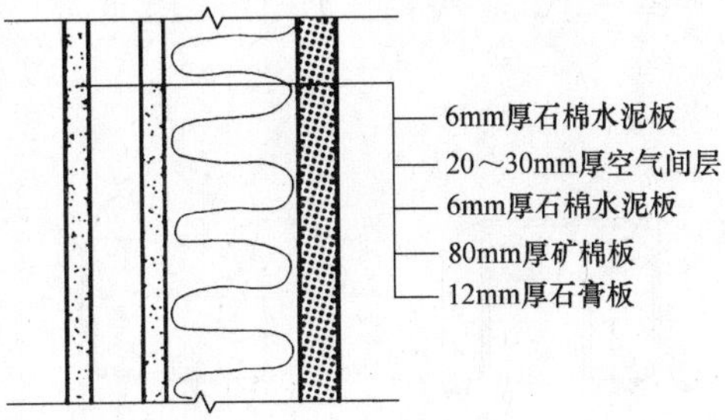

a)

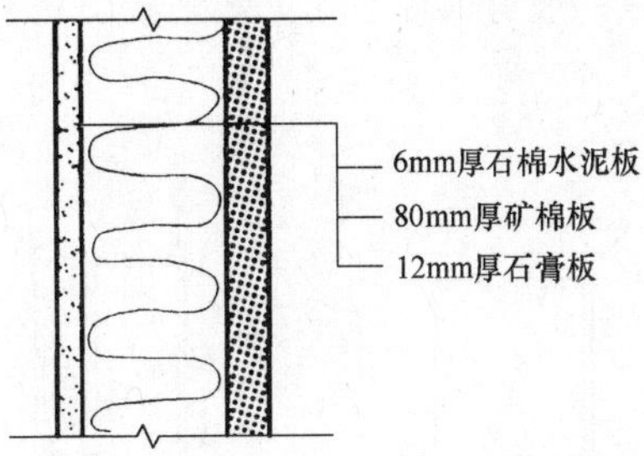

b)

图10-9 复合轻型墙板

a）有通风间层的 b）无通风间层的

表10-4 复合轻型墙板与砖墙的隔热效果比较

名 称	砖墙(内抹灰)	有通风层的复合墙板	无通风层的复合墙板
总厚度/mm	260	124	98
重量/(kg/m^2)	464	55	50

（续）

名称		砖墙(内抹灰)	有通风层的复合墙板	无通风层的复合墙板
内表面温度/℃	平均	27.80	26.9	27.2
	振幅	1.90	0.9	1.2
	最高	29.70	27.8	28.4
热阻/($m^2 \cdot K/W$)		0.468	1.942	1.959
室外气温/℃	最高	28.9		
	平均	23.3		

任务3 建筑遮阳

在我国南方炎热地区，夏季室内过热的主要原因是太阳光直射室内。设置遮阳可减少室内的太阳辐射热，防止室内过热；还可以避免产生眩光，防止室内物品褪色、变质、变形或损坏。

3.1 建筑遮阳应遵循的原则

1）合理选择建筑朝向，处理好建筑物立面，尽量避免夏季太阳光直射室内。

2）充分利用建筑构件和绿化遮阳。

3）遮阳设置要综合考虑室内通风、采光、视野以及防雨等问题。

4）建筑遮阳应经久耐用、造型美观、构造简单、使用方便。

3.2 建筑遮阳的措施

遮阳的方式很多，一般采用绿化、挑檐、外廊、阳台、花格、窗玻璃处理、设遮阳板、设置窗帘及室外活动遮阳等。

(1) 遮阳板

遮阳板一般有四种形式：水平式、垂直式、综合式和挡板式，如图10-10所示。

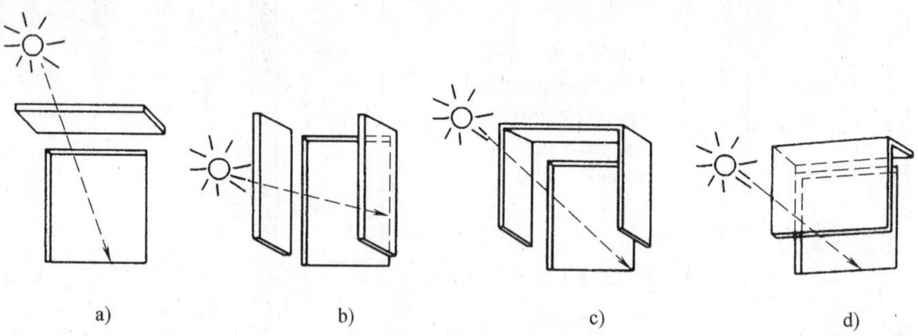

图10-10 遮阳板的基本形式

a）水平式 b）垂直式 c）综合式 d）挡板式

1）水平遮阳。水平式遮阳板如图10-10a所示，这种遮阳方式能有效地遮挡太阳高度角较大的，从窗口上方照射下来的太阳光。适用于南向及南偏东、南偏西角度不大的窗口或北回归线以南低纬度地区的北向及其附近的窗口。

2）垂直遮阳。垂直式遮阳板如图10-10b所示，这种遮阳方式能够遮挡高度角较小的，从窗口侧边射过来的阳光，对高度角较大的，从窗口上方照射下来的阳光或接近日出日落时向窗口正射的阳光，它不起遮挡作用。所以，垂直遮阳主要适用于偏东或偏西的南向或北向及其附近的窗口。

3）综合遮阳。综合式遮阳板如图 10-10c 所示，这种遮阳方式是水平遮阳与垂直遮阳的综合，能够遮挡从窗左右侧及前上方斜射来的阳光，遮阳效果比较均匀，主要适用南、东南、西南方向及其附近的窗口。

4）挡板式遮阳。挡板式遮阳如图 10-10d 所示，这种遮阳方式能够有效地遮挡高度角较小的、正射窗口的阳光，主要适用于东、西向及其附近的窗口。挡板式遮阳效果好，但影响通风和采光。可采用磨砂玻璃、热反射玻璃、吸热玻璃等透光材料做挡板以解决采光问题。

为了兼顾通风、采光、通视要求及便于进行构造和立面处理，可将遮阳板组合成各种不同形式，如图 10-11 所示。

阳光照射会使遮阳板温度升高，遮阳板附近的空气被加热。为了避免热气流通过窗口流入室内，通常在遮阳板与墙体间留出一段空隙或将遮阳板设置成百叶形式。建筑遮阳板常用的构造方式如图 10-12 所示。

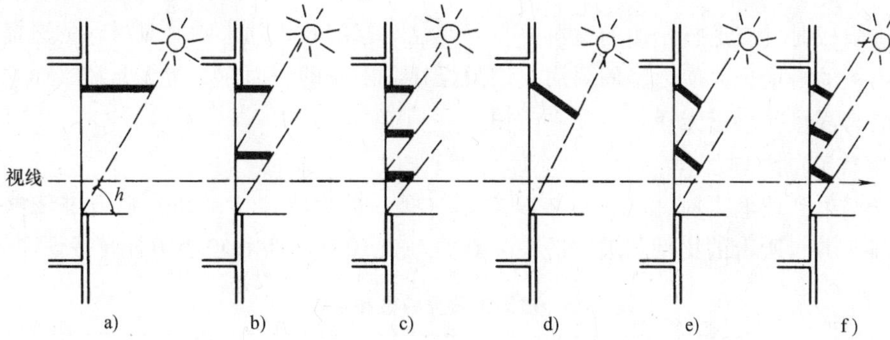

图 10-11 遮阳板面组合形式

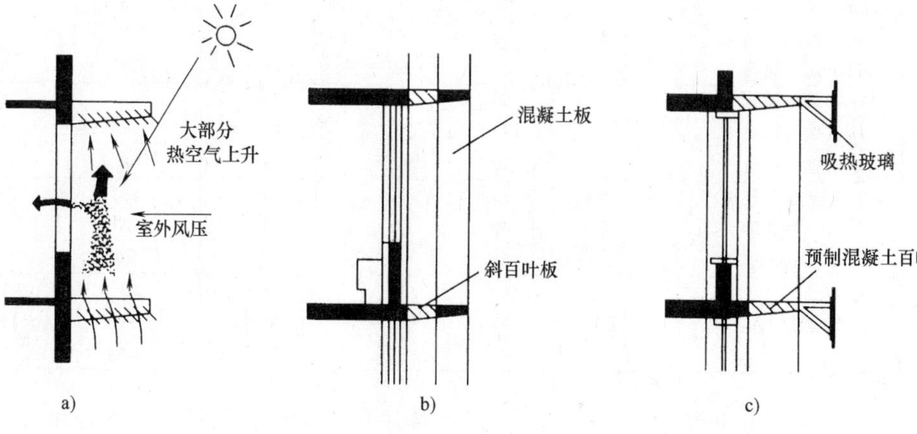

图 10-12 建筑遮阳构造方式

a）百叶形式遮阳板及其热流流动示意 b）部分百叶形式的遮阳板

c）加吸热玻璃挡板的百叶形式的遮阳板

遮阳的安装位置对室内气温的影响也非常大。图 10-13a 中，大量热空气直接进入室内；而图 10-13b 中，大部分热空气沿墙面流走；图 10-13c 中以百叶窗作为遮阳措施，有 60% 以上的太阳辐射热量传入室内；而图 10-13d 的处理方式使传入室内的热量仅为太阳辐射热量的 30% 。

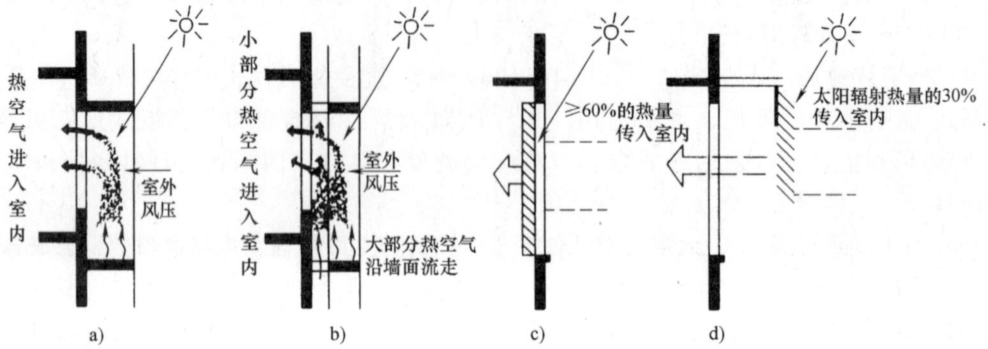

图 10-13 遮阳安装位置

设置遮阳板时，应选择合适的材料并注意颜色对遮阳效果的影响。对材料的选择，应尽量减轻遮阳板的自重，并使之坚固耐用。遮阳板背向阳光的一面应尽量无光泽，而朝向阳光的一面则应为浅色并尽量光泽。

(2) 窗玻璃的处理

太阳光照射到玻璃上时，一部分被反射，一部分被吸收，其余部分则透过玻璃进入室内。这三部分各自所占的比例与玻璃的种类有关。表 10-5 为各种玻璃的日光特性和热光比。

表 10-5 玻璃的日光特性和热光比

玻璃种类		日光特性			总得热量(%)	光透过量(%)	热光比
		反射(%)	吸收(%)	透过(%)			
净片玻璃	3mm 平板玻璃	7	8	85	87	90	0.97
	6mm 磨砂玻璃	8	12	80	84	87	0.97
	6mm 嵌丝玻璃	6	31	60	71	85	0.84
彩色压花玻璃	3mm 绿色玻璃	6	55	39	56	49	1.14
	3mm 蓝色玻璃	6	32	62	72	31	2.32
	3mm 琥珀玻璃	6	40	52	66	58	1.14
吸热玻璃	6mm 蓝绿色玻璃	5	75	20	43	48	0.90
	6mm 绿色玻璃	6	49	45	60	75	0.80
	6mm 赤褐色玻璃	5	51	44	60	50	1.20
热反射玻璃(6mm 镀金玻璃)	厚涂层	47	42	11	25	20	1.25
	中等涂层	33	42	25	41	38	1.08
	薄涂层	21	43	36	53	63	0.84

不同种类的玻璃，热光性能不尽相同，但均可达到一定的遮阳目的。如采用反射玻璃，它对日光的反射大大增加，就减少了阳光对室内的直射。

(3) 其他可利用的遮阳形式

1) 绿化遮阳。绿化遮阳通常有两种方式，一种方式是在房前屋后种植各种高大的落叶树木，使建筑物处于树冠的阴影下；另一种方式是在建筑物的墙脚附近种植各种藤类植物，让它们攀爬并布满建筑物的墙体表面，利用植物叶片的光合作用遮阳。两种绿化遮阳方式都有利于建筑与环境的美化，但绿化遮阳方式的选择必须考虑通风、采光、通视和日照等方面的问题。

2）利用建筑物自身的构件解决遮阳问题。在我国南方，特别是气候炎热地区，常在建筑设计中设置外走廊、阳台、挑檐等，这种做法一举两得，既满足建筑功能要求，又能达到预期的遮阳效果。

3）活动遮阳设施。对夏季炎热，但时间较短，而冬季又非常寒冷的地区，可考虑设置活动遮阳设施。活动遮阳设施的材料多用铝合金、吸热玻璃、塑料制品等。如百叶窗、临时遮阳板及各种新型、复杂的自动遮阳系统。

我国幅员辽阔，不同地区的气候特征差别非常大。建筑遮阳形式的选择必须因地制宜，根据建筑物朝向、地区气候情况采取适宜的遮阳方式。

3.3 公共建筑遮阳系数限值

遮阳系数是在相同条件下，太阳辐射能量透过窗玻璃的量与透过相同面积3mm厚透明玻璃的量之比，用 *SC* 表示。遮阳系数越小，阻挡阳光向室内直接辐射的性能越好。

《公共建筑节能设计标准》（GB 50189—2015）对不同建筑分区的遮阳系数限值见表10-6。

表10-6 不同建筑分区公共建筑围护结构遮阳系数 *SC* 的限值

围护结构部位		寒冷地区	夏热冬冷地区	夏热冬暖地区
单一朝向外窗（包括透明幕墙）	窗墙面积比≤0.2	—	—	—
	0.2<窗墙面积比≤0.3	—	≤0.55/—	≤0.50/0.60
	0.3<窗墙面积比≤0.4	≤0.70/—	≤0.50/0.60	≤0.45/0.55
	0.4<窗墙面积比≤0.5	≤0.60/—	≤0.45/0.55	≤0.40/0.50
	0.5<窗墙面积比≤0.7	≤0.50/—	≤0.40/0.50	≤0.35/0.45
屋顶透明部分		≤0.50	≤0.40	≤0.35

表10-6中，有外遮阳时，遮阳系数 *SC* = 玻璃的遮阳系数 × 外遮阳的遮阳系数 *SD*；无外遮阳时，遮阳系数 *SC* = 玻璃的遮阳系数。外遮阳的遮阳系数 *SD* 的计算方法参见《公共建筑节能设计标准》。

任务4 建筑的自然通风

4.1 自然通风的作用及形成原因

按形成原因的不同，通风分为机械通风和自然通风两种。机械通风是利用通风设备（如通风扇、风机或中央空调等）强制引起室内外空气间的流动。自然通风是由于建筑物两侧门窗或通风口存在压力差，从而引起空气流动。因机械通风需要消耗能源，建筑物应尽量采用自然通风。

夏季围护结构所处的热环境在白天和夜间是不同的。通常白天室外气温非常高，隔热是主要的防热措施。在夜间或有些气候条件下，室外气温通常低于室内空气温度，这时自然通风对保证人们的健康和舒适非常重要。

（1）自然通风的作用

1）可以利用室外的新鲜空气更新室内被污染的空气，保持室内空气的洁净。

2）空气的流动可加速人体汗水蒸发和体内热量的散发，使人感到凉爽舒适。

3）当室外气温低于室内气温时，可降低房屋内的温度。

（2）自然通风的形成

自然通风主要有热压作用（室内外空气的温度差）下的自然通风和风压作用（外部风作用）下的自然通风两种。

1）热压作用下的自然通风。由于热胀冷缩作用，空气密度随温度的升高而变小，从而引起气压降低，相反，如温度降低，气压则升高。这样，室内外存在的温度差便会使室内外产生热压，热压的大小取决于室内外空气的容重差和进排风口的高度差。由于热压的作用，室内外空气就会通过门窗或通风口对流形成自然通风。

2）风压作用下的自然通风。在外部风的作用下，空气的直线运动受到阻碍，风向便会发生偏转，从而使建筑物迎风面形成正压区，而背风面形成负压区。如建筑物上有开口，气流便会从正压区流入室内，再从室内流至负压区，形成风压作用下的自然通风。

对房屋的自然通风，往往是热压和风压共同作用的结果，但自然通风的根本原因还是热压作用。

4.2 自然通风的合理组织

对南方炎热地区，如何合理组织自然通风，使建筑内形成舒适的热环境，是建筑规划和设计的重要问题之一。这就要求必须做好如下几方面的工作。

（1）合理选择建筑物朝向

对夏季非常炎热的地区，建筑规划和设计中，建筑物朝向选择，首先是争取房间具有良好的自然通风，但同时必须综合考虑日照、防止风雨雪袭击等问题。

就我国南方地区的情况来看，夏季主导风向以南风居多，若选择朝南，对自然通风和防东西晒都是最有利的。由于城市建筑规划不可能把所有建筑物均安排为一个朝向，因此应根据实际地理因素和气候特点，综合平衡考虑，选择出一个比较理想的朝向。

（2）合理选择建筑物的间距

在城镇地区，建筑物通常成排地群体布置，建筑物间间距的大小，直接影响建筑物内房屋的自然通风。若要使后排房屋迎风面摆脱前排房屋漩涡区的影响而获得正压，建筑物的间距一般要达到 $4H \sim 5H$ 以上（H 为前排房屋的高度），这在实际工程中是不可能实现的。风向投射线与房屋墙面的法线交角称为风向投射角（图 10-14），要使后排房屋获得良好的自然通风，必须综合考虑风向投射角与房间内风速、风流场和漩涡区的关系，要设法争取较大的风向投射角（45°左右），这就要求适当改变建筑群体的布局，达到缩短相邻建筑物间距的目的。在实际工程中，房屋的通风间距常采用 $1.3H \sim 1.5H$。

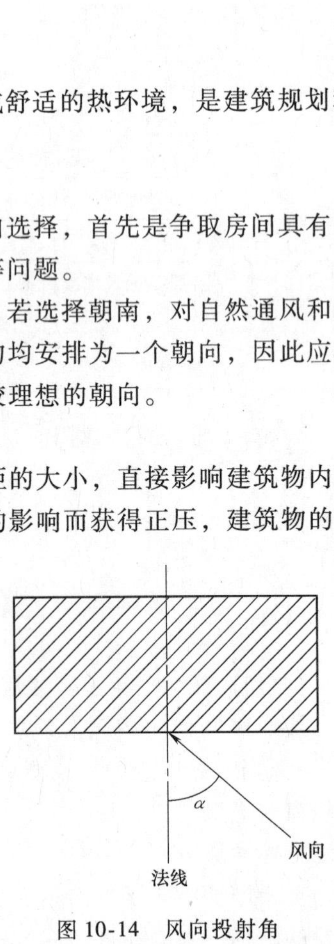

图 10-14　风向投射角

（3）合理选择建筑群体布置方式

建筑物的群体平面布置方式有行列式（包括并列式、

错列式和斜列式)、周边式和自由式（图 10-15）。从通风考虑，错列式、斜列式的建筑物群体布置较并列式、周边式好。

错列式和斜列式可使风从斜向导入建筑群内部，相当于加大了建筑物的间距，效果较好。周边式四周封闭，很难使风进入其中，因此只适用于冬季寒冷的地区。

建筑物的高度对自然通风也有很大影响，在进行建筑群体布局时，宜采用前低后高、高低交错的方式，这对低层建筑的通风最有利。高层建筑周围空气流动情况如图 10-16所示。

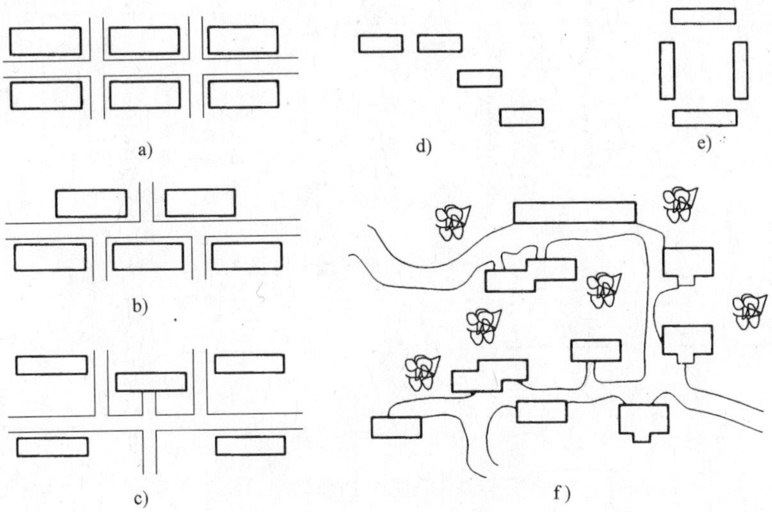

图 10-15 建筑物的群体布置方式

a) 并列式 b) 错列式 c) 大间距并列式 d) 斜列式 e) 周边式 f) 自由式

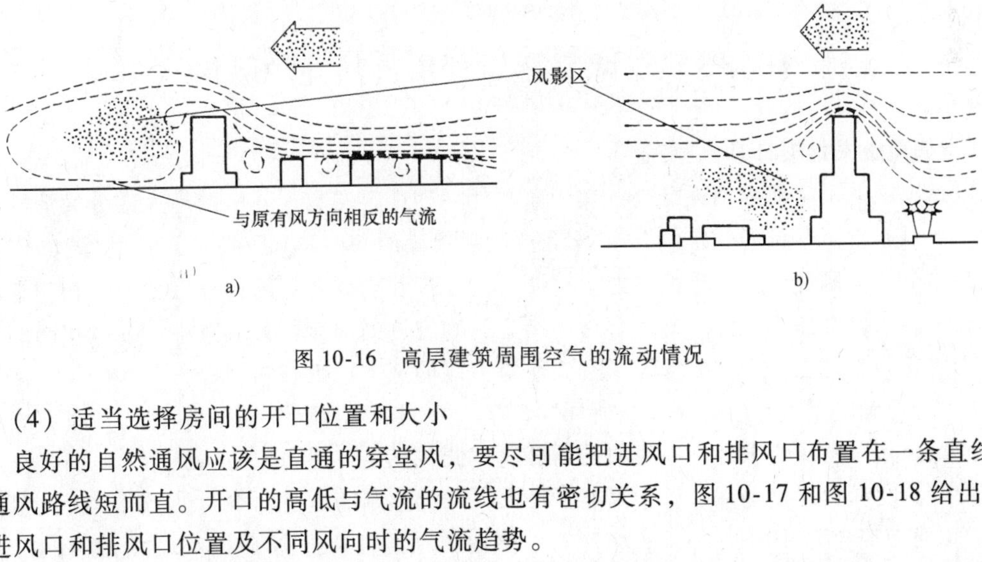

图 10-16 高层建筑周围空气的流动情况

(4) 适当选择房间的开口位置和大小

良好的自然通风应该是直通的穿堂风，要尽可能把进风口和排风口布置在一条直线上，使通风路线短而直。开口的高低与气流的流线也有密切关系，图 10-17 和图 10-18 给出了不同进风口和排风口位置及不同风向时的气流趋势。

房间进排气口面积越大，自然通风越好，但开口面积总是受一定限制，同时还必须考虑冬季保温的问题，空调房间必须考虑隔热的问题。因此，如何适当选择房间开口面积的大小，必须综合考虑各方面的因素。

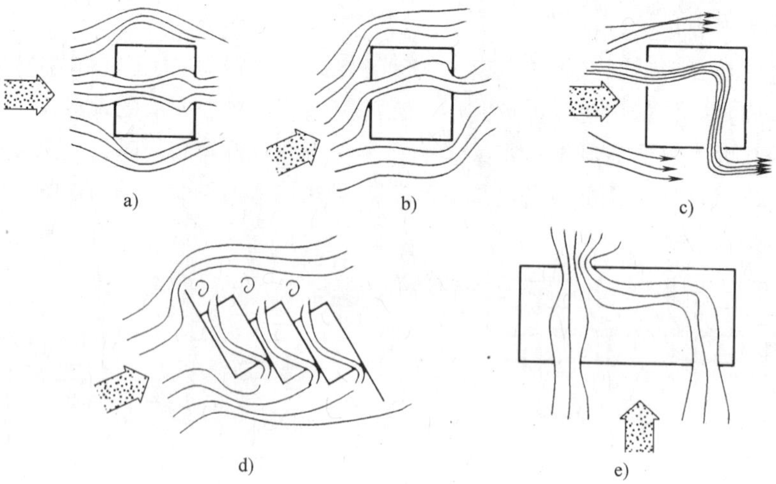

图 10-17 开口位置与气流的路线关系

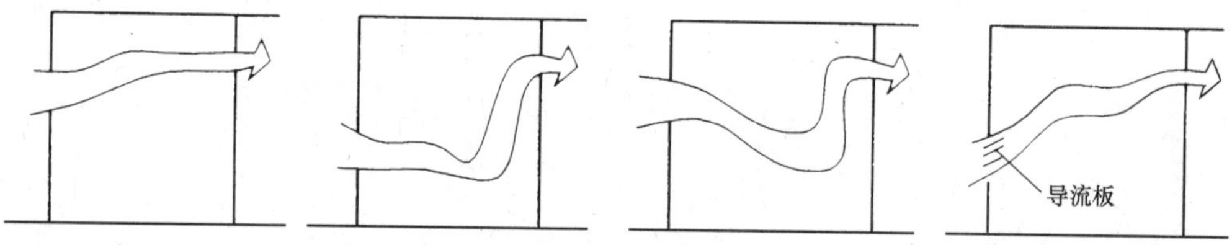

图 10-18 开口高低与气流线路的关系

任务5 空调节能与利用自然能源降温

5.1 空调建筑节能设计基本原则

发达国家的民生能源消耗已高达其国家总能耗的1/3左右，其中的绝大部分又消耗在建筑物中。对有空调系统的建筑物，空调耗能占总能耗的60%或更多。因此，空调如何节能已成为一个事关国计民生的重大课题。空调节能不仅和空调本身的设计有关，还和建筑设计密切相关。如果在建筑设计中采取合理的措施，则空调的负荷可大大减小，维持相同的室内环境所需要的空调能耗将大大降低。空调建筑节能的基本原则有：

1）合理确定室内环境标准。众所周知，冬天穿衬衫，夏天穿毛衣的建筑，即不舒适又浪费能源。除有特殊要求外，一般的民用舒适空调在满足使用功能的前提下，适当降低冬季室内设计温度和提高夏季室内设计温度，可大大降低空调的负荷。空调供暖时，设计室温每降低1℃可节省能源10%～15%；供冷时，室内设计温度每提高1℃可节省能源10%左右。《公共建筑节能设计标准》（GB 50189—2015）规定公共建筑空调系统室内计算参数见表10-7，公共建筑主要空间的设计新风量应满足表10-8的要求。《夏热冬冷地区居住建筑节能设计标准》（JGJ 134—2010）规定，夏热冬冷地区居住建筑空调室内卧室、起居室室内设计温度取 26～28℃，换气次数取 1.0 次/h。

表 10-7 公共建筑空气调节系统室内计算参数

<table>
<tr><th colspan="2">参 数</th><th>冬 季</th><th>夏 季</th></tr>
<tr><td rowspan="2">温度/℃</td><td>一般房间</td><td>20</td><td>25</td></tr>
<tr><td>大堂、过厅</td><td>18</td><td>室内外温差≤10</td></tr>
<tr><td colspan="2">风速 v/(m/s)</td><td>$0.10 \leq v \leq 0.20$</td><td>$0.15 \leq v \leq 0.30$</td></tr>
<tr><td colspan="2">相对湿度(%)</td><td>30～60</td><td>40～65</td></tr>
</table>

表 10-8 公共建筑主要空间的设计新风量

<table>
<tr><th colspan="3">建筑类型与房间名称</th><th>新风量/[m^3/(h·p)]</th></tr>
<tr><td rowspan="12">旅游旅馆</td><td rowspan="3">客房</td><td>五星级</td><td>50</td></tr>
<tr><td>四星级</td><td>40</td></tr>
<tr><td>三星级</td><td>30</td></tr>
<tr><td rowspan="4">餐厅、宴会厅、多功能厅</td><td>五星级</td><td>30</td></tr>
<tr><td>四星级</td><td>25</td></tr>
<tr><td>三星级</td><td>20</td></tr>
<tr><td>二星级</td><td>15</td></tr>
<tr><td>大堂、四季厅</td><td>四～五星级</td><td>10</td></tr>
<tr><td rowspan="2">商业、服务</td><td>四～五星级</td><td>20</td></tr>
<tr><td>二～三星级</td><td>10</td></tr>
<tr><td>美容、理发、康乐设施</td><td colspan="2">30</td></tr>
<tr><td rowspan="2">旅店</td><td rowspan="2">客房</td><td>一～三星级</td><td>30</td></tr>
<tr><td>四星级</td><td>20</td></tr>
<tr><td rowspan="3">文化娱乐</td><td colspan="2">影剧院、音乐厅、录像厅</td><td>20</td></tr>
<tr><td colspan="2">游艺厅、舞厅(包括卡拉 OK 歌厅)</td><td>30</td></tr>
<tr><td colspan="2">酒吧、茶座、咖啡厅</td><td>10</td></tr>
<tr><td colspan="3">体育馆</td><td>20</td></tr>
<tr><td colspan="3">商场(店)、书店</td><td>20</td></tr>
<tr><td colspan="3">饭馆(餐厅)</td><td>20</td></tr>
<tr><td colspan="3">办公室</td><td>30</td></tr>
<tr><td rowspan="3">学校</td><td rowspan="3">教室</td><td>小学</td><td>11</td></tr>
<tr><td>初中</td><td>14</td></tr>
<tr><td>高中</td><td>17</td></tr>
</table>

2）增加围护结构的隔热性能。建筑围护结构的隔热性能越好，冬季的热损失就越少，夏季由室外进入室内的热量也就越少，这就大大降低了空调的负荷。

3）春秋过渡或阴雨天气适当利用室外的新风。在春秋过渡或阴雨天气时，气温一般比较适中，空气也较新鲜。这时应适当利用室外的新风来保证室内环境的舒适性。

4）合理设计建筑的朝向与平面形式。建筑物的朝向对空调建筑的热损失有很大影响，建筑物应优先采用南北朝向。空调建筑的平面形式应尽量避免狭长、细高和过多凹凸，尽量采用外表面积小的圆形或方形。

5.2 自然能源利用与防热降温

建筑防热设计中可利用的无污染的自然能源大致有太阳辐射能、有效长波辐射能、夜间对流、水的蒸发能和地冷热等。例如，将太阳能设备安装在屋顶或阳台的护栏上，在利用太阳能的同时遮挡了炎热的阳光，避免阳光直射建筑物或房屋室内。

研究表明，白天的自然通风并不能降低室内的气温，而夜间通风可以明显地改变通风房屋的热环境状况。在夜间，使室外相对干冷的空气，通过自然通风或强制通风穿越室内，能直接降低房间内空气的温度和湿度，排除室内蓄热，解决室内闷热的问题。住宅夜间通风的降温效果见表10-9。

表10-9 各种住宅夜间通风的降温效果

通风方式	住宅墙体类型	室外气温日较差/℃	室内外气温差/℃		
			日平均	日最大	日最小
间歇自然通风	240厚砖墙	7.1±0.8	−0.6±0.3	−3.1±0.6	2.0±0.8
	370厚砖墙	8.9±0.7	−1.2±0.4	−4.8±0.8	1.8±0.3
	200厚加气混凝土墙	8.2±0.8	−0.3±0.2	−3.2±0.5	2.9±0.3
间歇机械通风	240厚砖墙	7.1±0.8	−1.4±0.4	−3.3±0.4	<1.0
	370厚砖墙	8.3±1.0	−1.9±0.5	−4.9±1.1	<1.0

在夏季，大地内部的温度通常低于大气温度。利用这一原理，可以让室外的高温空气流经地下埋管散热后再送回室内，这就是所谓的地冷空调。

水的比热容和汽化热都非常大，可以利用水的这个特性来降低建筑外表面的温度。现在，喷水屋顶、淋水屋顶和蓄水屋顶的理论研究和实际应用都已取得较满意的结果。也有用多孔含湿材料涂刷建筑表面，使其从空气中直接夺取水分而使外表面经常处于潮湿状态，利用水分蒸发散热的做法。理论计算和实际检测表明，在屋顶表面铺设多孔含湿材料进行被动蒸发冷却，可使屋顶外表面温度降低25℃，内表面温度降低5℃，这种做法很有开发前景。

课后任务

10.1 参照下面的知识点，复习并归纳本学习情境的主要知识

- 建筑物室内热量的主要来源为：①围护结构传入热量；②太阳辐射；③自然通风过程中热空气的传入；④邻近建筑物、地面、路面对房间围护结构的反射辐射及长波辐射；⑤室内生产、生活及设备产生的余热。
- 建筑防热的途径：隔热、遮阳、通风、绿化。
- 通常情况下，屋顶和东西外墙的内表面最高温度$\theta_{i,max}$应满足$\theta_{i,max} \leq t_{e,max}$。
- 室外综合温度=太阳辐射当量温度+室外空气温度−外表面长波辐射温度。室外综合温度以24h为周期波动。在夏季，同一天中不同时刻，同一地点各朝向的室外综合温度不同。室外综合温度代表了室外热作用的大小。
- 外围护结构隔热设计的原则：①隔热重点在屋面，其次是西墙与东墙；②外表面浅色处理；③在外围护结构内部设置通风间层，靠空气对流散热；④围护结构的热工性能应适合地区特点；⑤利用水的蒸发和植被对太阳能的转化作用降低建筑物的温

度；⑥应充分利用自然能源降温；⑦空调房间的传热系数应符合相应的规范要求。

- 屋顶隔热的主要措施有：①设置封闭空气间层或由绝热材料组成的隔热层；②设计成通风屋顶；③设置通风阁楼。
- 墙体隔热通常采用设置外、中、内三道防线的处理办法：①外表面采用浅色处理、增设墙面遮阳以及墙面垂直绿化等；②设置竖向通风间层，在空心砌块中填塞多孔保温材料；③在承重层内设置带铝箔的空气间层或其他隔热层。
- 遮阳的方式很多，一般采用绿化、挑檐、外廊、阳台、花格、窗玻璃处理、设遮阳板、设置窗帘及室外活动遮阳等。
- 遮阳板一般有四种形式：水平式、垂直式、综合式和挡板式。
- 通风分为机械通风和自然通风。自然通风的成因主要有热压作用和风压作用。
- 合理组织自然通风，必须做好如下工作：①合理选择建筑物朝向；②合理选择建筑物的间距；③合理选择建筑群体布置方式；④适当选择房间的开口位置和大小。
- 空调建筑节能的基本原则：①合理确定室内环境标准；②增加围护结构的隔热性能；③春秋过渡或阴雨天气适当利用室外的新风；④合理设计建筑的朝向与平面形式。
- 建筑防热设计中可利用的无污染的自然能源大致有太阳辐射能、有效长波辐射能、夜间对流、水的蒸发能和地冷热等。

10.2　思考下面的问题

(1) 简述夏季室内过热的原因及防热途径。

(2) 室外综合温度有哪些特点？

(3) 简述隔热设计标准。

(4) 围护结构隔热设计的原则有哪些？

(5) 试分析实体隔热层围护结构、有封闭空气间层的围护结构和带通风间层的围护结构三种隔热处理方法的隔热机理及适用性。

(6) 简述建筑遮阳板的布置方式和适用范围。

(7) 通风的种类有哪些？自然通风的成因有哪些？

(8) 合理组织自然通风的手段有哪些？

(9) 空调建筑节能的基本原则是什么？

学习情境11　建 筑 日 照

职业标准要求：

了解日照的作用，掌握建筑日照的要求，掌握建筑日照设计的目的，了解地球绕太阳运行的规律，掌握太阳高度角和太阳方位角的概念，掌握太阳高度角和太阳方位角的确定方法；掌握棒影日照图的基本原理，了解棒影日照图的应用。

任务1　建筑日照的要求与地球绕太阳运行的规律

1.1　日照的作用与建筑对日照的要求

（1）日照的作用

日照就是物体表面被阳光直接照射的现象。建筑日照就是阳光直接照射到建筑地段、建筑物围护结构表面和房间内部的现象。

阳光照射能引起动植物的各种光生物学反应，能促进生物机体的新陈代谢。阳光中的紫外线能预防和治疗感冒、佝偻病、支气管炎等疾病。因此，必须争取适宜的建筑日照。阳光中含有大量的红外线，冬季照射室内，所产生的辐射热能提高室温，有良好的取暖和干燥作用。日照对建筑物的造型艺术也有一定的影响，适当的阴影能增强建筑物的立体感。

但过量的日照，特别是在我国南方炎热地区的夏季，容易造成室内过热。阳光直射工作面上易产生眩光，损害视力，降低工作效率。直射阳光对物品有褪色、变质等损坏作用。因此，对于过量的日照必须加以限制。

（2）对建筑日照的要求

对建筑日照的要求依建筑的使用性质而定，可概括为争取日照和避免日照。

需要争取日照的建筑物如病房、幼儿活动室和农业用的日光室等，它们对日照各有特殊的要求。病房和幼儿活动室主要要求中午前后的阳光，因为这时的阳光含有较多的紫外线；而日光室则需要整天的阳光。居住建筑也要求有一定的日照，以使室内有良好的卫生条件，起消灭细菌与干燥房间的作用，在冬季还能使房间获得太阳辐射热，提高室温。

需要避免日照的建筑有两类：一是防止室内过热，特别是炎热地区的夏季，一般建筑都要避免过量的直射阳光进入室内，尤其是恒温恒湿的纺织车间、高温冶炼车间等更要注意；另一类是避免眩光和防止起化学作用的建筑，如展览室、绘图室、阅览室、精密仪器车间以及某些化工车间、药品车间等，都要限制阳光直射到工作面或物体上。

（3）建筑日照设计的目的及要求

建筑日照设计的主要目的是根据建筑物的不同使用要求，采取相应的技术措施，使房间内部获得适当的而不过量的日照。有特殊要求的房间甚至要求终年限制阳光直射。

在建筑日照设计时，应考虑日照时间、面积及其变化范围，以保证必须的日照或避免阳光过量射入而引起室内过热。因此建设规划和设计中必须正确地选择房屋的朝向、间距和布局形式，做好窗口的遮阳处理，同时综合考虑地区气候特点、房间的自然通风和节约用地等因素，使建筑室内环境完全满足使用者的需要。

1.2 地球绕太阳运行的规律

地球按一定的轨道绕太阳运动，称为公转。公转一周的时间为一年。地球公转的轨道平面叫黄道面。由于地轴是倾斜的，它与黄道面约成66°33′的交角。在公转的运动中，这个交角和地轴的倾斜方向，都是固定不变的。这样，就使太阳光线直射地球的范围，在南北纬23°27′之间作周期性的变动，从而形成了春夏秋冬四季的更替。图 11-1 表示地球绕太阳运行一周的行程。

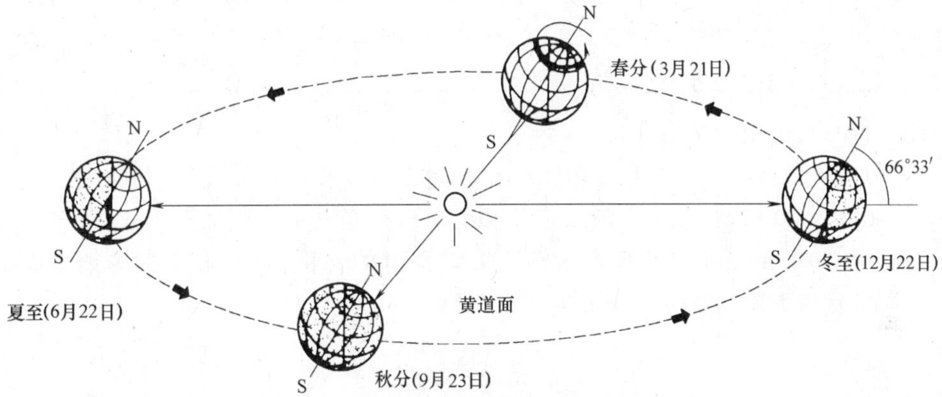

图 11-1 地球绕太阳运行图

通过地心并和地轴垂直的平剖面与地球表面相交的交线，就是赤道。地球在公转中，阳光直射地球的变动范围，用太阳赤纬角 δ，即太阳光线与地球赤道面所夹的圆心角来表示。太阳赤纬角 δ 是表征不同季节的一个数值。赤纬角从赤道面算起，向北为正，向南为负。一年中，春分时，阳光直射赤道，赤纬角为 0°，阳光正好切过两极，因此，南北半球昼夜等长，此后，太阳向北移动，到夏至日，阳光直射北纬 23°27′，且切过北极圈，即北纬 66°33′线，这时的赤纬角为 23°27′。所以，赤纬角亦可看作是阳光直射的地理纬度。在北半球，从夏至到秋分为夏季，北极圈内整天都处在太阳的照射下，是“极昼”；南极圈内却在背太阳的一侧，是“极夜”；北半球昼长夜短，南半球夜长昼短。夏至以后，太阳不继续向北移动，而是逐日南返向赤道移动，所以北纬 23°27′线称为北回归线。当阳光回到赤道，其赤纬角为 0°，是秋分。这时，南北半球昼夜又等长。当阳光继续向南半球移动到冬至日，阳光直射南回归线，即南纬 23°27′，其赤纬角为 -23°27′，且切过南极圈，即南纬 66°33′线。这时的情况恰好与夏至日相反，在北半球从冬至到春分为冬季，南极圈内为“极昼”，北极圈内为“极夜”，南半球昼长夜短，北半球昼短夜长。冬至以后，阳光又向北移动返回赤道，当回到赤道时又是春分，如此周而复始，年复一年。

全年主要季节的太阳赤纬角 δ 见表 11-1。

地球公转的同时，还绕地轴自转。自转一周为一天，即 24h，一天中不同的时刻有不同的时角，以 Ω 表示。地球自转一周为 360°，因而每小时的时角为 15°，即：

$$\Omega = 15t \tag{11-1}$$

式中 Ω——时角，单位为°；

t——时数，单位为 h。

表 11-1 主要季节的太阳赤纬角 δ 值

季节	日期	赤纬角 δ 值	日期	季节
夏至	6月21日或22日	23°27′		
小满	5月21日左右	20°00′	7月21日左右	大暑
立夏	5月6日左右	15°00′	8月8日左右	立秋
谷雨	4月21日左右	11°00′	8月21日左右	处暑
春分	3月21日或22日	0°	9月22日或23日	秋分
雨水	2月21日左右	-11°00′	10月21日左右	霜降
立春	2月4日左右	-15°00′	11月7日左右	立冬
大寒	1月21日左右	-20°00′	11月21日左右	小雪
		-23°27′	12月22日或23日	冬至

1.3 太阳高度角和太阳方位角

由于观察点在地球上所处的位置不同，在不同季节和不同时刻，从观察点看太阳在天空的位置都不相同。太阳位置常以太阳高度角和太阳方位角来表示，如图 11-2 所示。太阳光线与地平面之间的夹角 h_s 称为太阳高度角。太阳光线在地平面上的投影线与地平面正南线之间的夹角 A_s 称为太阳方位角（东偏为负，西偏为正）。

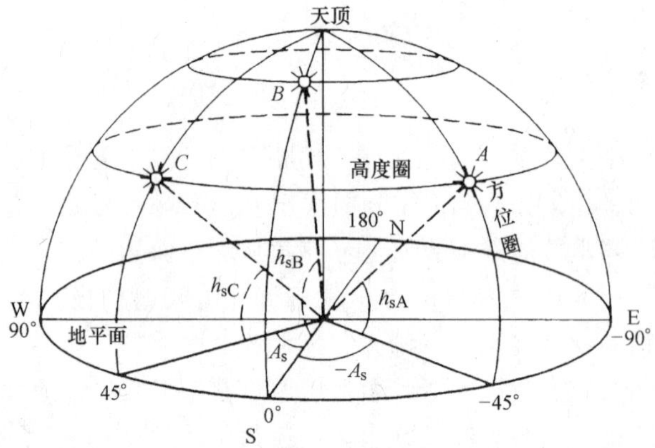

图 11-2 一天中太阳高度角和方位角的变化

任何一个地区，在日出、日落时，太阳高度角 $h_s=0°$，一天中的正午，即当地太阳时12时，高度角最大，此时太阳位于正南（$A_s=0$）。任何一天内，上、下午太阳的位置对称于中午，例如下午14时15分对称于上午10时45分，下午15时15分的太阳高度角和方位角的数值与上午8时45分相同，只是方位角的符号相反而已。

1.4 太阳高度角和方位角的确定

（1）太阳高度角 h_s

太阳高度角 h_s 的计算公式为

$$\sin h_s=\sin\phi\sin\delta+\cos\phi\cos\delta\cos\Omega \tag{11-2}$$

式中 h_s——太阳高度角，单位为度（°）；

ϕ——地理纬度，单位为度（°）；

δ——赤纬角，单位为度（°）；

Ω——时角，单位为度（°）。

（2）太阳方位角 A_s

太阳方位角 A_s 的计算公式为

$$\cos A_s = \frac{\sin h_s \sin\phi - \sin\delta}{\cos h_s \cos\phi} \tag{11-3}$$

式中　A_s——太阳方位角，单位为度（°）。

（3）日出、日落时角和太阳方位角

因日出、日没时 $h_s = 0°$，代入式（11-2）和式（11-3）得

$$\cos\Omega = -\tan\phi\tan\delta \tag{11-4}$$

$$\cos A_s = \frac{-\sin\delta}{\cos\phi} \tag{11-5}$$

（4）中午的太阳高度角

将 $\Omega = 0°$ 代入式（11-2）得

$$h_s = 90° - (\phi - \delta) \quad 当\ \phi > \delta\ 时 \tag{11-6}$$

$$h_s = 90° - (\delta - \phi) \quad 当\ \phi < \delta\ 时 \tag{11-7}$$

[例 11-1]　求沈阳地区（$\phi = 41°46'$）夏至日中午的太阳高度角。

[解]　夏至日的 $\delta = 23°27'$，由式（11-6）得

$$h_s = 90° - (\phi - \delta) = 90° - (41°46' - 23°27') = 71°41'$$

太阳的位置在观测点的南面。

[例 11-2]　求北纬 35°地区在立夏日午后 15 时的太阳高度角和方位角。

[解]　已知 $\phi = +35°$；$\delta = +15°$；$\Omega = 15 \times 3° = 45°$，由式（11-2）有

$$\sin h_s = \sin 35° \times \sin 15° + \cos 35° \times \cos 15° \times \cos 45° = 0.708$$

$$h_s = 45°06'$$

由式(11-3)可得：　$$\cos A_s = \frac{\sin 45°06' \sin 35° - \sin 15°}{\cos 45°06' \cos 35°} = 0.255$$

$$A_s = 75°15'$$

1.5　地方时与标准时

我国以东经 120°的太阳时为依据作为北京时间的标准，即我国的标准时间。日照设计所用时间均为地方平均太阳时，它与日常钟表所指的标准时间之间，往往有一差值。

根据天文公式，地方平均太阳时与标准时之间的转换关系如下：

$$T_0 = T_m + 4(L_0 - L_m) \tag{11-8}$$

式中　T_0——标准时间；

T_m——地方平均太阳时；

L_0——标准时间子午圈所处的经度，单位为度（°）；

L_m——地方时间子午圈所处的经度，单位为度（°）。

$4(L_0 - L_m)$——时差。

[例 11-3]　求广州地区（东经 113°19'）地方平均太阳时 12 时对应的北京时间。

[解]　由式（11-8）得

$$T_0 = T_m + 4(L_0 - L_m) = 12时 + 4分钟 \times (20° - 113°19') = 12时27分$$

即广州地区地方平均太阳时12时相当于北京时间12时27分。

任务2 棒影日照图的原理及应用

2.1 棒影日照图的基本原理

棒影日照图是以棒和棒影的基本关系来描述太阳运行规律的，即棒在阳光下产生棒影，以棒影端点移动的轨迹来表示太阳运行的规律。

设在地面上 O 点竖直立一高度为 H 的棒，在已知某时刻的太阳高度角 h_s 和方位角 A_s 的情况下，太阳照射棒后，在地面上的投影的长度 $H' = H\coth_s$，而棒影的方位角 $A_s' = A_s + 180°$。这就是棒与影的基本关系，如图11-3a所示。

根据上述棒与影的关系，当 $\coth_s$ 不变时，H' 与 H 成正比。若把 H 作为一个单位高度，则可求出其单位影长 H'。若棒高由 H 增加到 $2H$，则其影长亦增加到 $2H'$，以此类推，如图11-3b所示。

一天当中太阳高度角和太阳方位角不断变化，棒端的落影点随着太阳位置的变化而变化，如图11-4所示。将一天中每一时刻如10时、12时、14时棒端 a 的落影点 a_{10}、a_{12}、a_{14} 连成线，此线即为该日的棒影端点轨迹线。放射线表示棒在某时刻的落影方位线，也就是相应的时间线。Oa_{10}、Oa_{12}、Oa_{14} 则是相应时间的棒影长度。若将棒截取为不同的高度，

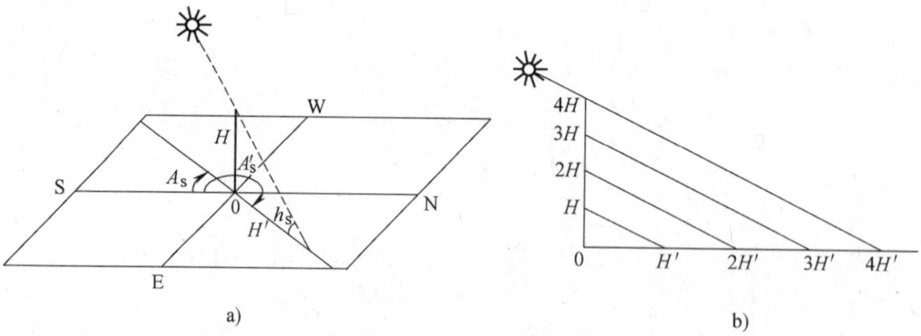

图11-3 棒与影的关系

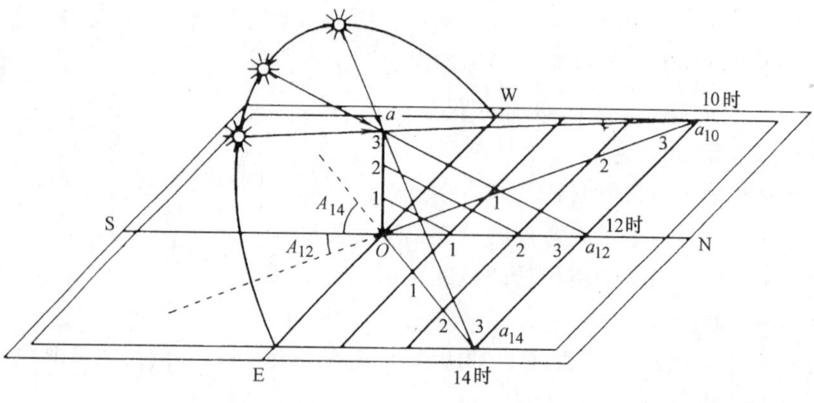

图11-4 春秋分的棒影轨迹

这些棒端落影点的轨迹，可连成一条条的棒影端点轨迹线。上述内容就构成了棒影日照图。

按上述原理，可以绘制不同纬度地区在不同季节的棒影日照图。北纬40°和北纬23°地区的夏至、冬至、春分、秋分的棒影日照图见附录Ⅰ。

2.2 棒影日照图的应用

(1) 确定建筑物的阴影区

可直接利用棒影日照图确定建筑物的阴影区。下面以实例说明用棒影日照图确定建筑物阴影区的方法。

[例11-4] 求北纬40°地区一幢高20m，平面呈“凹”字形，开口部分朝北的平屋顶建筑物（图11-5）夏至上午10时在周围地面上形成的阴影区。

[解] 首先将绘于透明纸上的平屋顶房屋的平面图覆盖于棒影日照图上，使平面图上A点与棒影日照图上的O点重合，并使两图的指北针方向一致。平面图的比例最好与棒影日照图的比例一致。当比例不同时，要注意棒影日照图上的影长折算。因建筑平面图比例为1：500，故棒高4cm代表20m。A点的落影应在10时这根时间线的4cm的影点A'处，连接AA'线即为建筑物过A处外墙角的影。

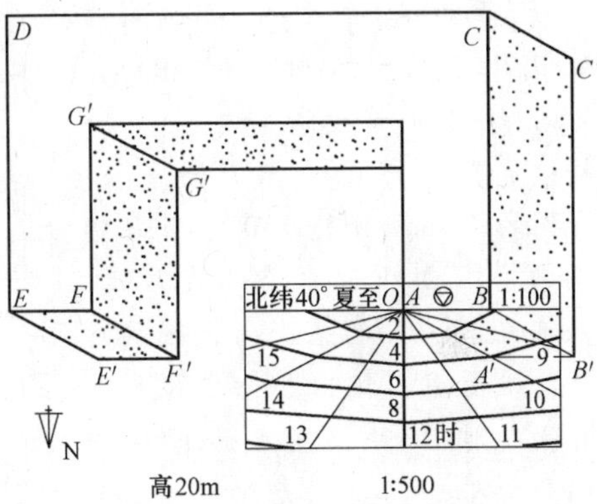

图11-5 建筑物阴影区的确定

用相同的方法，求出B、C、E、F、G诸点的影B'、C'、E'、F'、G'。根据房屋的形状，依次连接$A\,A'B'C'C$和$E\,E'F'G'$，并从G'作与房屋东西向平行的平行线，即求得房屋阴影区的边界。

(2) 确定建筑物室内的日照区

建筑物室内的日照区，也可直接利用棒影日照图来解决。

[例11-5] 如图11-6所示，求广州冬至日14时，正南朝向的室内日照面积，设窗台高1m，窗高1.5m，墙厚16cm。

[解] 首先使房间平面的比例及朝向与棒影图相一致，再将棒影图O点置于窗边的外线A点及B点。从图的14点射线上找出一个单位影长的A_1及B_1，连A_1B_1虚线代表窗台外边线的投影轨迹，再扣除墙厚16cm得$A_1'B_1'$线，即为实际的窗台落影线，再由此射线上找出2.5单位的影长点$A_{2.5}$及$B_{2.5}$，再连接$A_1'A_{2.5}B_{2.5}B_1'$即为该时刻的日照面积，日照深度可在房间平面上直接量出。窗越高，则日照深度越大。投影于墙面上的日影，可参见立面图。由图可知，窗边在墙面的落影是平行投影关系。因此，若把墙面展开，则窗边A在墙面的落影长度CC'，可由地面落影$CA_{2.5}$折算为单位实长求出，

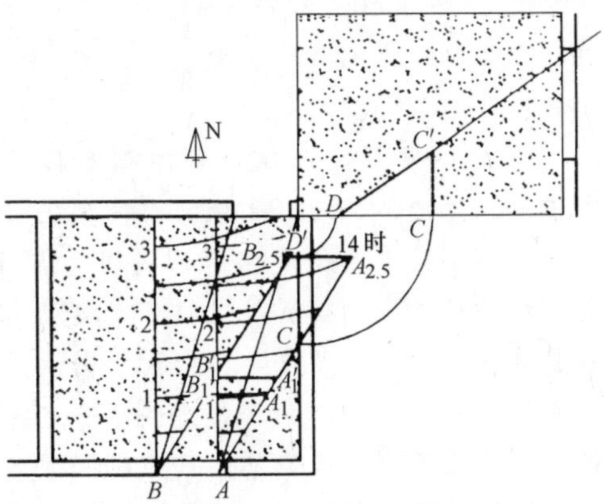

图11-6 求室内日照面积

再将 C' 与 D 点相连，$CC'D$ 即为在墙面上的日照面积。同理可求出其他时刻的投影。如将各个时间的日照面积连接起来，即为一天内室内的日照面积范围。

（3）确定建筑物的日照时间、朝向和间距

建筑物的日照时间、朝向和间距这类问题不能直接利用棒影日照图，需将其旋转 180°后再使用。

1）确定日照时间

[例 11-6] 求广州冬至日正南朝向底层房间窗口 P 点的日照时间，窗台高 1m，房间外围建筑如图 11-7 所示。

[解] 图中 B_1 幢房屋高 9m、B_2 高 3m、B_3 高 6m。由于减去 1m 窗台高，故 B_1 相对窗台高 8m，B_2 相对窗台高 2m，B_3 相对窗台高 5m。

将棒影日照图 O 点与 P 点重合，使棒影图的南北向旋转 180°，并与建筑朝向重合。由于窗口有一定厚度，故 P 点只在 $\angle QPR$ 的采光角范围内才能受照射。由图内找出 5 个单位影长的轨迹线，则 B_3 平面图上的 $C'D'$ 与轨迹相交，可见 C' 是有无照射的分界点。而平面上的 $ABC'D'D$，均在轨迹线范围内，故这些点均对 P 点有遮挡，由时间线查出 10 时 10 分之前均遮挡 P 点。对于 B_2 幢来说，因为在 2 个单位影端轨迹线之外，故对 P 点无遮挡。同理，B_1 平面在棒影图 8 个单位影端轨迹之内，故对 P 点有遮挡，时间由 13 时 30 分到日落。因此 P 点实际受到日照的时间是从 10 时 10 分到 13 时 30 分，共 3 小时 20 分。

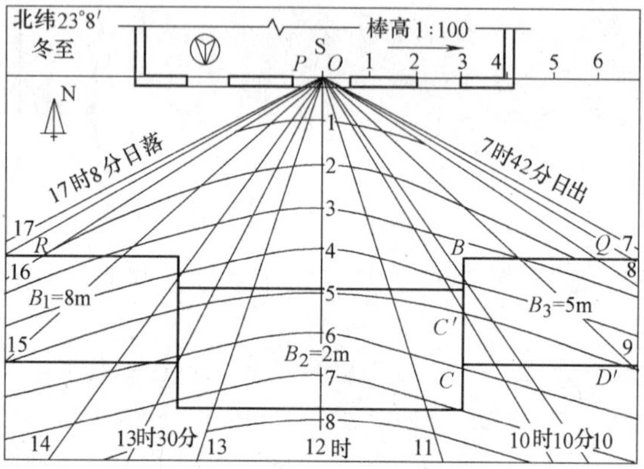

图 11-7 求日照时间

2）选择朝向和间距

[例 11-7] 如图 11-8 所示，图中前幢房屋相对后排房屋一楼窗台的高度为 15m，位于北纬 40°地区，冬至日后幢房屋的室内需要正午前后共 3 个小时以上的日照时数，试依要求选择建筑物的间距与朝向。

[解] 当两幢建筑物朝向正南时，从棒影图中可以确定，10 时 30 分的时间线与 13 时 30 分的时间线同 1.5 倍单位影长线的交点 AB 应为前排楼房后墙面的位置。这样可直接量出两栋楼房需要的间距为 1.7 倍单位影长。若改用图中 B 的布置方法，即将朝向转到南偏东一定角度，保持原来间距不变，可使总的日照时间增加很多。

由以上例题可见，正确选择建筑物的间距和朝向对日照有很大影响。

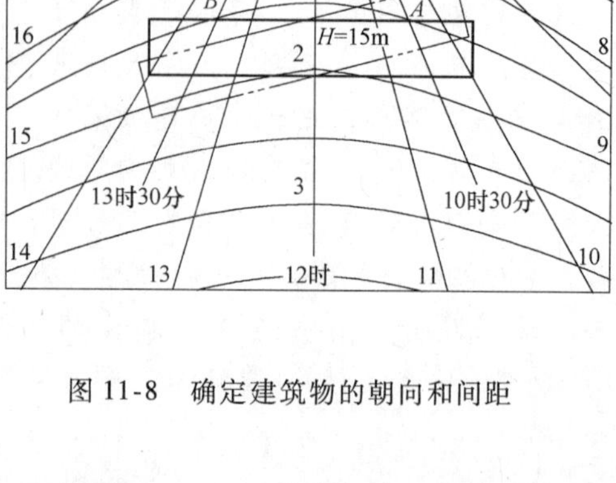

图 11-8 确定建筑物的朝向和间距

当然，房间的实际朝向和间距，还取决于其他许多因素，如总体规划要求、太阳辐射量、主导风向、采光和防噪等要求，以及考虑防风沙、暴雨雪侵袭等。

课后任务

11.1　参照下面的知识点，复习并归纳本学习情境的主要知识

- 日照就是物体表面被阳光直接照射的现象。建筑日照就是阳光直接照射到建筑地段、建筑物围护结构表面和房间内部的现象。
- 对建筑日照的要求依建筑的使用性质而定，可概括为争取日照和避免日照。
- 建筑日照设计的主要目的是：根据建筑物的不同使用要求，采取相应的技术措施，使房间内部获得适当的而不过量的日照。
- 地球按一定的轨道绕太阳运动，称为公转。公转一周的时间为一年。地球公转形成了春夏秋冬四季的更替。
- 地球自转一周24小时，为一天，形成昼夜变化。
- 太阳光线与地平面之间的夹角 h_s 称为太阳高度角。太阳光线在地平面上的投影线与地平面正南线之间的夹角 A_s 称为太阳方位角。
- 太阳高度角 h_s 的计算公式为

$$\sin h_s = \sin\phi\sin\delta + \cos\phi\cos\delta\cos\Omega$$

太阳方位角 A_s 的计算公式为

$$\cos A_s = \frac{\sin h_s\sin\phi - \sin\delta}{\cos h_s\cos\phi}$$

- 日出、日落时角和太阳方位角计算公式

$$\cos A_s = \frac{-\sin\delta}{\cos\phi}$$

- 中午的太阳高度角

如 $\phi > \delta$，$h_s = 90° - (\phi - \delta)$

如 $\phi > \delta$，$h_s = 90° - (\delta - \phi)$

地方平均太阳时与标准时之间的转换关系为 $T_0 = T_m + 4(L_0 - L_m)$。

棒与影的基本关系为：$H' = H\coth_s$、$A_s' = A_s + 180°$。

棒影日照图由时间线（落影方位线）和棒影端点轨迹线构成。

利用棒影日照图可确定建筑物的阴影区；确定建筑物室内的日照区；确定建筑物的日照时间、选择建筑物的朝向和间距。

11.2　思考下面的问题

（1）简述建筑对日照的要求。

（2）什么是太阳高度角？什么是太阳方位角？

11.3　完成下面的课后练习任务

（1）试求大连地区（东经121°48′）地方平均太阳时的12时，相当于北京标准时间多少？两地时差多少？

（2）北纬40°地区有一双坡顶房屋，南北朝向，东西长9m，南北宽6m，地面至屋檐高4m，檐口至屋脊高2m，试用棒影日照图求该房屋于春（秋）分日下午14时投于地面上的日照阴影。

学习情境 12　绿色建筑的评价

职业标准要求：

掌握绿色建筑的概念；了解绿色建筑的发展趋势，树立可持续发展的思想；了解绿色建筑的评价方法与等级划分；了解绿色建筑评价标准。

任务 1　绿色建筑的相关问题

建筑要以人为本，保证为人们提供健康、舒适的活动空间，但舒适的建筑环境，往往需要消耗大量的不可再生资源，同时向自然环境排放大量的废弃物，进而污染环境。如何使这两者达到最佳平衡，最大程度地做到节约资源、保护环境，真正实现可持续发展，是全世界人类共同面临的一大难题。解决这一难题的有效方法就是大力发展绿色建筑。提倡绿色建筑，是因为它集成了绿色配置、自然通风、自然采光、低能耗围护结构、新能源利用、中水回用、绿色建材和智能控制等高新技术，具有选址规划合理、资源利用高效循环、节能措施综合有效、建筑环境健康舒适、废物排放减量无害、建筑功能灵活适用等六大特点。

1.1　绿色建筑的概念

根据《绿色建筑评价标准》（GB/T 50378—2014），绿色建筑（Green Building）定义为：在建筑的全寿命周期内，最大限度地节约资源（节能、节地、节水、节材）、保护环境和减少污染，为人们提供健康、适用和高效的使用空间，与自然和谐共生的建筑。

建筑的全寿命周期是指建筑从最初的规划设计到随后的施工、运营及最终拆除的全过程。关注建筑的全寿命周期，意味着不仅在规划设计阶段充分考虑并利用环境因素，而且确保施工过程中对环境的影响最低，运营阶段能为人们提供健康、舒适、低耗、无害的活动空间，拆除后对环境的危害也降到最低。

节能、节地、节水、节材与保护环境，这几者有时是彼此矛盾的，绿色建筑要求在这几者间达到最佳的平衡，又不降低建筑的功能要求和适用性。发展绿色建筑还应重视信息技术、智能技术和绿色建筑的新技术、新产品、新材料与新工艺的应用。

1.2　发展绿色建筑的相关问题

（1）制订并完善相应的法律法规

要发展绿色建筑，政策必须细化。近年来，我国相继颁布或修订了一些建筑节能和建筑环境要求方面的标准和规范，如《严寒和寒冷地区居住建筑节能设计标准》（JGJ 26—2010）、《夏热冬冷地区居住建筑节能设计标准》（JGJ 134—2010）、《建筑照明设计标准》（GB 50034—2013）、《建筑隔声评价标准》（GB/T 50121—2005）和《民用建筑太阳能热水系统应用技术规范》（GB 50364—2005）等。在这些标准和规范的基础上，为规范绿色建筑的评价，我国颁布了《绿色建筑评价标准》（GB/T 50378—2014）。这些标准和规范对绿色建筑的评价提供了判断依据，指明了绿色建筑的发展方向，但绿色建筑毕竟还是发展中的新生事物，评定方法和依据必将随着研究和实践的深入而更加科学。

（2）从技术的绿色到人文的绿色

绿色建筑有两个层面，一个是技术的绿色，如节能、零排放；另一个是人文的绿色。人文绿色才是绿色建筑的最高境界。一些绿色建筑在无人居住时，各项指标都特别好，但可能由于居住者没有环境意识，根本无法达到设计的节能指标和环境指标。人文绿色要求建筑使用者有自觉的环境意识和可持续发展观念并能身体力行。绿色建筑的未来发展，不仅要努力开发一些具体的技术，还要借助政策、示范和教育的力量，全面提高人们的节能意识和环境意识。

（3）评价绿色建筑要因地制宜

不同地区的气候、地理环境、自然资源、经济发展与社会习俗等都有着很大的差异，评价绿色建筑时，应注重地域性，实事求是，充分考虑建筑所在地域的气候、资源、自然环境、经济、文化等特点。不同类型的建筑也因使用功能的不同，消耗资源和影响环境的情况存在较大差异，因此评价绿色建筑必须本着因地制宜的原则。

《绿色建筑评价标准》侧重评价总量大的住宅建筑和公共建筑中消耗能源资源较多的办公建筑、商场建筑、旅馆建筑，其他建筑的评价可参考该标准。

任务 2　绿色建筑评价的方法与等级划分

根据《绿色建筑评价标准》，绿色建筑的评价以建筑群或建筑单体为对象。评价单栋建筑时，凡涉及室外环境的指标，以该栋建筑所处环境的评价结果为准。对新建、扩建与改建的住宅建筑或公共建筑的评价，应在其投入使用一年后进行。

绿色建筑评价指标体系由节地与室外环境、节能与能源利用、节水与水资源利用、节材与材料资源利用、室内环境质量和运营管理六类指标组成。每类指标包括控制项、一般项与优选项。控制项为绿色建筑的必备条件；一般项和优选项为划分绿色建筑等级的可选条件，其中优选项是难度大、综合性强、绿色度较高的可选项。

绿色建筑应满足住宅建筑或公共建筑所有控制项的要求，并按满足一般项数和优选项数的程度，划分为三个等级，等级划分按表 12-1 确定。

表 12-1　划分绿色建筑等级的项数要求（住宅建筑/公共建筑）

等级	一般项数(共 40/43 项)						优选项数（共 9/14 项）
	节地与室外环境（共 8/6 项）	节能与能源利用（共 6/10 项）	节水与水资源利用（共 6/6 项）	节材与材料资源利用（共 7/8 项）	室内环境质量（共 6/6 项）	运营管理（共 7/7 项）	
★	4/3	2/4	3/3	3/5	2/3	4/5	—
★★	5/4	3/6	4/4	4/6	3/4	5/5	3/6
★★★	6/5	4/8	5/5	5/7	4/5	6/6	5/10

当标准中某条文不适应建筑所在地区、气候与建筑类型等条件时，该条文可不参与评价，这时，参评的总项数会相应减少，表中对项数的要求可按原比例调整。《绿色建筑评价标准》中定性条款的评价结论为“通过”或“不通过”；对有多项要求的条款，各项要求均满足时方能评为“通过”。

任务3 绿色建筑评价标准

本节对《绿色建筑评价标准》中的控制项做综合介绍。绿色建筑评价的指标体系详见标准原文。

3.1 节地与室外环境的基本要求

1）绿色建筑的场地建设不能破坏当地文物、自然水系、湿地、基本农田、森林和其他保护区。

2）建筑场地选址无洪涝灾害、泥石流及含氡土壤的威胁。

3）建筑场地安全范围内无电磁辐射危害和火、爆、有毒物质等危险源。

4）居住建筑的人均居住用地指标：低层不高于43m^2、多层不高于28m^2、中高层不高于24m^2、高层不高于15m^2。

5）居住建筑区建筑布局保证室内外的日照环境、采光和通风的要求，满足《城市居住区规划设计规范》（GB 50180—1993）中有关住宅建筑日照标准的要求。

6）居住建筑区种植适应当地气候和土壤条件的乡土植物，选用少维护、耐候性强、病虫害少、对人体无害的植物。

7）居住建筑区的绿地率不低于30%，人均公共绿地面积不低于1m^2。

8）居住建筑区内部或公共建筑场地内无排放超标的污染源。

9）施工过程中制定并实施保护环境的具体措施，控制由于施工引起的大气污染、土壤污染、噪声影响、水污染、光污染以及对场地周边区域的影响。

10）公共建筑不对周边建筑物带来光污染，不影响周围居住建筑的日照要求。

3.2 节能与能源利用的基本要求

1）居住建筑热工设计、暖通空调设计和公共建筑围护结构热工性能指标必须符合国家批准或备案的居住建筑节能标准的规定。

2）当采用集中空调系统时，所选用的冷水机组或单元式空调机组的性能系数、能效比符合《公共建筑节能设计标准》（GB 50189—2015）中的有关规定值。

3）采用集中采暖或集中空调系统的住宅，设置室温调节和热量计量设施。新建的公共建筑，应对冷热源、输配系统和照明等各部分能耗进行独立分项计量。

4）公共建筑不采用电热锅炉、电热水器作为直接采暖和空气调节系统的热源。

5）公共建筑各房间或场所的照明功率密度值不高于《建筑照明设计标准》（GB 50034—2013）的规定值。

3.3 节水与水资源利用的基本要求

1）在方案、规划阶段制定水系统规划方案，统筹、综合利用各种水资源。

2）设置合理、完善的供水、排水系统，采取有效措施避免管网漏损。

3）采用节水器具和设备，居住建筑的节水率不低于8%。

4）景观用水不采用市政供水和自备地下水井供水。

5）使用非传统水源时，采取用水安全保障措施，且不对人体健康与周围环境产生不良影响。

3.4 节材与材料资源利用的基本要求

1）建筑材料中有害物质含量符合 GB 18580 ~ GB 18588 和《建筑材料放射性核素限量》（GB 6566—2010）的要求。

2）建筑造型要素简约，无大量装饰性构件。

3.5 室内环境质量的基本要求

1）居住建筑每套住宅至少有 1 个居住空间满足日照标准的要求。当有 4 个及 4 个以上居住空间时，至少有 2 个居住空间满足日照标准的要求。

2）居住建筑的卧室、起居室（厅）、书房、厨房设置外窗，房间的采光系数不低于《建筑采光设计标准》（GB 50033—2013）的规定。

3）对居住建筑围护结构采取有效的隔声、减噪措施。卧室、起居室的允许噪声级在关窗状态下白天不大于 45dB（A），夜间不大于 35dB（A）。楼板和分户墙的空气声计权隔声量不小于 45dB，楼板的计权标准化撞击声声压级不大于 70dB。户门的空气声计权隔声量不小于 30dB；外窗的空气声计权隔声量不小于 25dB，沿街时不小于 30dB。

4）居住建筑的居住空间能自然通风，通风开口面积在夏热冬暖和夏热冬冷地区不小于该房间地板面积的 8%，在其他地区不小于 5%。

5）室内游离甲醛、苯、氨、氡和总挥发性有机化合物（TVOC）等空气污染物浓度符合《民用建筑工程室内环境污染控制规范》（GB 50325—2010）的规定。

6）采用集中空调的公共建筑，房间内的温度、湿度、风速等参数和新风量必须符合《公共建筑节能设计标准》（GB 50189—2015）中的要求。

7）公共建筑围护结构内部和表面无结露、发霉现象。

8）宾馆和办公建筑室内背景噪声符合《民用建筑隔声设计规范》（GB 50118—2010）中室内允许噪声标准中的二级要求；商场类建筑室内背景噪声水平满足《商场（店）、书店卫生标准》（GB 9670—1996）的相关要求。

9）公共建筑室内照度、统一眩光值、一般显色指数等指标满足《建筑照明设计标准》（GB 50034—2013）中的有关要求。

3.6 运营管理的基本要求

1）制定并实施节能、节水、节材与绿化管理制度。

2）住宅水、电、燃气分户、分类计量与收费。

3）制定居住建筑垃圾管理制度，对垃圾物流进行有效控制，对废品进行分类收集，防止垃圾无序倾倒和二次污染。

4）居住建筑区设置密闭的垃圾容器，并有严格的保洁清洗措施，生活垃圾袋装化存放。公共建筑有分类收集和处理废弃物措施，且收集和处理过程中无二次污染。

5）公共建筑运行过程中无不达标废气、废水排放。

课后任务

12.1 参照下面的知识点，复习并归纳本学习情境的主要知识

- 绿色建筑：在建筑的全寿命周期内，最大限度地节约资源（节能、节地、节水、节材）、保护环境和减少污染，为人们提供健康、适用和高效的使用空间，与自然和谐共生的建筑。

- 发展绿色建筑的相关问题：①制订并完善相应的法律法规；②从技术的绿色到人文的绿色；③评价绿色建筑要因地制宜。
- 绿色建筑应满足住宅建筑或公共建筑所有控制项的要求，并按满足一般项数和优选项数的程度，划分为三个等级，等级划分按表12-1确定。
- 绿色建筑评价指标体系由节地与室外环境、节能与能源利用、节水与水资源利用、节材与材料资源利用、室内环境质量和运营管理六类指标组成。

12.2 思考下面的问题

（1）什么是绿色建筑？

（2）《绿色建筑评价标准》对绿色建筑如何分级？

（3）绿色建筑评价的指标体系主要有哪些方面的内容？

附　　录

附录 A　灯具光度数据示例

表 A-1　BYGG4-1 型玻璃钢教室照明灯基本数据

<table>
<tr><td rowspan="2">灯　　具</td><td>型　　号</td><td colspan="3">BYGG4-1</td></tr>
<tr><td>名　　称</td><td colspan="3">玻璃钢教室照明灯</td></tr>
<tr><td rowspan="2">灯具尺寸/mm</td><td rowspan="2">L: 1320
B:170
H:160</td><td colspan="2">CIE 分类</td><td>直接</td></tr>
<tr><td colspan="2">上射光通比</td><td>0</td></tr>
<tr><td>光　　源</td><td>YZ-40</td><td colspan="2">下射光通比</td><td>75.8%</td></tr>
<tr><td>灯头型号</td><td></td><td colspan="2">灯具效率</td><td>75.8%</td></tr>
<tr><td>灯具重量</td><td>2.7kg</td><td rowspan="3">最大允许距高比
l/h_{rc}</td><td rowspan="2">A-A</td><td rowspan="2">1.2</td></tr>
<tr><td rowspan="2">遮光角</td><td>A-A20°</td></tr>
<tr><td>B-B22°</td><td>B-B</td><td>1.6</td></tr>
</table>

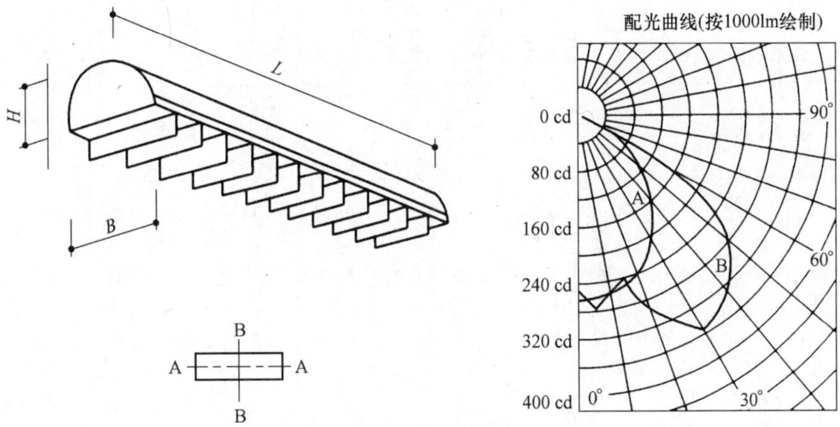

图 A-1　灯具外形及配光曲线

表 A-2　BYGG4-1 型玻璃钢教室照明灯光强值　　（单位：cd/1000/lm）

A-A	θ	0°	2.5°	7.5°	12.5°	17.5°	22.5°	27.5°	32.5°	37.5°	42.5°
	I_θ	262.5	257.4	251.6	248.8	238.7	230.1	212.8	195.6	178.3	153.3
	θ	47.5°	52.5°	57.5°	62.5°	67.5°	72.5°	77.5°	82.5°	87.5°	
	I_θ	132.3	109.3	89.2	67.6	46.0	31.6	23.0	10	4.3	
B-B	θ	0°	2.5°	7.5°	12.5°	17.5°	22.5°	27.5°	32.5°	37.5°	42.5°
	I_θ	262.5	263.1	248.8	232.9	250.2	303.4	349.4	333.6	317.8	300.5
	θ	47.5°	52.5°	57.5°	62.5°	67.5°	72.5°	77.5°	82.5°	87.5°	
	I_θ	267.5	161.0	71.9	40.3	14.4	5.73	2.88	2.9	0	

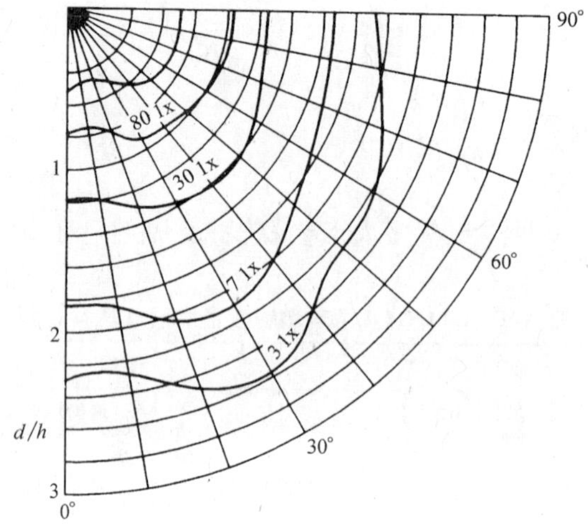

图 A-2 平均相对等照度曲线（按 1000lm 绘制）

表 A-3 BYGG4-1 型玻璃钢教室照明灯利用系数表

利用系数表 $K=1$

ρ值														
	顶棚 ρ_{cc}	0.7			0.5			0.3			0.1			0
	墙 ρ_w	0.5	0.3	0.1	0.5	0.3	0.1	0.5	0.3	0.1	0.5	0.3	0.1	0
	地面	0.2			0.2			0.2			0.2			0
室空间比		利用系数												
1		0.79	0.77	0.75	0.76	0.74	0.72	0.73	0.71	0.70	0.70	0.69	0.68	0.66
2		0.71	0.67	0.63	0.68	0.65	0.62	0.66	0.63	0.61	0.64	0.61	0.60	0.58
3		0.63	0.59	0.55	0.62	0.57	0.54	0.59	0.56	0.53	0.58	0.54	0.53	0.50
4		0.57	0.51	0.47	0.55	0.50	0.46	0.52	0.49	0.46	0.52	0.48	0.45	0.44
5		0.51	0.45	0.40	0.49	0.44	0.40	0.48	0.43	0.40	0.46	0.42	0.39	0.38
6		0.45	0.39	0.34	0.44	0.39	0.35	0.43	0.38	0.34	0.42	0.37	0.34	0.33
7		0.41	0.34	0.31	0.40	0.34	0.30	0.38	0.34	0.30	0.38	0.33	0.30	0.28
8		0.36	0.30	0.26	0.35	0.30	0.26	0.34	0.29	0.26	0.33	0.30	0.26	0.24
9		0.32	0.26	0.22	0.32	0.26	0.22	0.31	0.26	0.22	0.30	0.25	0.22	0.21
10		0.29	0.24	0.20	0.29	0.23	0.19	0.28	0.23	0.19	0.27	0.22	0.19	0.18

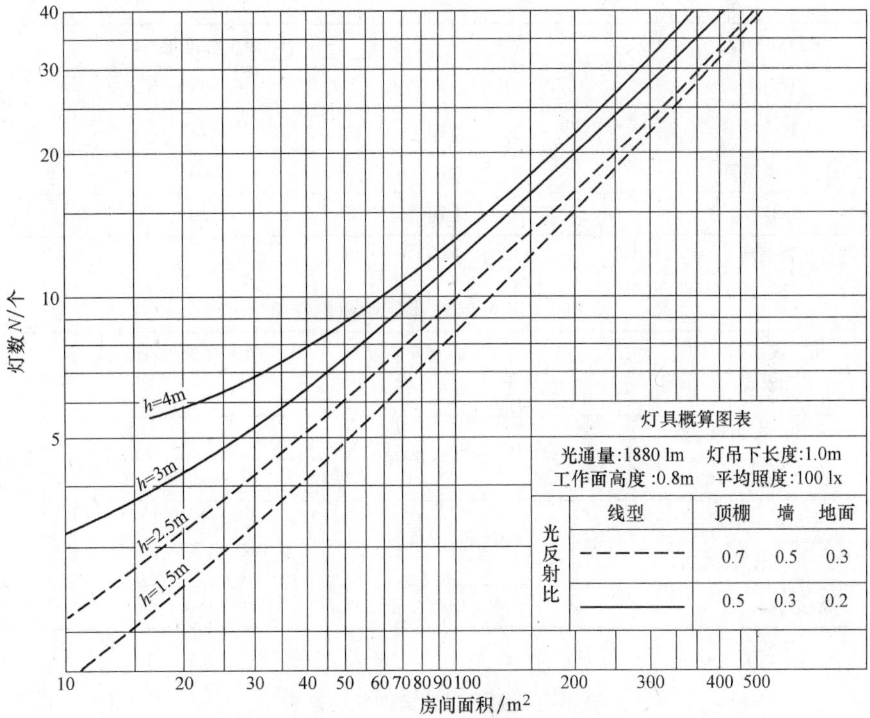

图 A-3　灯具概算图表

表 A-4　BYGG4-1 型玻璃钢教室照明灯灯具亮度值　　（单位：cd/m^2）

γ 角	不同平面	
	0°～180°	90°～270°
85°	1166	153
75°	1493	148
65°	1905	578
55°	2446	1810
45°	2873	3580

附录 B　照明标准值

表 B-1　住宅建筑照明标准值

房间或场所		参考平面及其高度	照度标准值/lx	R_a
起居室	一般活动	0.75m 水平面	100	80
	书写、阅读		300 *	
卧室	一般活动	0.75m 水平面	75	80
	床头、阅读		150 *	
餐厅		0.75m 餐桌面	150	80
厨房	一般活动	0.75m 水平面	100	80
	操作台	台面	150 *	

（续）

房间或场所	参考平面及其高度	照度标准值/lx	R_a
卫生间	0.75m 水平面	100	80
电梯前厅	地面	75	60
走道、楼梯间	地面	50	60
车库	地面	30	60

注：* 指混合照明照度。

表 B-2 其他居住建筑照明标准值

<table>
<tr><th colspan="2">房间或场所</th><th>参考平面及其高度</th><th>照度标准值/lx</th><th>R_a</th></tr>
<tr><td colspan="2">职工宿舍</td><td>地面</td><td>100</td><td>80</td></tr>
<tr><td rowspan="2">老年人卧室</td><td>一般活动</td><td rowspan="2">0.75m 水平面</td><td>150</td><td>80</td></tr>
<tr><td>床头、阅读</td><td>300*</td><td>80</td></tr>
<tr><td rowspan="2">老年人起居室</td><td>一般活动</td><td rowspan="2">0.75m 水平面</td><td>200</td><td>80</td></tr>
<tr><td>书写、阅读</td><td>500*</td><td>80</td></tr>
<tr><td colspan="2">酒店式公寓</td><td>地面</td><td>150</td><td>80</td></tr>
</table>

注：* 指混合照明照度。

表 B-3 图书馆建筑照明标准值

房间或场所	参考平面及其高度	照度标准值/lx	*UGR*	U_0	R_a
一般阅览室、开放式阅览室	0.75m 水平面	300	19	0.60	80
多媒体阅览室	0.75m 水平面	300	19	0.60	80
老年阅览室	0.75m 水平面	500	19	0.70	80
珍善本、舆图阅览室	0.75m 水平面	500	19	0.60	80
陈列室、目录厅（室）、出纳厅	0.75m 水平面	300	19	0.60	80
档案库	0.75m 水平面	200	19	0.60	80
书库、书架	0.25m 垂直面	50	—	0.40	80
工作间	0.75m 水平面	300	19	0.60	80
采编、修复工作间	0.75m 水平面	500	19	0.60	80

表 B-4 办公建筑照明标准值

房间或场所	参考平面及其高度	照度标准值/lx	*UGR*	U_0	R_a
普通办公室	0.75m 水平面	300	19	0.60	80
高档办公室	0.75m 水平面	500	19	0.60	80
会议室	0.75m 水平面	300	19	0.60	80
视频会议室	0.75m 水平面	750	19	0.60	80
接待室、前台	0.75m 水平面	200	—	0.40	80
服务大厅、营业厅	0.75m 水平面	300	22	0.40	80
设计室	实际工作面	500	19	0.60	80
文件整理、复印、发行室	0.75m 水平面	300	—	0.40	80
资料、档案存放室	0.75m 水平面	200	—	0.40	80

注：此表适用于所有类型建筑的办公室和类似用途场所的照明。

表 B-5 商店建筑照明标准值

房间或场所	参考平面及其高度	照度标准值/lx	UGR	U_0	R_a
一般商店营业厅	0.75m 水平面	300	22	0.60	80
一般室内商业街	地面	200	22	0.60	80
高档商店营业厅	0.75m 水平面	500	22	0.60	80
高档室内商业街	地面	300	22	0.60	80
一般超市营业厅	0.75m 水平面	300	22	0.60	80
高档超市营业厅	0.75m 水平面	500	22	0.60	80
仓储式超市	0.75m 水平面	300	22	0.60	80
专卖店营业厅	0.75m 水平面	300	22	0.60	80
农贸市场	0.75m 水平面	200	25	0.40	80
收款台	台面	500*	—	0.60	80

注：* 指混合照明照度。

表 B-6 观演建筑照明标准值

房间或场所		参考平面及其高度	照度标准值/lx	UGR	U_0	R_a
门厅		地面	200	22	0.40	80
观众厅	影院	0.75m 水平面	100	22	0.40	80
	剧场、音乐厅	0.75m 水平面	150	22	0.40	80
观众休息厅	影院	地面	150	22	0.40	80
	剧场、音乐厅	地面	200	22	0.40	80
排演厅		地面	300	22	0.60	80
化妆室	一般活动区	0.75m 水平面	150	22	0.60	80
	化妆台	1.1m 高处垂直面	500*	—	—	90

注：* 指混合照明照度。

表 B-7 旅馆建筑照明标准值

房间或场所		参考平面及其高度	照度标准值/lx	UGR	U_0	R_a
客房	一般活动区	0.75m 水平面	75	—	—	80
	床头	0.75m 水平面	150	—	—	80
	写字台	台面	300*	—	—	80
	卫生间	0.75m 水平面	150	—	—	80
中餐厅		0.75m 水平面	200	22	0.60	80
西餐厅		0.75m 水平面	150	—	0.60	80
酒吧间、咖啡厅		0.75m 水平面	75	—	0.40	80
多功能厅、宴会厅		0.75m 水平面	300	22	0.60	80
会议室		0.75m 水平面	300	19	0.60	80
大堂		地面	200	—	0.40	80
总服务台		台面	300*	—	—	80
休息厅		地面	200	22	0.40	80

（续）

房间或场所	参考平面及其高度	照度标准值/lx	UGR	U_0	R_a
客房层走廊	地面	50	—	0.40	80
厨房	台面	500*	—	0.70	80
游泳池	水面	200	22	0.60	80
健身房	0.75m 水平面	200	22	0.60	80
洗衣房	0.75m 水平面	200	—	0.40	80

注：* 指混合照明照度。

表 B-8 医疗建筑照明标准值

房间或场所	参考平面及其高度	照度标准值/lx	UGR	U_0	R_a
治疗室、检查室	0.75m 水平面	300	19	0.70	80
化验室	0.75m 水平面	500	19	0.70	80
手术室	0.75m 水平面	750	19	0.70	90
诊室	0.75m 水平面	300	19	0.60	80
候诊室、挂号厅	0.75m 水平面	200	22	0.40	80
病房	地面	100	19	0.60	80
走道	地面	100	19	0.60	80
护士站	0.75m 水平面	300	—	0.60	80
药房	0.75m 水平面	500	19	0.60	80
重症监护室	0.75m 水平面	300	19	0.60	90

表 B-9 教育建筑照明标准值

房间或场所	参考平面及其高度	照度标准值/lx	UGR	U_0	R_a
教室、阅览室	课桌面	300	19	0.60	80
实验室	实验桌面	300	19	0.60	80
美术教室	桌面	500	19	0.60	90
多媒体教室	0.75m 水平面	300	19	0.60	80
电子信息机房	0.75m 水平面	500	19	0.60	80
计算机教室、电子阅览室	0.75m 水平面	500	19	0.60	80
楼梯间	地面	100	22	0.40	80
教室黑板	黑板面	500*	—	0.70	80
学生宿舍	地面	150	22	0.40	80

注：* 指混合照明照度。

表 B-10 美术馆建筑照明标准值

房间或场所	参考平面及其高度	照度标准值/lx	UGR	U_0	R_a
会议报告厅	0.75m 水平面	300	22	0.60	80
休息厅	0.75m 水平面	150	22	0.40	80
美术品售卖	0.75m 水平面	300	19	0.60	80

（续）

房间或场所	参考平面及其高度	照度标准值/lx	UGR	U_0	R_a
公共大厅	地面	200	22	0.40	80
绘画展厅	地面	100	19	0.60	80
雕塑展厅	地面	150	19	0.60	80
藏画库	地面	150	22	0.60	80
藏画修理	0.75m 水平面	500	19	0.70	90

注：1. 绘画、雕塑展厅的照明标准值中不含展品陈列照明。

2. 当展览对光敏感要求的展品时应满足表 B-11 的要求。

表 B-11　科技馆建筑照明标准值

房间或场所	参考平面及其高度	照度标准值/lx	UGR	U_0	R_a
科普教室、实验区	0.75m 水平面	300	19	0.60	80
会议报告厅	0.75m 水平面	300	22	0.60	80
纪念品售卖区	0.75m 水平面	300	22	0.60	80
儿童乐园	地面	300	22	0.60	80
公共大厅	地面	200	22	0.40	80
球幕、巨幕、3D、4D 影院	地面	100	19	0.40	80
常设展厅	地面	200	22	0.60	80
临时展厅	地面	200	22	0.60	80

注：常设展厅和临时展厅的照明标准值中不含展品陈列照明。

表 B-12　博物馆建筑陈列室展品照度标准值及年曝光量限值

类别	参考平面及其高度	照度标准值/lx	年曝光量/(lx · h/a)
对光特别敏感的展品：纺织品、织绣品、绘画、纸质物品、彩绘、陶（石）器、染色皮革、动物标本等	展品面	≤50	≤50000
对光敏感的展品：油画、蛋清画、不染色皮革、角制品、骨制品、象牙制品、竹木制品和漆器等	展品面	≤150	≤360000
对光不敏感的展品：金属制品、石质器物、陶瓷器、宝玉石器、岩矿标本、玻璃制品、搪瓷制品、珐琅器等	展品面	≤300	不限制

注：1. 陈列室一般照明应按展品照度值的 20% ~30% 选取。

2. 陈列室一般照明 UGR 不宜大于 19。

3. 辨色要求一般的场所 R_a 不应低于 80，辨色要求高的场所 R_a 不应低于 90。

表 B-13　博物馆其他场所照明标准值

房间或场所	参考平面及其高度	照度标准值/lx	UGR	U_0	R_a
门厅	地面	200	22	0.40	80
序厅	地面	200	22	0.40	80
会议报告厅	0.75m 水平面	300	22	0.60	80
美术制作室	0.75m 水平面	500	22	0.60	80
编目室	0.75m 水平面	300	22	0.60	80

（续）

房间或场所	参考平面及其高度	照度标准值/lx	UGR	U_0	R_a
摄影室	0.75m 水平面	100	22	0.60	80
熏蒸室	实际工作面	150	22	0.60	80
实验室	实际工作面	300	22	0.60	80
保护修复室	实际工作面	750*	19	0.70	90
文物复制室	实际工作面	750*	19	0.70	90
标本制作室	实际工作面	750*	19	0.70	90
周转库房	地面	50	22	0.40	80
藏品库房	地面	75	22	0.40	80
藏品提看室	0.75m 水平面	150	22	0.60	80

注：* 指混合照明的照度标准值，其一般照明的照度值应按混合照明照度的 20% ~30% 选取。

表 B-14 会展建筑照明标准值

房间或场所	参考平面及其高度	照度标准值/lx	UGR	U_0	R_a
会议室、洽谈室	0.75m 水平面	300	19	0.60	80
宴会厅	0.75m 水平面	300	22	0.60	80
多功能厅	0.75m 水平面	300	22	0.60	80
公共大厅	地面	200	22	0.40	80
一般展厅	地面	200	22	0.60	80
高档展厅	地面	300	22	0.60	80

表 B-15 交通建筑照明标准值

房间或场所		参考平面及其高度	照度标准值/lx	UGR	U_0	R_a
售票台		台面	500*	—	—	80
问讯处		0.75m 水平面	200	—	0.60	80
候车（机、船）室	普通	地面	150	22	0.40	80
	高档	地面	200	22	0.60	80
贵宾室休息室		0.75m 水平面	300	22	0.60	80
中央大厅、售票大厅		地面	200	22	0.40	80
海关、护照检查		工作面	500	—	0.70	80
安全检查		地面	300	—	0.60	80
换票、行李托运		0.75m 水平面	300	19	0.60	80
行李认领、到达大厅、出发大厅		地面	200	22	0.40	80
通道、连接区、扶梯、换乘厅		地面	150	—	0.40	80
有棚站台		地面	75	—	0.60	60
无棚站台		地面	50	—	0.40	20
走廊、楼梯、平台、流动区域	普通	地面	75	25	0.40	60
	高档	地面	150	25	0.60	80

（续）

房间或场所		参考平面及其高度	照度标准值/lx	*UGR*	U_0	R_a
地铁站厅	普通	地面	100	25	0.60	80
	高档	地面	200	22	0.60	80
地铁进出站门厅	普通	地面	150	25	0.60	80
	高档	地面	200	22	0.60	80

注：* 指混合照明的照度。

表 B-16 金融建筑照明标准值

房间及场所		参考平面及其高度	照度标准值/lx	*UGR*	U_0	R_a
营业大厅		地面	200	22	0.60	80
营业柜台		台面	500	—	0.60	80
客户服务中心	普通	0.75m 水平面	200	22	0.60	60
	贵宾室	0.75m 水平面	300	22	0.60	80
交易大厅		0.75m 水平面	300	22	0.60	80
数据中心主机房		0.75m 水平面	500	19	0.60	80
保管库		地面	200	22	0.40	80
信用卡作业区		0.75m 水平面	300	19	0.60	80
自助银行		地面	200	19	0.60	80

注：本表适用于银行、证券、期货、保险、电信、邮政等业务，也适用于类似用途（如供电、供水、供气）的营业厅、柜台和客服中心。

表 B-17 无电视转播的体育建筑照明标准值

运动项目		参考平面及其高度	照度标准值/lx			R_a		眩光指数(*GR*)	
			训练和娱乐	业余比赛	专业比赛	训练	比赛	训练	比赛
篮球、排球、手球、室内足球		地面	300	500	750	65	65	35	30
体操、艺术体操、技巧、蹦床、举重		台面							
速度滑冰		冰面							
羽毛球		地面	300	750/500	1000/500	65	65	35	30
乒乓球、柔道、摔跤、跆拳道、武术		台面	300	500	1000	65	65	35	30
冰球、花样滑冰、冰上舞蹈、短道速滑		冰面							
拳击		台面	500	1000	2000	65	65	35	30
游泳、跳水、水球、花样游泳		水面	200	300	500	65	65	—	—
马术		地面							
射击、射箭	射击区、弹(箭)道区	地面	200	200	300	65	65	—	—
	靶心	靶心垂直面	1000	1000	1000				
击剑		地面	300	500	750	65	65	—	—
		垂直面	200	300	500				

（续）

<table>
<tr><th colspan="2" rowspan="2">运动项目</th><th rowspan="2">参考平面及其高度</th><th colspan="3">照度标准值/lx</th><th colspan="2">R_a</th><th colspan="2">眩光指数（GR）</th></tr>
<tr><th>训练和娱乐</th><th>业余比赛</th><th>专业比赛</th><th>训练</th><th>比赛</th><th>训练</th><th>比赛</th></tr>
<tr><td rowspan="2">网球</td><td>室外</td><td rowspan="2">地面</td><td rowspan="2">300</td><td rowspan="2">500/300</td><td rowspan="2">750/500</td><td rowspan="2">65</td><td rowspan="2">65</td><td>55</td><td>50</td></tr>
<tr><td>室内</td><td>35</td><td>30</td></tr>
<tr><td rowspan="2">场地自行车</td><td>室外</td><td rowspan="2">地面</td><td rowspan="2">200</td><td rowspan="2">500</td><td rowspan="2">750</td><td rowspan="2">65</td><td rowspan="2">65</td><td>55</td><td>50</td></tr>
<tr><td>室内</td><td>35</td><td>30</td></tr>
<tr><td colspan="2">足球、田径</td><td>地面</td><td>200</td><td>300</td><td>500</td><td>20</td><td>65</td><td>55</td><td>50</td></tr>
<tr><td colspan="2">曲棍球</td><td>地面</td><td>300</td><td>500</td><td>750</td><td>20</td><td>65</td><td>55</td><td>50</td></tr>
<tr><td colspan="2">棒球、垒球</td><td>地面</td><td>300/200</td><td>500/300</td><td>750/500</td><td>20</td><td>65</td><td>55</td><td>50</td></tr>
</table>

注：1. 当表中同一格有两个值时，“/” 前为内场的值，“/” 后为外场的值。

2. 表中规定的照度应为比赛场地参考平面上的使用照度。

表 B-18 有电视转播的体育建筑照明标准值

<table>
<tr><th colspan="2" rowspan="2">运动项目</th><th rowspan="2">参考平面及其高度</th><th colspan="3">照度标准值/lx</th><th colspan="2">R_s</th><th colspan="2">T_{cp}/K</th><th rowspan="2">眩光指数（GR）</th></tr>
<tr><th>国家、国际比赛</th><th>重大国际比赛</th><th>HDTV</th><th>国家、国际比赛，重大国际比赛</th><th>HDTV</th><th>国家、国际比赛，重大国际比赛</th><th>HDTV</th></tr>
<tr><td colspan="2">蓝球、排球、手球、室内足球、乒乓球</td><td>地面 1.5m</td><td rowspan="5">1000</td><td rowspan="5">1400</td><td rowspan="5">2000</td><td rowspan="13">≥80</td><td rowspan="13">>80</td><td rowspan="13">≥4000</td><td rowspan="13">≥5500</td><td rowspan="2">30</td></tr>
<tr><td colspan="2">体操、艺术体操、技巧、蹦床、柔道、摔跤、跆拳道、武术、举重</td><td>台面 1.5m</td></tr>
<tr><td colspan="2">击剑</td><td>台面 1.5m</td><td>—</td></tr>
<tr><td colspan="2">游泳、跳水、水球、花样游泳</td><td>水面 0.2m</td><td>—</td></tr>
<tr><td colspan="2">冰球、花样滑冰、冰上舞蹈、短道速滑、速度滑冰</td><td>冰面 1.5m</td><td>30</td></tr>
<tr><td colspan="2">羽毛球</td><td>地面 1.5m</td><td>1000/750</td><td>1400/1000</td><td>2000/1400</td><td>30</td></tr>
<tr><td colspan="2">拳击</td><td>台面 1.5m</td><td>1000</td><td>2000</td><td>2500</td><td>30</td></tr>
<tr><td rowspan="2">射箭</td><td>射击区、箭道区</td><td>地面 1.0m</td><td>500</td><td>500</td><td>500</td><td>—</td></tr>
<tr><td>靶心</td><td>靶心垂直面</td><td>1500</td><td>1500</td><td>2000</td><td>—</td></tr>
<tr><td rowspan="2">场地自行车</td><td>室内</td><td rowspan="2">地面 1.5m</td><td rowspan="4">1000</td><td rowspan="4">1400</td><td rowspan="4">2000</td><td>30</td></tr>
<tr><td>室外</td><td>50</td></tr>
<tr><td colspan="2">足球、田径、曲棍球</td><td>地面 1.5m</td><td>50</td></tr>
<tr><td colspan="2">马术</td><td>地面 1.5m</td><td>—</td></tr>
<tr><td rowspan="2">网球</td><td>室内</td><td rowspan="2">地面 1.5m</td><td rowspan="3">1000/750</td><td rowspan="3">1400/1000</td><td rowspan="3">2000/1400</td><td rowspan="3">≥80</td><td rowspan="3">>80</td><td rowspan="3">≥4000</td><td rowspan="3">≥5500</td><td>30</td></tr>
<tr><td>室外</td><td>50</td></tr>
<tr><td colspan="2">棒球、垒球</td><td>地面 1.5m</td><td>50</td></tr>
<tr><td rowspan="2">射击</td><td>射击区、弹道区</td><td>地面 1.0m</td><td>500</td><td>500</td><td>500</td><td colspan="2" rowspan="2">≥80</td><td rowspan="2">≥3000</td><td rowspan="2">≥4000</td><td rowspan="2">—</td></tr>
<tr><td>靶心</td><td>靶心垂直面</td><td>1500</td><td>1500</td><td>2000</td></tr>
</table>

注：1. HDTV 指高清晰度电视，其特殊显色指数应大于零。

2. 表中同一格有两个值时，“/” 前为内场的值，“/” 后为外场的值。

3. 表中规定的照度除射击、射箭外，其他均应为比赛场地主摄像机方向的使用照度值。

表 B-19 工业建筑一般照明标准值

房间或场所		参考平面及其高度	照度标准值/lx	UGR	U_0	R_a	备注
1. 机、电工业							
机械加工	粗加工	0.75m 水平面	200	22	0.40	60	可另加局部照明
	一般加工 公差≥0.1mm	0.75m 水平面	300	22	0.60	60	应另加局部照明
	精密加工 公差＜0.1mm	0.75m 水平面	500	19	0.70	60	应另加局部照明
机电仪表装配	大件	0.75m 水平面	200	25	0.60	80	可另加局部照明
	一般件	0.75m 水平面	300	25	0.60	80	可另加局部照明
	精密	0.75m 水平面	500	22	0.70	80	应另加局部照明
	特精密	0.75m 水平面	750	19	0.70	80	应另加局部照明
电线、电缆制造		0.75m 水平面	300	25	0.60	60	—
线圈绕制	大线圈	0.75m 水平面	300	25	0.60	80	—
	中等线圈	0.75m 水平面	500	22	0.70	80	可另加局部照明
	精细线圈	0.75m 水平面	750	19	0.70	80	应另加局部照明
线圈浇注		0.75m 水平面	300	25	0.60	80	—
焊接	一般	0.75m 水平面	200	—	0.60	60	—
	精密	0.75m 水平面	300	—	0.70	60	—
钣金		0.75m 水平面	300	—	0.60	60	—
冲压、剪切		0.75m 水平面	300	—	0.60	60	—
热处理		地面至 0.5m 水平面	200	—	0.60	20	—
铸造	熔化、浇铸	地面至 0.5m 水平面	200	—	0.60	20	—
	造型	地面至 0.5m 水平面	300	25	0.60	60	—
精密铸造的制模、脱壳		地面至 0.5m 水平面	500	25	0.60	60	—
锻工		地面至 0.5m 水平面	200	—	0.60	20	—
电镀		0.75m 水平面	300	—	0.60	80	—
喷漆	一般	0.75m 水平面	300	—	0.60	80	—
	精细	0.75m 水平面	500	22	0.70	80	—
酸洗、腐蚀、清洗		0.75m 水平面	300	—	0.60	80	—
抛光	一般装饰性	0.75m 水平面	300	22	0.60	80	应防频闪
	精细	0.75m 水平面	500	22	0.70	80	应防频闪
复合材料加工、铺叠、装饰		0.75m 水平面	500	22	0.60	80	—
机电修理	一般	0.75m 水平面	200		0.60	60	可另加局部照明
	精密	0.75m 水平面	300	22	0.70	60	可另加局部照明
2. 电子工业							
整机类	整机厂	0.75m 水平面	300	22	0.60	80	—
	装配厂房	0.75m 水平面	300	22	0.60	80	应另加局部照明

（续）

房间或场所		参考平面及其高度	照度标准值/lx	UGR	U_0	R_a	备注
元器件类	微电子产品及集成电路	0.75m水平面	500	19	0.70	80	—
	显示器件	0.75m水平面	500	19	0.70	80	可根据工艺要求降低照度值
	印制线路板	0.75m水平面	500	19	0.70	80	—
	光伏组件	0.75m水平面	300	19	0.60	80	—
	电真空器件、机电组件等	0.75m水平面	500	19	0.60	80	—
电子材料类	半导体材料	0.75m水平面	300	22	0.60	80	—
	光纤、光缆	0.75m水平面	300	22	0.60	80	—
酸、碱、药液及粉配制		0.75m水平面	300		0.60	80	—
3. 纺织、化纤工业							
纺织	选毛	0.75m水平面	300	22	0.70	80	可另加局部照明
	清棉、和毛、梳毛	0.75m水平面	150	22	0.60	80	—
	前纺：梳棉、并条、粗纺	0.75m水平面	200	22	0.60	80	—
	纺纱	0.75m水平面	300	22	0.60	80	—
	织布	0.75m水平面	300	22	0.60	80	—
织袜	穿综筘、缝纫、量呢、检验	0.75m水平面	300	22	0.70	80	可另加局部照明
	修补、剪毛、染色、印花、裁剪、熨烫	0.75m水平面	300	22	0.70	80	可另加局部照明
化纤	投料	0.75m水平面	100	—	0.60	80	—
	纺丝	0.75m水平面	150	22	0.60	80	—
	卷绕	0.75m水平面	200	22	0.60	80	—
	平衡间、中间贮存、干燥间、废丝间、油剂高位槽高	0.75m水平面	75	—	0.60	60	—
	集束间、后加工间、打包间、油剂调配间	0.75m水平面	100	25	0.60	60	—
	组件清洗间	0.75m水平面	150	25	0.60	60	—
	拉伸、变形、分级包装	0.75m水平面	150	25	0.70	80	操作面可另加局部照明
	化验、检验	0.75m水平面	200	22	0.70	80	可另加局部照明
	聚合车间、原液车间	0.75m水平面	100	22	0.60	60	—
4. 制药工业							
制药生产：配制、清洗灭菌、超滤、制粒、压片、混匀、烘干、灌装、轧盖等		0.75m水平面	300	22	0.60	80	—
制药生产流转通道		地面	200	—	0.40	80	—
更衣室		地面	200	—	0.40	80	—
技术夹层		地面	100	—	0.40	40	—

（续）

房间或场所		参考平面及其高度	照度标准值/lx	*UGR*	U_0	R_a	备注
5. 橡胶工业							
炼胶车间		0.75m 水平面	300	—	0.60	80	—
压延压出工段		0.75m 水平面	300	—	0.60	80	—
成型裁断工段		0.75m 水平面	300	22	0.60	80	—
硫化工段		0.75m 水平面	300	—	0.60	80	—
6. 电力工业							
火电厂锅炉房		地面	100	—	0.60	60	—
发电机房		地面	200	—	0.60	60	—
主控室		0.75m 水平面	500	19	0.60	80	—
7. 钢铁工业							
炼铁	高炉炉顶平台、各层平台	平台面	30	—	0.60	60	—
	出铁场、出铁机室	地面	100	—	0.60	60	—
	卷扬机室、碾泥机室、煤气清洗配水室	地面	50	—	0.60	60	—
炼钢及连铸	炼钢主厂房和平台	地面、平台面	150	—	0.60	60	需另加局部照明
	连铸浇注平台、切割区、出坯区	地面	150	—	0.60	60	需另加局部照明
	精整清理线	地面	200	25	0.60	60	—
轧钢	棒线材主厂房	地面	150	—	0.60	60	—
	钢管主厂房	地面	150	—	0.60	60	—
	冷轧主厂房	地面	150	—	0.60	60	需另加局部照明
	热轧主厂房、钢坯台	地面	150	—	0.60	60	—
	加热炉周围	地面	50	—	0.60	20	—
	垂绕、横剪及纵剪机组	0.75m 水平面	150	25	0.60	80	—
	打印、检查、精密分类、验收	0.75m 水平面	200	22	0.70	80	—
8. 制浆造纸工业							
备料		0.75m 水平面	150	—	0.60	60	—
蒸煮、选洗、漂白		0.75m 水平面	200	—	0.60	60	—
打浆、纸机底部		0.75m 水平面	200	—	0.60	60	—
纸机网部、压榨部、烘缸、压光、卷取、涂布		0.75m 水平面	300	—	0.60	60	—
复卷、切纸		0.75m 水平面	300	25	0.60	60	—
选纸		0.75m 水平面	500	22	0.60	60	—
碱回收		0.75m 水平面	200	—	0.60	60	—

（续）

<table>
<tr><th colspan="2">房间或场所</th><th>参考平面
及其高度</th><th>照度标准值
/lx</th><th>UGR</th><th>U_0</th><th>R_a</th><th>备注</th></tr>
<tr><td colspan="8">9. 食品及饮料工业</td></tr>
<tr><td rowspan="2">食品</td><td>糕点、糖果</td><td>0.75m 水平面</td><td>200</td><td>22</td><td>0.60</td><td>80</td><td>—</td></tr>
<tr><td>肉制品、乳制品</td><td>0.75m 水平面</td><td>300</td><td>22</td><td>0.60</td><td>80</td><td>—</td></tr>
<tr><td colspan="2">饮料</td><td>0.75m 水平面</td><td>300</td><td>22</td><td>0.60</td><td>80</td><td>—</td></tr>
<tr><td rowspan="3">啤酒</td><td>糖化</td><td>0.75m 水平面</td><td>200</td><td>—</td><td>0.60</td><td>80</td><td>—</td></tr>
<tr><td>发酵</td><td>0.75m 水平面</td><td>150</td><td>—</td><td>0.60</td><td>80</td><td>—</td></tr>
<tr><td>包装</td><td>0.75m 水平面</td><td>150</td><td>25</td><td>0.60</td><td>80</td><td>—</td></tr>
<tr><td colspan="8">10. 玻璃工业</td></tr>
<tr><td colspan="2">备料、退火、熔制</td><td>0.75m 水平面</td><td>150</td><td>—</td><td>0.60</td><td>60</td><td>—</td></tr>
<tr><td colspan="2">窑炉</td><td>地面</td><td>100</td><td>—</td><td>0.60</td><td>20</td><td>—</td></tr>
<tr><td colspan="8">11. 水泥工业</td></tr>
<tr><td colspan="2">主要生产车间（破碎、原料粉磨、烧成、水泥粉磨、包装）</td><td>地面</td><td>100</td><td>—</td><td>0.60</td><td>20</td><td>—</td></tr>
<tr><td colspan="2">储存</td><td>地面</td><td>75</td><td>—</td><td>0.60</td><td>60</td><td>—</td></tr>
<tr><td colspan="2">输送走廊</td><td>地面</td><td>30</td><td>—</td><td>0.40</td><td>20</td><td>—</td></tr>
<tr><td colspan="2">粗坯成型</td><td>0.75m 水平面</td><td>300</td><td>—</td><td>0.60</td><td>60</td><td>—</td></tr>
<tr><td colspan="8">12. 皮革工业</td></tr>
<tr><td colspan="2">原皮、水浴</td><td>0.75m 水平面</td><td>200</td><td>—</td><td>0.60</td><td>60</td><td>—</td></tr>
<tr><td colspan="2">转毂、整理、成品</td><td>0.75m 水平面</td><td>200</td><td>22</td><td>0.60</td><td>60</td><td>可另加局部照明</td></tr>
<tr><td colspan="2">干燥</td><td>地面</td><td>100</td><td>—</td><td>0.60</td><td>20</td><td>—</td></tr>
<tr><td colspan="8">13. 卷烟工业</td></tr>
<tr><td rowspan="2">制丝车间</td><td>一般</td><td>0.75m 水平面</td><td>200</td><td>—</td><td>0.60</td><td>80</td><td>—</td></tr>
<tr><td>较高</td><td>0.75m 水平面</td><td>300</td><td>—</td><td>0.70</td><td>80</td><td>—</td></tr>
<tr><td rowspan="2">卷烟、接过滤嘴、包装、滤棒成型车间</td><td>一般</td><td>0.75m 水平面</td><td>300</td><td>22</td><td>0.60</td><td>80</td><td>—</td></tr>
<tr><td>较高</td><td>0.75m 水平面</td><td>500</td><td>22</td><td>0.70</td><td>80</td><td>—</td></tr>
<tr><td colspan="2">膨胀烟丝车间</td><td>0.75m 水平面</td><td>200</td><td>—</td><td>0.60</td><td>60</td><td>—</td></tr>
<tr><td colspan="2">贮叶间</td><td>1.0m 水平面</td><td>100</td><td>—</td><td>0.60</td><td>60</td><td>—</td></tr>
<tr><td colspan="2">贮丝间</td><td>1.0m 水平面</td><td>100</td><td>—</td><td>0.60</td><td>60</td><td>—</td></tr>
<tr><td colspan="8">14. 化学、石油工业</td></tr>
<tr><td colspan="2">厂区内经常操作的区域，如泵、压缩机、阀门、电操作柱等</td><td>操作位高度</td><td>100</td><td>—</td><td>0.60</td><td>20</td><td>—</td></tr>
<tr><td colspan="2">装置区现场控制和检测点，如指示仪表、液位计等</td><td>测控点高度</td><td>75</td><td>—</td><td>0.70</td><td>60</td><td>—</td></tr>
<tr><td colspan="2">人行通道、平台、设备顶部</td><td>地面或台面</td><td>30</td><td>—</td><td>0.60</td><td>20</td><td>—</td></tr>
</table>

（续）

房间或场所		参考平面及其高度	照度标准值/lx	UGR	U_0	R_a	备注
装卸站	装卸设备顶部和底部操作位	操作位高度	75	—	0.60	20	—
	平台	平台	30	—	0.60	20	—
电缆夹层		0.75m 水平面	100	—	0.40	60	—
避难间		0.75m 水平面	150	—	0.40	60	—
压缩机厂房		0.75m 水平面	150	—	0.60	60	—
15. 木业和家具制造							
一般机器加工		0.75m 水平面	200	22	0.60	60	应防频闪
精细机器加工		0.75m 水平面	500	19	0.70	80	应防频闪
锯木区		0.75m 水平面	300	25	0.60	60	应防频闪
模型区	一般	0.75m 水平面	300	22	0.60	60	—
	精细	0.75m 水平面	750	22	0.70	60	—
胶合、组装		0.75m 水平面	300	25	0.60	60	—
磨光、异形细木工		0.75m 水平面	750	22	0.70	80	—

注：需增加局部照明的作业面，增加的局部照明照度值宜按该场所一般照明度值的 1.0～3.0 倍选取。

表 B-20　公共和工业建筑通用房间或场所照明标准值

房间或场所		参考平面及其高度	照度标准值/lx	UGR	U_0	R_a	备注
门厅	普通	地面	100	—	0.40	60	—
	高档	地面	200	—	0.60	80	—
走廊、流动区域、楼梯间	普通	地面	50	25	0.40	60	—
	高档	地面	100	25	0.60	80	—
自动扶梯		地面	150	—	0.60	60	—
厕所、盥洗室、浴室	普通	地面	75	—	0.40	60	—
	高档	地面	150	—	0.60	80	—
电梯前厅	普通	地面	100	—	0.40	60	—
	高档	地面	150	—	0.60	80	—
休息室		地面	100	22	0.40	80	—
更衣室		地面	150	22	0.40	80	—
储藏室		地面	100	—	0.40	60	—
餐厅		地面	200	22	0.60	80	—
公共车库		地面	50	—	0.60	60	—
公共车库检修间		地面	200	25	0.60	80	可另加局部照明

（续）

房间或场所		参考平面及其高度	照度标准值/lx	UGR	U_0	R_a	备注
试验室	一般	0.75m 水平面	300	22	0.60	80	可另加局部照明
	精细	0.75m 水平面	500	19	0.60	80	可另加局部照明
检验	一般	0.75m 水平面	300	22	0.60	80	可另加局部照明
	精细,有颜色要求	0.75m 水平面	750	19	0.60	80	可另加局部照明
计量室、测量室		0.75m 水平面	500	19	0.70	80	可另加局部照明
电话站、网络中心		0.75m 水平面	500	19	0.60	80	—
计算机站		0.75m 水平面	500	19	0.60	80	防光幕反射
变、配电站	配电装置室	0.75m 水平面	200	—	0.60	80	—
	变压器室	地面	100	—	0.60	60	—
电源设备室、发电机室		地面	200	25	0.60	80	—
电梯机房		地面	200	25	0.60	80	—
控制室	一般控制室	0.75m 水平面	300	22	0.60	80	—
	主控制室	0.75m 水平面	500	19	0.60	80	—
动力站	风机房、空调机房	地面	100	—	0.60	60	—
	泵房	地面	100	—	0.60	60	—
	冷冻站	地面	150	—	0.60	60	—
	压缩空气站	地面	150	—	0.60	60	—
	锅炉房、煤气站的操作层	地面	100	—	0.60	60	锅炉水位表照度不小于 50lx
仓库	大件库	1.0m 水平面	50	—	0.40	20	—
	一般件库	1.0m 水平面	100	—	0.60	60	—
	半成品库	1.0m 水平面	150	—	0.60	80	—
	精细件库	1.0m 水平面	200	—	0.60	80	货架垂直照度不小于 50lx
车辆加油站		地面	100	—	0.60	60	油表表面照度不小于 50lx

附录 C 照明功率密度限值

表 C-1 居住建筑每户照明功率密度限值

房间或场所	照度标准值/lx	照明功率密度限值/(W/m^2)	
		现行值	目标值
起居室	100	≤6.0	≤5.0
卧室	75		
餐厅	150		
厨房	100		
卫生间	100		
职工宿舍	100	≤4.0	≤3.5
车库	30	≤2.0	≤1.8

表 C-2 图书馆建筑照明功率密度限值

房间或场所	照度标准值/lx	照明功率密度限值/(W/m²)	
		现行值	目标值
一般阅览室、开放式阅览室	300	≤9.0	≤8.0
目录厅(室)、出纳室	300	≤11.0	≤10.0
多媒体阅览室	300	≤9.0	≤8.0
老年阅览室	500	≤15.0	≤13.5

表 C-3 办公建筑和其他类型建筑中具有办公用途场所照明功率密度限值

房间或场所	照度标准值/lx	照明功率密度限值/(W/m²)	
		现行值	目标值
普通办公室	300	≤9.0	≤8.0
高档办公室、设计室	500	≤15.0	≤13.5
会议室	300	≤9.0	≤8.0
服务大厅	300	≤11.0	≤10.0

表 C-4 商店建筑照明功率密度限值

房间或场所	照度标准值/lx	照明功率密度限值/(W/m²)	
		现行值	目标值
一般商店营业厅	300	≤10.0	≤9.0
高档商店营业厅	500	≤16.0	≤14.5
一般超市营业厅	300	≤11.0	≤10.0
高档超市营业厅	500	≤17.0	≤15.5
专卖店营业厅	300	≤11.0	≤10.0
仓储超市	300	≤11.0	≤10.0

表 C-5 旅馆建筑照明功率密度限值

房间或场所	照度标准值/lx	照明功率密度限值/(W/m²)	
		现行值	目标值
客房	—	≤7.0	≤6.0
中餐厅	200	≤9.0	≤8.0
西餐厅	150	≤6.5	≤5.5
多功能厅	300	≤13.5	≤12.0
客房层走廊	50	≤4.0	≤3.5
大堂	200	≤9.0	≤8.0
会议室	300	≤9.0	≤8.0

表 C-6 医疗建筑照明功率密度限值

房间或场所	照度标准值/lx	照明功率密度限值/(W/m²)	
		现行值	目标值
治疗室、诊室	300	≤9.0	≤8.0
化验室	500	≤15.0	≤13.5

（续）

房间或场所	照度标准值/lx	照明功率密度限值/(W/m²)	
		现行值	目标值
候诊室、挂号厅	200	≤6.5	≤5.5
病房	100	≤5.0	≤4.5
护士站	300	≤9.0	≤8.0
药房	500	≤15.0	≤13.5
走廊	100	≤4.5	≤4.0

表 C-7 教育建筑照明功率密度限值

房间或场所	照度标准值/lx	照明功率密度限值/(W/m²)	
		现行值	目标值
教室、阅览室	300	≤9.0	≤8.0
实验室	300	≤9.0	≤8.0
美术教室	500	≤15.0	≤13.5
多媒体教室	300	≤9.0	≤8.0
计算机教室、电子阅览室	500	≤15.0	≤13.5
学生宿舍	150	≤5.0	≤4.5

表 C-8 美术馆建筑照明功率密度限值

房间或场所	照度标准值/lx	照明功率密度限值/(W/m²)	
		现行值	目标值
会议报告厅	300	≤9.0	≤8.0
美术品售卖区	300	≤9.0	≤8.0
公共大厅	200	≤9.0	≤8.0
绘画展厅	100	≤5.0	≤4.5
雕塑展厅	150	≤6.5	≤5.5

表 C-9 科技馆建筑照明功率密度限值

房间或场所	照度标准值/lx	照明功率密度限值/(W/m²)	
		现行值	目标值
科普教室	300	≤9.0	≤8.0
会议报告厅	300	≤9.0	≤8.0
纪念品售卖区	300	≤9.0	≤8.0
儿童乐园	300	≤10.0	≤8.0
公共大厅	200	≤9.0	≤8.0
常设展厅	200	≤9.0	≤8.0

表 C-10 博物馆建筑其他场所照明功率密度限值

房间或场所	照度标准值/lx	照明功率密度限值/(W/m^2)	
		现行值	目标值
会议报告厅	300	≤9.0	≤8.0
美术制作室	500	≤15.0	≤13.5
编目室	300	≤9.0	≤8.0
藏品库房	75	≤4.0	≤3.5
藏品提看室	150	≤5.0	≤4.5

表 C-11 会展建筑照明功率密度限值

房间或场所	照度标准值/lx	照明功率密度限值/(W/m^2)	
		现行值	目标值
会议室、洽谈室	300	≤9.0	≤8.0
宴会厅、多功能厅	300	≤13.5	≤12.0
一般展厅	200	≤9.0	≤8.0
高档展厅	300	≤13.5	≤12.0

表 C-12 交通建筑照明功率密度限值

房间或场所		照度标准值/lx	照明功率密度限值/(W/m^2)	
			现行值	目标值
候车(机、船)室	普通	150	≤7.0	≤6.0
	高档	200	≤9.0	≤8.0
中央大厅、售票大厅		200	≤9.0	≤8.0
行李认领、到达大厅、出发大厅		200	≤9.0	≤8.0
地铁站厅	普通	100	≤5.0	≤4.5
	高档	200	≤9.0	≤8.0
地铁进出站门厅	普通	150	≤6.5	≤5.5
	高档	200	≤9.0	≤8.0

表 C-13 金融建筑照明功率密度限值

房间或场所	照度标准值/lx	照明功率密度限值/(W/m^2)	
		现行值	目标值
营业大厅	200	≤9.0	≤8.0
交易大厅	300	≤13.5	≤12.0

表 C-14 工业建筑非爆炸危险场所照明功率密度限值

房间或场所		照度标准值/lx	照明功率密度限值/(W/m^2)	
			现行值	目标值
1. 机、电工业				
机械加工	粗加工	200	≤7.5	≤6.5
	一般加工公差≥0.1mm	300	≤11.0	≤10.0
	精密加工公差<0.1mm	500	≤17.0	≤15.0

（续）

房间或场所		照度标准值/lx	照明功率密度限值/（W/m^2）	
			现行值	目标值
机电、仪表装配	大件	200	≤7.5	≤6.5
	一般件	300	≤11.0	≤10.0
	精密	500	≤17.0	≤15.0
	特精密	750	≤24.0	≤22.0
电线、电缆制造		300	≤11.0	≤10.0
线圈绕制	大线圈	300	≤11.0	≤10.0
	中等线圈	500	≤17.0	≤15.0
	精细线圈	750	≤24.0	≤22.0
线圈浇注		300	≤11.0	≤10.0
焊接	一般	200	≤7.5	≤6.5
	精密	300	≤11.0	≤10.0
钣金		300	≤11.0	≤10.0
冲压、剪切		300	≤11.0	≤10.0
热处理		200	≤7.5	≤6.5
铸造	熔化、浇铸	200	≤9.0	≤8.0
	造型	300	≤13.0	≤12.0
精密铸造的制模、脱壳		500	≤17.0	≤15.0
锻工		200	≤8.0	≤7.0
电镀		300	≤13.0	≤12.0
酸洗、腐蚀、清洗		300	≤15.0	≤14.0
抛光	一般装饰性	300	≤12.0	≤11.0
	精细	500	≤18.0	≤16.0
复合材料加工、铺叠、装饰		500	≤17.0	≤15.0
机电修理	一般	200	≤7.5	≤6.5
	精密	300	≤11.0	≤10.0
2. 电子工业				
整机类	整机厂	300	≤11.0	≤10.0
	装配厂房	300	≤11.0	≤10.0
元器件类	微电子产品及集成电路	500	≤18.0	≤16.0
	显示器件	500	≤18.0	≤16.0
	印制线路板	500	≤18.0	≤16.0
	光伏组件	300	≤11.0	≤10.0
	电真空器件、机电组件等	500	≤18.0	≤16.0

（续）

房间或场所		照度标准值/lx	照明功率密度限值/(W/m²)	
			现行值	目标值
电子材料类	半导体材料	300	≤11.0	≤10.0
	光纤、光缆	300	≤11.0	≤10.0
酸、碱、药液及粉配制		300	≤13.0	≤12.0

表 C-15　公共和工业建筑非爆炸危险场所通用房间或场所照明功率密度限值

房间或场所		照度标准值/lx	照明功率密度限值/(W/m²)	
			现行值	目标值
走廊	一般	50	≤2.5	≤2.0
	高档	100	≤4.0	≤3.5
厕所	一般	75	≤3.5	≤3.0
	高档	150	≤6.0	≤5.0
试验室	一般	300	≤9.0	≤8.0
	精细	500	≤15.0	≤13.5
检验	一般	300	≤9.0	≤8.0
	精细,有颜色要求	750	≤23.0	≤21.0
计量室、测量室		500	≤15.0	≤13.5
控制室	一般控制室	300	≤9.0	≤8.0
	主控制室	500	≤15.0	≤13.5
电话站、网络中心、计算机站		500	≤15.0	≤13.5
动力站	风机房、空调机房	100	≤4.0	≤3.5
	泵房	100	≤4.0	≤3.5
	冷冻站	150	≤6.0	≤5.0
	压缩空气站	150	≤6.0	≤5.0
	锅炉房、煤气站的操作层	100	≤5.0	≤4.5
仓库	大件库	50	≤2.5	≤2.0
	一般件库	100	≤4.0	≤3.5
	半成品库	150	≤6.0	≤5.0
	精细件库	200	≤7.0	≤6.0
公共车库		50	≤2.5	≤2.0
车辆加油站		100	≤5.0	≤4.5

附录D 灯具利用系数 C_u

典型灯具	灯具配光	ρ_{cc}	80%			70%			50%			30%			10%			0
		ρ_w	50%	30%	10%	50%	30%	10%	50%	30%	10%	50%	30%	10%	50%	30%	10%	0
	最大距离比 l/h_{rc}	RCR	利用系数															
R40 无遮光角 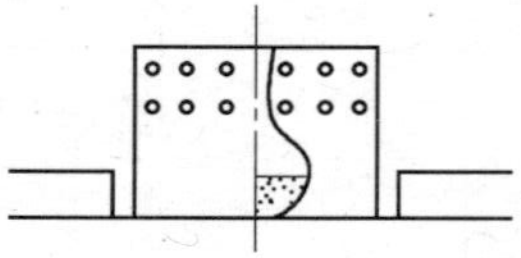 图 D-1(a)	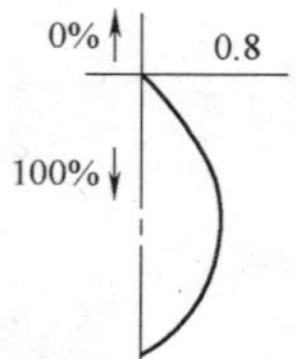 图 D-1（b）	0	1.18	1.18	1.18	1.16	1.16	1.16	1.11	1.11	1.11	1.06	1.06	1.06	1.01	1.01	1.01	0.99
		1	1.09	1.07	1.04	1.07	1.05	1.02	1.03	1.01	0.99	0.99	0.98	0.96	0.96	0.95	0.94	0.92
		2	1.01	0.97	0.93	0.99	0.95	0.92	0.96	0.93	0.90	0.93	0.90	0.88	0.90	0.88	0.86	0.84
		3	0.93	0.88	0.84	0.92	0.87	0.83	0.89	0.85	0.81	0.87	0.83	0.80	0.84	0.82	0.79	0.77
		4	0.87	0.81	0.76	0.85	0.80	0.75	0.83	0.78	0.75	0.81	0.77	0.74	0.79	0.76	0.73	0.71
		5	0.80	0.74	0.69	0.79	0.73	0.69	0.77	0.72	0.68	0.76	0.71	0.67	0.74	0.70	0.67	0.65
		6	0.74	0.68	0.63	0.73	0.67	0.63	0.72	0.66	0.62	0.70	0.66	0.62	0.69	0.65	0.61	0.60
		7	0.69	0.62	0.57	0.68	0.62	0.57	0.67	0.61	0.57	0.65	0.60	0.56	0.64	0.60	0.56	0.55
		8	0.64	0.57	0.53	0.63	0.57	0.52	0.62	0.56	0.52	0.61	0.56	0.52	0.60	0.55	0.52	0.50
		9	0.59	0.52	0.48	0.59	0.52	0.48	0.58	0.52	0.48	0.57	0.51	0.48	0.56	0.51	0.47	0.46
		10	0.55	0.49	0.44	0.55	0.48	0.44	0.54	0.48	0.44	0.53	0.48	0.44	0.52	0.47	0.44	0.42
R40 镜面电镀反射器 45°遮光角 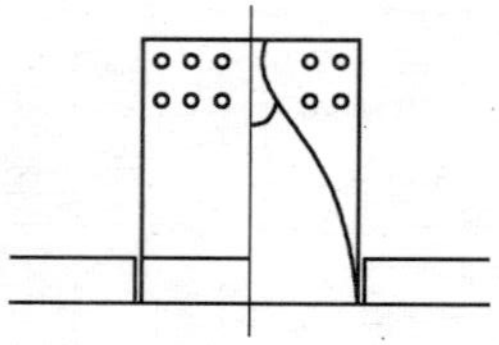 图 D-2(a)	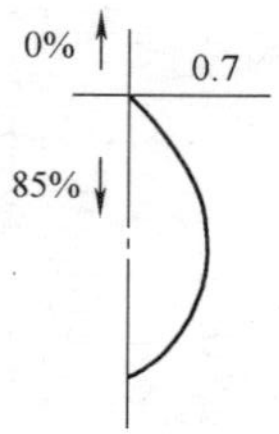 图 D-2(b)	0	1.00	1.00	1.00	0.98	0.98	0.98	0.94	0.94	0.94	0.90	0.90	0.90	0.86	0.86	0.86	0.84
		1	0.96	0.94	0.92	0.94	0.92	0.91	0.90	0.89	0.88	0.87	0.86	0.85	0.84	0.84	0.83	0.82
		2	0.91	0.88	0.86	0.90	0.87	0.85	0.87	0.85	0.83	0.84	0.83	0.82	0.82	0.81	0.80	0.79
		3	0.87	0.84	0.81	0.86	0.83	0.81	0.84	0.81	0.79	0.82	0.80	0.78	0.80	0.78	0.77	0.76
		4	0.83	0.80	0.77	0.82	0.79	0.77	0.81	0.78	0.76	0.79	0.77	0.75	0.78	0.76	0.74	0.73
		5	0.79	0.76	0.73	0.79	0.75	0.73	0.77	0.74	0.72	0.76	0.73	0.71	0.75	0.73	0.71	0.70
		6	0.76	0.73	0.70	0.76	0.72	0.70	0.75	0.72	0.69	0.74	0.71	0.69	0.73	0.70	0.68	0.67
		7	0.73	0.69	0.66	0.73	0.69	0.66	0.72	0.68	0.66	0.71	0.68	0.66	0.70	0.67	0.65	0.64
		8	0.70	0.66	0.63	0.70	0.66	0.63	0.69	0.65	0.63	0.68	0.65	0.63	0.67	0.65	0.63	0.62
		9	0.67	0.63	0.60	0.67	0.63	0.60	0.66	0.62	0.60	0.65	0.62	0.60	0.65	0.62	0.60	0.59
		10	0.64	0.60	0.58	0.64	0.60	0.58	0.63	0.60	0.58	0.63	0.60	0.57	0.62	0.59	0.57	0.56

（续）

典型灯具	灯具配光	ρ_{cc}	80%			70%			50%			30%			10%			0
		ρ_w	50%	30%	10%	50%	30%	10%	50%	30%	10%	50%	30%	10%	50%	30%	10%	0
	最大距离比 l/h_{rc}	RCR	利用系数															
白炽灯搪瓷反射罩 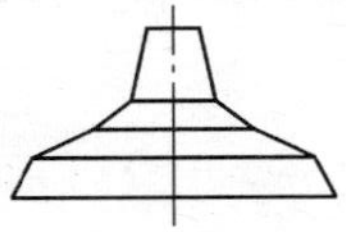 图 D-3(a)	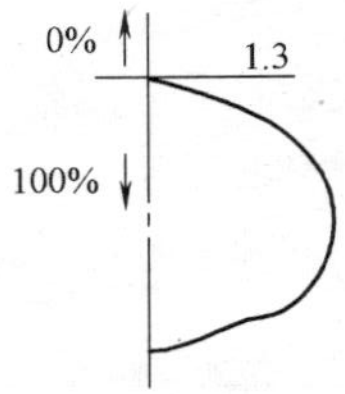 图 D-3(b)	0	0.99	0.99	0.99	0.97	0.97	0.97	0.92	0.92	0.92	0.88	0.88	0.88	0.85	0.85	0.85	0.83
		1	0.88	0.85	0.82	0.86	0.83	0.81	0.83	0.80	0.78	0.79	0.78	0.76	0.77	0.75	0.73	0.72
		2	0.78	0.73	0.68	0.76	0.72	0.67	0.73	0.69	0.66	0.71	0.67	0.64	0.68	0.65	0.63	0.61
		3	0.69	0.62	0.57	0.67	0.61	0.57	0.65	0.60	0.56	0.63	0.58	0.55	0.61	0.57	0.54	0.52
		4	0.61	0.54	0.49	0.60	0.53	0.48	0.58	0.52	0.48	0.56	0.51	0.47	0.54	0.50	0.46	0.45
		5	0.54	0.47	0.41	0.53	0.46	0.41	0.51	0.45	0.41	0.50	0.44	0.40	0.48	0.43	0.40	0.38
		6	0.48	0.41	0.35	0.47	0.40	0.35	0.46	0.39	0.35	0.44	0.39	0.34	0.43	0.38	0.34	0.32
		7	0.43	0.35	0.30	0.42	0.35	0.30	0.41	0.34	0.30	0.39	0.34	0.30	0.38	0.33	0.29	0.28
		8	0.38	0.31	0.26	0.38	0.31	0.26	0.37	0.30	0.26	0.36	0.30	0.26	0.35	0.30	0.26	0.24
		9	0.35	0.28	0.23	0.34	0.27	0.23	0.33	0.27	0.23	0.32	0.27	0.23	0.31	0.26	0.22	0.21
		10	0.31	0.25	0.20	0.31	0.24	0.20	0.30	0.24	0.20	0.29	0.24	0.20	0.29	0.23	0.20	0.18
方块棱状突出表面 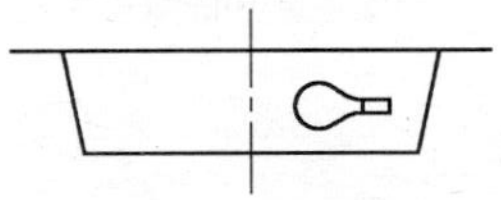 图 D-4(a)	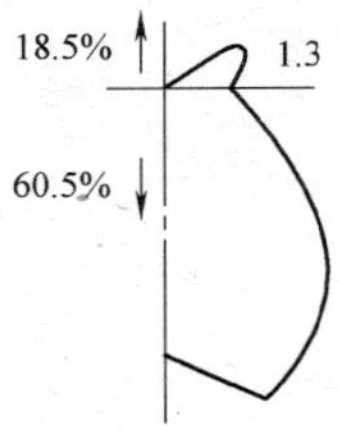 图 D-4(b)	0	0.89	0.89	0.89	0.85	0.85	0.85	0.77	0.77	0.77	0.70	0.70	0.70	0.63	0.63	0.63	0.60
		1	0.78	0.75	0.72	0.74	0.72	0.69	0.68	0.66	0.64	0.62	0.60	0.58	0.56	0.55	0.54	0.51
		2	0.69	0.65	0.61	0.66	0.62	0.58	0.61	0.57	0.54	0.56	0.53	0.50	0.51	0.49	0.47	0.44
		3	0.62	0.57	0.52	0.60	0.55	0.50	0.55	0.51	0.47	0.50	0.47	0.44	0.46	0.44	0.41	0.39
		4	0.56	0.50	0.46	0.54	0.49	0.44	0.50	0.45	0.42	0.46	0.42	0.39	0.42	0.39	0.37	0.35
		5	0.51	0.45	0.40	0.49	0.43	0.39	0.45	0.41	0.37	0.42	0.38	0.35	0.39	0.36	0.33	0.31
		6	0.46	0.40	0.36	0.45	0.39	0.35	0.42	0.37	0.33	0.39	0.35	0.31	0.36	0.32	0.30	0.28
		7	0.42	0.36	0.32	0.41	0.35	0.31	0.38	0.33	0.29	0.35	0.31	0.28	0.33	0.29	0.27	0.25
		8	0.39	0.32	0.28	0.37	0.32	0.28	0.35	0.30	0.26	0.32	0.28	0.25	0.30	0.27	0.24	0.22
		9	0.35	0.29	0.25	0.34	0.29	0.25	0.32	0.27	0.24	0.30	0.26	0.23	0.28	0.24	0.22	0.20
		10	0.32	0.27	0.23	0.31	0.26	0.22	0.29	0.25	0.21	0.27	0.23	0.20	0.26	0.22	0.20	0.18

（续）

典型灯具	灯具配光	ρ_{cc}	80%			70%			50%			30%			10%			0
		ρ_w	50%	30%	10%	50%	30%	10%	50%	30%	10%	50%	30%	10%	50%	30%	10%	0
	最大距离比 l/h_{rc}	*RCR*	利用系数															
简易控照荧光灯 YJK-1 1×40W 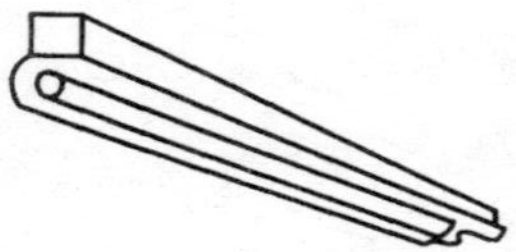 图 D-5(a)	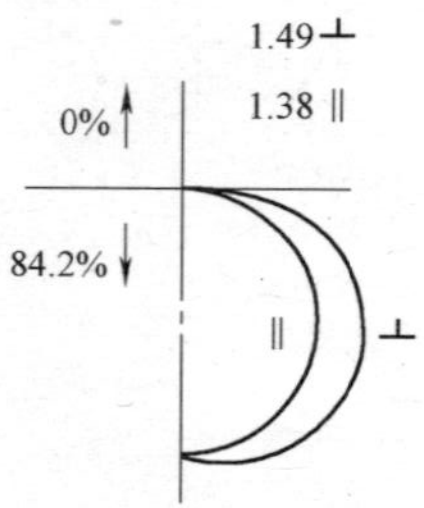 图 D-5(b)	1	0.85	0.80	0.76	0.83	0.79	0.75	0.79	0.76	0.73							0.66
		2	0.75	0.69	0.63	0.73	0.67	0.63	0.70	0.65	0.61							0.56
		3	0.66	0.59	0.54	0.65	0.58	0.53	0.62	0.57	0.52							0.48
		4	0.59	0.51	0.45	0.57	0.50	0.45	0.55	0.49	0.44							0.41
		5	0.52	0.44	0.39	0.51	0.44	0.39	0.49	0.43	0.38							0.35
		6	0.47	0.39	0.34	0.46	0.39	0.34	0.45	0.38	0.33							0.31
		7	0.42	0.35	0.29	0.42	0.34	0.29	0.40	0.34	0.29							0.27
		8	0.38	031	0.26	0.38	0.31	0.25	0.36	0.30	0.25							0.24
		9	0.35	0.28	0.23	0.34	0.27	0.23	0.33	0.27	0.22							0.21
		10	0.30	0.23	0.19	0.30	0.23	0.19	0.29	0.23	0.19							0.17
简易控照荧光灯 YJK-2 2×40W 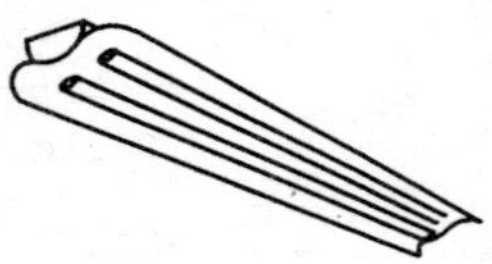 图 D-6(a)	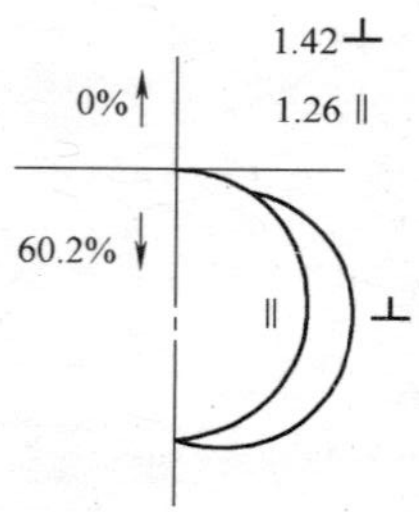 图 D-6(b)	1	0.70	0.67	0.64	0.69	0.66	0.63	0.66	0.63	0.61							0.56
		2	0.63	0.58	0.54	0.61	0.57	0.53	0.59	0.55	0.52							0.48
		3	0.56	0.51	0.46	0.55	0.50	0.46	0.53	0.49	0.45							0.42
		4	0.50	0.44	0.40	0.49	0.44	0.39	0.47	0.43	0.39							0.36
		5	0.45	0.39	0.34	0.44	0.38	0.34	0.43	0.38	0.34							0.32
		6	0.40	0.34	0.30	0.40	0.34	0.30	0.39	0.33	0.30							0.28
		7	0.36	0.30	0.26	0.36	0.30	0.26	0.35	0.30	0.26							0.24
		8	0.33	0.27	0.23	0.32	0.27	0.23	0.32	0.26	0.23							0.21
		9	0.30	0.24	0.20	0.30	0.24	0.20	0.29	0.23	0.20							0.19
		10	0.26	0.21	0.17	0.27	0.21	0.17	0.25	0.20	0.17							0.15

（续）

典型灯具	灯具配光	ρ_{cc}	80%			70%			50%			30%			10%			0
		ρ_w	50%	30%	10%	50%	30%	10%	50%	30%	10%	50%	30%	10%	50%	30%	10%	0
	最大距离比 l/h_{rc}	RCR	利用系数															
简式木底板荧光灯 1×10W  图 D-7(a)	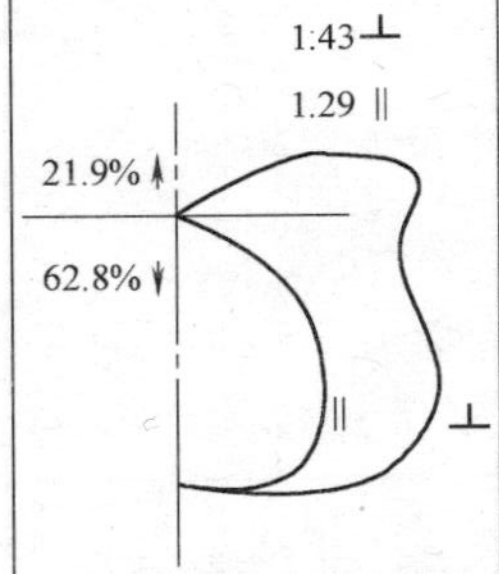 图 D-7(b)	1	0.81	0.76	0.71	0.76	0.72	0.68	0.68	0.64	0.61							0.45
		2	0.69	0.62	0.56	0.65	0.59	0.54	0.58	0.53	0.49							0.36
		3	0.60	0.52	0.46	0.57	0.50	0.44	0.51	0.45	0.40							0.30
		4	0.53	0.44	0.38	0.50	0.42	0.37	0.44	0.38	0.33							0.24
		5	0.47	0.38	0.32	0.44	0.37	0.31	0.39	0.33	0.28							0.21
		6	0.42	0.34	0.28	0.40	0.32	0.27	0.35	0.29	0.24							0.18
		7	0.37	0.29	0.24	0.35	0.28	0.23	0.32	0.26	0.21							0.15
		8	0.34	0.26	0.21	0.32	0.25	0.20	0.29	0.23	0.18							0.13
		9	0.30	0.23	0.18	0.29	0.22	0.17	0.26	0.20	0.16							0.12
		10	0.27	0.20	0.15	0.26	0.19	0.15	0.23	0.17	0.13							0.09
吸顶式荧光灯 YG6-2 2×10W 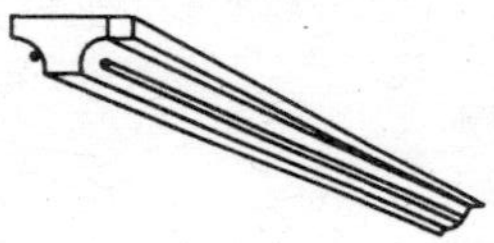 图 D-8(a)	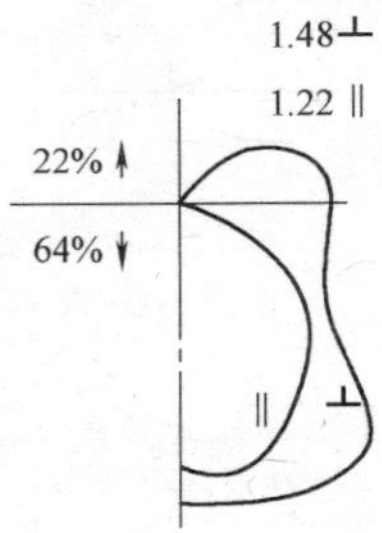 图 D-8(b)	1	0.82	0.77	0.73	0.78	0.74	0.70	0.70	0.67	0.64							0.49
		2	0.71	0.64	0.59	0.67	0.62	0.57	0.61	0.56	0.52							0.40
		3	0.62	0.55	0.49	0.59	0.53	0.47	0.53	0.48	0.44							0.34
		4	0.55	0.47	0.41	0.52	0.45	0.40	0.47	0.41	0.37							0.28
		5	0.49	0.41	0.35	0.46	0.39	0.34	0.42	0.36	0.31							0.24
		6	0.44	0.36	0.30	0.42	0.35	0.29	0.38	0.32	0.27							0.21
		7	0.39	0.32	0.26	0.37	0.30	0.25	0.34	0.28	0.24							0.18
		8	0.35	0.28	0.23	0.34	0.27	0.22	0.31	0.25	0.21							0.16
		9	0.32	0.25	0.20	0.31	0.24	0.19	0.28	0.22	0.18							0.14
		10	0.28	0.21	0.17	0.27	0.21	0.16	0.25	0.19	0.15							0.11

（续）

典型灯具	灯具配光	ρ_{cc}	80%			70%			50%			30%			10%			0
		ρ_w	50%	30%	10%	50%	30%	10%	50%	30%	10%	50%	30%	10%	50%	30%	10%	0
	最大距离比 l/h_{rc}	*RCR*	利用系数															
吸顶式荧光灯 YG6-3 3×40W 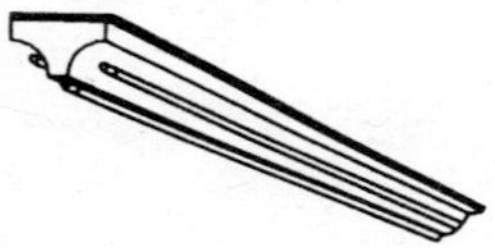 图 D-9(a)	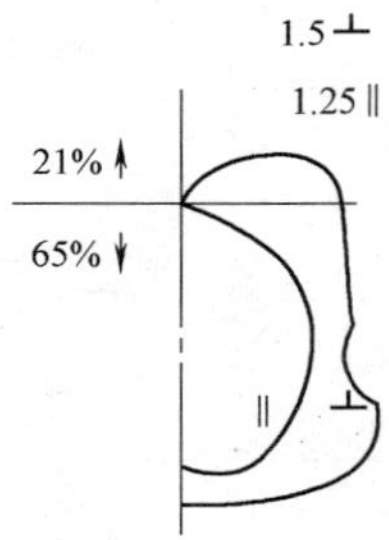 图 D-9(b)	1	0.81	0.77	0.73	0.77	0.73	0.69	0.70	0.66	0.63							0.49
		2	0.70	0.64	0.58	0.67	0.61	0.56	0.60	0.55	0.51							0.40
		3	0.61	0.54	0.48	0.58	0.52	0.46	0.53	0.47	0.43							0.33
		4	0.54	0.46	0.40	0.51	0.44	0.39	0.46	0.40	0.36							0.28
		5	0.48	0.40	0.34	0.46	0.38	0.33	0.41	0.35	0.30							0.24
		6	0.43	0.35	0.29	0.41	0.34	0.28	0.37	0.31	0.26							0.21
		7	0.38	0.31	0.25	0.37	0.30	0.25	0.33	0.27	0.23							0.18
		8	0.35	0.27	0.22	0.33	0.26	0.21	0.30	0.24	0.20							0.15
		9	0.31	0.24	0.19	0.30	0.23	0.19	0.28	0.22	0.18							0.13
		10	0.28	0.21	0.16	0.27	0.20	0.16	0.24	0.19	0.15							0.11
嵌入式格栅荧光灯 F1701-3 3×40W 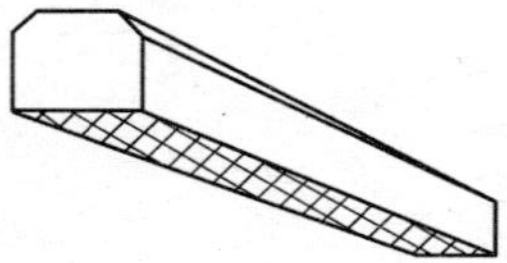 图 D-10(a)	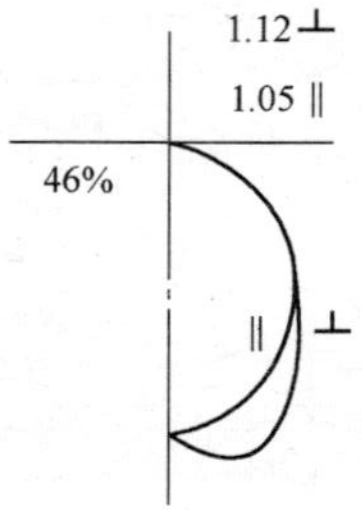 图 D-10(b)	1	0.49	0.48	0.46	0.48	0.47	0.45	0.46	0.45	0.44							0.40
		2	0.44	0.42	0.40	0.43	0.41	0.39	0.42	0.40	0.38							0.36
		3	0.40	0.37	0.34	0.39	0.36	0.34	0.38	0.35	0.33							0.31
		4	0.36	0.33	0.30	0.36	0.32	0.30	0.34	0.32	0.29							0.28
		5	0.33	0.29	0.26	0.32	0.29	0.26	0.31	0.28	0.26							0.25
		6	0.30	0.26	0.23	0.29	0.26	0.23	0.28	0.25	0.23							0.22
		7	0.27	0.23	0.21	0.26	0.23	0.20	0.26	0.23	0.20							0.19
		8	0.25	0.21	0.18	0.24	0.21	0.18	0.24	0.20	0.18							0.17
		9	0.22	0.19	0.16	0.22	0.19	0.16	0.22	0.18	0.16							0.15
		10	0.20	0.17	0.15	0.20	0.17	0.15	0.20	0.17	0.15							0.14

（续）

典型灯具	灯具配光	ρ_{cc}	80%			70%			50%			30%			10%			0
		ρ_w	50%	30%	10%	50%	30%	10%	50%	30%	10%	50%	30%	10%	50%	30%	10%	0
	最大距离比 l/h_{rc}	RCR	利用系数															
嵌入式铝格栅荧光灯 YG15-2　2×40W  图 D-11(a)	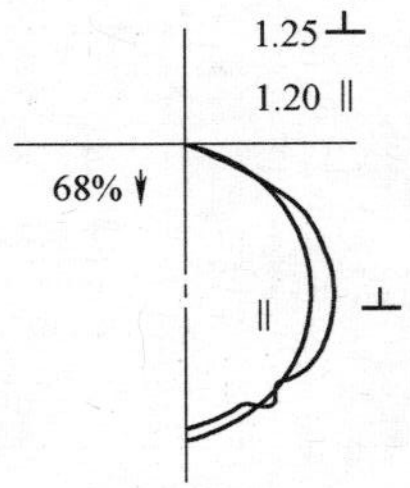 图 D-11(b)	1	0.67	0.64	0.62	0.65	0.63	0.61	0.63	0.61	0.59							0.55
		2	0.59	0.56	0.52	0.58	0.55	0.52	0.56	0.53	0.51							0.47
		3	0.53	0.48	0.44	0.52	0.47	0.44	0.50	0.46	0.43							0.40
		4	0.47	0.42	0.38	0.46	0.42	0.38	0.45	0.41	0.38							0.35
		5	0.42	0.37	0.33	0.42	0.37	0.33	0.40	0.36	0.33							0.31
		6	0.38	0.32	0.29	0.37	0.32	0.29	0.36	0.32	0.28							0.27
		7	0.34	0.28	0.25	0.33	0.28	0.25	0.32	0.28	0.24							0.23
		8	0.31	0.25	0.22	0.30	0.25	0.22	0.29	0.25	0.22							0.20
		9	0.28	0.23	0.19	0.27	0.22	0.19	0.27	0.22	0.19							0.18
		10	0.25	0.20	0.17	0.25	0.20	0.17	0.24	0.20	0.17							0.16
嵌入式塑料格栅 荧光灯 YG15-3 3×40W 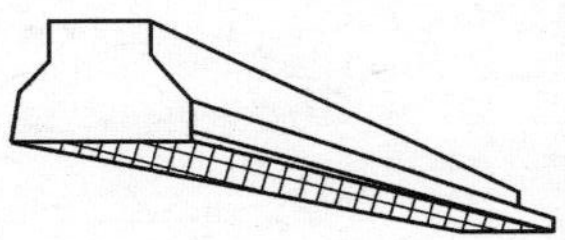 图 D-12(a)	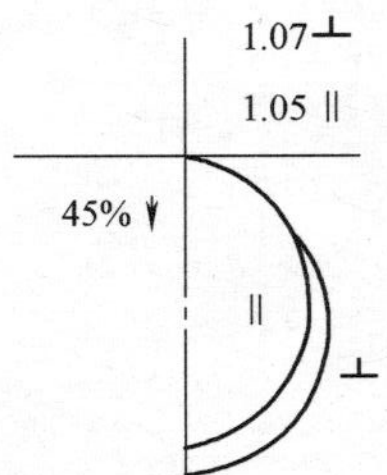 图 D-12(b)	1	0.48	0.46	0.45	0.47	0.45	0.44	0.45	0.44	0.43							0.39
		2	0.43	0.40	0.38	0.42	0.40	0.38	0.41	0.39	0.37							0.34
		3	0.39	0.35	0.33	0.38	0.35	0.33	0.37	0.34	0.32							0.30
		4	0.35	0.32	0.29	0.34	0.31	0.29	0.33	0.31	0.29							0.27
		5	0.32	0.28	0.26	0.31	0.28	0.25	0.30	0.27	0.25							0.24
		6	0.29	0.25	0.23	0.28	0.25	0.23	0.28	0.25	0.22							0.21
		7	0.26	0.22	0.20	0.26	0.22	0.20	0.25	0.22	0.20							0.19
		8	0.24	0.20	0.18	0.24	0.20	0.18	0.23	0.20	0.18							0.17
		9	0.22	0.18	0.16	0.21	0.18	0.16	0.21	0.18	0.16							0.15
		10	0.20	0.17	0.14	0.20	0.17	0.14	0.19	0.16	0.14							0.13

（续）

典型灯具	灯具配光	ρ_{cc}	80%			70%			50%			30%			10%			0
		ρ_w	50%	30%	10%	50%	30%	10%	50%	30%	10%	50%	30%	10%	50%	30%	10%	0
	最大距离比 l/h_{rc}	*RCR*	利用系数															
平圆型吸顶灯 JXD5-2 60W 100W 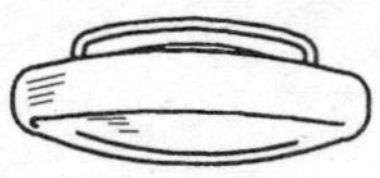 图 D-13(a)	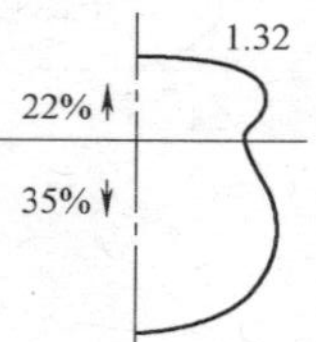 图 D-13(b)	1	0. 53	0. 50	0. 47	0. 49	0. 47	0. 44	0. 42	0. 41	0. 39							0. 26
		2	0. 45	0. 41	0. 38	0. 42	0. 39	0. 36	0. 37	0. 34	0. 31							0. 21
		3	0. 40	0. 35	0. 31	0. 37	0. 33	0. 29	0. 32	0. 29	0. 26							0. 17
		4	0. 35	0. 30	0. 26	0. 32	0. 28	0. 24	0. 28	0. 25	0. 22							0. 14
		5	0. 31	0. 26	0. 22	0. 29	0. 24	0. 21	0. 25	0. 21	0. 18							0. 12
		6	0. 27	0. 22	0. 19	0. 26	0. 21	0. 18	0. 22	0. 19	0. 16							0. 11
		7	0. 25	0. 20	0. 16	0. 23	0. 18	0. 15	0. 20	0. 16	0. 14							0. 09
		8	0. 22	0. 17	0. 14	0. 21	0. 16	0. 13	0. 18	0. 14	0. 12							0. 08
		9	0. 20	0. 15	0. 12	0. 19	0. 14	0. 12	0. 16	00. 13	0. 10							0. 07
		10	0. 18	0. 13	0. 10	0. 17	0. 13	0. 10	0. 15	0. 11	0. 09							0. 05
棱形罩吊灯 JDD12 100W 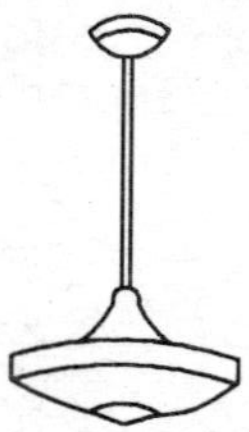 图 D-14(a)	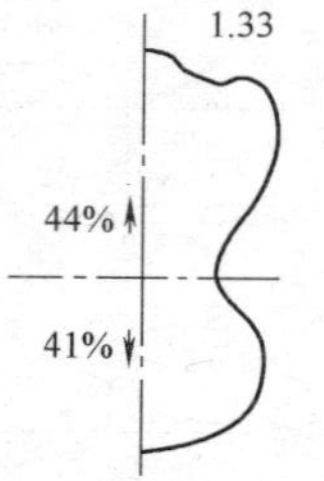 图 D-14(b)	1	0. 77	0. 73	0. 69	0. 70	0. 67	0. 64	0. 59	0. 56	0. 54							0. 30
		2	0. 66	0. 61	0. 56	0. 61	0. 56	0. 52	0. 51	0. 47	0. 44							0. 25
		3	0. 58	0. 52	0. 46	0. 54	0. 48	0. 43	0. 45	0. 40	0. 37							0. 21
		4	0. 51	0. 44	0. 39	0. 47	0. 41	0. 36	0. 39	0. 35	0. 31							0. 17
		5	0. 45	0. 38	0. 33	0. 42	0. 35	0. 30	0. 35	0. 30	0. 26							0. 15
		6	0. 41	0. 33	0. 28	0. 37	0. 31	0. 26	0. 31	0. 26	0. 23							0. 13
		7	0. 36	0. 29	0. 24	0. 33	0. 27	0. 23	0. 28	0. 23	0. 20							0. 11
		8	0. 33	0. 26	0. 21	0. 30	0. 24	0. 20	0. 25	0. 20	0. 17							0. 10
		9	0. 30	0. 23	0. 18	0. 27	0. 21	0. 17	0. 23	0. 18	0. 15							0. 08
		10	0. 26	0. 20	0. 16	0. 24	0. 19	0. 15	0. 21	0. 16	0. 13							0. 07

附录 E　灯具的概算图表

一、嵌入式铝栅格荧光灯　YG15-2　2×40W

型　　号		YG15-2
规格/mm	*a*	1300
	b	300
	c	180
光源		2×40W
保护角		30°
灯具效率		63%
上射光通比		0
下射光通比		63%
最大允许距高比 *l/h*		横向 1.25 纵向 1.20

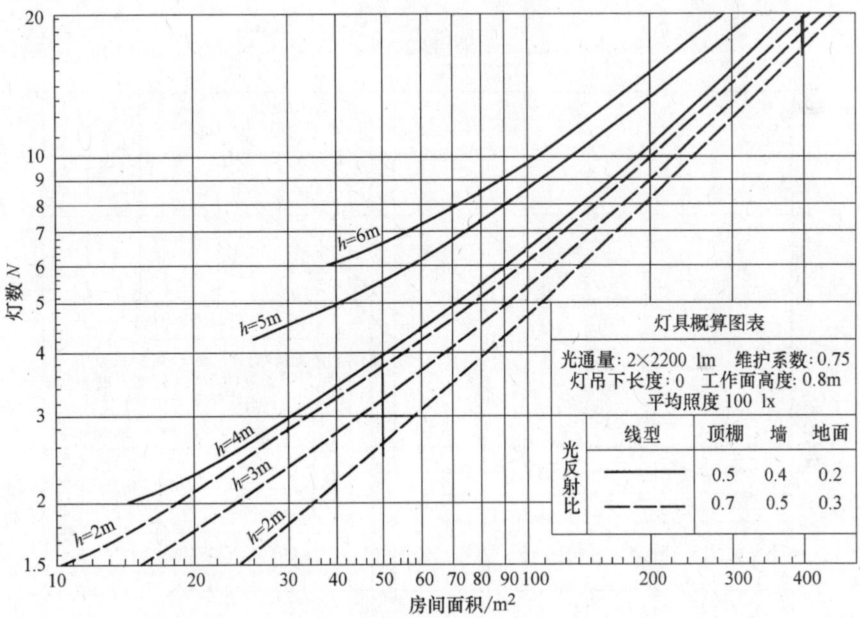

图 E-1

二、配照型工厂灯　GC1-A-1 和 GC1-B-1　60、100W 白炽灯

型　　号		GC1-A、B-1
规格/mm	*D*	355
	C	205
	l	500～1200
光源		白炽灯 60W、100W
保护角		24°
灯具效率		62%
上射光通比		0
下射光通比		62%
最大允许 *l/h*		1.38
灯头形式		E27

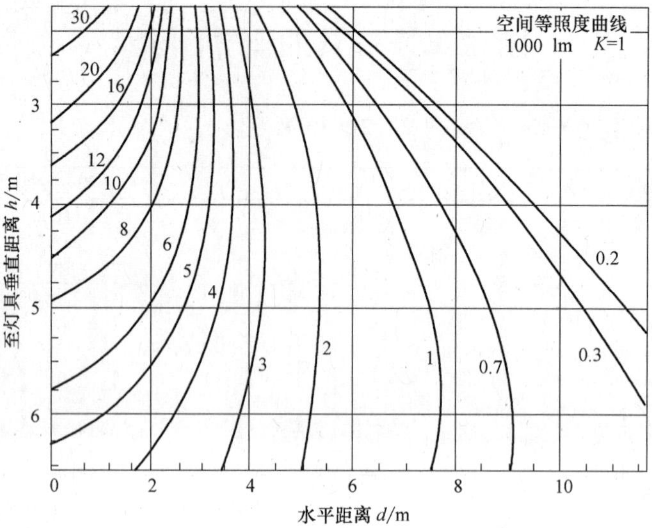

图 E-2

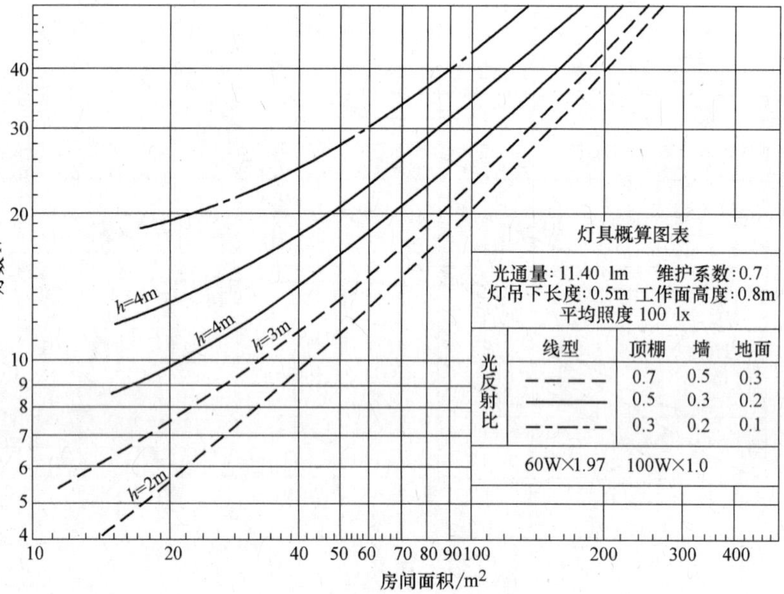

图 E-3

三、配照型工厂灯 GC1-A-2 和 GC1-B-2 150、200W 白炽灯

型号		GC1-A-2、GC1-B-2
规格/mm	D	406
	C	215
	l	500～1200
光源		白炽灯 150W、200W
保护角		11.7°
灯具效率		68%
上射光通比		0
下射光通比		68%
最大允许 l/h		0.88
灯头形式		E27

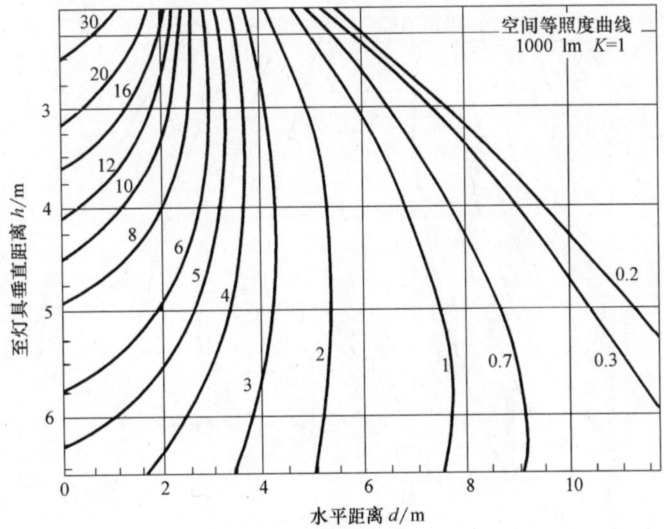

图 E-4

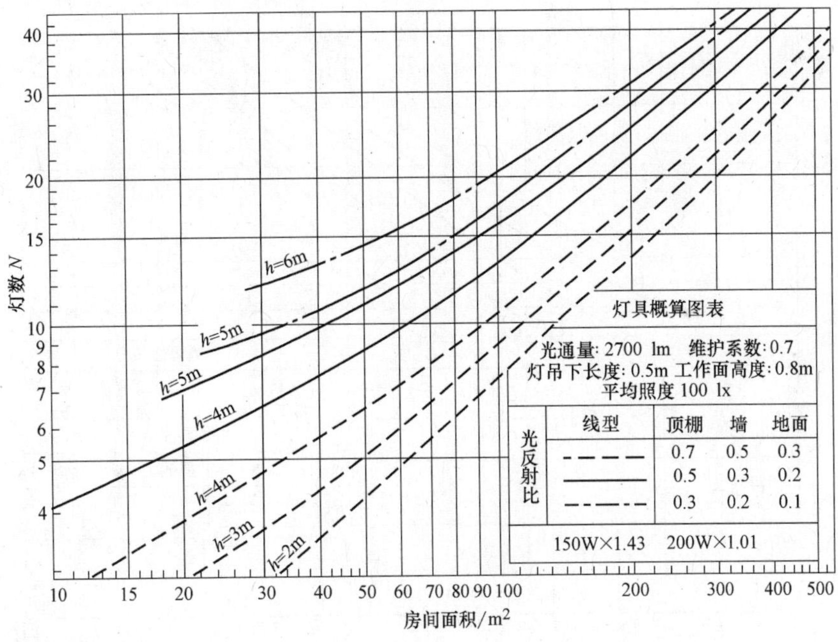

图 E-5

四、广照型工厂灯 GC3-A-2 和 GC3-B-2 GGY125 型高压汞灯

型号		GC3-A-2、GC3-B-2
规格/mm	D	420
	C	177
	l	500～1200
光源		GGY125
保护角		—
灯具效率		76%
上射光通比		6%
下射光通比		70%
最大允许 l/h		0.98
灯头形式		E27

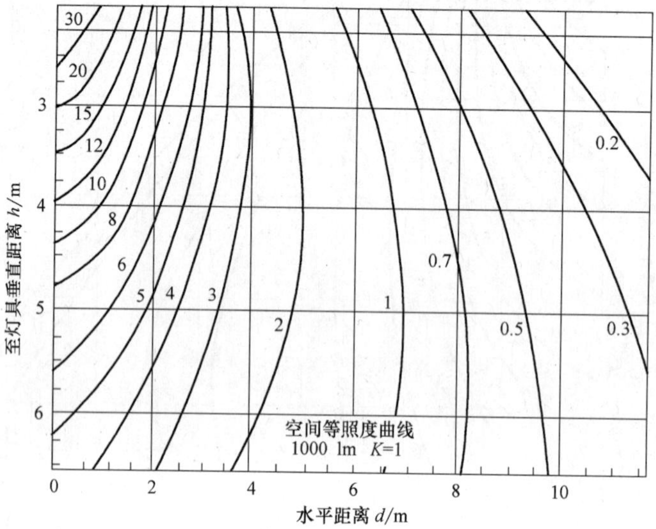

图 E-6

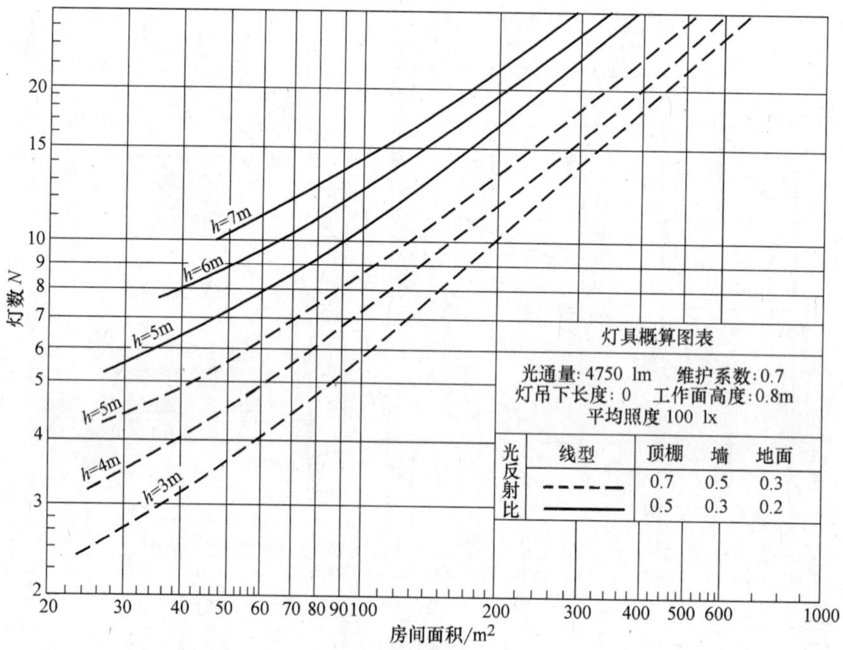

图 E-7

五、圆球罩吸顶灯 JXD1-2 150W 白炽灯

型 号		JXD1-2
规格/mm	*D* *C*	254 210
光源 保护角 灯具效率 上射光通比 下射光通比 最大允许 l/h 灯头形式 其他		白炽灯 150W — 75% 41% 34% 1.75 E27 乳白玻璃罩

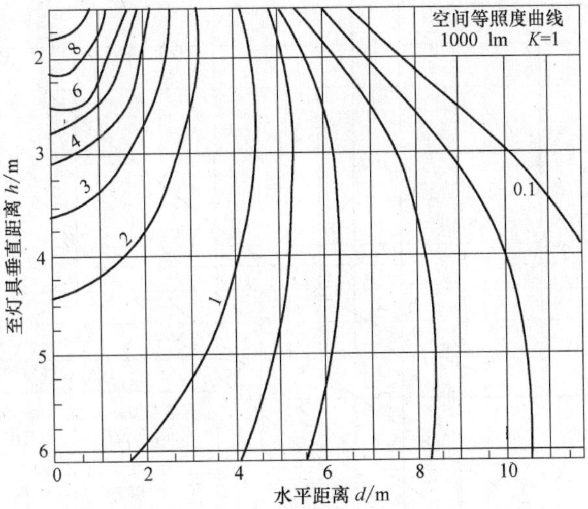

图 E-8

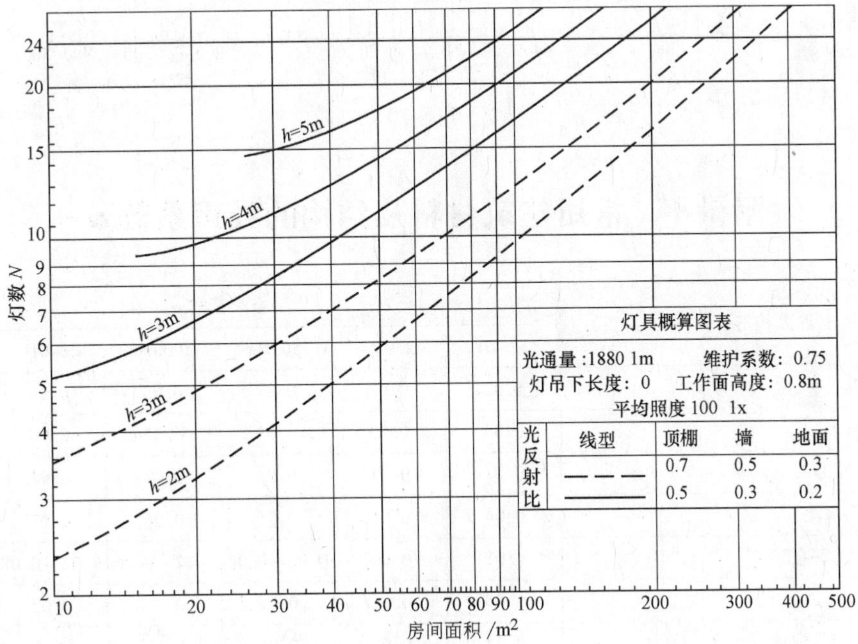

图 E-9

六、吸顶式荧光灯 YG6-2 2×40W 荧光灯

型　号		YG6-2
规格/mm	*a* *b* *c*	1300 300 180
光源 保护角 灯具效率 上射光通比 下射光通比 最大允许距高比 l/h		2×40W — 60% 0 60% 横向 1.20 纵向 1.15

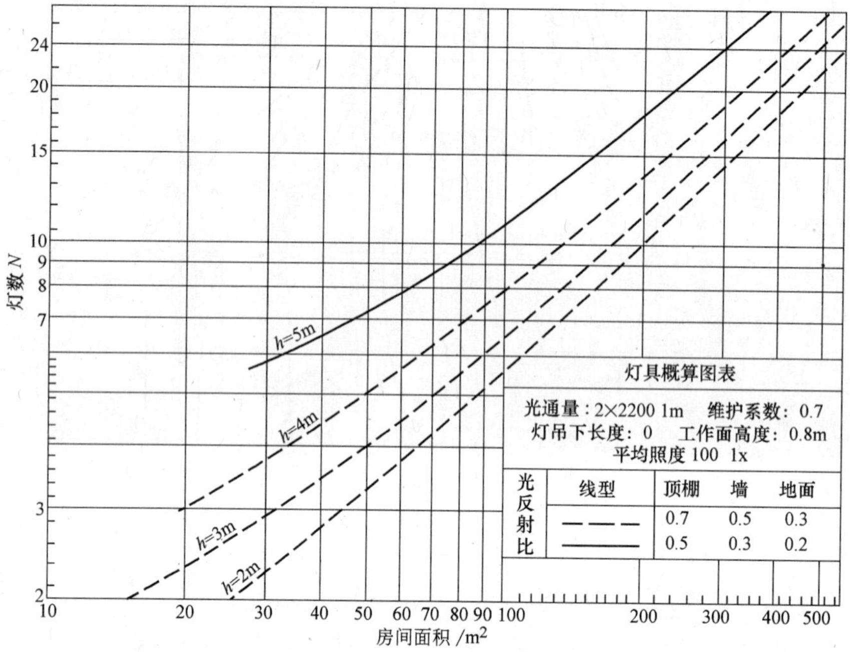

图 E-10

附录 F　常用建筑材料及结构的吸声系数 α

材料及构造名称	吸声系数 α					
	125Hz	250Hz	500Hz	1000Hz	2000Hz	4000Hz
砖墙(抹灰)	0.02	0.02	0.02	0.03	0.03	0.04
砖墙(勾缝)	0.03	0.03	0.04	0.05	0.06	0.06
抹灰砖墙涂油漆	0.01	0.01	0.02	0.02	0.02	0.03
砖墙、拉毛水泥	0.04	0.04	0.05	0.06	0.07	0.05
混凝土未油漆毛面	0.01	0.02	0.02～0.04	0.02～0.06	0.02～0.08	0.03～0.10
混凝土油漆	0.01	0.01	0.01	0.02	0.02	0.02
拉毛(小拉毛)油漆	0.04	0.03	0.03	0.10	0.05	0.07
拉毛(大拉毛)油漆	0.04	0.04	0.07	0.02	0.09	0.05
大理石	0.01	0.01	0.01	0.01	0.02	0.02
水磨石地面	0.01	0.01	0.01	0.02	0.02	0.02
混凝土地面	0.01	0.01	0.02	0.02	0.02	0.04
板条抹灰	0.15	0.10	0.05	0.05	0.05	0.05
木搁栅地板	0.15	0.10	0.10	0.07	0.06	0.07
实铺木地板	0.05	0.05	0.05	0.05	0.05	0.05
厚地毯铺在混凝土上	0.02～0.10	0.06～0.10	0.15～0.20	0.25～0.30	0.30～0.60	0.35～0.65
纺织品丝绒 0.31kg/m³，挂墙上	0.03	0.04	0.11	0.17	0.24	0.35

（续）

材料及构造名称	吸声系数α					
	125Hz	250Hz	500Hz	1000Hz	2000Hz	4000Hz
纺织品丝绒0.43kg/m^3，折叠面积一半	0.07	0.31	0.49	0.75	0.70	0.60
纺织品丝绒0.56kg/m^3，折叠面积一半	0.14	0.35	0.55	0.72	0.70	0.65
丝绒帷幔(0.77kg/m^3)	0.05	0.12	0.35	0.45	0.38	0.36
棉布帷幔折叠面积为50%	0.07	0.31	0.49	0.81	0.66	0.54
棉布帷幔折叠面积为75%	0.04	0.23	0.40	0.57	0.53	0.40
棉布帷幔紧贴墙(0.5kg/m^2)	0.04	0.07	0.13	0.22	0.32	0.35
丝、罗、缎窗帘	0.23	0.24	0.28	0.39	0.37	0.15
绸窗帘	0.28	0.34	0.41	0.42	0.38	0.33
毛绸(0.127kg/m^2)	0.23	0.24	0.28	0.39	0.37	0.15
布景	0.73	0.59	0.75	0.71	0.76	0.70
橡皮，厚5，铺在混凝土上	0.04	0.04	0.08	0.12	0.07	0.04
玻璃窗(12.5×35cm)，玻璃厚3mm	0.35	0.25	0.18	0.12	0.07	0.04
水表面	0.08	0.08	0.013	0.015	0.02	0.025
干燥砂子，厚102mm，176kg/m^2	0.15	0.35	0.40	0.50	0.55	0.80
干燥砂子，厚203mm，352kg/m^2	0.15	0.30	0.45	0.50	0.55	0.75
皮面门	0.10	0.11	0.11	0.09	0.09	0.11
木门	0.16	0.15	0.10	0.10	0.10	0.10
通风洞	0.30	0.40	0.50	0.50	0.50	0.60
舞台口	0.4	0.4	0.4	0.4	0.4	0.4
挑台口 $b/h=2.5$	0.3	—	0.5	—	0.6	—
挑台口 $b/h=2.5$	0.4	—	0.65	—	0.75	—
听众包括座椅和1m宽走道(按每听众席面积计算的吸声吸数)	0.54	0.66	0.75	0.85	0.83	0.75
坐在软椅听众，按地板面积的吸声	0.60	0.74	0.88	0.96	0.93	0.85
坐在木椅听众，按地板面积的吸声	0.57	0.61	0.75	0.86	0.91	0.86
蒙布软椅，按地板面积的吸声	0.49	0.66	0.80	0.88	0.82	0.70
皮软椅，按地板面积的吸声	0.44	0.64	0.60	0.62	0.58	0.50
每个金属(或木)软椅	0.014	0.018	0.020	0.036	0.035	0.028
人造革座椅的吸声量(每个座椅)	0.21	0.18	0.30	0.28	0.15	0.10
听众(包括座椅)(座位在0.45m^2/人以下时，用较小值)	0.15~0.22	0.33~0.36	0.37~0.42	0.40~0.45	0.42~0.50	0.45~0.51
座椅(木板椅，人造革罩面软垫椅；软垫椅用较高值)	0.02~0.09	0.02~0.13	0.03~0.15	0.04~0.15	0.04~0.11	0.04~0.07
观众坐在人造革座椅上每座的吸声	0.23	0.34	0.37	0.33	0.34	0.31
15mm厚木丝板，密度400kg/m^2	0.03	0.05	0.15	0.19	0.50	0.76
13mm厚软质木纤维板，密度380kg/m^2	0.08	0.10	0.10	0.12	0.30	0.33
13mm厚半穿孔软质木纤维板，密度380kg/m^2	0.10	0.15	0.22	0.32	0.41	0.46

（续）

材料及构造名称	吸声系数α					
	125Hz	250Hz	500Hz	1000Hz	2000Hz	4000Hz
20mm 厚海草（外包麻布），密度 $100kg/m^2$	0.10	0.09	0.12	0.42	0.93	0.78
15mm 厚毛毡，密度 $150kg/m^2$	0.03	0.06	0.17	0.42	0.65	0.73
50mm 厚超细玻璃棉，密度 $20kg/m^2$	0.15	0.35	0.85	0.85	0.86	0.86
50mm 厚树脂玻璃棉毡，密度 $100kg/m^2$	0.09	0.26	0.60	0.92	0.98	0.99
50mm 厚矿渣棉，密度 $150kg/m^2$	0.18	0.44	0.75	0.81	0.87	—
50mm 厚酚醛矿棉毡，密度 $80kg/m^2$	0.11	0.28	0.64	0.89	0.92	—
上海产 50mm 厚陶土吸声砖，密度 $1250kg/m^2$	0.11	0.26	0.59	0.55	0.60	—
150mm 厚加气混凝土，密度 $500kg/m^2$	0.08	0.14	0.19	0.28	0.34	0.45
长春产 80mm 厚长石石英吸声砖，密度 $1500kg/m^2$	0.16	0.33	0.35	0.36	0.34	—
北京产 60mm 厚聚胺脂泡沫塑料（聚醚型），密度 $56kg/m^2$	0.10	0.19	0.40	0.80	0.83	0.97
大连产 51mm 厚聚胺脂泡沫塑料	0.13	0.35	0.83	0.79	0.70	—
上海产 40mm 厚微孔聚胺脂泡沫塑料，密度 $30kg/m^2$	0.10	0.14	0.26	0.50	0.82	0.77
天津产 50mm 厚氨基甲酸泡沫塑料，密度 $36kg/m^2$	0.21	0.31	0.86	0.71	0.86	0.82
穿孔金属板：孔径 6mm，孔距 55mm，空腔厚 100mm，填矿棉	0.32	0.76	1.0	0.95	0.90	0.98
穿孔硬质纤维板：孔径 3.5mm，孔距 7.5mm，后放玻璃棉毡 40mm，密度 $50kg/m^3$，空腔厚 100mm	0.28	0.51	0.58	0.51	0.53	0.62
石棉穿孔板：厚 4mm，孔径 9mm，穿孔率 1%，空腔放超细棉 $0.5kg/m^3$，空腔厚 100mm	0.22	0.50	0.25	0.10	0.01	—
石棉穿孔板：厚 4mm，孔径 9mm，穿孔率 2.5%，空腔放 $0.5kg/m^3$ 超细棉，空腔厚 100mm	0.23	0.61	0.50	0.36	0.16	0.03
石棉穿孔板：厚 4mm，孔径 9mm，穿孔率 10%，空腔放 $0.5kg/m^3$ 超细棉，空腔厚 100mm	0.19	0.58	0.61	0.63	0.48	0.33
石棉穿孔板：厚 4mm，孔径 9mm，穿孔率 14%，空腔放 $0.5kg/m^3$ 超细棉，空腔厚 100mm	0.18	0.63	0.70	0.66	0.55	0.33
钙塑板：孔径 7mm，孔距 25mm（390mm × 390mm 面积上共 196 孔），后放 30 超细棉，空腔厚 50mm	0.16	1.21	0.73	0.42	0.26	0.15

（续）

材料及构造名称	吸声系数 α					
	125Hz	250Hz	500Hz	1000Hz	2000Hz	4000Hz
石膏板穿孔率 6%，板厚 7mm，后贴一层薄纸，空腔厚 100mm	0.18	0.61	0.78	0.37	0.22	0.16
4mm 厚木质纤维吸声板，后空 100mm	0.24	0.52	0.91	0.70	0.45	0.33
3mm 厚穿孔三夹板，孔径 5mm，孔距 40mm，后空 100mm	0.37	0.54	0.30	0.09	0.11	0.19
3mm 厚穿孔三夹板，孔径 10mm，孔距 13mm，后空 30mm，后填玻璃棉	0.15	0.3	0.51	0.58	0.42	0.33
5mm 厚穿孔五夹板，孔径 5mm，孔距 70mm，后空 300mm，后填 50mm 玻璃棉	1.0	0.34	0.3	0.14	0.11	0.24
6mm 厚穿孔五夹板，孔径 6mm，孔距 42mm，后空 50mm，后填 50mm 矿棉	0.36	0.59	0.49	0.62	0.52	0.38
单层微穿孔板，0.8mm 厚，孔径 0.8mm，穿孔率 1%，后空 100mm	0.24	0.71	0.96	0.40	0.29	—
单层微穿孔板，0.8mm 厚，孔径 0.8mm，穿孔率 2%，后空 50mm	0.05	0.17	0.60	0.78	0.22	—
单层微穿孔板，0.8mm 厚，孔径 0.8mm，穿孔率 3%，后空 100mm	0.12	0.29	0.78	0.40	0.78	—
三夹板后无填料，后空 50mm	0.21	0.74	0.21	0.10	0.08	0.12
三夹板，龙骨间距 500mm × 500mm，填矿棉，后空 50mm	0.27	0.57	0.28	0.12	0.09	0.12
三夹板，龙骨间距 500mm × 450mm，填矿棉，后空 100mm	0.60	0.38	0.18	0.05	0.04	0.08
五夹板，龙骨间距 450 × 450 填矿棉，后空 50mm	0.09	0.52	0.17	0.06	0.10	0.12
五夹板，龙骨间距 450 × 450 填矿棉，后空 100mm	0.41	0.30	0.14	0.05	0.10	0.16
五夹板，龙骨间距 450 × 450 填矿棉，后空 150mm	0.38	0.33	0.16	0.06	0.10	0.17
薄木板 5mm ~ 10mm，后空 100mm	0.25	0.15	0.06	0.05	0.04	0.04
软质木纤维，厚 11mm，密度 200 ~ 250kg/m^3，后空 60mm	0.22	0.30	0.34	0.32	0.41	0.42
硬质木纤维，厚 4mm，填玻璃棉毡，后空 100mm	0.48	0.25	0.15	0.07	0.10	0.11
硬质纤维板，厚 4mm，后空 100mm	0.25	0.20	0.15	0.10	0.05	0.05

附录G 常用建筑材料的热工指标

材料名称	干密度 ρ /[kg/m³]	热导率 λ /[W/(m·K)]	蓄热系数 S /[W/(m·K)]	比热容 c /[kJ/(kg·K)]	蒸汽渗透系数 $\mu\times10^{-4}$ /[g/(m·h·Pa)]
一、混凝土					
钢筋混凝土	2500	1.74	17.20	0.92	0.158
碎石、卵石混凝土	2300	1.51	15.36	0.92	0.173
碎石、卵石混凝土	2100	1.28	13.50	0.92	0.173
膨胀矿渣珠混凝土	2000	0.77	10.54	0.96	—
膨胀矿渣珠混凝土	1800	0.63	9.05	0.96	0.975
膨胀矿渣珠混凝土	1600	0.53	7.87	0.96	1.05
自然煤矸石、炉渣混凝土	1700	1.00	11.68	1.05	0.548
自然煤矸石、炉渣混凝土	1500	0.76	9.54	1.05	0.900
自然煤矸石、炉渣混凝土	1300	0.56	7.63	1.05	1.05
粉煤灰陶粒混凝土	1700	0.95	11.40	1.05	0.188
粉煤灰陶粒混凝土	1500	0.70	9.16	1.05	0.975
粉煤灰陶粒混凝土	1300	0.57	7.78	1.05	1.05
粉煤灰陶粒混凝土	1100	0.44	6.30	1.05	1.35
粘土陶粒混凝土	1600	0.84	10.36	1.05	0.315
粘土陶粒混凝土	1400	0.70	8.93	1.05	0.390
粘土陶粒混凝土	1200	0.53	7.25	1.05	0.405
油页岩渣混凝土	1300	0.52	7.39	0.98	0.855
页岩陶粒混凝土	1500	0.77	9.70	1.05	0.315
页岩陶粒混凝土	1300	0.63	8.16	1.05	0.390
页岩陶粒混凝土	1100	0.50	6.70	1.05	0.435
火山灰渣混凝土	1700	0.57	6.30	1.05	0.395
浮石混凝土	1500	0.67	9.09	1.05	0.150
浮石混凝土	1300	0.53	7.54	1.05	0.188
浮石混凝土	1100	0.42	6.13	1.05	0.353
加气、泡沫混凝土	700	0.22	3.56	1.05	1.54
加气、泡沫混凝土	500	0.19	2.76	1.05	1.99
二、砂浆和砌体					
水泥砂浆	1800	0.93	11.26	1.05	0.900
石灰、水泥复合砂浆	1700	0.87	10.79	1.05	0.975
石灰砂浆	1600	0.81	10.12	1.05	1.20
石灰、石膏砂浆	1500	0.76	9.44	1.05	—
保温砂浆	800	0.29	4.44	1.05	—
重砂浆砌筑粘土砖砌体	1800	0.81	10.53	1.05	1.05
轻砂浆砌筑粘土砖砌体	1700	0.76	9.86	1.05	1.20
灰砂砖砌体	1900	1.10	12.72	1.05	1.05
硅酸盐砖砌体	1800	0.87	11.11	1.05	1.05
炉渣砖砌体	1700	0.81	10.43	1.05	1.05

（续）

材料名称	干密度 ρ /[kg/m^3]	热导率 λ /[W/(m·K)]	蓄热系数 S /[W/(m·K)]	比热容 c /[kJ/(kg·K)]	蒸汽渗透系数 $\mu\times10^{-4}$ /[g/(m·h·Pa)]
重砂浆砌筑 26、33 及 36 孔粘土空心砖砌体	1400	0.58	7.92	1.05	1.58
三、热绝缘材料					
矿棉、岩棉玻璃棉板	80 以下	0.05	0.59	1.22	4.88
矿棉、岩棉玻璃棉板	80～200	0.045	0.75	1.22	4.88
矿棉、岩棉玻璃棉毡	70 以下	0.05	0.58	1.34	4.88
矿棉、岩棉玻璃棉松散料	70～120	0.045	0.51	0.84	4.88
麻刀	150	0.07	1.34	2.10	4.88
膨胀珍珠岩、蛭石制品：					
水泥膨胀珍珠岩	800	0.26	4.16	1.17	0.42
	600	0.21	3.26	1.17	0.90
	400	0.16	2.35	1.17	1.91
沥青、乳化沥青膨胀珍珠岩	400	0.12	2.28	1.55	0.293
	300	0.093	1.77	1.55	0.675
水泥膨胀蛭石	350	0.14	1.92	1.05	
泡沫材料及多孔聚合物：					
聚乙烯泡沫塑料	100	0.047	0.69	1.38	
	30	0.042	0.36	1.38	0.162
聚氨酯硬泡沫塑料	50	0.037	0.43	1.38	0.148
	30	0.033	0.36	1.38	0.234
聚氯乙烯硬泡沫塑料	130	0.048	0.79	1.38	
钙塑	120	0.049	0.83	1.59	
泡沫玻璃	140	0.058	0.70	0.84	0.225
泡沫石膏	500	0.19	2.78	1.05	0.375
四、木材、建筑板材					
橡木、枫树（热流方向垂直木纹）	700	0.17	4.90	2.51	0.562
橡木、枫树（热流方向平行木纹）	700	0.35	6.93	2.51	3.00
松木、云杉（热流方向垂直木纹）	500	0.14	3.85	2.51	0.345
松木、云杉（热流方向平行木纹）	500	0.29	5.55	2.51	1.68
胶合板	600	0.17	4.36	2.51	0.225
软木板	300	0.093	1.95	1.89	0.255
	150	0.058	1.09	1.80	0.285
纤维板	600	0.23	5.04	2.51	1.13
石棉水泥板	1800	0.52	8.57	1.05	0.135
石棉水泥隔热板	500	0.16	2.48	1.05	3.9
石膏板	1050	0.33	5.08	1.05	0.79

（续）

材料名称	干密度 ρ /[kg/m^3]	热导率 λ /[W/(m·K)]	蓄热系数 S /[W/(m·K)]	比热容 c /[kJ/(kg·K)]	蒸汽渗透系数 $\mu\times10^{-4}$ /[g/(m·h·Pa)]
水泥刨花板	1000	0.34	7.00	2.01	0.24
	700	0.19	4.35	2.01	1.05
稻草板	300	0.105	1.95	1.68	3.00
木屑板	200	0.065	1.41	2.10	2.63
五、松散材料					
无机材料：					
锅炉炉渣	1000	0.29	4.40	0.92	1.93
粉煤灰	1000	0.23	3.93	0.92	
高炉炉渣	900	0.26	3.92	0.92	2.03
浮石、凝灰岩	600	0.23	3.05	0.92	2.63
膨胀蛭石	300	0.14	1.79	1.05	
	200	0.10	0.24	1.05	
硅藻土	200	0.076	1.00	0.92	
膨胀珍珠岩	120	0.07	0.84	1.17	1.50
	80	0.058	0.63	1.17	1.50
有机材料：					
木屑	250	0.093	1.84	2.01	2.63
稻壳	120	0.06	1.02	2.01	
干草	100	0.047	0.83	2.01	
六、其他材料					
夯实粘土	2000	1.16	12.99	1.01	
加草粘土	1400	0.58	7.69	1.01	
建筑用砂	1600	0.58	8.26	1.01	
花岗岩、玄武岩	2800	3.49	25.49	0.92	0.113
大理石	2800	2.91	23.27	0.92	0.113
砾石、石灰岩	2400	2.04	18.03	0.92	0.375
石灰石	2000	1.16	12.56	0.92	0.600
沥青油毡、油毡纸	600	0.17	3.33	1.47	
地沥青混凝土	2100	1.05	16.39	1.68	0.075
石油沥青	1400	0.27	6.73	1.68	0
	1050	0.17	4.71	1.68	0.075
平板玻璃	2500	0.76	10.69	0.84	0
玻璃钢	1800	0.52	9.25	1.26	0
硬质聚氯乙烯	1400	0.16	8.60	1.18	
紫铜	8500	407.0	324.0	0.42	0
青铜	8000	64.0	118.0	0.38	0
建筑钢材	7850	58.2	126.1	0.48	0
铝	2700	203.0	191.0	0.92	0
铸铁	7250	49.0	112.0	0.48	0

附录 H 标准大气压下不同温度时的饱和水蒸气分压力 P_s

表 H-1 温度 0 ~ −40℃（与冰面接触） （单位：Pa）

t/℃	0.0	0.1	0.2	0.3	0.4	0.5	0.6	0.7	0.8	0.9
0	610.6	605.3	601.3	595.9	590.6	586.6	581.3	576.0	572.0	566.6
−1	562.6	557.3	553.3	548.0	544.0	540.0	534.6	530.6	526.6	521.3
−2	517.3	513.3	509.3	504.0	500.0	496.0	492.0	488.0	484.0	480.0
−3	476.0	472.0	468.0	464.0	460.0	456.0	452.0	448.0	445.3	441.3
−4	437.3	433.3	429.3	426.6	422.6	418.6	416.0	412.0	408.0	405.3
−5	401.3	398.6	394.6	392.0	388.0	385.3	381.3	378.6	374.6	372.0
−6	368.0	365.3	362.6	358.6	356.0	353.3	349.3	346.6	344.0	341.3
−7	337.3	334.6	332.0	329.3	326.6	324.0	321.3	318.6	314.7	312.0
−8	309.3	306.6	304.0	301.3	298.6	296.0	293.3	292.0	289.3	286.6
−9	284.0	281.3	278.6	276.0	273.3	272.0	269.3	266.6	264.0	262.6
−10	260.0	257.3	254.6	253.3	250.6	248.0	246.6	244.0	241.3	240.0
−11	237.3	236.0	233.3	232.0	229.3	226.6	225.3	222.6	221.3	218.6
−12	217.3	216.0	213.3	212.0	209.3	208.0	205.3	204.0	202.6	200.0
−13	198.6	197.3	194.7	193.3	192.0	189.3	188.0	186.7	184.0	182.7
−14	181.3	180.0	177.3	176.0	174.7	173.3	172.0	169.3	168.0	166.7
−15	165.3	164.0	162.7	161.3	160.0	157.3	156.0	154.7	153.3	152.0
−16	150.7	149.3	148.0	146.7	145.3	144.0	142.7	141.3	140.0	138.7
−17	137.3	136.0	134.7	133.3	132.0	130.7	129.3	128.0	126.7	126.0
−18	125.3	124.0	122.7	121.3	120.0	118.7	117.3	116.6	116.0	114.7
−19	113.3	112.0	111.3	110.7	109.3	108.0	106.7	106.0	105.3	104.0
−20	102.7	102.0	101.3	100.0	99.3	98.7	97.3	96.0	95.3	94.7
−21	93.3	93.3	92.0	90.7	90.7	89.3	88.0	88.0	86.7	85.3
−22	85.3	84.0	84.0	82.7	81.3	81.3	80.0	80.0	78.7	77.3
−23	77.3	76.0	76.0	74.7	74.7	73.3	73.3	72.0	70.7	70.7
−24	70.7	69.3	68.0	68.0	66.7	66.7	65.3	65.3	64.0	64.0
−25	62.7	62.7	61.3	61.3	61.3	60.0	60.0	58.7	58.7	57.3
−26	57.3	57.3	56.0	56.0	54.7	53.3	53.3	53.3	53.3	52.0
−27	52.0	50.7	50.7	50.7	49.3	49.3	48.0	48.0	48.0	46.7
−28	46.7	46.7	45.3	45.3	45.3	44.0	44.0	44.0	42.7	42.7
−29	42.7	41.3	41.3	41.3	40.0	40.0	40.0	38.7	38.7	38.7
−30	37.3	37.3	37.3	37.3	36.0	36.0	36.0	34.7	34.7	34.7
−31	34.7	33.3	33.3	33.3	33.3	32.0	32.0	32.0	32.0	30.7
−32	30.7	30.7	30.7	29.3	29.3	29.3	29.3	28.0	28.0	28.0
−33	28.0	28.0	26.7	26.7	26.7	26.7	25.3	25.3	25.3	25.3
−34	25.3	24.0	24.0	24.0	24.0	24.0	22.7	22.7	22.7	22.7
−35	22.7	22.7	21.3	21.3	21.3	21.3	21.3	20.0	20.0	20.2
−36	20.0	20.0	20.0	18.7	18.7	18.7	18.7	18.7	18.7	18.7
−37	17.3	17.3	17.3	17.3	17.3	17.3	17.3	16.0	16.0	16.0
−38	16.0	16.0	16.0	16.0	14.7	14.7	14.7	14.7	14.7	14.7
−39	14.7	14.7	13.3	13.3	13.3	13.3	13.3	13.3	13.3	13.3
−40	13.3	12.0	12.0	12.0	12.0	12.0	12.0	12.0	12.0	12.0

表 H-2 温度 0~40℃（与水面接触） （单位：Pa）

t/℃	0.0	0.1	0.2	0.3	0.4	0.5	0.6	0.7	0.8	0.9
0	610.6	615.9	619.9	623.9	629.3	633.3	638.6	642.6	647.9	651.9
1	657.3	661.3	666.6	670.6	675.9	681.3	685.3	690.6	695.9	699.9
2	705.3	710.6	715.9	721.3	726.6	730.6	735.9	741.3	746.6	751.9
3	757.3	762.6	767.9	773.3	779.9	785.3	790.6	791.9	801.3	807.9
4	813.3	818.6	823.9	830.6	835.9	842.6	847.9	853.3	859.9	866.6
5	871.9	878.6	883.9	890.6	897.3	902.6	909.3	915.9	921.3	927.9
6	934.6	941.3	947.9	954.6	961.3	967.9	974.6	981.2	987.9	994.6
7	1001.2	1007.9	1014.6	1022.6	1029.2	1035.9	1043.9	1050.6	1057.2	1065.2
8	1071.9	1079.9	1086.6	1094.6	1101.2	1109.2	1117.2	1123.9	1131.9	1139.9
9	1147.9	1155.9	1162.6	1170.6	1178.6	1186.6	1194.6	1202.6	1210.6	1218.6
10	1227.9	1235.9	1243.9	1251.9	1259.9	1269.2	1277.2	1286.6	1294.6	1303.9
11	1311.9	1321.2	1329.2	1338.6	1347.9	1355.9	1365.2	1374.5	1383.9	1393.2
12	1401.2	1410.5	1419.9	1429.2	1438.5	1449.2	1458.5	1467.9	1477.2	1486.5
13	1497.2	1506.5	1517.2	1526.5	1537.2	1546.5	1557.2	1566.5	1577.2	1587.9
14	1597.2	1607.9	1618.5	1629.2	1639.9	1650.5	1661.2	1671.9	1682.5	1693.2
15	1703.9	1715.9	1726.5	1737.2	1749.2	1759.9	1771.8	1782.5	1794.5	1805.2
16	1817.2	1829.2	1841.2	1851.8	1863.8	1875.8	1887.8	1899.8	1911.8	1925.2
17	1937.2	1949.2	1961.2	1974.5	1986.5	1998.5	2011.8	2023.8	2037.2	2050.5
18	2062.5	2075.8	2089.2	2102.5	2115.8	2129.2	2142.5	2155.8	2169.1	2182.5
19	2195.8	2210.5	2223.8	2238.5	2251.8	2266.5	2279.8	2294.5	2309.1	2322.5
20	2337.1	2351.8	2366.5	2381.1	2395.8	2410.5	2425.1	2441.1	2455.8	2470.5
21	2486.5	2501.1	2517.1	2531.8	2547.8	2563.8	2579.8	2594.4	2610.4	2626.4
22	2642.4	2659.8	2675.8	2691.8	2707.8	2725.1	2741.1	2758.4	2774.4	2791.8
23	2809.1	2825.1	2842.4	2859.8	2877.1	2894.4	2911.8	2930.4	2947.7	2965.1
24	2983.7	3001.1	3019.7	3037.1	3055.7	3074.4	3091.7	3110.4	3129.1	3147.7
25	3167.7	3186.4	3205.1	3223.7	3243.7	3262.4	3285.4	3301.1	3321.1	3341.0
26	3361.0	3381.0	3401.0	3421.0	3441.0	3461.0	3482.4	3502.4	3523.7	3543.7
27	3565.0	3586.4	3607.7	3627.7	3649.0	3670.4	3693.0	3714.4	3735.7	3757.0
28	3779.7	3802.3	3823.7	3846.3	3869.0	3891.7	3914.3	3937.0	3959.7	3982.3
29	4005.0	4029.0	4051.7	4075.7	4099.7	4122.3	4146.3	4170.3	4194.3	4218.3
30	4243.6	4237.6	4291.6	4317.0	4341.0	4366.3	4391.7	4417.0	4442.3	4467.6
31	4493.0	4518.3	4543.7	4570.3	4595.6	4622.3	4684.9	4675.6	4702.3	4728.9
32	4755.6	4782.3	4808.9	4836.9	4863.6	4891.6	4918.2	4946.2	4974.2	5002.2
33	5030.2	5059.6	5087.6	5115.6	5144.9	5174.2	5202.2	5231.6	5260.9	5290.2
34	5319.5	5350.2	5379.5	5410.2	5439.5	5470.2	5500.9	5531.5	5562.2	5592.9
35	5623.5	5655.5	5686.2	5718.2	5748.8	5780.8	5812.8	5844.8	5876.8	5910.2
36	5942.2	5975.5	6007.5	6040.8	6074.2	6107.5	6140.8	6174.1	6208.8	6242.1
37	6276.8	6310.1	6344.8	6379.5	6414.1	6448.8	6484.8	6519.4	6555.4	6590.1
38	6626.1	6662.1	6698.1	6734.1	6771.4	6807.4	6844.8	6882.1	6918.1	6955.4
39	6999.1	7031.4	7068.7	7107.4	7144.7	7183.4	7222.1	7260.7	7299.4	7338.0
40	7378.0	7416.7	7456.7	7496.7	7536.7	7576.7	7616.7	7658.0	7698.0	7739.3

附录Ⅰ 北纬 40°和北纬 23°地区的夏至、冬至、春分、秋分的棒影日照图

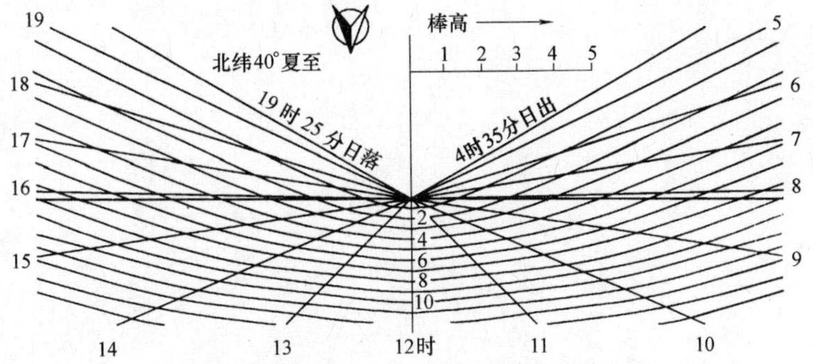

图Ⅰ-1 北纬 40°地区夏至棒影日照图

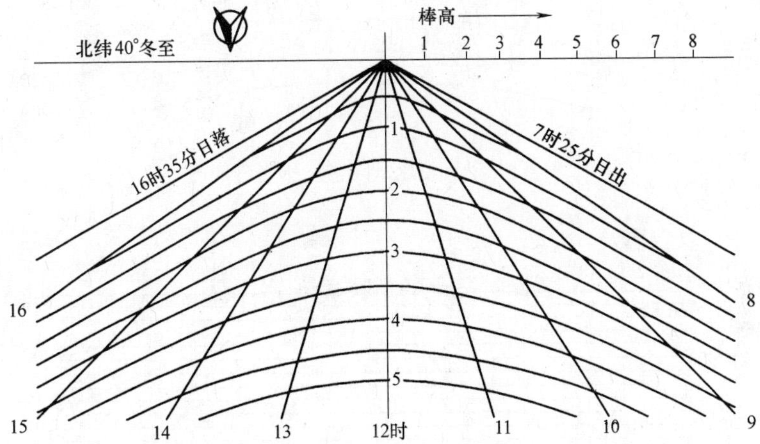

图Ⅰ-2 北纬 40°地区冬至棒影日照图

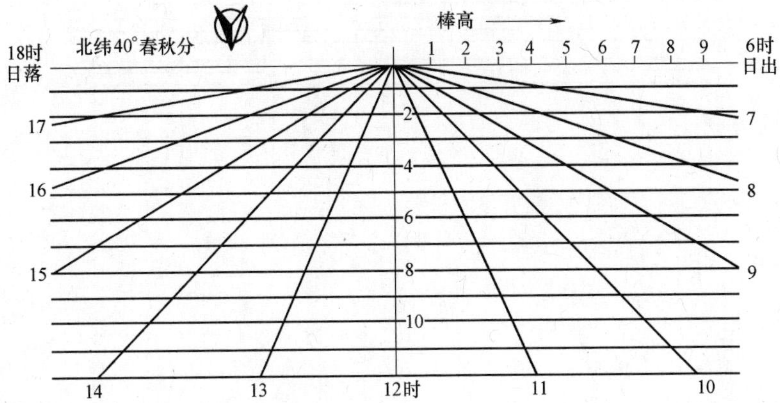

图Ⅰ-3 北纬 40°地区春分、秋分棒影日照图

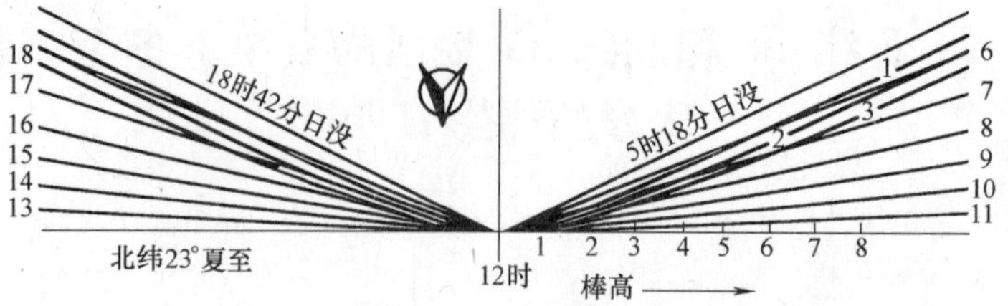

图 I-4 北纬 23°地区夏至棒影日照图

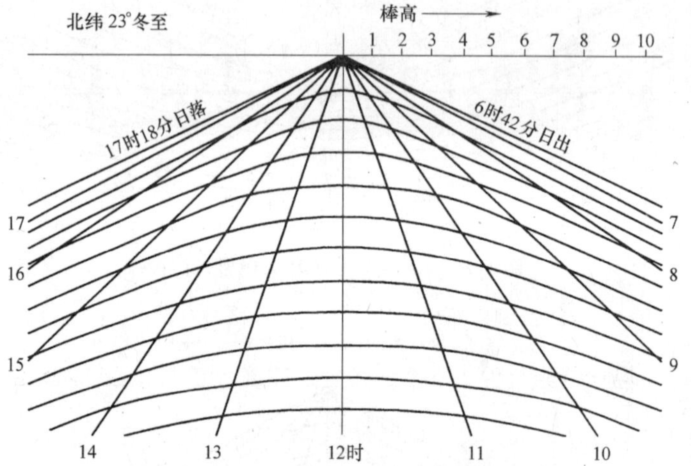

图 I-5 北纬 23°地区冬至棒影日照图

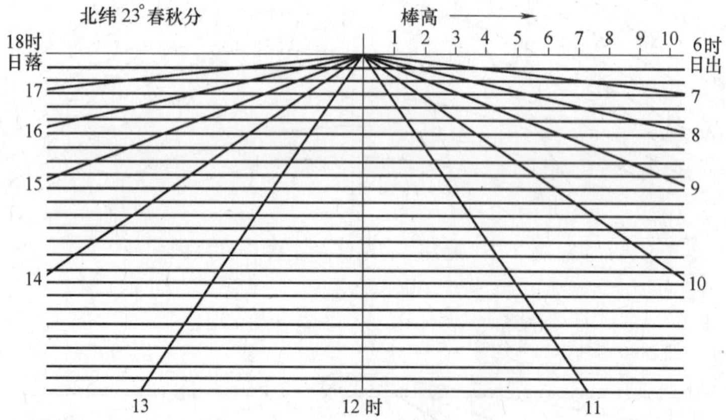

图 I-6 北纬 23°地区春分、秋分棒影日照图

参考文献

[1] 西安建筑科技大学，等. 建筑物理 [M]. 4 版. 北京：中国建筑工业出版社，2009.

[2] 吴硕贤，夏清. 室内环境与设备 [M]. 3 版. 北京：中国建筑工业出版社，2014.

[3] 柳孝图. 建筑物理 [M]. 3 版. 北京：中国建筑工业出版社. 2010.

[4] 中国建筑工业出版社. 建筑物理规范 [M]. 北京：中国建筑工业出版社，1997.

[5] 陈登鳌. 建筑设计资料集 1 [M]. 2 版. 北京：中国建筑工业出版社，2002.

[6] 蔡吉安. 建筑设计资料集 2 [M]. 2 版. 北京：中国建筑工业出版社，2002.

[7] 蔡吉安，蔡镇钰. 建筑设计资料集 3 [M]. 2 版. 北京：中国建筑工业出版社，2002.

[8] 蔡镇钰. 建筑设计资料集 4 [M]. 2 版. 北京：中国建筑工业出版社，2002.

[9] 费麟. 建筑设计资料集 5 [M]. 2 版. 北京：中国建筑工业出版社，2002.

[10] 费麟. 建筑设计资料集 6 [M]. 2 版. 北京：中国建筑工业出版社，2002.

[11] 蔡镇钰. 建筑设计资料集 7 [M]. 2 版. 北京：中国建筑工业出版社，2002.

[12] 林晨. 建筑设计资料集 8 [M]. 2 版. 北京：中国建筑工业出版社，2002.

[13] 林晨. 建筑设计资料集 9 [M]. 2 版. 北京：中国建筑工业出版社，2002.

[14] 林晨. 建筑设计资料集 10 [M]. 2 版. 北京：中国建筑工业出版社，2002.

[15] 廖耀发. 建筑物理 [M]. 武汉：武汉大学出版社，2003.

[16] 美国绿色建筑委员会. 绿色建筑评估体系 [M]. 2 版. 北京：中国建筑工业出版社，2002.

[17] “智能与绿色建筑文集”编委会. 智能与绿色建筑文集——第二届国际智能、绿色建筑与建筑节能大会 [M]. 北京：中国建筑工业出版社，2006.

[18] 朱颖新. 建筑环境学 [M]. 3 版. 北京：中国建筑工业出版社，2010.

[19] 傅秀章. 柳孝图. 建筑物理 [M]. 北京：中国建筑工业出版社，2010.

[20] 游普元. 建筑物理 [M]. 天津：天津大学出版社，2013.

[21] 郑曙旸. 建筑物理环境设计 [M]. 北京：中国水利水电出版社，2010.

[22] 住房和城乡建设部执业资格注册中心网. 建筑物理与建筑设备 [M]. 北京：中国建筑工业出版社，2011.